普通高等教育系列教材

面向对象程序设计教程（C#版）

刘瑞新　等编著

机 械 工 业 出 版 社

本书全面细致地讲授面向对象的概念、方法和应用，突出面向对象程序设计的思想，并以 C#为载体来实现面向对象的设计。本书按面向对象的设计方法来归类章节，分为 15 章，包括类和对象，封装，继承，多态，程序的调试和异常处理，接口和多态的实现，静态类和密封类，值类型和引用类型，索引器，泛型，集合，Windows 窗体应用程序，文件操作，委托和事件，多线程编程。本书概念清晰，定义准确，例题实用，习题丰富，是一本真正简明易学的面向对象程序设计的教材。

本书可作为高等院校计算机专业及相关专业的 C#面向对象程序设计课程的教材，同时也可作为各类面向对象的 C#程序设计培训班的教学用书。

本书配有授课用课件、重点难点的授课视频等资源，并提供所有例题、课堂练习和习题的源代码，可以在阅读时扫描二维码查看或下载，也可登录 www.cmpedu.com 免费注册，审核通过后下载或联系编辑索取（微信：15910938545，电话：010-88379739）。

图书在版编目（CIP）数据

面向对象程序设计教程：C#版 / 刘瑞新等编著. —北京：机械工业出版社，2018.7（2021.8 重印）
普通高等教育系列教材
ISBN 978-7-111-60561-4

Ⅰ. ①面… Ⅱ. ①刘… Ⅲ. ①C++语言—程序设计—高等学校—教材 Ⅳ. ①TP312.8

中国版本图书馆 CIP 数据核字（2018）第 168320 号

机械工业出版社（北京市百万庄大街 22 号　邮政编码 100037）
策划编辑：和庆娣　　责任编辑：和庆娣
责任校对：张艳霞　　责任印制：常天培

北京中科印刷有限公司印刷

2021 年 8 月第 1 版 · 第 2 次印刷
184mm×260mm · 19.5 印张 · 477 千字
标准书号：ISBN 978-7-111-60561-4
定价：55.00 元

电话服务
客服电话：010-88361066
010-88379833
010-68326294

网络服务
机　工　官　网：www.cmpbook.com
机　工　官　博：weibo.com/cmp1952
金　　书　　网：www.golden-book.com
机工教育服务网：www.cmpedu.com

封底无防伪标均为盗版

前　言

在计算机及相关专业课程中，面向对象程序设计课程是学生必修的核心课程。面向对象的程序设计思想从提出到现在，一直是程序开发的主流思想，是所有计算机软件开发人员必须掌握的关键技术。在计算机相关专业的课程设置中，多数高校以C语言作为学生学习的第一门高级语言，由于先入为主等原因，在学生后续的C++、C#、Java等面向对象程序设计的课程学习中，学生建立系统的面向对象的思想比较困难。

在C#面向对象程序设计课程的设计过程中，我们广泛收集教学资料，拜访多所大学，请教了多位著名老师；主要成员参加了企业的多项培训（例如北大青鸟、微软等），在教学中也采用了多种教学方案，试图帮助学生掌握面向对象的编程。本书初稿完成后，经过3年多的教学实践，跟踪学生学习效果，反复调整课程内容，经过多次课程内容的迭代，形成了自己独特的课程教学方案，编写了《面向对象程序设计教程（C#版）》一书。诺贝尔物理学奖得主，理查德·费曼说："伟大的进展都源于承认无知，源于思想的自由。"我们在课程内容的取舍、教学内容的先后顺序，典型例题、习题的选取上，经过了痛苦的选择，如果没有思想的自由解放，是无法实现目前的课程方案，达到满意教学效果的。

我们知道，学生对每门课程最初几次上课的印象最深，因此应该把课程的重要内容安排在学期的最初几次课上来讲。基于这个现象，本书第1章类和对象，第2章封装，第3章继承，第4章多态，使读者尽早掌握用类的三大特性，完成面向对象第一阶段的学习。在第一阶段，读者建立起来类和对象的概念，掌握类的三大特性，理解面向对象的基本思想，这样之后的学习难度就降低了很多。第二阶段学习第5章程序的调试和异常处理，第6章接口和多态的实现，第7章静态类和密封类，第8章值类型和引用类型，第9章索引器，第10章泛型，第11章集合。第三阶段学习第12章Windows窗体应用程序，第13章文件操作，第14章委托和事件，第15章多线程编程。值得一提的是，本书中的例题采用完全的面向对象程序代码，使读者逐步习惯阅读面向对象的代码，形成条件反射，养成用面向对象的思维去分析和解决问题。

本课程的前导课程是C语言或其他高级语言。对于没有学习过任何高级语言的读者，学习本书也不会有障碍，因为本书把许多基础知识分散到各个章节中，而且在程序中通过应用来体现，这样更有利于理解。通过本书的学习，读者不但能学会面向对象程序设计的基本知识、设计思想和方法，还能很容易地过渡到其他面向对象程序设计语言的学习与使用上，只需了解该语言的语法，就可以非常轻松地掌握。

C#是一种简洁、类型安全的面向对象的语言，可用它来构建在.NET Framework上运行的各种安全、可靠的应用程序，常用于开发Windows客户端应用程序、ASP.NET网站、XML Web Services、分布式组件、客户端/服务器应用程序、数据库应用程序等。C#的生成过程比C和C++简单，比Java更灵活，C#非常适合作为第一门面向对象的语言来学习。

本书概念清晰，定义准确，例题实用，习题丰富，是一本真正简明易学的面向对象程序设计的教材。在面向对象的思想中，万事万物皆对象，当掌握了面向对象的思想后，可以用面向对象的思维去看待面向对象的世界，将面向对象的方法应用在生活、工作中，对分析问题、解决问题都有帮助，受益终生。

本书的主要作者在高校讲授面向对象程序设计课程十多年，参与了高校多次的教学改革，制订过计算机相关专业的教学计划和课程标准，并参加过多项实际应用项目的开发，有着丰富的教学和实践经验。

本书配套资源丰富，方便读者学习。对于授课视频、例题视频和部分源代码，在阅读时可以通过扫描二维码直接查看；对于教学课件和习题解答，在阅读时可以通过扫描二维码获得下载链接进行下载。

本书编写分工如下：刘瑞新编写第1、2、12章，张治斌编写第3、8章，朱立编写第4、5、6章，王莉编写第7、10章，张迎春编写第11、13章，崔淼编写第15章，第9、14章以及资料的收集整理、课件的制作由彭守旺、翟丽娟、刘克纯、刘春芝、李建彬、刘大学、缪丽丽、刘大莲、庄建新、彭春芳、孙洪玲、崔瑛瑛、韩建敏、庄恒、徐维维、徐云林、马春锋、骆秋容、王如雪、曹媚珠、陈文焕、刘有荣、李刚、孙明建、李索、彭泽源完成。本书由刘瑞新教授策划、统稿。编写过程中得到了许多教师的大力支持，他们提出许多宝贵意见使本书更加适合教学，在此一并感谢。

在编写本书的过程中，编者翻阅了大量的资料，限于篇幅不再一一列出，在此表示衷心感谢。

由于计算机技术发展迅速，书中难免有不足和疏漏之处，恳请广大读者批评指正。

编　者

目录

第1章　类 和 对 象

面向对象程序设计（Object-Oriented Programming，OOP）是一种程序设计架构，同时也是一种程序开发的方法。对象指的是类的实例，它将对象作为程序的基本单元，将程序和数据封装其中，以提高代码的重用性、灵活性和扩展性。

教学课件

第1章课件资源

1.1　面向对象的概念

世界是由什么组成的？现实世界是由一个一个对象组成的，例如看到的东西、听到的事件、想到的事情，这些都是对象，也就是说万事万物皆对象。不同的对象，既相互独立，又相互联系，人们面向的世界就是“面向对象”的。

授课视频

1.1.1 授课视频

1.1.1　对象抽象成类

对象（Object）抽象为类（Class）的过程，是在系统分析阶段完成的。

1．分析对象的特征

对象是人们要分析的任何事物，它不仅能表示具体的事物，还能表示抽象的规则、计划或事件，不同的对象呈现不同的特征。由于对象反映了现实世界，人们通过面向对象的方法就可以找到合理地解决问题的方法。怎样区分这些对象呢？就是分析与系统相关对象的特征，包括状态（静态特征）和操作（动态特征）。如图1-1所示为对象的部分特征的分析。

黄老师的笔记本电脑

状态（静态特征）：
名称：Apple MacBook Air 笔记本电脑
屏幕尺寸：13.3 英寸
颜色：银色
处理器：第五代 Intel Core i7 处理器
内存：8 GB 内存
外存：128 GB SSD 闪存
价格：7588.00 元

操作（动态特征）：
开机、关机
上网
打字
玩游戏

王芳同学

状态（静态特征）：
姓名：王芳
性别：女
出生日期：2000-9-16
班级：1810226
专业：软件技术
籍贯：上海

操作（动态特征）：
吃饭、睡觉
学习
唱歌、跳舞
恋爱

刘强选的“C#面向对象程序设计”课程

状态（静态特征）：
课程名称：C#面向对象程序设计
学时：60
学分：4
考试形式：考试

操作（动态特征）：
听课、上机
期中考试
期末考试
补考

图1-1　对象的部分特征

状态：用于描述对象的静态特征，表示对象“是什么样子”。对象的状态用一些数据来描述，在程序中称为字段或属性。

操作：用于描述对象的动态特征，表示对象“能做什么”。对象的操作用于改变对象的状态，对象的操作就是对象的行为，在程序中称为方法或函数。

对象实现了状态和操作的结合，使状态和操作封装在一个对象之中，如图 1-2 所示。

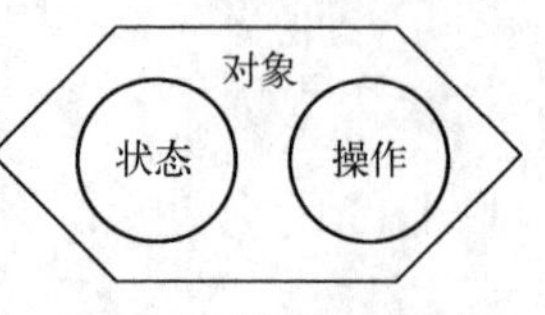

图 1-2　对象的特征

2．对象抽象成类

抽象就是从特定角度出发，从已经存在的事物中提取现实世界中某事物的关键特性，为该事物构建模型的过程。对同一事物在不同的需求下，需要提取的特性可能不一样。得到的抽象模型中一般包含：状态（属性）和操作（方法或函数），这个抽象模型称为类。

现实世界中的事物都可以抽象成应用系统软件中的对象，提取出人们所关注的对象。对这些对象再分析与应用系统相关的特征，对不同特征的对象进行分类，把具有相同或相似特征的对象进行归类，即抽象成类，如图 1-3 所示。

例如，要研发一款学校管理系统软件，依据学校中的对象的特征，分为人、场馆、物品、课程等类别。学校中的“人”，根据特征又可分为管理人员、教师、后勤人员、学生等类别，这种“类别”在面向对象中称为“类”。类是具有相同状态和操作的一组对象的集合。

类是对象的抽象，仅仅是模板，比如说“人”类。对类进行实例化得到对象，对象是一个一个看得见、摸得着的独一无二的具体实体，一个对象具有唯一的状态和操作，如图 1-4 所示。

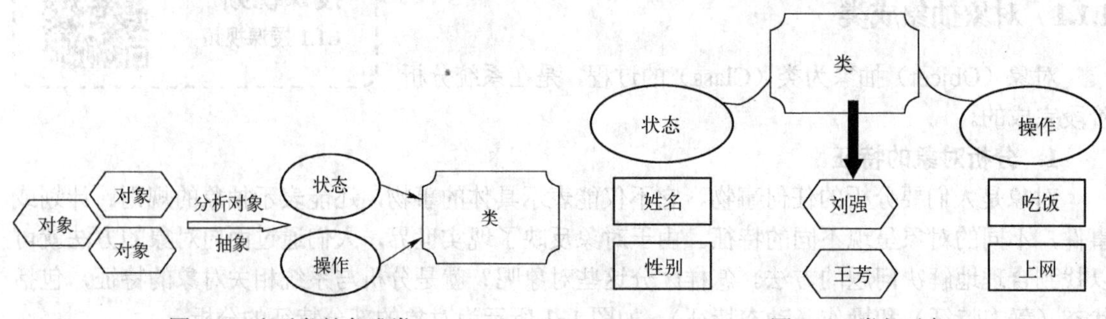

图 1-3　由对象抽象成类　　图 1-4　类与对象

面向对象技术利用“面向对象思想”去描述“面向对象的世界”。面向对象是把问题分解成各个对象，在系统分析阶段把这些对象抽象成不同的类，建立类和描述这类对象在解决问题时的特征（状态和操作），形成类模板。其中的操作，在类定义中是用方法来实现的。

【课堂练习 1-1】 指出下面词语哪些是类？哪些是对象？

笔记本电脑	院中的那辆白色轿车	员工	同事小李
汽车	大象	我家的小狗	越野车
我的手机	我选的本学期的课程	我选的 C#课程	教师

【例 1-1】 使用面向对象的思想描述并抽象出学生类。

功能描述：常用的学生信息有姓名、性别、年龄、班级等基本信息，学习完一门课程后需要参加考试，只有考试通过后才能进入下一门课的学习。

请根据描述，从对象抽象出学生类。要求定义学生类，并在主方法中实例化学生对象。

思路分析如下。

1）分析问题：学生学习课程。

2）提炼对象：学生。

3）分析对象的状态：姓名、性别、年龄、班级等。

4）分析对象的操作：学习、考试等。

5）定义类：学生类 Student。

状态：

姓名 name

性别 gender

年龄 age

班级 grade

操作：

显示学习的课程 Study(course)，course 是显示的课程名称

显示考试的课程 Exam(course, score)，course 课程，score 成绩

【课堂练习 1-2】 请使用面向对象的思想描述并抽象出“台湾烧仙草奶茶连锁店”的类。

功能描述：不同的“台湾烧仙草奶茶连锁店”具有相同的环境、奶茶品种、价格、服务等，显示某编号奶茶店的信息。

【例 1-2】 使用面向对象的思想描述长方体类。

功能描述：长方体有 3 条棱，分别叫作长方体的长，宽，高。用这 3 条棱既能描述一个长方体，也可以计算长方体的体积、表面积。

思路分析如下。

1）分析问题：用长方体的 3 条棱就能描述一个长方体，计算长方体的体积、表面积。

2）提炼对象：长方体。

3）分析对象的状态：长，宽，高。

4）分析对象的操作：计算长方体的体积、表面积。

5）定义类：长方体类 Cuboid。

状态：

长 length

宽 width

高 height

操作：

计算长方体的体积 Cubage，长方体的体积 =长×宽×高

计算长方体的表面积 TotalArea，长方体的表面积=（长×宽+长×高＋宽×高）×2

1.1.2 由类创建对象

授课视频

1.1.2 授课视频

在编程阶段，由类模板生成（或创建）对象（实例），如图 1-5 所示。

类是对象的抽象，而对象是类的具体实例。类是抽象的，不占用内存，而对象是具体的，占用存储空间。类是用于创建对象的蓝图，它是一个定义包括在特定类型对象中的方法和变量的模板。例如，由“人”类创建“刘强”“王芳”对象，如图 1-6 所示。

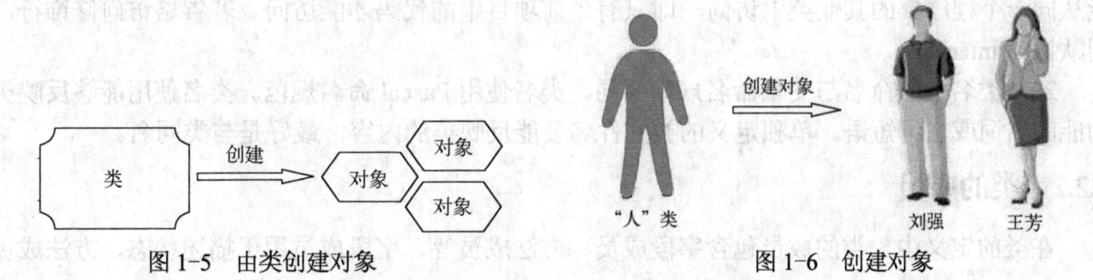

图 1-5　由类创建对象　　图 1-6　创建对象

类是具有相同状态（特征）和操作（方法或函数）的一组对象集合。类是对象的类型，不同于基本数据类型（例如，int 类型），类具有操作。对象是一个能够看得到、摸得着的具体实体。

1.1.3 对象之间的通信

对象之间的通信称为消息，如图 1-7 所示。在对象的操作中，当一个对象的消息发送给某个对象时，消息包含接收对象去执行某种操作的信息。发送一条消息至少要包括说明接受消息的对象名、发送给该对象的消息名（即对象名、方法名）。

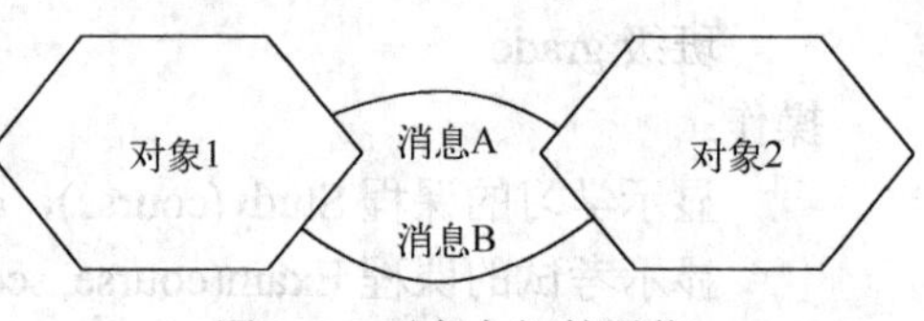

图 1-7 对象之间的通信

面向对象的思想就是以对象为中心，先开发类，然后实例化对象，通过对象之间相互通信实现功能。

1.1.4 面向对象开发的特点

面向对象开发就是采用“现实模拟”的方法设计和开发程序，面向对象是把问题分解成各个对象，描述这个对象在解决问题时的状态和操作。面向对象技术利用“面向对象的思想”去描述“面向对象的世界”。面向对象开发的主要特点如下。

1）虚拟世界与现实世界的一致性。

2）客户与软件开发师交流更顺畅。

3）软件开发人员内部交流更顺畅。

4）代码重用性高，可靠性高，开发效率高。

1.2 定义类、创建对象

在编程时，要先定义类，然后再创建这个类的对象（实例）。

1.2.1 定义类

定义类的语法格式如下。

```
访问修饰符 class 类名
{
    类的成员 1;
        …
    类的成员 n;
}
```

各项的含义如下。

1）“访问修饰符”用来限制类的作用范围或访问级别，类的修饰符只有 public 和 internal 两种（嵌套类除外）。其中，声明为 public 的类可以被任何其他类访问；声明为 internal 的类只能从同一个程序集的其他类中访问，即只有当前项目中的代码才能访问。若省略访问修饰符，则默认为 internal。

2）“类名”的命名与变量命名规则相同，类名使用 Pascal 命名规范。类名使用能够反映类功能的名词或名词短语。单独定义的类文件名要能反映类的内容，最好是与类同名。

1.2.2 类的成员

在类的定义中，类的成员包含字段成员、方法成员等。字段成员用于描述状态，方法成员用于描述操作。

1．字段

类的成员变量又称为字段成员，字段成员也称成员变量，格式如下。

```
访问修饰符 数据类型 字段名 = 初值;
```

1）如果不希望其他类访问该成员，则在定义该类的成员时，“访问修饰符”使用 protected 或 private；如果希望其他类访问该成员，则在定义该类的成员时，用 public 访问修饰符。例如：

```
public string name; //姓名
```

2）“字段名”使用 camel 命名规范来命名，使用名词定义字段名称。

3）“初值”表示该字段的初始状态，例如：

```
public int age = 18; //年龄，整型，初值 18 岁
```

2．方法成员

在类的定义中，类的方法成员在 C#中称为方法，在其他程序语言中称为函数。格式如下。

```
访问修饰符 返回值类型 方法名(形参列表)
{
    方法体;
    [return 表达式;]
}
```

1）这里介绍的方法成员，其“访问修饰符”不能是私有的 private 或受保护的 protected，要声明为 public，才能在其他类中访问到。

2）“返回值类型”可以是 string、int 等基本数据类型，也可以是类类型。如果该方法不返回值，则使用 void 关键字。

采用以下形式声明一个无参数的、不返回值的方法：

```
public void SampleMethod()
{
    方法体;
}
```

方法执行完毕后可以不返回任何值，也可以返回一个值。如果方法有返回值，那么方法体中必须要有 return 语句，且 return 语句必须指定一个与方法声明中的返回类型一致的表达式；如果方法不返回任何值，则返回类型为 void。方法体内可以有 return 语句，也可以没有 return 语句，return 语句的作用是立即退出方法的执行。

3）“方法名”使用 Pascal 命名规范，应使用动词或动词短语。在一个类中，访问修饰符或功能相同的方法应该放在一起。

4）“形参列表”是包括类型名和名称的列表，类型可以是简单数据类型，也可以是类类型。形参列表可以没有，也可以多个。即使不带参数也要在方法名后加一对圆括号。形参列表的形式如下。

```
类型 1 形参 1, 类型 2 形参 2, …
```

方法成员中的“形参列表”是形式参数表（简称形参 parameter），是在定义方法的时候使用的参数，目的是用来接收调用该方法时传入的参数。形参的本质是一个名字，不占用内存空间。

5）“方法体”就是方法中的 0 个或多个语句。

【例 1-3】 对【例 1-1】中分析的类，可以定义类的代码如下。

例题视频

例 1-3 视频

```
public class Student //定义类
{   //定义字段
```

```
        public string name;        //姓名
        public string gender;      //性别
        public int age;            //年龄
        public string grade;       //班级
        //定义方法
        public string Study(string course) //得到学习课程字符串的方法，形参 course 代表课程
        {
            return string.Format("{0}正在学习{1}课程。", this.name, course);
        }
        //得到考试课程字符串的方法，形参 course 课程，score 成绩
        public string Exam(string course, int score)
        {
            return string.Format("{0}{1}课程的考试成绩是{2}。", this.name, course, score);
        }
    }
```

例题源代码

例 1-3 源代码

在 Visual Studio 中，按下面方法创建类。

1）运行 Visual Studio，打开“文件”菜单，依次单击“新建”→“项目”，如图 1-8 所示。

2）显示“新建项目”对话框，在左侧栏中选中“Visual C#”，在中部单击“控制台应用程序”，在“位置”中输入保存项目的路径，在“名称”中输入项目名，如图 1-9 所示，单击“确定”按钮。对于初学者，控制台程序是学习基础知识的最好工具。

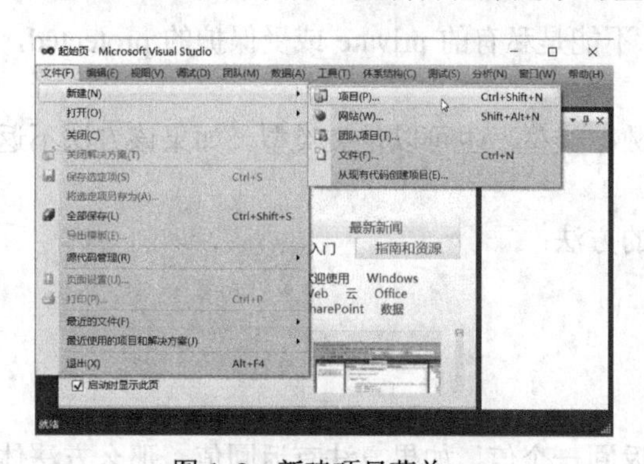

图 1-8　新建项目菜单

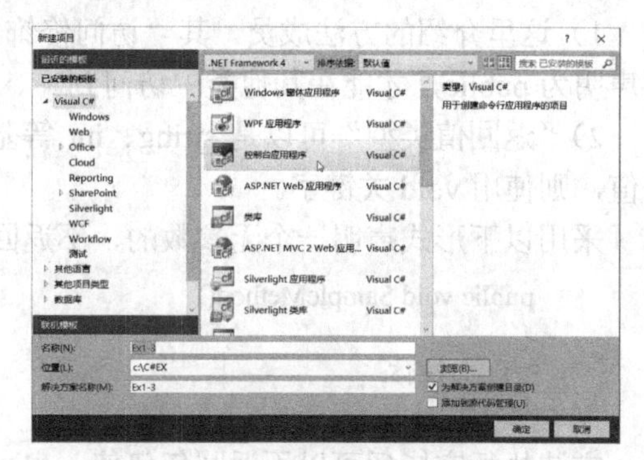

图 1-9　“新建项目”对话框

3）显示代码视图窗口，在“解决方案资源管理器”窗格中，右击项目名，显示快捷菜单，单击“添加”→“类”，如图 1-10 所示。

4）显示“添加新项”对话框，如图 1-11 所示，在对话框中部选定“类”，此时“名称”框中默认类文件的名称为 Class1.cs，建议更改为与类名相同，这里更改为 Student.cs，然后单击“添加”按钮。

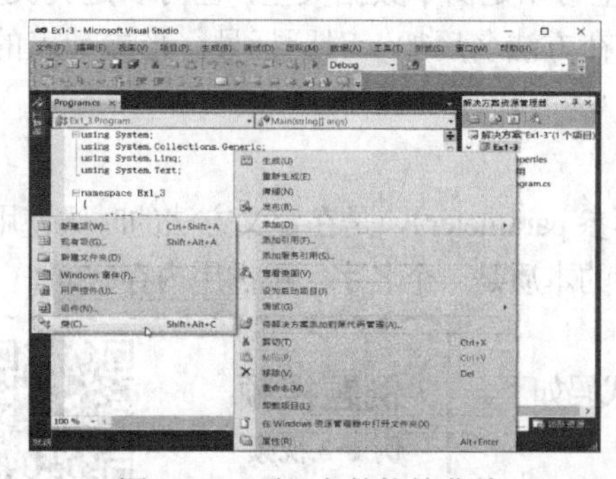

图 1-10　项目名的快捷菜单

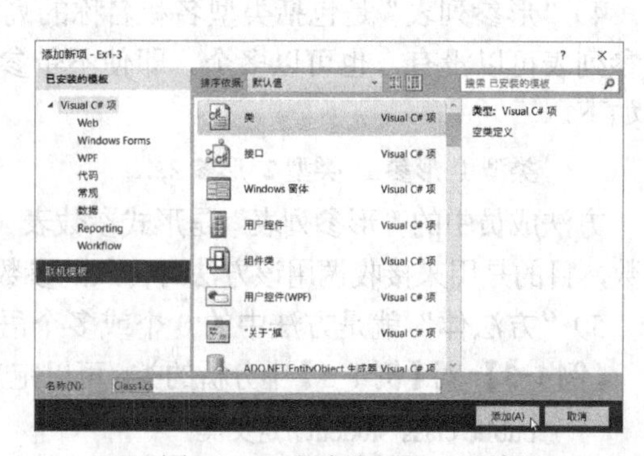

图 1-11　“添加新项”对话框

5）显示“Student.cs”代码窗格，如图 1-12 所示。在“Student.cs”代码窗格中输入定义 Student 类的代码，如图 1-13 所示。

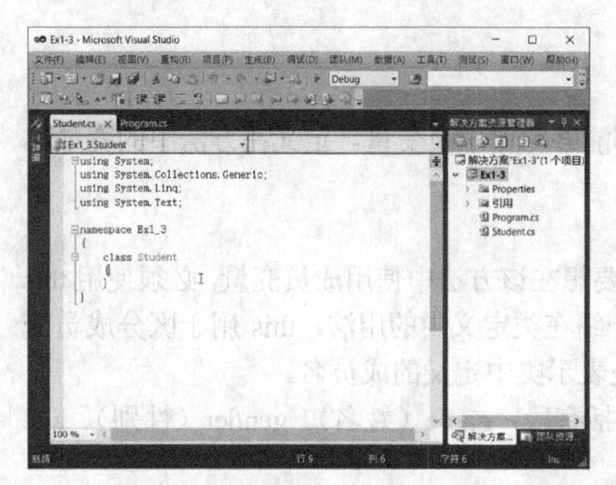

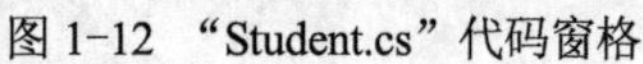
图 1-12 “Student.cs”代码窗格

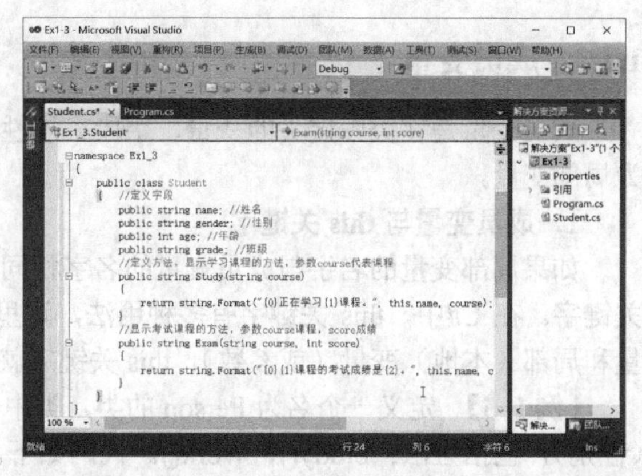

图 1-13 在“Student.cs”窗格中输入定义类的代码

也可以不用前面的方法添加类，而是在“Program.cs”窗格的 namespace{ }中输入定义类的代码，如图 1-14 所示。对于只有几个类的简单程序，采用这种方法更直观方便。

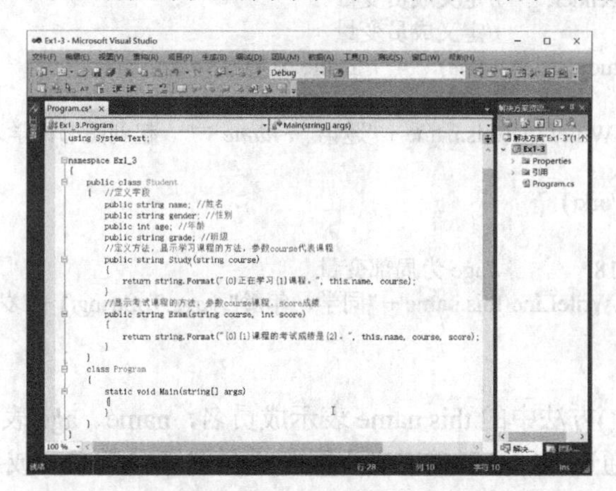

图 1-14 在“Program.cs”窗格输入定义类的代码

【课堂练习 1-3】 对【课堂练习 1-2】中分析的类，请写出定义类的代码。

【例 1-4】 对【例 1-2】中分析的类，可以定义类的代码如下。

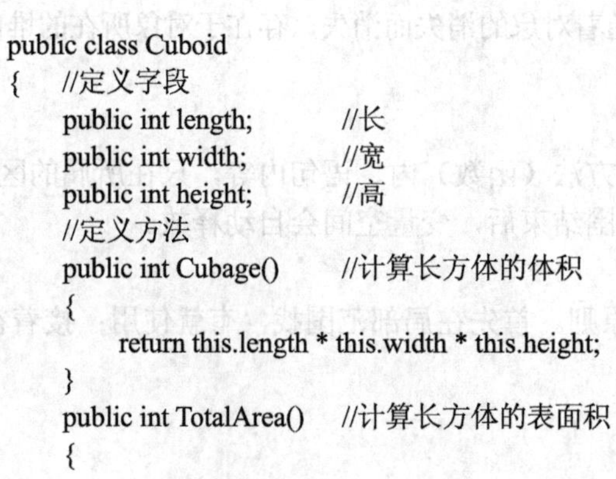

```
public class Cuboid
{   //定义字段
    public int length;          //长
    public int width;           //宽
    public int height;          //高
    //定义方法
    public int Cubage()         //计算长方体的体积
    {
        return this.length * this.width * this.height;
    }
    public int TotalArea()  //计算长方体的表面积
    {
```

```
            return (this.length * this.width + this.length * this.height + this.width * this.height) * 2;
        }
    }
```

1.2.3 成员变量

成员变量是在类中定义的变量，字段、属性都能够叫作成员变量。定义在方法中的变量称为局部变量。

1. 成员变量与 this 关键字

如果局部变量的名字与成员变量的名字相同，要想在该方法中使用成员变量，必须使用 this 关键字。在 C#中，this 关键字有多种用法，这里介绍在类定义中的用法，this 用于区分成员变量和局部（本地）变量（或参数）。this 关键字就是表示类中定义的成员名。

【例 1-5】 定义一个名为 Person 的类，类中包括字段：name（姓名）、gender（性别）、age（性别），包括方法：Study()、Work()。代码如下。

```
    class Person
    {
        public string name;       //定义成员变量
        public string gender;     //定义成员变量
        public int age;           //定义成员变量
        public void Study(string name)        // name 为局部变量
        {
            Console.WriteLine(this.name + "邀请" + name + "一起到图书馆学习。");
        }
        public void Work()
        {
            int age=18;           //age 为局部变量
            Console.WriteLine(this.name + "同学，年龄" +age.ToString() + "岁，好好工作。");
        }
    }
```

上面 Study()、Work()方法中的 this.name 表示成员名，name、age 表示形式参数或局部（本地）变量。在方法中，通过 this 可以在语义上区分成员名、参数名（或局部变量）。

注意：在实际编程中是不建议参数名与字段名相同的，这样做降低了代码的易读性，这里只是为了说明 this 关键字的用法而已。

2. 成员变量与局部变量的区别

（1）成员变量

1）成员变量定义在类中，在整个类中都可以被访问。

2）成员变量随着对象的建立而建立，随着对象的消失而消失，存在于对象所在的堆内存中。

3）成员变量有默认初始化值。

（2）局部变量

1）局部变量只定义在局部范围内，如方法（函数）内、语句内等，只在所属的区域有效。

2）局部变量存在于栈内存中，作用范围结束后，变量空间会自动释放。

3）局部变量没有默认初始化值。

在使用变量时需要遵循的原则：就近原则。首先在局部范围找，有就使用；接着在成员位置找。

（3）成员变量与局部变量的区别

1）在类中的位置不同。

成员变量：在类中方法外面。

局部变量：在方法或者代码块中，或者方法的声明上（即在参数列表中）。

2）在内存中的位置不同。

成员变量：在堆中（方法区中的静态区）。

局部变量：在栈中。

3）生命周期不同。

成员变量：随着对象的创建而存在，随着对象的消失而消失。

局部变量：随着方法的调用或者代码块的执行而存在，随着方法的调用完毕或者代码块的执行完毕而消失。

4）初始值不同。

成员变量：有默认初始值。

局部变量：没有默认初始值，使用之前需要赋值，否则编译器会报错（The local variable xxx may not have been initialized）。

1.3 创建对象

类是创建对象的模板，一个类可以创建多个对象，每个对象都是类类型的一个变量；创建对象的过程也叫类的实例化。每个对象都是类的一个具体实例（Instance），拥有类的成员变量和成员方法。

1.3.1 对象的声明与实例化

对于已经定义的类，就可以用它作为数据类型来创建类的对象，简称对象。创建类的对象分为以下两个步骤。

1．声明对象引用变量

声明对象也称声明类变量，其语法格式如下。

```
类名 对象名;
```

1）“类名”是已经定义的类名称。

2）“对象名”使用 camel 命名规范来命名，使用名词命名对象名称。

例如，声明一个 Student 类型的对象 stu，代码如下。

```
Student stu; //声明 Student 类的类型的对象 stu，但未实例化
```

上面代码，只声明了 Student 类型的变量，并没有对类中的成员赋值，即未实例化，类成员没有实例化将不能访问。

2．创建类的实例

创建类的实例也称实例化一个类的对象，简称创建对象。可以对已声明的对象进行实例化（也称初始化），实例化对象需要使用运算符 new。其语法格式如下。

```
对象名=new 类名(参数列表);
```

“参数列表”是可选的，根据类的构造函数来确定。“参数列表”将在构造函数中介绍。

例如，下面代码创建 Student 类的实例，并赋给 stu 对象，对 stu 对象进行初始化。

```
stu = new Student(); //创建 Student 类的实例，并把引用地址赋给 stu
```

通常是把上面声明对象与实例化对象的两个语句合在一起，其语法格式如下。

类名 对象名=new 类名(参数列表);

例如，把上面两行代码写在一起，代码如下。

```
Student stu = new Student();//声明 Student 类型的对象 stu，并初始化 stu 对象
```

使用类声明的对象，实质上是一个引用类型变量，使用运算符 new 和构造函数来实例化对象并获取内存空间。

注意：有关类的实例（对象）的声明与创建不能放在该类的内部，只能在外部（即其他类中），通常写在 class Program 类的 Main()方法中。

1.3.2 对象成员的访问

类或对象成员的访问，可分为在本类内使用该成员、实例成员的访问和实例方法的访问 3 种方式。

1．在本类内使用成员

如果在本类内使用成员，类名可以省略，用 this 表示本类内的成员。格式如下。

this.成员

2．实例成员的访问

如果在其他类中访问实例成员，格式如下。

对象名.成员名

说明："."是一个运算符，其功能是访问指定类型或命名空间的成员。

例如，下面代码为对象的成员赋值：

```
stu.gender="女"; //为 stu 对象的 gender 成员赋值
```

3．实例方法的访问

实例方法的使用格式如下。

对象名.方法名(实参列表);

在调用方法时，实际参数（简称实参 argument）将赋值给形参。因而，必须注意实参的个数、类型，应与形参一一对应，并且必须要有确定的值。实参的本质是一个变量，并且占用内存空间。只有在程序执行过程中调用了方法，形参才有可能得到具体的值，并参与运算求得方法值。实参列表的形式如下。

实参 1, 实参 2, …

使用带有返回值的方法使用时，调用实例方法的格式一般采用：

变量名=对象名.方法名(实参 1, 实参 2, …);

如果不需要使用方法的返回值，则采用如下调用格式：

对象名.方法名(实参 1, 实参 2, …);

例如，下面代码：

```
stu.Study("英语");      //访问 stu 对象的 study()方法，实参是"英语"
```

1.3.3 类和对象应用示例

例题视频

例 1-6 视频

【例 1-6】 在【例 1-3】定义类的基础上，在 Program 类的 Main()方法中编写如下代码。

```
class Program
{
    static void Main(string[] args)
    {
        Student stu = new Student();//声明对象 stu，并实例化 stu 对象
        //初始化成员变量
        stu.name = "王芳";
        stu.gender = "女";
        stu.age = 18;
        //调用方法
        Console.WriteLine(stu.Study("英语"));
        Console.WriteLine(stu.Exam("英语", 96));
    }
}
```

在如图 1-15 所示的窗口中，单击“Program.cs”标签，或者在“解决方案资源管理器”窗格中双击“Program.cs”，显示“Program.cs”代码窗口。在“static void Main(string[] args)”下的“{ }”中输入主程序代码，如图 1-16 所示。

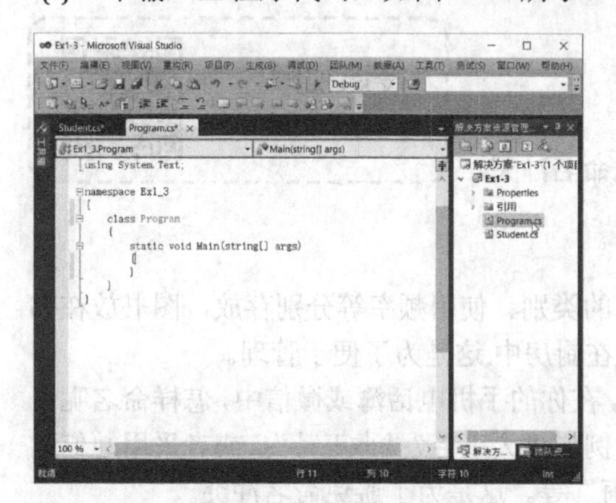

图 1-15 “Program.cs”代码窗口

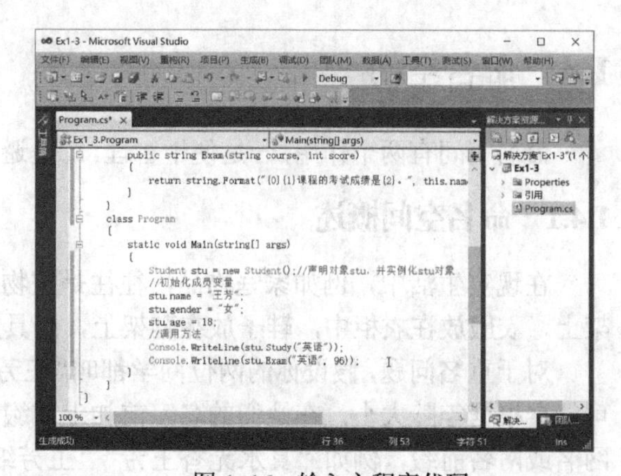

图 1-16 输入主程序代码

为了查看程序的运行结果，单击“调试”菜单中的“开始执行（不调试）”命令，如图 1-17 所示。

显示程序运行结果，如图 1-18 所示。查看运行结果后，关闭运行窗口，因为只有关闭运行窗口后，才能在代码窗口中编辑。

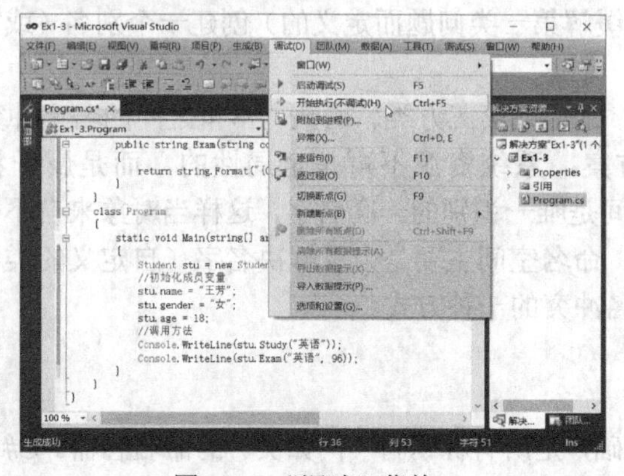

图 1-17 “调试”菜单

图 1-18 运行结果

【课堂练习 1-4】 请在【课堂练习 1-3】定义类的基础上编写代码，在主程序中编写创建对象，给字段赋值，调用方法的代码。

课堂练习解答

课堂练习 1-4 解答

【例 1-7】 在【例 1-4】定义类的基础上，在 Program 类的 Main()方法中编写如下代码。

```
class Program
{
    static void Main(string[] args)
    {
        Cuboid c1 = new Cuboid();
        c1.length = 3;
        c1.width = 4;
        c1.height = 5;
        Console.WriteLine("立方体的体积为：{0}", c1.Cubage());
        Console.WriteLine("立方体的表面积为：{0}", c1.TotalArea());
    }
}
```

1.4 命名空间

授课视频

1.4 授课视频

命名空间有两个作用，一是便于管理，二是避免命名冲突。

1.4.1 命名空间概述

在现实生活中，例如家庭物品，往往是按物品的类别、使用频率等分别存放，图书放在书架上，衣服放在衣柜中，鞋子放在鞋架上，厨具放在厨房中,这是为了便于管理。

对于重名问题，假设你的两位同学都叫“王芳”，在你的手机电话簿或微信中，怎样命名呢？可能会根据年龄大小，在她们的名字前加上前缀，例如“大王芳”“小王芳”；或者采用她们的网名或网名前缀，例如“真水无香王芳”“王芳细雨”等。这是为了避免命名冲突。

namespace 即“命名空间”，也称“名称空间”“名字空间”。命名空间是用来组织和重用代码的，与名字含义相同，由于不同的人写的程序不可能所有的变量都没有重名现象。对于系统库来说，这个问题尤其严重，如果两个人写的库文件中出现同名的变量或函数（不可避免），就有问题了。为了解决这个问题，引入了命名空间这个概念。

命名空间的作用是为了解决下面两个问题：

1）为很长的标识符名称（通常是为了缓解第一类问题而定义的）创建一个别名（或简短的名称），提高源代码的可读性。

2）编写的代码与 C#内部的类、函数、常量或第三方类、函数、常量之间的名字冲突。

namespace 机制提供一种资源隔离方案，系统资源不再是全局性的，而是属于特定的 namespace，互不干扰。通常来说，命名空间是唯一识别的一套名字，这样当对象来自不同的地方但是名字相同的时候就不会含糊不清了。命名空间主要是为了解决名字（自定义的类型名、变量名、方法名）冲突的问题，是避免类名冲突的一种方式。

1.4.2 命名空间的声明

命名空间是.NET Framework 开发的基础，是所有标识符（例如类）的命名容器。C#中的类是利用命名空间组织起来的。命名空间提供了一种从逻辑上组织类的方式，防止命名冲突。程序员除了可使用.NET Framework 自带的各种命名空间外，还可以自定义命名空间。

用 namespace 关键字声明一个命名空间，此命名空间范围允许程序员组织代码，并允许创建类、属性和方法。声明（定义、创建）命名空间的语法格式如下。

```
namespace 命名空间名
{
    声明类;
    声明接口;
      ...
}
```

在命名空间中，可以声明类、接口、结构、枚举、委托命名空间。

定义命名空间时需要遵循以下规则。

1）“命名空间名”可以是任何合法的标识符，与变量的命名规则相同。

2）无论是何种情况，一个命名空间的名称在它所属的命名空间内必须是唯一的。命名空间隐式地为 public，而且在命名空间的声明中不能包含任何访问修饰符。

3）如果未自定义声明命名空间，则会创建默认命名空间（有时称为全局命名空间）。全局命名空间中的任何标识符都可用于命名的命名空间中。

4）命名空间声明出现在另一个命名空间声明内时，该内部命名空间就成为包含着它的外部命名空间的一个成员。这种情况称为命名空间的嵌套。

【例 1-8】 在同一个项目中，如果出现名称相同的两个类，可以放在不同的命名空间中。如图 1-19 所示，在 Class1.cs 文件中，声明命名空间 MyShool，在该命名空间中定义了 Student 类。如图 1-20 所示，在 Class2.cs 文件中，声明命名空间 YourShool，该命名空间中也定义了 Student 类。两个命名空间中的 Student 类互相不受影响。

例题视频
例 1-8 视频

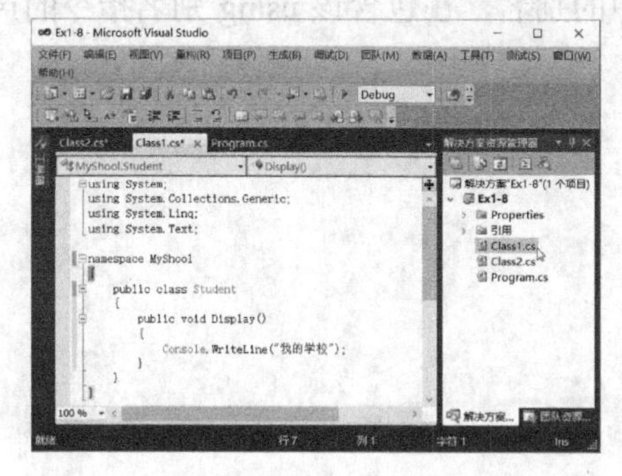

图 1-19　命名空间 MyShool 中的 Student 类

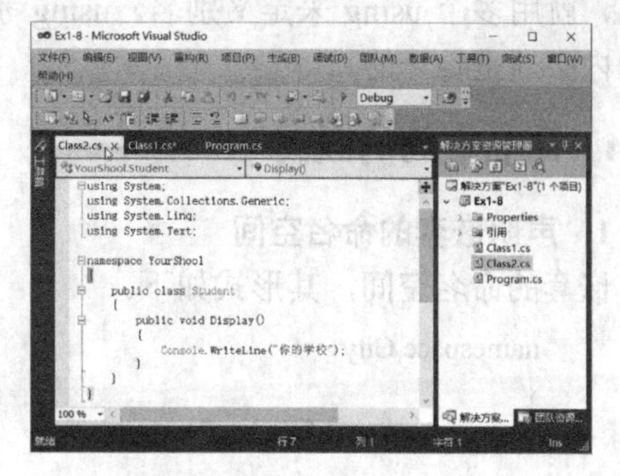

图 1-20　命名空间 YourShool 中的 Student 类

若 Program 类中用到 Student 类，怎么办？有两种方法，一是直接用命名空间名作为类的前缀，例如：

```
YourShool.Student stu = new YourShool.Student();
```

二是引用命名空间，例如：

```
using MySchool;
```

如图 1-21 所示。

从本质上讲，命名空间就是一个容器，在这个容器内可以放入类、方法、变量等，它们在同一个命名空间内可以无条件相互访问。在命名空间之外，就必须引用

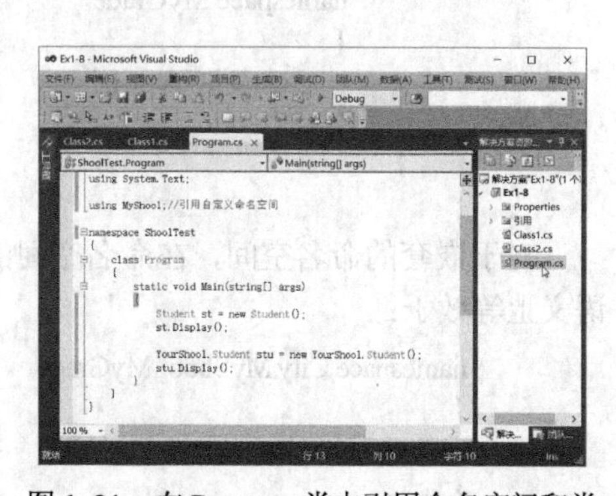

图 1-21　在 Program 类中引用命名空间和类

或者导入其他命名空间，才能调用它们包含的这些项。

1.4.3 导入其他命名空间

在当前类中，如果要使用其他命名空间中定义的类，要用 using 导入。using 作为导入命名空间指令，有以下两种使用方式。

1．导入命名空间

using 指令导入其他命名空间中定义的类型成员，指令格式如下。

```
using 命名空间名;
```

“命名空间名”可以是系统命名空间、自定义命名空间。这样可以将一个命名空间中所包含的类型导入到命名空间体中，从而可以直接使用这些导入类型的标识符，而不必指定类型的详细命名空间名。

例如，导入最常用的系统命名空间：

```
using System.Text;
```

例如，导入自定义命名空间：

```
using MyShool;
```

2．创建别名并导入命名空间

using 指令用于为一个命名空间或类型指定一个别名，并导入命名空间。指令格式如下。

```
using 别名 = 命名空间名 或 类型名称;
```

用别名的方法将会更简洁，用到哪个类就给哪个类做别名声明即可。

```
using Shool = MyShool;
```

别名一般用于嵌套命名空间，因为在嵌套时，其名称较长。如果有多个命名空间需要使用别名，就用多个 using 来定义别名。using 别名指令中的别名，在包含该 using 别名指令的声明空间内必须是唯一的。

1.4.4 命名空间的嵌套

1．声明嵌套的命名空间

嵌套的命名空间，其形式如下。

```
namespace City
{
    namespace MySchool
    {
        namespace MyGrade
        {
            class Student { }
        }
    }
}
```

对于嵌套的命名空间，在命名空间的声明中各命名空间用“.”分隔。例如，前面的代码在语义上等效于：

```
namespace City.MyShool.MyGrade
{
    class Student { }
}
```

2．导入嵌套的命名空间

导入嵌套的命名空间时，使用：

```
using City.MyShool.MyGrade;
```

或者使用别名：

```
using user = City.MyShool.MyGrade;
```

在创建对象时，用别名可写为：

```
user.Student stu=new user.Student();
```

1.5 习题

习题解答
第1章习题解答

一、选择题

1．在类的定义中，类的（　　）描述了该类的对象的行为特征。

A．类名　　B．方法　　C．属性　　D．所属的命名空间

2．在C#类的定义中，this关键字就是表示类中定义的（　　）。

A．成员名　　B．方法名　　C．局部变量名　　D．命名空间名

3．在C#中，以下关于命名空间的叙述正确的是（　　）。

A．命名空间不可以嵌套

B．在任意一个.cs文件中只能存在一个命名空间

C．使用private修饰的命名空间，其内部的类不允许访问

D．命名空间使得代码更加有条理，结构更清晰

二、编程题

1．设计控制台应用程序，程序包含如下内容：

1）定义狗类Dog。

字段：名字（name）、年龄（age）、性别（sex）、皮毛颜色（furColor）。

方法：叫的方法（Bark()），显示“汪汪汪”。

跑的方法（Run()），显示“撒欢地跑”。

2）定义猫类Cat。

字段：名字（name）、年龄（age）、性别（sex）、皮毛颜色（furColor）、猫眼睛的颜色（eyeColor）。

方法：叫的方法（Bark()）：显示“喵喵喵”。

3）主类：实现一个Dog对象（miaomiao毛毛，3，母，金色），实现叫的方法和跑的方法。实现一个Cat对象（mimi咪咪，2，公，白色，蓝色），实现叫的方法。

2．设计控制台应用程序，定义球Ball类，已知球的半径，计算球的体积、表面积。

字段：球的半径（radius）。

方法：计算球体积的方法BallVolume()，计算公式$V=\frac{4}{3}\pi R^3$。

计算球表面积的方法BallSurfaceArea()，计算公式$S=4\pi R^2$。

第2章 封　　装

面向对象编程的三大基本特征：封装、继承和多态。封装（Encapsulation）有时称为面向对象编程的第一支柱或原则。根据封装原则，类或结构可以指定自己的每个成员对外部代码的可访问性，可以隐藏不得在类或程序集外部使用的方法和变量，以限制编码错误或恶意攻击发生的可能性。本章主要介绍封装、方法重载以及构造函数的概念、定义与使用。

教学课件
第 2 章课件资源

授课视频
2.1 授课视频

2.1 封装的概念

封装，顾名思义，就是密封包装起来。封装广泛应用于各个行业各个领域，例如计算机中央处理器（CPU）、硬盘等配件，都是封装后的配件。对于台式计算机，只要计算机的鼠标、键盘、显示器等对外接口不变，不管计算机内部的 CPU、内存条、主板、硬盘等技术如何升级，都可以组装起来，正常使用，通过计算机主机箱封装计算机主机。如果把汽车看成一个封装对象，驾驶员只能通过方向盘和仪表来操作汽车，而汽车的内部实现则被隐藏起来。在日常生活中，为什么要把某些事情隐藏封装起来呢？一是，有些东西是很关键很机密的，不想随便被使用、被改变、被访问。二是，可能这个东西不是很关键机密，访问和改变也无所谓，但是，封装起来后使用者不会再有了解其内部的欲望，使处理问题变得更加简单。封装是人们在现实世界中解决问题时，为了简化问题，对研究的对象所采用的一种方法，一种信息屏蔽技术。

面向对象编程中的封装（Encapsulation）就是通过定义类，并且给类的成员（变量、字段、属性、方法等）加上访问控制（public，private，protected），把只需在本地类中使用的成员变为私有，拒绝他人访问；把需要公开的属性和方法变为公有，供他人访问；并尽可能对外部隐藏类的内部实现细节。对外界其他类或对象来说，不需要了解类内部是如何实现的，只需要了解类所呈现出来的外部行为即可。一个类或对象不能直接操作另一个类或对象的内部数据，所有的交流必须通过公开的属性、方法来调用。就像.NET 类库中的类，比如 String 类、Math 类、DateTime 类，人们不知道其类内部的实现代码，只知道调用方法就可以了。所以，通过封装这个手段，就抽象出来了事物的本质特性，也是一种良好的编程习惯和规范。

封装隐藏某个对象的与其基本特性没有很大关系的所有详细信息，就是将需要让其他类知道的公开出来，不需要让其他类了解的全部隐藏起来。封装可以阻止对不需要信息的访问，可以使用访问修饰符实现封装，也可以使用方法实现封装，可以将隐藏的信息作为参数或者属性值、字段值传给公共的接口或方法，以实现隐藏起来的信息和公开信息的交互。封装的目的就是实现“高内聚，低耦合”。高内聚就是类的内部数据操作细节自己完成，不允许外部干涉，就是这个类只完成自己的功能，不需要外部参与；低耦合就是仅暴露很少的方法给外部使用。面向对象程序设计的封装，隐藏了某一方法的具体执行步骤，取而代之的是通过消息传递机制传送消息给它。

在面向对象编程中，封装的目的是增强安全性和简化编程。使用封装的作用如下。

1）将相关联的变量和方法封装成一个类，变量描述类的属性，方法描述类的行为，这符合人们对客观世界的认识。

2）封装使类形成两部分，接口（可见）和实现（不可见），将类所声明的功能与内部实现细节分离。

3）只能通过属性、方法访问类中的数据，保护对象，避免用户误用，提高了程序的安全性。

3）类与创建对象及调用对象的程序代码相互独立，修改类中的代码时，不用修改其他代码，从而可以让程序代码更容易维护，提高了模块的独立性。一个好的封装可以在以后代码功能发生改变的时候，只需在封装的地方修改即可，不需要大范围内修改。

4）便于调用者调用，调用者不需要知道该功能是如何实现的，只需要知道调用该接口或方法能实现该功能。

5）隐藏复杂性，降低了软件系统开发难度，易开发；各模块独立组件修改方便，重用性好，易维护。

6）封装隐藏了类的内部实现机制，从而可以在不影响使用的前提下改变类的内部结构，同时保护了数据。

【例 2-1】 下面程序在创建的对象 student 中，为了访问 Student 类中的 age，在定义 Student 类中必须把 age 的访问控制定义为 public，这是没有采用封装的代码。

```
public class Student
{
    public int age;//学生的年龄
}
class Program
{
    static void Main(string[] args)
    {
        Student student = new Student();
        student.age = 18;
        Console.WriteLine("王芳的年龄是{0}岁", student.age);
    }
}
```

修改上面的代码，把 age 的访问控制定义为 private，把这个成员变量封装起来，使其不能被外部访问，而是通过两个方法与类的外部联系。代码如下。

```
public class Student
{
    private int age;//学生的年龄
    //获得年龄的方法
    public int GetAge()
    {
        return age;
    }
    //设置年龄的方法
    public void SetAge(int input)
    {
        if(input>0 && input<100)
        {
            age=input;
        }
        else
        {
```

```
                age=20;
            }
        }
    }
    class Program
    {
        static void Main(string[] args)
        {
            Student student = new Student();
            student.SetAge(18);
            Console.WriteLine("王芳的年龄是{0}岁", student.GetAge());
        }
    }
```

通过封装可以隐藏类的实现细节，将类的状态信息隐藏在类内部，不允许外部程序直接访问类的内部信息，而是通过该类所提供的公开的属性和方法来实现对内部信息的操作访问。

封装时会用到多个访问修饰符来修饰类和类成员，赋予不同的访问权限。而为了保护类中字段数据的安全性，使用类的属性来限制外界对类对象数据的访问和更新操作。

在程序上，隐藏对象的属性和实现细节，仅对外公开接口，控制在程序中属性的读和修改的访问级别；将抽象得到的数据和行为（或功能）相结合，形成一个有机的整体，也就是将数据与操作数据的源代码进行有机结合，形成“类”，其中数据和方法都是类的成员。

2.2 类的属性

授课视频

2.2 授课视频

属性（property）是对象的性质与对象之间关系的统称。在面向对象的编程和思想中，属性与字段相似，都是类的成员，都有类型，可以被赋值和读取。通常把字段定义为私有的，然后再定义一个与该字段对应的，可以读、写的属性。因此，属性更充分地体现了对象的封装性。怎样封装？具体的封装就是将字段私有化，提供公有的方法访问私有的字段。

在【例 2-1】中，为了隐藏成员变量 age，引入了 GetAge()、SetAge()方法，来获得和设置被隐藏的成员变量 age，这样做的缺点是需要编写许多方法。为了解决这个问题，在.NET 中提供了属性，以方便地封装字段。

2.2.1 属性的声明

如何实现封装？其实就是封装字段，C#属性是对类中字段的保护，像访问字段一样来访问属性，同时也就封装了类中的内部数据。在 C#中，类的属性是在一个类中采用下面方式定义的类成员。在声明类中，定义属性的语法格式如下。

```
访问修饰符 class 类名
{
    private 数据类型 字段名;
    public 数据类型 属性名
    {
        get { retuen 字段名;}
        set {字段名=value;}
    }
    …
```

类的成员;
    }

由于字段要私有化，定义字段的访问修饰符为 private，这样字段才能被隐藏。由于属性要公开，在封装属性的 get 和 set 方法中，访问修饰符要声明为 public，才能在其他类中访问到。字段是在类或结构中直接声明的任意类型的变量，字段是其包含类型的成员。

get、set 称为属性访问器，get 和 set 访问器有预定义的语法格式，可以把属性访问器理解为方法。

set 访问器负责设置数据，set 访问器总是拥有一个单独的、隐式的值参数，名称为 value，value 表示调用属性时给属性赋的值，与属性的类型相同，在 set 访问器内部可以像普通变量一样使用 value，其返回类型是 void。

get 访问器负责获取数据，get 访问器没有参数，拥有一个与属性类型相同的返回值。get 访问器最后必须执行一条 return 语句，返回一个与属性类型相同的值。

set 访问器和 get 访问器可以以任何顺序声明，除此之外，属性不允许有其他方法。

在封装属性代码中，同时有 get 和 set 方法，则该属性称为读写属性；如果只有 set 方法，而没有 get 方法，则该属性称为只写属性；如果只有 get 方法，而没有 set 方法，则该属性称为只读属性。

C#属性是对类中的字段的保护，像访问字段一样来访问属性。同时，也就封装了类的内部数据。属性的特点是每当赋值运算的时候自动调用 set 方法，其他时候则调用 get 方法。

【例 2-2】 把【例 2-1】中的代码，采用属性来实现。

例题视频
例 2-2 视频

新建一个项目，项目名称为 FZ2。在“项目”菜单中单击“添加类”，或者在“解决方案资源管理器”中右击项目名称 FZ2，单击“添加”→“类”。显示“添加新项”对话框，在“名称”框中改写类名为 Student.cs，然后单击“添加”按钮。进入 Student.cs 编辑标签，在 class Student 前添加访问修饰符 public。在定义 Student 类中添加 age 字段，访问修饰符为 private。

在 Visual Studio 中，有两种封装字段的方法，一种是手工输入封装字段代码；一种是通过简单操作，让 Visual Studio 自动生成封装字段代码。下面采用自动生成的方法。右击要封装字段的代码行，在快捷菜单中单击“重构”→“封装字段”，如图 2-1 所示。显示“封装字段”对话框，如图 2-2 所示，在“属性名”文本框中系统自动命名属性名，且为 Pascal 命名法，一般不需要更改，直接单击“确定”按钮。

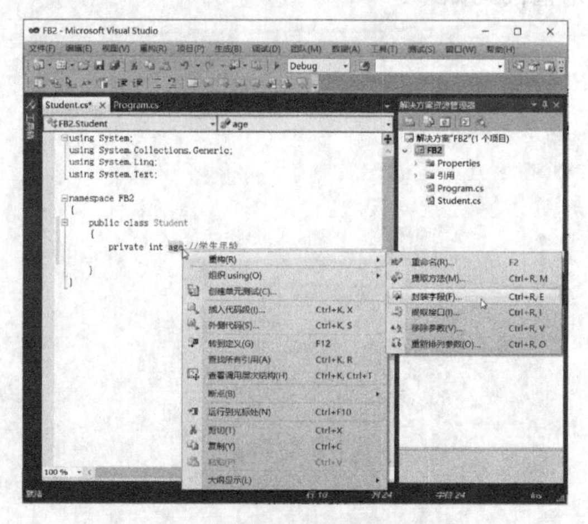

图 2-1 字段代码行的快捷菜单

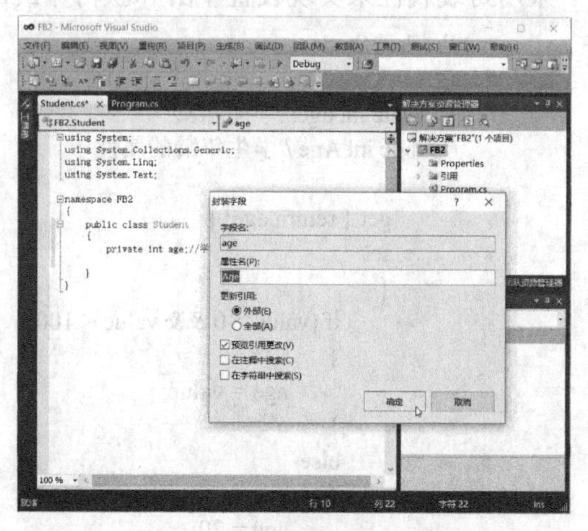

图 2-2 “封装字段”对话框

显示“预览引用更改-封装字段”对话框，如图 2-3 所示，直接单击“应用”按钮，则属性代码添加到编辑区，如图 2-4 所示。

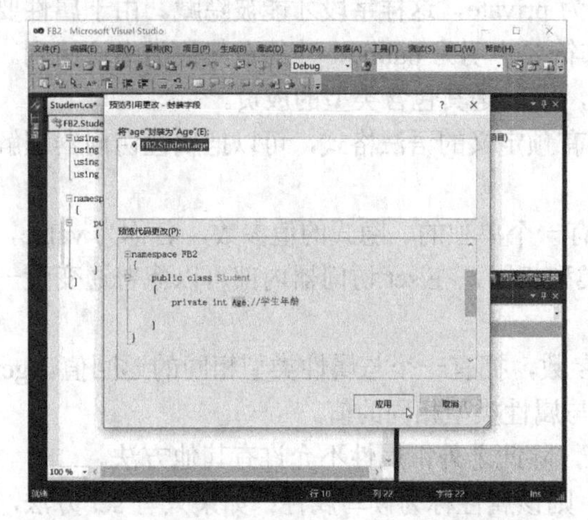

图 2-3 “预览引用更改-封装字段”对话框

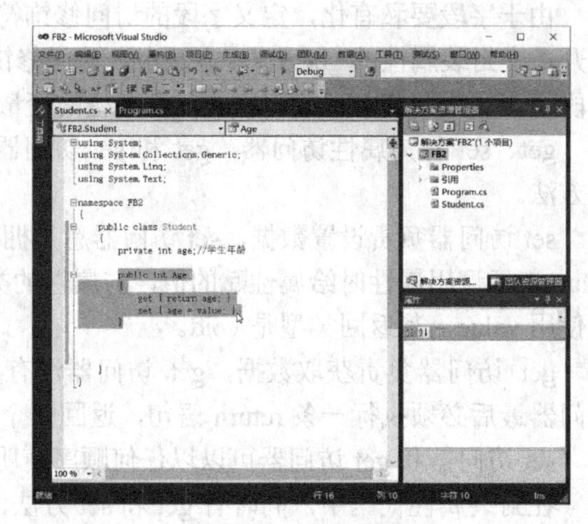

图 2-4 添加的属性代码

通过上面的操作，系统生成的 Age 属性的封装代码如下。

```
public int Age //学生年龄的属性
{
    get { return age; }
    set { age = value; }
}
```

字段变量推荐采用 cancel 命名法，例如 age、studentName；属性采用 Pascal 命名法，例如 Age、StudentName。

get { return age; }方法用于获得 age，通过 return age 返回 age 的值，实现获得 Age 属性值的功能。

set { age = value; }方法用于设置 age，其中 age = value 中的 value 表示调用属性时给属性赋的值（或称传入的值），然后通过赋值语句 age = value 把属性值赋值给 age，实现改变 Age 属性值的功能。

如果要在 set { age = value; }方法中实现更多的功能，可以在 set 方法中修改代码。

采用封装属性来实现设置年龄和获得年龄的完整代码如下。

```
public class Student
{
    private int age;//学生年龄
    public int Age //学生年龄的属性
    {
        get { return age; }
        set
        {
            if (value > 0 && value < 100)
            {
                age = value;
            }
            else
            {
                age = 20;
```

```
            }
        }
    }
}
class Program
{
    static void Main(string[] args)
    {
        Student student = new Student();
        student.Age = 18; //设置属性值，使该对象的 Age 值为 18
        Console.WriteLine("王芳的年龄是{0}岁", student.Age); //获得 student.Age 属性值
    }
}
```

从以上例子中的代码可以看到，属性在外观和功能上都类似于字段。但字段是数据成员，属性是特殊的方法成员，因此存在以下一些特定的局限：

1）不能使用 set 访问器初始化一个 class 或者 struct 的属性。

2）在一个属性封装中最多只能包含一个 get 访问器和一个 set 访问器，属性封装中不能包含其他方法、字段或属性。

3）get 和 set 访问器不能带有任何参数，所赋的值会使用 value 变量自动传给 set 访问器。

4）不能声明 const 或者 readonly 属性。

2.2.2 属性的访问

属性的访问很简单，带有 set 访问器的属性可以直接通过如下格式赋值：

对象.属性 = 值或变量;

例如：

```
student.Age = 18;
```

带有 get 访问器的属性可以通过如下格式得到其值：

变量 = 对象.属性;

例如：

```
int age = student.Age;
```

2.3 方法重载

在面向对象的高级语言中，方法重载（overload）是指在同一个类中，定义多个方法名相同，但是方法的参数个数、次序、类型不同的方法；调用方法时，根据实参的形式，编译器就可以选择与其匹配的方法执行操作的一种技术。方法重载没有关键字，适用于普通方法和构造函数。

重载对返回值没有要求，可以相同，也可以不同。但是如果方法名相同，参数个数、次序、类型都相同，而返回值不同，则无法构成重载。

决定方法是否构成方法重载有几个条件规则：①在同一个类中；②方法名相同；③参数数量不同；④参数的顺序不同；⑤参数的数据类型不同。

【例 2-3】 设计一个控制台的两个或 3 个整数、双精度的加法程序，加法方法采用方法重载。设计思路是定义一个加法类 Adder，在加法类中分别定义两个、3 个整数的加法方法，定义两个、3 个双精度的加法方法。

加法类 Adder 的代码如下。

```
class Adder
{
      public int Add(int a, int b)                      //两个整数的加法方法。方法重载 1
      {
            return a + b;
      }
      public int Add(int a, int b, int c)               //三个整数的加法方法。方法重载 2
      {
            return a + b + c;
      }
      public double Add(double a, double b)   //两个双精度数的加法方法。方法重载 3
      {
            return a + b;
      }
      public double Add(double a, double b, double c) //三个双精度数的加法方法。方法重载 4
      {
            return a + b + c;
      }
      public string Add()         //方法重载 5
      {
            return "参数不能为空";
      }
      //public int Add()          //不构成方法重载
      ////如果去掉本方法的注释，则提示“已定义了一个名为 Add 的具有相同参数类型的成员”
      //{
      //       return 0;
      //}
}
```

在 class Program 类的 Main()方法中，实例化加法类，用创建的加法对象 adder 调用不同参数的加法方法，通过方法重载实现计算，代码如下。

```
Adder adder = new Adder();                             //实例化类 Adder，创建 adder 对象
Console.WriteLine(adder.Add());                        //调用无参方法，并显示
Console.WriteLine(adder.Add(2, 3));                    //调用两个整数的方法，并显示
Console.WriteLine(adder.Add(2, 3, 5));                 //调用 3 个整数的方法，并显示
Console.WriteLine(adder.Add(1.2, 5.6));                //调用两个双精度数的方法，并显示
Console.WriteLine(adder.Add(2.1, 3.3, 6.2));   //调用 3 个双精度数的方法，并显示
```

在 Adder 类的声明中，Add()方法重载了 5 次，程序运行结果如图 2-5 所示。想一想，为什么 Adder 类声明中的“public string Add() //方法重载 5”与“public int Add() //不构成方法重载”不能构成方法重载？

图 2-5　加法程序运行结果

【课堂练习 2-1】 指出下面方法定义代码中，哪些方法可以构成方法重载？哪些不能构成方法重载？为什么？

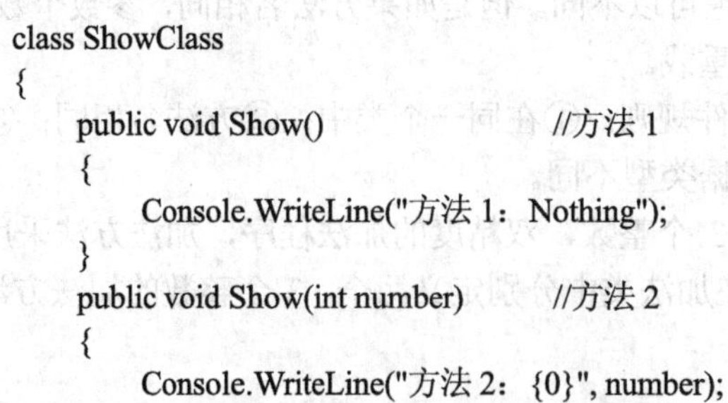

```
class ShowClass
{
      public void Show()                        //方法 1
      {
            Console.WriteLine("方法 1：Nothing");
      }
      public void Show(int number)      //方法 2
      {
            Console.WriteLine("方法 2：{0}", number);
```

```
    }
    public void Show(int number, string str)    //方法 3
    {
        Console.WriteLine("方法 3：{0},{1}",number,str);
    }
    public void Show(string str, int number)    //方法 4
    {
        Console.WriteLine("方法 4：{0},{1}",str, number);
    }
    //public int Show(int number)               //方法 5
    //{
    //    Console.WriteLine("方法 5：{0}",number);
    //    return number % 5;
    //}
}
```

【例 2-4】 使用方法重载实现给小狗、小鸟等不同宠物看病的功能。

1）分别定义 Dog 和 Bird 两种不同动物的类，都有 3 个属性，代码如下。

```
public class Dog //小狗类
{
    public String Name { get; set; }        //小狗的名字
    public String Sex { get; set; }         //小狗的性别
    public int Health { get; set; }         //小狗的健康值
}
public class Bird  //小鸟类
{
    public String Name { get; set; }        //小鸟的名字
    public String Sex { get; set; }         //小鸟的性别
    public int Health { get; set; }         //小鸟的健康值
}
```

2）定义一个宠物医生类 Doctor，在 Doctor 类中定义两个方法，分别给这两种动物看病。在同一个 Doctor 类中，定义了两个叫 Cure()的方法，两个 Cure()方法的方法名相同，返回值类型也相同，但是它们的参数类型是不同的。给小狗看病的 Cure()方法的参数类型是 Dog 类型；给小鸟看病的 Cure()方法的参数类型是 Bird 类型。具体代码如下。

```
public class Doctor //医生类
{
    public void Cure(Dog dog) //给小狗看病的方法
    {
        if (dog.Health < 60)
        {
            Console.WriteLine("打针，吃药");
            dog.Health = 60;
        }
    }
    public void Cure(Bird bird) //给小鸟看病的方法
    {
        if (bird.Health < 60)
        {
            Console.WriteLine("吃药，疗养");
        }
    }
}
```

3）先看医生给小狗看病的代码，实例化了一个医生对象 doc，实例化了一个小狗对象，调用医生对象的 Cure(dog)方法，参数是 dog。代码如下。

```
class Program
{
    static void Main(string[] args)
    {
        Doctor doc = new Doctor();
        Dog dog = new Dog();
        doc.Cure(dog);
    }
}
```

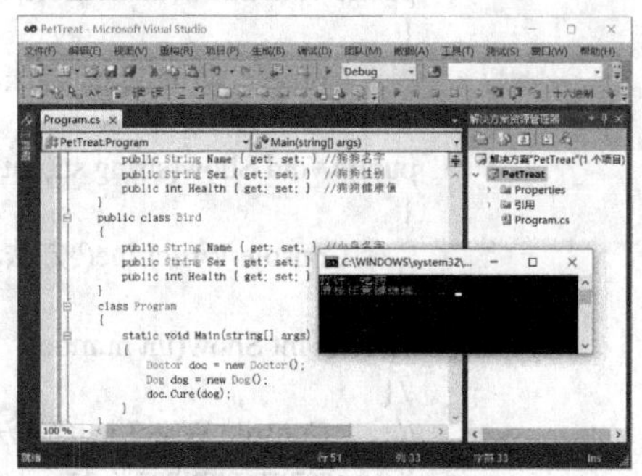

图 2-6　小狗的治疗方法

按〈Ctrl+F5〉键执行程序，显示如图 2-6 所示，医生的治疗方法是针对小狗的“打针，吃药”。

4）下面编写给小鸟看病的代码。实例化一个 bird 对象，将 bird 对象作为参数传递给 Cure(bird)的方法。代码如下。

```
class Program
{
    static void Main(string[] args)
    {
        Doctor doc = new Doctor();
        Bird bird = new Bird();
        doc.Cure(bird);
    }
}
```

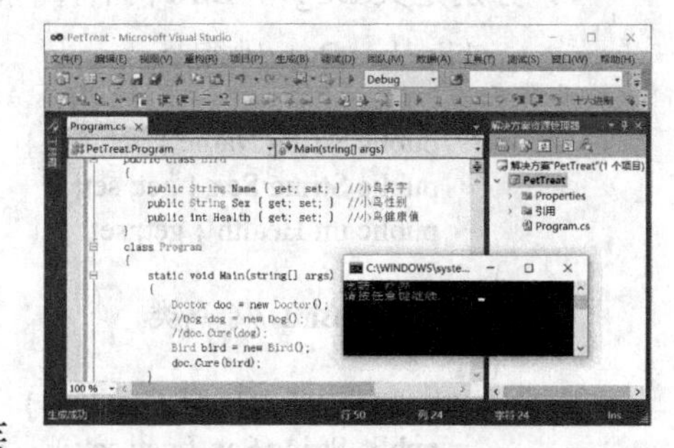

图 2-7　小鸟的治疗方法

按〈Ctrl+F5〉键执行程序，显示如图 2-7 所示，医生的治疗方法就变成针对小鸟的“吃药，疗养”。

这样就在同一个类中，使用一个医生对象 doc 的相同名字的方法 Cure()，实现了给小狗、小鸟看病的功能，但是两次调用时由于传递的参数不一样，得到了不同的结果，这里用到了方法的重载。

2.4　构造函数

授课视频

2.4 授课视频

C#提供了更好的机制来增强程序的安全性，C#编译器具有严格的类型安全检查功能，它几乎能找出程序中所有的语法问题，但是程序通过了编译检查并不表示错误已经不存在了，不少难以察觉的程序错误是由于变量没有被正确初始化造成的，而初始化工作很容易被程序员遗忘。C#语言把对象的初始化工作放在构造函数中，当对象被创建时，构造函数被自动执行，这样就不用担心忘记对象的初始化工作。

2.4.1　构造函数的概念

构造函数又叫构造方法、构造器，它是类的一种特殊的成员函数，在创建类的新对象时执行。它主要用于为对象分配存储空间，主要用来在创建对象时初始化对象，即为对象成员变量赋初始值，总与 new 运算符一起使用在创建对象的语句中。一个类可以有多个构造函数，可根据其参数个数的不同或参数类型的不同来区分它们，即构造函数的重载。

当创建一个对象时，对象表示一个实体。例如，下面代码创建了一个学生对象，那么该学生就应该有名字、年龄等数据成员，所以创建对象后必须给该对象的数据成员赋初始值。

```
Student st= new Student();
st.Name = "张三丰"; //设置属性值，使该对象的 Name 值为"张三丰"
st.Age = 18; //设置属性值，使该对象的 Age 值为 18
```

如果创建了该学生的对象，但并没有给它的数据成员初始化，则该学生的名字、年龄等数据成员的值是系统默认的值（根据对象属性的数据类型决定，例如 int 型为 0，string 型为 null），这时这个对象就没有意义。因此，当创建对象时，经常需要自动地做某些初始化的工作，例如初始化对象的数据成员。自动初始化对象的工作由该类的构造函数来完成。

构造函数是 C#类中一个特殊的 public 成员方法，与普通方法相比，构造函数是被自动调用的。任何时候只要创建类，就会调用类的构造函数。构造函数的作用是在创建对象时，系统自动调用它来初始化新对象的数据成员。构造函数使得程序员可设置默认值、限制实例化以及编写灵活且便于阅读的代码。

2.4.2 构造函数的定义

每个类都必须至少有一个构造函数。构造函数的语法格式如下。

```
访问修饰符 class 类名
{
    public 类名(参数表)
    {
        自定义构造函数中的代码;
    }
    public 类名()
    {
        默认或无参构造函数中的代码;
    }
        ...
    类的成员;
}
```

构造函数是类的一个特殊的成员函数，除了具有一般成员函数的特点外，还有独有的特点。在定义构造函数时有以下说明。

1）构造函数的命名必须和类名完全相同。在 C#中普通方法名不能与构造函数同名。一个类中可以有多个构造函数，所有构造函数的名称必须相同，它们由不同的参数区分，系统在自动调用时按函数重载的规则选一个执行，即构造函数可以重载，从而提供初始化类对象的不同方法。

2）构造函数的功能是对对象初始化，因此在构造函数中只能对数据成员初始化。这些数据成员一般为私有成员，在构造函数中一般不做初始化以外的事情。

3）构造函数没有返回值，因此也没有返回类型，也不能用 void 来修饰。它可以带参数，也可以不带参数。

4）构造函数必须通过 new 运算符在创建对象时自动调用，当创建对象时，该对象所属的类的构造函数自动被调用，在该对象生存期中只调用这一次，调用哪一个构造函数取决于传递给它的参数类型。每创建一个对象，就调用一次构造函数。构造函数不需要被程序员显式调用，也不能被程序员调用。

5）若在定义类时未定义任何构造函数，系统会提供一个默认的，不带参数的构造函数，此构造函数的函数体为空。

6）构造函数不能被继承。

2.4.3 构造函数的分类

构造函数的主要作用是在创建对象时初始化对象，在一个类的声明中至少要有一个构造函数。构造函数分为默认构造函数和自定义构造函数。

1．默认构造函数

在默认情况下，也就是在类的声明中没有写构造函数的定义代码，则C#编译器将自动创建一个无参数的构造函数，这个构造函数称为默认构造函数。默认的构造函数没有参数，与类同名。默认构造函数自动实例化对象，它只能把对象的所有成员变量初始化为其成员变量类型的默认值（例如，引用类型为空引用，数值类型为0，bool为false）。

如果在类的声明中提供了带参数的构造函数，则C#编译器就不会自动提供无参数构造函数。为了避免调用无参构造函数时出错，需要程序员手工编写一个无参数无语句的构造函数。

2．自定义构造函数

如果在声明类中，程序员也可以创建无参数和有参数的构造函数，称为非默认的构造函数，或者自定义构造函数。

在声明类中，只要程序员定义了自定义构造函数（有参数、无参数），则默认的无参构造函数就不再自动创建。这时，如果希望能够调用不带参数的构造函数，程序员就必须显式地声明一个无参数的构造函数。

如果类中显式地定义了有参构造函数，而没有显式地定义无参构造函数，则在初始化对象时试图调用无参构造函数，将会发生编译错误。只有当类中没有自定义构造函数时（此时调用默认构造函数），或者类中有自定义的无参构造函数时，才能在调用构造函数时不提供实参。

2.4.4 调用构造函数

在声明类时，一个类中会包含或默认构造函数，也可能包含自定义构造函数（无参或有参构造函数）。

1．调用默认构造函数

默认构造函数不带参数，只要使用new运算符实例化对象，并且不为new提供参数，就会调用默认构造函数。假设一个类包含有默认构造函数，则调用默认构造函数的语法如下。

类名 对象名 =new 类名();

【例2-5】 调用默认构造函数。在类中没有定义任何构造函数，如下代码。

```
public class Student
{   //类中没有定义构造函数
    private string name;
    public string Name
    {
        get { return name; }
        set { name = value; }
    }
    private int age;
    public int Age
    {
        get { return age; }
        set { age = value; }
    }
```

```
    }
    class Program
    {
        static void Main(string[] args)
        {
            Student stu = new Student();//实例化无参数构造函数
            Console.WriteLine("学生:{0}的年龄是{1}岁", stu.Name, stu.Age);//属性没有初始化
        }
    }
```

由于在声明的类中没有定义构造函数，系统自动创建默认无参数构造函数，成员变量的值初始化为系统默认的值。执行程序，运行结果如图 2-8 所示。

2．调用自定义构造函数

自定义构造函数包括无参和有参构造函数。

（1）调用自定义无参构造函数

自定义无参构造函数的调用与默认构造函数的调用相同。

图 2-8　调用默认构造函数

【例 2-6】 调用无参数构造函数。在自定义无参数构造函数中，给类的成员变量赋默认值。

```
    public class Department
    {
        private string departName;//部门名称
        public string DepartName
        {
            get { return departName; }
            set { departName = value; }
        }
        private int departLevel;//部门级别
        public int DepartLevel
        {
            get { return departLevel; }
            set { departLevel = value; }
        }

        public Department() //自定义无参数构造函数
        {
            this.departName = "产品设计中心";        //给类的成员变量赋默认值
            this.departLevel = 3;
        }
    }
    class Program
    {
        static void Main(string[] args)
        {
            Department depart = new Department();    //实例化无参数构造函数
            Console.WriteLine("李明所在的部门是：{0}，这个部门的级别是：{1}级
",depart.DepartName,depart.DepartLevel);
        }
    }
```

程序运行结果如图 2-9 所示，自定义无参构造函数已经为对象初始化。

图 2-9　自定义无参构造函数

（2）调用有参构造函数

如果在类的声明中包含有参构造函数，调用这种有参构造函数的语法如下。

类名 对象名 =new 类名(参数表);

参数表中的参数可以是变量、常量或表达式，参数之间用逗号分隔。在一个类中可以有多个有参构造函数，所以实例化类的对象时也可提供不同的初始值，构成构造函数的重载。

【例 2-7】 调用带参数的构造函数示例，如下代码。

```
public class Student
{
    private string name;
    public string Name
    {
        get { return name; }
        set { name = value; }
    }
    private int age;
    public int Age
    {
        get { return age; }
        set { age = value; }
    }
    public Student(string name, int age)        //自定义有参构造函数
    {
        this.name = name;
        this.age = age;
    }
    //public Student() { }
}
class Program
{
    static void Main(string[] args)
    {
        Student stu = new Student("张三丰", 169);
        //Student stu0 = new Student();         //请读者取消本行代码的注释
        Console.WriteLine("学生:{0}的年龄是{1}岁", stu.Name, stu.Age);
    }
}
```

如果取消 Student stu0 = new Student()前的注释，运行程序，看看出现什么问题？为什么？如何消除这个错误？

2.4.5 构造函数的重载

构造函数与方法一样都可以重载。构造函数的重载是指构造函数具有相同的名字，而参数的个数或参数类型不相同。构造函数是重载方法的典型应用，在这里又叫重载构造函数。重载构造函数的主要目的是为了给创建对象提供更大的灵活性，以满足创建对象时的不同需要。C#中有默认构造函数，也可以定义多个带参数的构造函数。构造函数必须与类同名，并且不能有返回值。所以 C#构造函数重载相当于不同数量的参数方法重载，例如，可以传 0 个参数也可以传 2 个，也可以传 3 个参数或更多。构造函数重载的规则与方法重载的规则相同。

【例 2-8】 构造函数的重载示例。新建 Department 类，添加几个字段，并通过属性对字段进行封装。添加几个带参数构造函数，显式添加默认构造函数形式的无参构造函数。代码如下。

例题源代码
例 2-8 源代码

```
public class Department
{
    private string departName;      //部门名称
    public string DepartName        //部门名称属性
    {
        get { return departName; }
        set { departName = value; }
    }
    private int departLevel;                        //部门级别
    public int DepartLevel                          //部门级别属性
    {
        get { return departLevel; }
        set { departLevel = value; }
    }
    public Department(string departName, int departLevel) //有参构造函数
    {
        this.departName = departName;
        this.departLevel = departLevel;
    }
    public Department()                             //无参构造函数
    {
        this.departName = "产品设计中心";
        this.departLevel = 3;
    }
    private int departPersonCount;                  //部门人数
    public int DepartPersonCount                    //部门人数属性
    {
        get { return departPersonCount; }
        set { departPersonCount = value; }
    }
    public Department(int departPersonCount)        //有参构造函数
    {
        this.departPersonCount = departPersonCount;
    }
}
```

在 class Program 类的 Main()中，新建 Department 类，实例化 Department 对象，调用不同的构造函数，输出不同信息。代码如下。

```
class Program
{
    static void Main(string[] args)
    {
        Department depart = new Department("人力资源部", 2);//实例化对象
        Console.WriteLine(" 李 明 所 在 的 部 门 是 ： {0}， 这 个 部 门 的 级 别 是 ： {1} 级 ",
depart. DepartName, depart.DepartLevel);
        Department depart1 = new Department();//实例化对象
        Console.WriteLine(" 李 明 所 在 的 部 门 是 ： {0}， 这 个 部 门 的 级 别 是 ： {1} 级 ",
depart1. DepartName, depart1.DepartLevel);
        Department depart2 = new Department(60);//实例化对象
        Console.WriteLine("李明所在的部门共有{0}人",depart2.DepartPersonCount);
    }
}
```

程序运行结果如图 2-10 所示，通过重载构造函数得到

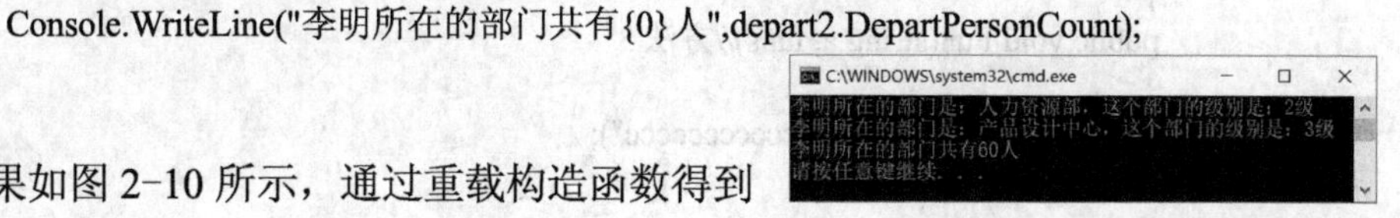

图 2-10　重载构造函数

不同的结果。

2.5 习题

习题解答

第 2 章习题解答

一、选择题

1．属性从读、写特性上分类，可以划分为 3 种，不包括（　　）。

A．只读属性　　　　B．只写属性

C．读、写属性　　　　D．不可读不可写的属性

2．以下关于属性的描述，正确的是（　　）。

A．属性是以 public 关键字修饰的字段，以 public 关键字修饰的字段也可称为属性

B．属性是访问字段值的一种灵活机制，更好地实现了数据的封装和隐藏

C．要定义只读属性，只需在属性名前加上 readonly 关键字即可

D．在 C#的类中不能自定义属性

3．下面 MyClass 类中的属性 name 属于（　　）属性。

```
class MyClass
{
    string st;
    string name
    { get { return st; } }
}
```

A．只读　　　　B．只写　　　　C．可读可写　　　　D．不可读不可写

4．以下关于方法重载的说法，正确的是（　　）。

A．如果两个方法名称不同，而参数的个数不同，那么它们可以构成方法重载

B．如果两个方法名称相同，而返回值的数据类型不同，那么它们可以构成方法重载

C．如果两个方法名称相同，而参数的数据类型不同，那么它们可以构成方法重载

D．如果两个方法名称相同，而参数的个数相同，那么它们一定不能构成方法重载

5．以下（　　）不是构造函数的特征。

A．构造函数的函数名和类名相同　　　　B．构造函数可以重载

C．构造函数可以带有参数　　　　D．可以指定构造函数的返回值

6．指出下面方法定义代码中，构成方法重载的方法为（　　）。

```
class MyClass
{
    public void Fun()//方法 1
    {
        Console.WriteLine("aaaaaaaaaaa");
    }
    public void Fun(string s, int a)//方法 2
    {
        Console.WriteLine("bbbbbbbbbb");
    }
    public void Fun(string a, int s)//方法 3
    {
        Console.WriteLine("cccccccccc");
    }
```

```
    public void Fun(int a, string s)//方法 4
    {
        Console.WriteLine("ddddddddddd");
    }
}
```

A．方法 2、3　　　　　　　　　　B．方法 1、2、4

C．方法 1、2、3　　　　　　　　D．方法 2、3、4

二、编程题

1．在 Box 类中，定义 3 个字段 length、width、height，然后封装字段，得到其属性。定义一个无参的计算体积的方法 volume()，在方法中由字段计算体积。定义一个无参构造函数，定义一个有参构造函数。对于无参构造函数，长方体的 length、width、height 默认值 0；对于有参构造函数，构造函数的参数为整型。在 Main()方法中，创建 3 个对象，分别实例化无参构造函数、有参构造函数，通过调用计算体积的方法 volume()，输出其值。

2．实现计算器的加、减功能。

1）分别声明加法类、减法类和计算类，在计算类中定义加法方法、减法方法，然后在主程序中通过实参实现加法、减法运算。

2）在 1）的基础上，改写计算类，在计算类中采用方法重载来定义加法、减法方法，然后在主程序中通过实参实现加法、减法运算。

第3章　继　　承

本章学习面向对象的第二个重要特性——继承（Inheritance）。可以利用继承的强大机制，实现程序中的代码复用，以提高程序的简洁与高效。而且，继承让子类和父类的层次结构清晰，最终使子类只关注子类的相关状态和行为，无须关注父类的状态和行为。

教学课件
第3章课件资源

授课视频
3.1 授课视频

3.1　继承的概念

继承，泛指把前人的财产、作风、文化、知识等接受过来，也指按照法律或遵照遗嘱接受死者的财产、职务、头衔等。

在面向对象编程中，继承是类与类之间的关系，与现实世界中的继承（例如子女继承父母财产）类似。所谓继承就是使用已存在的类的定义作为基础建立新类的技术。已存在的类称为基类（base class）或父类（father class），新建的类称为派生类（derived class）或子类（son class），如图 3-1 所示。通过继承，一个新建派出类从已有的基类那里获得基类的特性。从另一角度说，从已有的类（基类或父类）产生一个新的派出类（子类），称为类的派生。派生类继承了基类的所有数据成员和成员方法，使得派出类具有基类的各种成员（属性和方法），而不需要再次编写相同的代码。在继承类继承基类的同时，还可以定义自己的新成员，以增强类的功能；也可以重新定义某些成员，即覆盖基类的原有成员，使其获得与基类不同的功能，但不能选择性地继承基类。

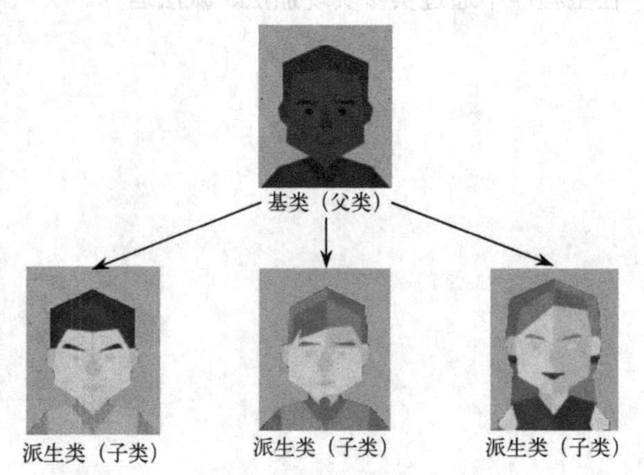

图 3-1　类的继承

继承技术使得复用以前的代码非常容易，能够大大缩短开发周期，降低开发费用。比如可以先定义一个类叫车，车有以下属性：车体大小、颜色、方向盘、轮胎，而又由车这个类派生出轿车和卡车两个类，为轿车添加一个小后备厢，而为卡车添加一个大货箱。

以下是两种典型的使用继承的场景：

- 当创建的新类与现有的类相似，只是多出若干成员时，可以使用继承，这样不但会减少代码量，而且新类会拥有基类的所有功能。
- 当需要创建多个类，它们拥有很多相似的成员时，也可以使用继承。可以将这些类的共同成员提取出来，定义为基类，然后从基类继承，既可以节省代码，减少代码冗余，也方便后续修改成员。

继承模拟了现实世界的关系，让派生类与基类的层次结构清晰，使派生类只关注派生类自己的相关状态和行为，无须关注基类的状态和行为。

继承的价值在于，继承是为了重用父类代码，实现了代码的重用，同时为实现多态性作准备。人们可以利用继承这种技术，在项目中实现代码复用，以提高程序的简洁与高效，使代码易于维护，缩短开发周期，降低开发费用。

3.2 派生类及其特性

对于继承这种类与类的关系，有两种表述方式，一种说法是“派生类”继承了“基类”；第二种说法是“基类”派生了“派生类”，这两种说法的含义是相同的。只需在基类中定义所需的属性和方法，其他的类只需继承这个基类，就可以具有基类中的属性和方法。

3.2.1 声明派生类

一个派生类可以从一个基类派生，在 C#中通过冒号“:”来实现类的继承。C#中定义派生类的语法格式如下。

```
访问修饰符 class 派生类的类名 : 基类的类名
{
    类的成员;
}
```

1）“访问修饰符”可以是 public、internal、protected、private，省略不写则默认 internal。

2）“派生类的类名”（子类的类名）是新定义的一个类的名字，“基类的类名”（父类的类名）是已经定义的类名。

3）“类成员”是在派生类中新定义的类成员。

【例 3-1】 用继承关系定义校园中的人员类，包括教师、学生。

分析：由于教师、学生等人员有许多共同的属性和方法，所以可以把共同的属性和方法定义为基类（人员类 Person），然后教师类 Teacher、学生类 Student 继承 Person 类。

Person 类的定义代码如下。

例题视频

例 3-1 视频

例题源代码

例 3-1 源代码

```
class Person
{
    //定义字段和属性
    private string name;        //姓名
    public string Name
    {
        get { return name; }
        set { name = value; }
    }
    private string gender;      //性别
    public string Gender
    {
        get { return gender; }
        set { gender = value; }
    }
    private int age;            //年龄
    public int Age
    {
        get { return age; }
        set { age = value; }
    }
    //定义方法
    public void Eat(string name)    //吃的方法，name 姓名
```

```
        {
            Console.WriteLine("{0}吃好饭，身体好", name);
        }
    }
```

Person 类在代码选项卡中显示如图 3-2 所示。

Student 类的定义代码如下。

```
class Student : Person
{
    //定义字段和属性
    private string grade; //班级
    public string Grade
    {
        get { return grade; }
        set { grade = value; }
    }
    //定义方法
    //显示 name 同学学习课程 course 的方法，参数 name 是学生名，course 是课程
    public string Study(string name,string course)
    {
        return string.Format("{0}同学正在学习{1}课程。", name,course);
    }
    //显示考试课程的方法，参数 name 学生名，course 课程名, score 成绩
    public string Exam(string name,string course, int score)
    {
        return string.Format("{0}同学{1}课程的考试成绩是{2}。",name, course, score);
    }
}
```

Student 类在代码选项卡中显示如图 3-3 所示。

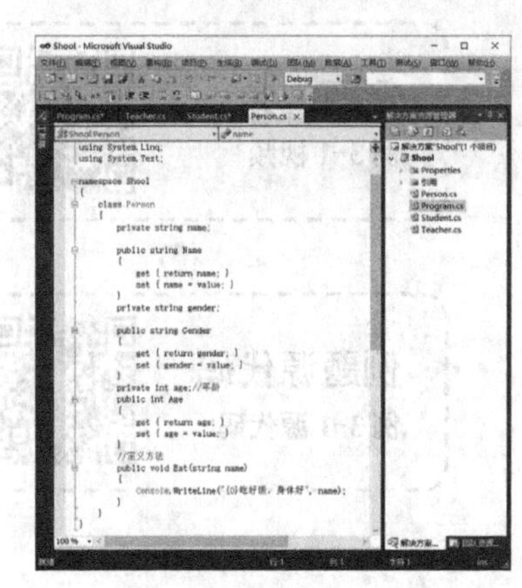

图 3-2　Person 类代码

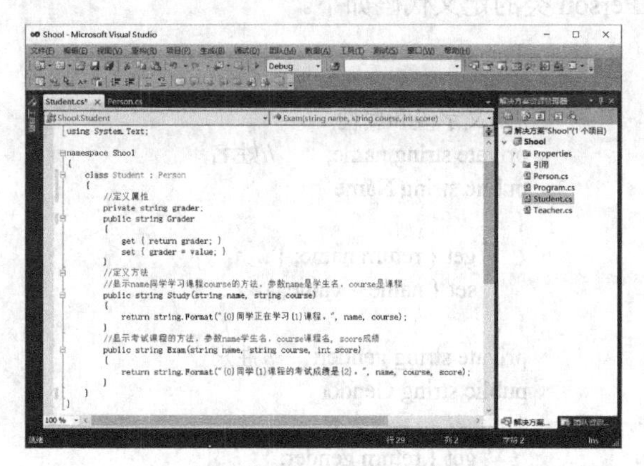

图 3-3　Student 类代码

Teacher 类的定义代码如下。

```
class Teacher : Person
{
    private string department;              //部门，系
    public string Department
    {
        get { return department; }
        set { department = value; }
```

```
        }
        private string teachingResearch;      //教研室
        public string TeachingResearch
        {
            get { return teachingResearch; }
            set { teachingResearch = value; }
        }
        public void Teach(string teacherName, string course) //教师 terchName,课程 course
        {
            Console.WriteLine("{0}老师教{1}课程", teacherName, course);
        }
    }
```

Teacher 类在代码选项卡中显示如图 3-4 所示。

在 Program 类的 Main()方法中创建对象，并给属性赋值和调用方法，代码如下。

```
class Program
{
    static void Main(string[] args)
    {
        Person per = new Person();//Person 类的实例 per
        per.Name = "赵勇";
        per.Age = 20;
        per.Eat(per.Name);
        Student stu = new Student();// Student 类的实例 stu
        stu.Name = "王芳";
        stu.Age = 18;
        stu.Eat(stu.Name);
        Console.WriteLine(stu.Study(stu.Name,"C#"));
        Console.WriteLine(stu.Exam(stu.Name, "C#", 90));
        Teacher tea = new Teacher();//Teacher 类的实例 tea
        tea.Name = "刘强";
        tea.TeachingResearch = "软件教研室";
        tea.Teach(tea.Name,"C#编程");
    }
}
```

Program 类 Main()方法在代码选项卡中显示如图 3-5 所示。

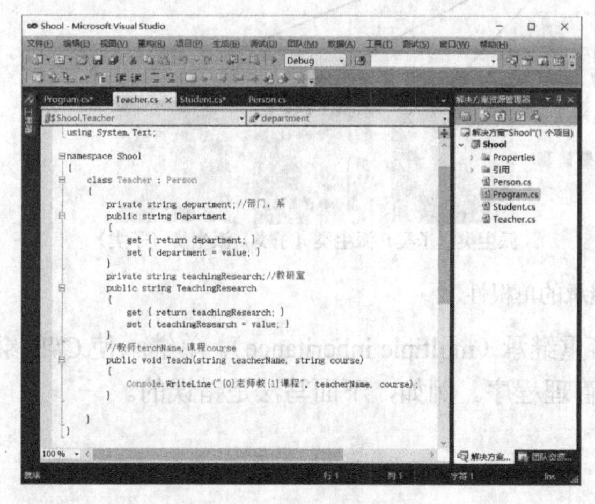

图 3-4　Teacher 类代码

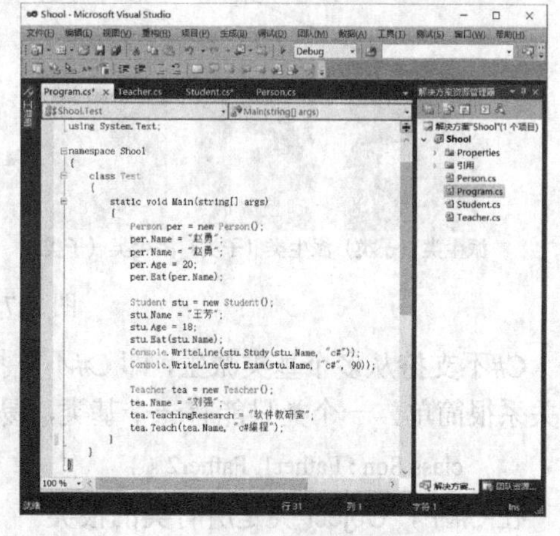

图 3-5　Main()方法代码

按〈Ctrl+F5〉键执行程序，运行结果如图 3-6 所示。

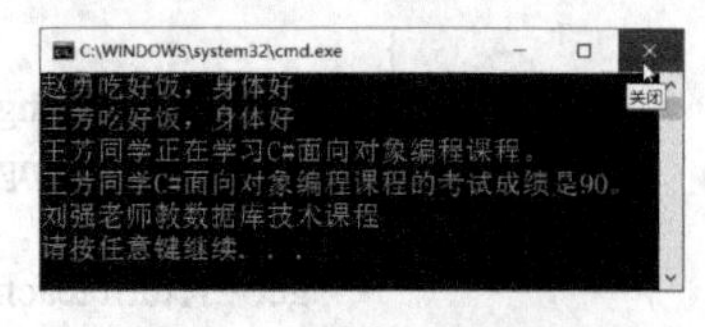

图 3-6　程序运行结果

请读者修改程序，可以通过构造函数为对象赋初值。

【课堂练习 3-1】 某公司中的员工分为经理（Manager）、秘书（Secretary）等类别，每种员工类别中都有 5 个属性：员工编号（No）、姓名（Name）、性别（Gender）、年龄（Age）、电话号码（PhoneNo），还有一个自我介绍（Introduce）的方法。经理（Manager）类中多出一个经理编号 ManagerNo。

课堂练习解答

课堂练习 3-1 解答

提示：为了减少代码冗余，要求从所有员工类型中抽象出一个共同的父类，在父类中定义员工所共有的特征和行为，其他员工类只需要继承这个共同的父类，定义这个父类的类名为雇员类（Employee）。可以在雇员类（Employee）、经理（Manager）类、秘书（Secretary）类中，通过构造函数给对象赋初值。

3.2.2　继承的特性

继承的价值在于实现了代码的重用，模拟了现实世界的关系，使得程序结构清晰，同时子类只需关注子类自己的状态和行为。

使用继承减少代码的冗余，派生类可以获得基类的属性和方法，也可以定义自己的属性和方法。派生类应当是对基类的扩展。派生类可以添加新的成员，但不能删除已经继承的成员的定义。继承是在一个基础类的基础上构造、建立和扩充新类的最有效的手段。

类的继承有两个重要特性：单根性和传递性。

1．单根性（单一性）

一个派生类只能有一个基类（父类），派生类（子类）只能继承一个基类，即一父多子，如图 3-7 所示。

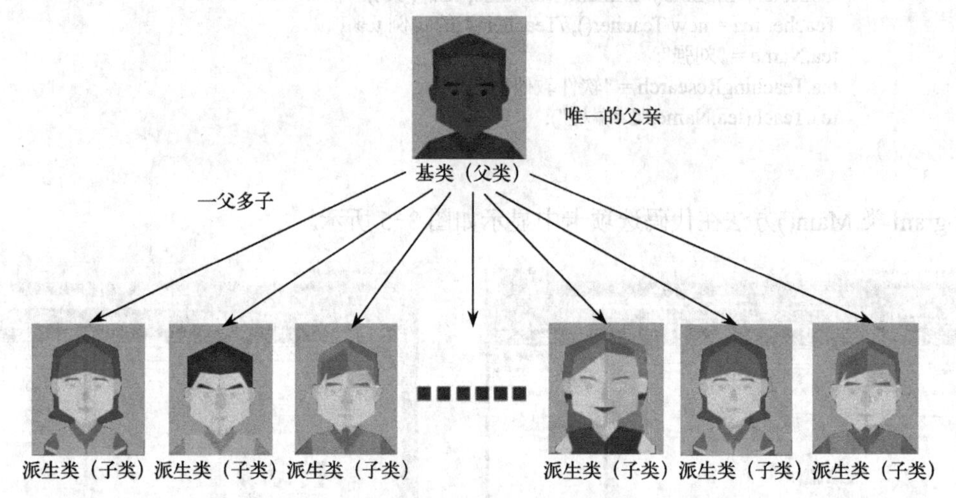

图 3-7　继承的单根性

C#不支持从多个基类派生，即 C#不支持多重继承（multiple inheritance）。单继承使 C#的继承关系很简单，一个类只能有一个基类，易于管理程序。例如，下面写法是错误的。

```
class Son : Father1, Father2 { }
```

在 C#中，Object 类是所有类的根类。

2．传递性

派生类从基类继承的属性和方法，可以再传递给自己的派生类。一个基类可以派生出多个派生类，每一个派生类又可以作为基类再派生出新的派生类，因此基类和派生类是相对而言的。一代一代地派生下去，就形成类的继承层次结构。相当于一个大的家族，有许多分支，所有的子孙后代都继承了祖辈的基本特征，同时又有区别和发展。与之相仿，类的每一次派生，都继承了其基类的基本特征，同时又根据需要调整和扩充原有的特征。

C#的单根性与传递性的继承关系，形成了树状层次结构，基类和它的派生类存在一种层次关系，如图 3-8 所示。当类加入到继承关系中时，它就与其他类有关系了。一个类既可以是为其他类提供成员的基类，也可以是继承其他类成员的派生类。

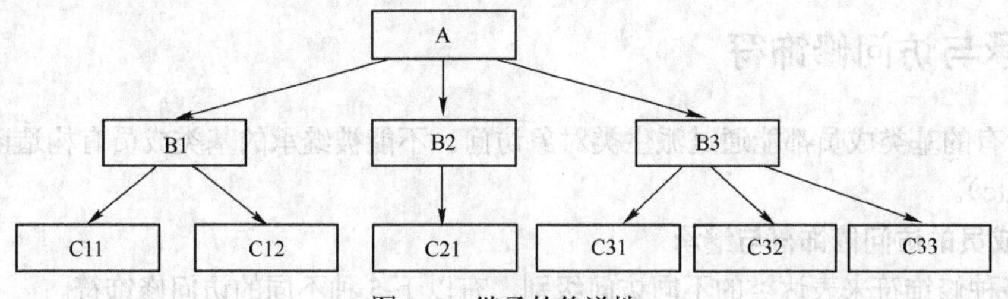

图 3-8　继承的传递性

【例 3-2】 基类是 Grandfather 类，Grandfather 类派生 Father 类，Father 类再派生 Son 类。代码如下，程序运行结果如图 3-9 所示。

```
class Grandfather
{
    private string surname = "刘";
    public string Surname
    {
        get { return surname; }
    }
}
class Father : Grandfather { }
class Son : Father { }
class Program
{
    static void Main(string[] args)
    {
        Son son = new Son();
        Console.WriteLine(son.Surname);
    }
}
```

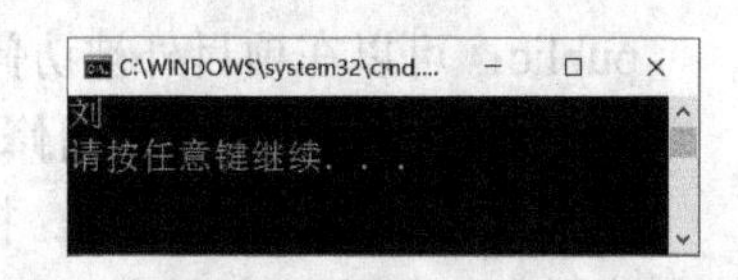

图 3-9　程序运行结果

【课堂练习 3-2】 在下面单选题或多选题中，选出正确的选项。

1）单选题。有如下代码，则描述正确的是（　　）。

```
class Son
{   }
class Father : Son
{   }
```

A．Son 类继承了 Father 类，Father 类没有父类

B．Object 类派生了 Father 类，Father 类派生了 Son 类

C．Son 类派生了 Father 类，Son 类的父类是 Object 类

D．Object 类派生了 Father 类，Father 类继承了 Son 类

2）多选题。有一个 Test 类，该类中并没有声明 ToString()方法，但是该类的对象可以访问该方法，可能是因为（　　）。

A．该类曾经声明过该方法，但后来删掉了　　B．是在 Test 的父类中声明的

C．是在 Object 类中声明的　　D．是在该类的某一个子类中声明的

3）单选题。如果 C 类继承 B 类，B 类继承 A 类，而且 3 个类中各自声明一个属性名为 Age，A、B、C 3 个类中 Age 属性的初始值分别为 20,18,16。则实例化 C 类的对象 objC，objC.Age 的值是（　　）。

A．20　　B．18　　C．16　　D．报错

3.3　继承与访问修饰符

并非所有的基类成员都能通过派生类对象访问。不能被继承的基类成员有构造函数、私有成员（private）。

1．类成员的访问修饰符与继承

C#用多种修饰符来表达类的不同访问级别，有以下 5 种不同的访问修饰符。

private：只能在本类中被访问，只可以被本类所存取，不能被继承。

protected：只能在本类中被访问，可以被继承。

internal：只能在同一程序集中被访问，可以跨类，可以被继承。

public：可以在项目外被访问，任意存取，可以被继承。

如果没有显式地定义访问修饰符，则 C#的默认访问权限如下。

1）在 namespace 中的类、接口默认为 internal。如果不是嵌套的类，命名空间或编译单元内的类只可以显式地定义为 public、internal 类型，不允许是其他访问类型。

2）在类中，所有的成员均默认为 private。可以显式地定义为 public、private、protected、internal 或 protected internal 访问类型。

2．可访问性不一致

C#中常见的编程错误就是可访问性不一致，原因是方法中的一个返回参数的访问级别小于方法的访问级别。也就是说当定义一个返回参数的方法时，如果返回参数的访问级别低于方法的访问级别就会出现这样的错误。因为，如果返回的参数不能被访问，那么定义的方法也是错误的。

当在一个访问性比较强（例如 public）的字段、属性、方法里使用自定义类型，而这个类型访问性比较低（例如 protected 或 private）的时候就发生这个问题。那么返回类型和方法的形参表中引用的各个类型必须至少具有和方法本身相同的可访问性。

【例 3-3】 下面代码看着没有任何错误提示，单击“调试”按钮▶，则出现了一个错误提示，提示位置在 SayHello 方法，如图 3-10 所示。

现在这个 SayHello 方法就出现了可访问性不一致的错误。单击“否”按钮回到编辑状态。

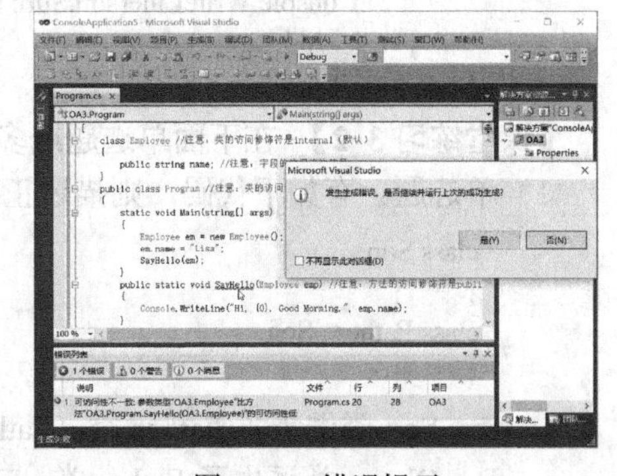

图 3-10　错误提示

```
namespace OA3
{
    class Employee //注意：类的访问修饰符是 internal（默认）
    {
        public string name; //注意：字段的访问修饰符是 public
    }
    public class Program //注意：类的访问修饰符是 public
    {
        static void Main(string[] args)
        {
            Employee em = new Employee();
            em.name = "Lisa";
            SayHello(em);
        }
        public static void SayHello(Employee emp) //注意：方法的访问修饰符是 public
        {
            Console.WriteLine("Hi, {0}．Good Morming.", emp.name);
        }
    }
}
```

错误说明是“可访问性不一致，参数类型 Employee 比访问 SayHello 的可访问性低”。出错原因是，SayHello 方法的访问修饰符是 public，而 SayHello 方法的参数类型 Employee 的可访问性（internal）比 SayHello 低。当 SayHello 方法在项目外被访问的时候，它里面的参数 Employee 类型却访问不到，C#在编译时会发现这种错误。避免这种错误的做法就是让方法与方法的参数可访问性保持一致，当方法的访问修饰符是 public 时，方法参数类型的访问修饰符也应该是 public。

如果 SayHello 方法的访问修饰符比较低，比如定义成了 private，而 Employee 参数类型的访问修饰符定义成 public，这样可以吗？请读者上机实验。

除了方法和参数以外，方法的返回值类型也有可能出现可访问性不一致的错误。比如 SayHello 方法前的返回值类型是 void。如果某个类，比如 Employee 类的类型作为返回值的类型，也有可能出现可访问性不一致的情况。

另外，在定义属性的时候，属性的类型与属性本身的可访问性，也有可能出现可访问性不一致的情况。

在编程的过程中要避免出现这样的错误。如果出现了提示可访问性不一致的问题，那么请检查参数和返回值类型的可访问性。

3.4 继承与构造函数

1．类的继承规则

1）派生类自动包含基类的所有成员。但对于基类的私有成员，派生类虽然继承了，但是不能在派生类中访问。

2）所有的类都是按照继承链从顶层基类开始向下顺序构造。最顶层的基类是 System.Object 类，所有的类都隐式派生于它。只要记住这条规则，就能理解派生类在实例化时对构造函数的调用过程。

子类无论是默认构造（无参构造）函数和带参构造函数，都默认将从顶层父类的默认构造函数一直调用到当前类之前的默认构造函数，再调用当前类的默认构造函数或者带参构造函数。

用户可以在构造函数参数后面用:base(参数)来指定当前类调用上层类的哪一个构造函数。

2．调用基类的默认构造函数

如果类是从一个基类派生来的，在创建派生类的对象时，调用派生类的构造函数之前，会首先创建基类的对象，派生类构造函数会首先调用基类的默认构造函数，并且是调用基类的无参构造函数。如果是多层的继承，调用从最远的基类开始。

【例 3-4】 实例化派生类时，调用基类默认构造函数。示例代码如下。

例题源代码
例 3-4 源代码

```
public class MyBaseClass //基类
{
    public MyBaseClass()
    {
        Console.WriteLine("这是基类无参数的构造函数");
    }
    public MyBaseClass(int i)
    {
        Console.WriteLine("这是基类带 1 个参数的构造函数");
    }
    public MyBaseClass(string s, int i)
    {
        Console.WriteLine("这是基类带 2 个参数的构造函数");
    }
}
public class MyDerivedClass : MyBaseClass //派生类
{
    public MyDerivedClass()
    {
        Console.WriteLine("我是子类无参数的构造函数");
    }
    public MyDerivedClass(int i)
    {
        Console.WriteLine("我是子类带一个参数的构造函数");
    }
    public MyDerivedClass(string st, int i)
    {
        Console.WriteLine("我是子类带两个参数的构造函数");
    }
}
class Program
{
    static void Main(string[] args)
    {
        MyDerivedClass son1 = new MyDerivedClass();
        Console.WriteLine("———————————————————");
        MyDerivedClass son2 = new MyDerivedClass(3);
        Console.WriteLine("———————————————————");
        MyDerivedClass son3 = new MyDerivedClass("ccc", 2);
    }
}
```

执行程序，运行结果如图 3-11 所示。执行 new MyDerivedClass()显示第 1、2 行信息，执行 new MyDerivedClass(3)显示第 3、4 行信息，执行 MyDerivedClass(2, "ccc")显示第 5、6 行信息。

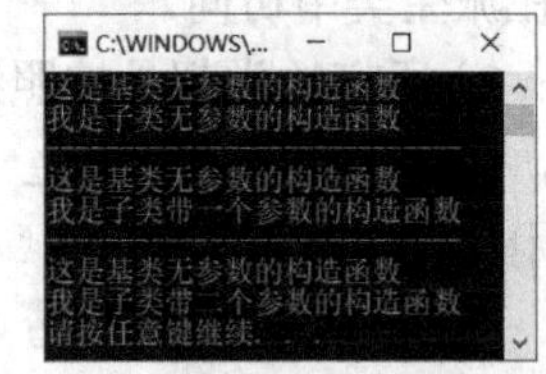

图 3-11 调用基类默认构造函数

如果对基类中的无参构造函数 MyBaseClass()进行注释，然后运行程序，看看会发生什么情况。

从运行结果看，对于继承类的实例化过程，在实例化派生类对象时，总是要调用基类中的无参构造函数，在基类中的无参构造函数执行完后，才去执行派生类的构造函数。也就是说，在实例化派生类的对象之前要先实例化一个基类的对象，这样派生类的对象才能拥有基类对象所具有的属性和方法，实现继承。

由于在声明类时，如果不定义构造函数，将默认创建一个无参构造函数。所以，如果在声明基类时，定义了有参构造函数，就必须在基类中定义一个无参构造函数。如果在基类中没有定义有参构造函数，则在基类中可以不定义无参构造函数，这时将调用默认的无参构造函数。在上面代码中，如果同时注释掉基类的无参和有参构造函数，这时派生类的错误提示消失。

3．调用基类中指定的带参数的构造函数

基类中编写了构造函数，如果在派生类中需要指定调用基类的某个构造函数，则使用 base()方法。base()方法需要在派生类的构造函数中定义，它的一个重要的用途就是向基类构造函数中传参。

调用基类中带参数构造函数时，把派生类的带参数的构造函数的语法格式改为如下。

```
public 派生类名(参数列表 1) : base(参数列表 2)
{
    构造函数体; //派生类中带参数构造函数
}
```

其中，“参数列表 2”与“参数列表 1”是对应的关系。在通过“参数列表 1”创建派生类的实例对象时，先以“参数列表 2”调用基类的带参数的构造函数，再调用派生类的带参数的构造函数。基类构造函数与派生类构造函数中的参数对应关系如下。

```
public 基类名(基类中的参数列表) //基类的构造函数
{
    this.基类自己的属性 = 基类自己的参数; //给基类自己定义的属性赋值
    …
}
public 派生类名(基类中的参数列表, 派生类自己的参数列表) : base(基类中的参数列表)
{
    this.派生类自己的属性 = 派生类自己的参数; //给派生类自己定义的属性赋值
    …
}
```

派生类中的构造函数将根据“基类中的参数列表”的参数个数、类型等，按照构造函数重载的规则调用基类中相匹配的构造函数。

【例 3-5】 使用 base()方法调用对应的基类构造函数，向基类成员传参。示例代码如下。

例题源代码

例 3-5 源代码

```
public class MyBaseClass //基类
{
    public MyBaseClass()
    {
        Console.WriteLine("这是基类无参数的构造函数");
    }
    public MyBaseClass(int i)
    {
        Console.WriteLine("这是基类带 1 个参数的构造函数");
    }
    public MyBaseClass(string s, int i)
    {
```

```
            Console.WriteLine("这是基类带 2 个参数的构造函数");
        }
        public MyBaseClass(int i, string s)
        {
            Console.WriteLine("这是基类带 2 个参数，但参数类型不同的构造函数");
        }
    }
    public class MyDerivedClass : MyBaseClass
    {
        public MyDerivedClass()
        {
            Console.WriteLine("我是子类无参数的构造函数");
        }
        public MyDerivedClass(int i) : base(i)
        //base(i)指定调用基类带 1 个参数的构造函数
        {
            Console.WriteLine("我是子类带一个参数的构造函数");
        }
        public MyDerivedClass(string st, int i) : base(st, i)
        //base(st, i)指定调用基类的带 2 个参数的相匹配的构造函数
        {
            Console.WriteLine("我是子类带两个参数的构造函数");
        }
        public MyDerivedClass(int i,string st,    int j,char c,string str) : base(i, st)
        //base(i,st)指定调用基类的两个参数，但参数类型不同的构造函数
        {
            Console.WriteLine("我是子类带五个参数的构造函数");
        }
    }
    class Program
    {
        static void Main(string[] args)
        {
            MyDerivedClass son1 = new MyDerivedClass();
            Console.WriteLine("--------------------------------");
            MyDerivedClass son2 = new MyDerivedClass(3);
            Console.WriteLine("--------------------------------");
            MyDerivedClass son3 = new MyDerivedClass("ccc", 2);
            Console.WriteLine("--------------------------------");
            MyDerivedClass son4 = new MyDerivedClass(3,"ddd",  5,'f',"555");
        }
    }
```

执行程序，运行结果如图 3-12 所示。

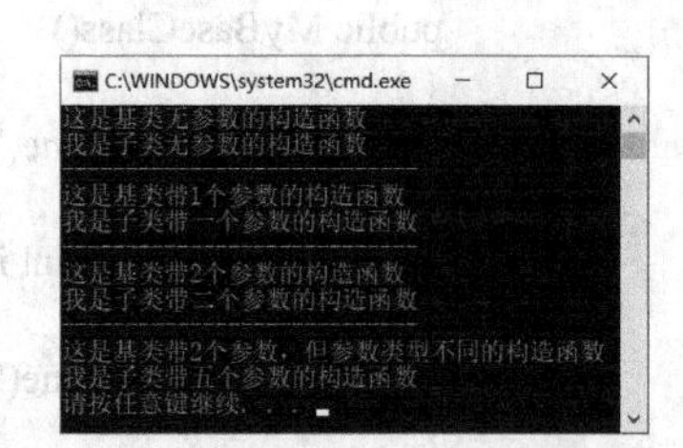

图 3-12　调用基类默认构造函数

【例 3-6】 定义基类 Person 及其派生类 Teacher、Student，在这 3 个类中都通过构造函数为属性赋初值。使用 base()方法调用对应的基类构造函数，向基类成员传参。

1）基类 Person 中的无参构造函数不用写任何代码。有参构造函数中的参数是给基类自己声明的属性赋值，这些属性是基类自己声明的，所以自己负责赋值。基类 Person 的代码如下。

```
class Person                    //基类
{
    public string Name;         //姓名
    public char Gender;         //性别
    public int Age;             //年龄
    public Person()             //无参构造函数
    { }
    public Person(string name, char gender, int age) //有参构造函数
    {   //给基类自己定义的属性赋值
        this.Name = name;
        this.Gender = gender;
        this.Age = age;
    }
}
```

例题源代码
例 3-6 源代码

2）派生类 Teacher 中的构造函数中有 5 个参数，其中 3 个参数从基类继承过来“base(name, gender, age)”，这些赋值工作都是由基类的有参构造函数完成的，所以在派生类的有参构造函数中就不需要对这类参数给属性赋初值。派生类自己的两个参数，需要在自己的派生类中给属性赋初值。派生类 Teacher 的代码如下。

```
class Teacher : Person //派生类
{
    public string Department;//系
    public string TeachingResearch;//教研室
    public Teacher(string name, char gender, int age, string department, string teachingResearch)
        : base(name, gender, age) //base()指定调用基类中参数相匹配的构造函数
    {   //给派生类自己定义的属性赋值
        this.Department = department;
        this.TeachingResearch = teachingResearch;
    }
}
```

3）派生类 Student 的代码如下。

```
class Student : Person //派生类
{
    public string Grader;//年级
    public Student(string name, char gender, int age, string grader)
        : base(name, gender, age) //base()指定调用基类中参数相匹配的构造函数
    {   //给派生类自己定义的属性赋值
        this.Grader = grader;
    }
}
```

Program 类的 Main()方法中的代码如下。

```
Person per = new Person("赵勇", '男', 19);
Console.WriteLine("{0} {1} {2}", per.Name, per.Gender, per.Age);
Student stu = new Student("王芳", '女', 18, "软件 180301");
Console.WriteLine("{0} {1} {2} {3}", stu.Name, stu.Gender, stu.Age, stu.Grader);
Teacher tea = new Teacher("刘强", '男', 36, "软件学院", "程序设计教研室");
Console.WriteLine("{0}   {1}   {2}   {3}   {4}", tea.Name, tea.Gender, tea.Age, tea.Department,
tea.TeachingResearch);
```

执行程序，运行结果如图 3-13 所示。

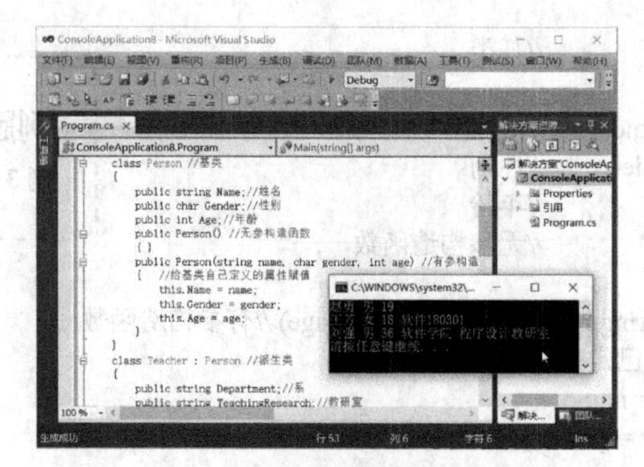

图 3-13 base()示例运行结果

3.5 里氏替换原则

Liskov 于 1987 年提出了一个关于继承的原则——里氏替换原则（Liskov Substitution Principle，LSP），LSP 是面向对象设计的基本原则之一。

3.5.1 里氏替换原则概述

LSP 中说，任何基类可以出现的地方，派生类一定可以出现。也就是说，可以用派生类对象代替基类对象，可以让一个基类的引用指向一个派生类的对象。

当一个派生类的实例能够替换任何其基类的实例时，它们之间才具有“是”关系（is-a relationship)。“是”关系表示继承，例如，哈士奇是狗，金毛也是狗。但是，反过来说狗都是金毛犬就不正确了，因为狗还有其他品种。

某个类的对象经常会“是”另一个类的对象，例如前面定义的 Teacher 是 Person，Student 也是 Person，其中 Person 是基类，Teacher 或 Student 是 Person 的一种特殊类型，Teacher、Student 都是从 Person 派生来的。

由于每个派生类对象都“是”它的基类的对象，而一个基类可以有多个派生类，因此基类表示的对象集，通常比派生类表示的对象集更大。例如，计算机包括巨型计算机、服务器、台式机、笔记本电脑、平板电脑等。相反，派生类台式机是计算机的更小、更具体的子集。

LSP 是继承复用的基石，只有当派生类可以替换掉基类，软件单元的功能不受到影响时，基类才能真正被复用，而派生类也能够在基类的基础上增加新的行为。

3.5.2 派生类对象能够替换基类对象

里氏替换原则简单地说，就是所有需要使用基类对象的地方，都可以用派生类对象来代替。在程序中应用里氏替换原则，可以减少了代码冗余，提高代码的复用。

【例 3-7】 写一个方法能够打印 3 个类的详细信息，基类是 Computer 类，其中定义一个表示计算机品牌的字段 brand。为了简单，两个派生类 Desktop、Notebook 中都没有再定义字段或属性。类的定义代码如下。

```
class Computer //基类，计算机类
{
    public string brand;//品牌
}
class Desktop : Computer //派生类，台式机类
{ }
```

```
class Notebook : Computer //派生类，笔记本电脑类
{ }
```

在 class Program 中定义一个方法 ShowInfo()，用来显示计算机的品牌。由于有 3 种类型的计算机，方法的参数类型应该定义什么呢？根据 LSP，应该定义成基类 Computer 类型。如果参数类型定义成 Computer 类型，那么向 ShowInfo()方法中传递实际参数时，传递 Computer 类型，或者 Computer 类型的派生类都是可以的。在 ShowInfo()方法中显示计算机的品牌，brand 是在基类中声明的一个字段，所以两个派生类都继承了这个字段。不管传递的参数是哪种类型，都可以访问基类中的字段 brand。

在 class Program 的 Main()方法中给 3 个类各自实例化一个对象，然后依次传递给 ShowInfo()方法。

class Program 的代码如下。

```
class Program
{
    static void Main(string[] args)
    {
        Computer computer = new Computer();
        computer.brand = "IBM";
        Desktop desktop = new Desktop();
        desktop.brand = "HP";
        Notebook notebook = new Notebook();
        notebook.brand = "APPLE";
        ShowInfo(computer); //参数为父类对象 Computer 类型
        ShowInfo(desktop); //参数为子类对象 Desktop 类型
        ShowInfo(notebook); //参数为子类对象 Notebook 类型
    }
    public static void ShowInfo(Computer computer)
    {
        Console.WriteLine("{0}牌计算机。", computer.brand);
    }
}
```

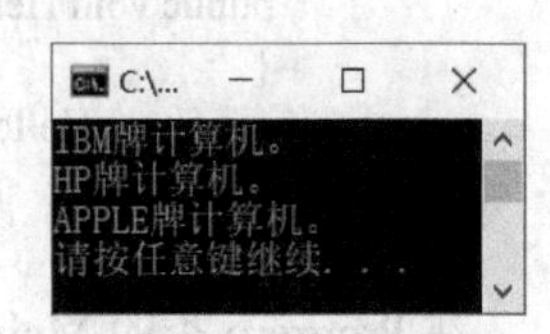

图 3-14　运行结果

执行程序，运行结果如图 3-14 所示。

ShowInfo()方法定义一个参数，参数类型定义为 Computer 类型，所以这个方法既可以传参 Computer 类型的计算机信息，也可以处理 Computer 的两个派生类台式机 Desktop 和笔记本 Notebook 的信息，这里就用到了里氏替换原则，也就是派生类的对象可以代替基类的对象。

反过来则不可以，例如，把 ShowInfo()方法的参数类型修改为笔记本类型 Notebook，这时，在 Main()方法中报了两个错误，即 ShowInfo(computer)、ShowInfo(desktop)语句，这是因为 Computer、Desktop 类都不是 Notebook 类的派生类，所以不能将这两个对象传递给 ShowInfo()。

3.5.3　类的引用

在实例化对象的时候，一般习惯于写成：

```
Father obj = new Father();
```

这是常见的写法，功能是 Father 类的引用 obj，指向了一个 Father 类的实例 Father()。

或者写成如下形式，更容易理解：

```
Father obj;             //声明 Father 类型的一个引用 obj
obj = new Father();     //obj 指向一个 Father 类的实例 Father()
```

依据里氏替换原则，基类的引用可以指向派生类的实例，即当需要一个基类实例的时候，可以用一个派生类的实例来代替它，在应用时根据需要可以写为：

```
Father obj = new Son(); //Father 类型的一个引用 obj，指向了一个派生类 Son 类的实例 Son()
```

或者，写成如下形式：

```
Father obj; //声明 Father 类型的一个引用 obj
obj = new Son(); //obj 指向一个派生类 Son 类的实例 Son()
```

【例 3-8】 本例介绍基类的引用访问派生类成员。基类的引用指向派生类的实例，是里氏替换原则非常常见的一个应用。定义一个 Father 类作为一个基类，在 Father 类中定义一个方法 Hello()，显示一串文字“这是 Father 类中的方法”。Father 类的代码如下。

```
class Father
{
    public void Hello()
    {
        Console.WriteLine("这是 Father 类中的方法");
    }
}
```

再定义 Son 类作为派生类，代码如下。

```
class Son : Father
{
    public new void Hello() //与基类同名的方法，使用 new 关键字
    {
        Console.WriteLine("这是 Son 类中的方法");
    }
    public void HelloSon()
    {
        base.Hello();//用 base 关键字调用基类中的 Hello()方法
    }
}
```

在 Program 类的 Main()方法中，声明一个 Father 类的引用 obj，指向了一个 Son 类的实例，然后调用 Hello()方法。Hello()方法是在基类中定义的，并且被派生类继承，所以可以用基类的引用或派生类的引用去调用 Hello()。代码如下。

```
class Program
{
    static void Main(string[] args)
    {
        Father obj = new Son(); //基类的引用指向派生类的实例
        obj.Hello(); //基类引用调用基类中的方法
        Console.WriteLine("--------------------");
        Son objSon = new Son(); //派生类的引用指向派生类的实例
        objSon.Hello();//派生类引用调用派生类的方法 Hello()
        objSon.HelloSon(); //派生类引用调用派生类的方法 HelloSon()
        Console.WriteLine("====================");
        Father objFather;
        objFather = objSon; //基类的引用指向派生类的实例
        objFather.Hello();
    }
}
```

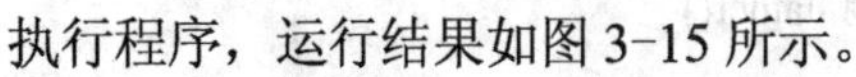

图 3-15　运行结果

执行程序，运行结果如图 3-15 所示。

从本例题可以看到，基类的引用指向派生类对象的时候，使用这个引用调用的一定是从基类继承下来的方法或者属性。如果是派生类自己的引用指向派生类自己的对象，那么可以调用派生类定义的方法和属性，也可以去调用基类定义的方法和属性。但是如果派生类中定义的方法和属性，与从基类中继承的方法和属性重名，基类的方法和属性将被隐藏起来，调用的就是派生类中新定义的方法和属性。

在派生类中使用 base 关键字访问基类中被隐藏的成员（属性或方法），其语法格式如下。

base.基类的成员名

3.5.4 隐藏基类中的成员

在类的继承中，派生类继承了基类的成员。在实际应用中，有时需要派生类拥有与基类同名，但用途或用法不同的成员时，则需要屏蔽掉基类的同名成员，这种情况称为隐藏成员。隐藏成员使用 new 关键字。在派生类中使用 new 关键字声明与基类同名的成员，其语法格式如下。

访问修饰符 new 数据类型 成员名;

此格式中的成员可以是字段、属性、方法等。如果为方法，则应声明相应的方法体。

例如，基类中声明了一个方法：

```
public void Hello() { }
```

则在派生类中重写该方法：

```
public new void Hello() { }
```

3.6 习题

习题解答
第 3 章习题解答

一、选择题（单选题）

1．以下关于继承机制的描述正确的是（　　）。

A．在 C#中任何类都可以被继承

B．一个子类可以继承多个父类

C．object 类是所有类的基类

D．继承有传递性，如果 A 类继承 B 类，B 类又继承 C 类，那么 A 类也继承 C 类

2．有一个 Test 类，该类中并没有申明 ToString()方法，但是该类的对象可以访问该方法，可能是因为（　　）。

A．该类曾经声明过该方法，但后来删掉了　　B．是在 Test 的父类中声明的

C．是在 Object 类中声明的　　D．是在该类的某一个子类中声明的

3．如果 C 类继承 B 类，B 类继承 A 类，而且三个类中各自声明一个属性名为 Age，A、B、C 三个类中 Age 属性的初始值分别为：12，18，16。则实例化 C 类的对象 objC，objC.Age 的值是（　　）。

A．12　　B．18　　C．16　　D．报错

二、编程题

1．公司中有普通员工、管理人员、秘书等人员，要求设计：雇员类（Employee），字段和属性有员工编号（no）、姓名（name）、性别（gender）、年龄（age）、电话（phoneNo）；方法是自我介绍 Introduce()，输出一行“我是 xx，今年 yy 岁”。经理类（Manager）派生自雇员类，属性是经理编号（managerNo）。秘书类（Secretary）继承自雇员类。在 Main()方法中分别创建

Employee 类、Manager 类、Secretary 类的对象，分别为对象赋初值，然后输出 3 个对象的属性，执行 3 个对象的方法。

2. 项目名为 Computer。把计算机类（Computer）作为基类，为 Computer 类扩展两个子类：台式机类（Desktop）和笔记本电脑类（Notebook）。要求分别在基类和两个继承类中，通过方法显示其所有属性。

实现思路：

1）声明计算机类（Computer），属性有品牌（Brand）、型号（Model）、处理器（CPU）。

2）声明台式机类（Desktop），并继承自计算机类（Computer）。为台式机类添加显示器类型属性（Monitor）。

3）声明笔记本电脑类（Notebook），并继承自计算机类（Computer）。为笔记本电脑类添加电池类型属性（Battery）。

4）使用有参构造函数为对象赋初值。在继承类中使用 base()方法向父类的构造函数传递参数。

第4章　多　态

在面向对象编程中，多态（Polymorphism）是类的三大特性之一，从一定角度来看，封装和继承几乎都是为多态而准备的。封装、继承、多态这三大特性是相互关联的，封装是基础，继承是关键，多态是补充。多态存在于继承之中，它是继承的进一步扩展，没有继承就没有多态。通过多态可以实现代码重用，减少代码量，提高代码的可扩展性和可维护性。

教学课件
第4章课件资源

授课视频
4.1 授课视频

4.1　多态的概念

“多态性”一词最早用于生物学，指同一种族的生物体具有相同的特性。多态性就其字面上的意思是多种形式或多种形态。在面向对象编程中，多态是指同一个消息或操作（例如，方法调用）作用于不同的类的对象，可以有不同的解释，产生不同的执行结果。

现实中，关于多态的例子非常多。例如，老师在讲台上讲课，老师问甲同学“我刚才讲的问题，你是如何理解的？”，甲同学说出了自己的理解；老师又问乙同学是如何理解的，乙同学说出了与甲同学不同的理解。课堂中学生虽然听到、看到的是同一位老师的讲课，但是每一位学生的理解却是不同的。同一操作作用于不同的对象，可以有不同的解释，产生不同的执行结果，这就是多态。

多态性分为编译时的多态性和运行时的多态性两大类。

- 编译时的多态性是通过重载来实现的。对于非虚的成员来说，系统在编译时，根据传递的参数、返回的类型等信息决定实现何种操作。它具有运行速度快的特点。
- 运行时的多态性是指直到系统运行时，才根据实际情况决定实现何种操作。C#中运行时的多态性是通过重写实现的，具有高度灵活和抽象的特点。

多态是在继承的基础上实现的。多态的3个要素是继承、重写和父类引用指向子类对象。父类引用指向不同的子类对象时，调用相同的方法，呈现出不同的行为，就是类多态特性。

多态是在父类中定义的属性被子类继承后，可以具有不同的数据类型或表现出不同的行为。简单地说，多态就是把派生类对象当成基类对象来使用。换句话说，就是认为派生类对象是一种(is a)基类对象，就是用基类的引用指向派生类的对象，或者说可以通过指向基类的引用来调用实现派生类中的方法。把派生类对象当成基类对象来使用，就是“多态”技术的核心。多态不仅对派生类很重要，对基类也很重要。基类的设计者知道其基类会在派生类中发生更改的方面。例如，表示交通工具的基类，其派生类有汽车、轮船、飞机，这些行为是不一样的。基类可以将这些类成员标记为虚拟的，从而允许表示交通工具的派生类重写该行为。

为什么要用多态呢？通过前面学习读者可以知道，封装可以隐藏实现细节，使得代码模块化；继承可以扩展已存在的类，它们的目的都是为了代码重用。而多态除了代码的复用性外，还可以解决项目中紧耦合的问题，提高程序的可扩展性。耦合度讲的是模块与模块之间、代码与代码之间的关联度，通过对系统的分析分解成一个一个子模块，子模块提供稳定的接口，达到降低系统耦合度的目的，模块与模块之间尽量使用模块接口访问，而不是随意引用其他模块中的成员变量。多态的实现方式有以下几种。

- 使用虚方法实现方法重写。
- 使用抽象类和抽象方法实现方法重写。
- 使用接口实现方法重写。

4.2 使用重写和虚方法实现多态

4.2.1 重写的概念

重写是指具有继承关系的两个类，把在基类中已经定义的具有相同名称和参数的方法，在派生类中再重新编写代码，则视为派生类对基类的重写。

重写与重载是不相同的，重载是指编写（在同一个类中）具有相同名称却有不同参数的方法。也就是说，重写是指派生类中的方法与基类中的方法具有相同的名称和参数。

当派生类从基类继承时，派生类会获得基类的所有方法、字段、属性和事件等成员。若派生类要重写（或更改）基类的方法、属性等成员，或者在基类和派生类中同时声明了名称相同的方法、属性等成员。根据派生类更改基类成员的方式的不同，重写有两种方法，一是使用新的派生成员替换基类成员，称为覆盖性重写；二是重写虚拟的基类成员，称为多态性重写。方法重写必须满足如下要求。

- 必须具有相同的方法名。
- 必须具有相同的参数列表。
- 返回值类型必须相同或者是其子类。
- 不能缩小被重写方法的访问权限。

4.2.2 在派生类中使用 new 关键字实现覆盖性重写

覆盖性重写是指在派生类中替换基类的成员，此时基类中的同名方法被隐藏。如果在基类中定义了一个方法、字段或属性，则在派生类中进行覆盖性重写时，使用 new 关键字创建该方法、字段或属性的新定义。new 关键字放置在要替换的类成员的返回类型之前。

比较常用的是对方法的重写，在进行覆盖性方法重写时，要在派生类的方法名加上 new 关键字。如果未指定 new 关键字，编译器将发出警告提示。对方法重写的一般格式如下。

```
访问修饰符 new 返回值类型 方法名(参数列表)
{
    方法体;
}
```

如果要在派生类中使用基类中隐藏的成员，使用“base.成员名”。

【例 4-1】 在派生类中使用新的方法替换基类中的同名方法，应使用 new 关键字。例如下面代码。

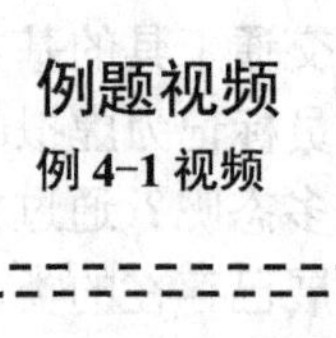

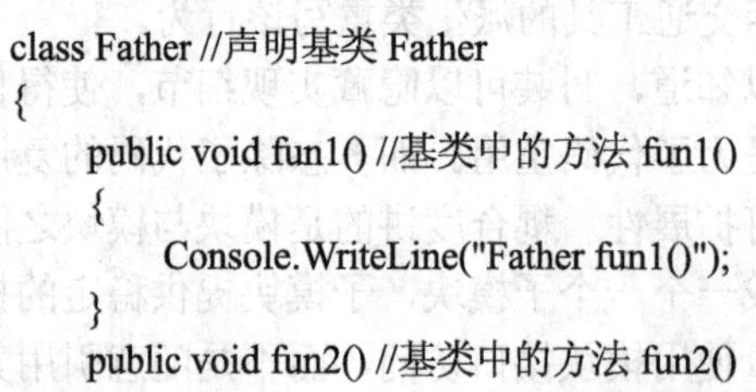

```
class Father //声明基类 Father
{
    public void fun1() //基类中的方法 fun1()
    {
        Console.WriteLine("Father fun1()");
    }
    public void fun2() //基类中的方法 fun2()
```

例题源代码

例 4-1 源代码

```
        {
            Console.WriteLine("Father fun2()");
        }
    }
    class Son : Father              //声明派生类 Son
    {
        public new void fun1()  //隐藏基类中的同名方法 fun1()，使用 new
        {
            Console.WriteLine("Son fun1()");
        }
        public new void fun2()  //隐藏基类中的同名方法 fun2()，使用 new
        {
            base.fun2();          //在派生类中使用基类中隐藏的成员
            Console.WriteLine("Son fun2()");
        }
    }
    class Program
    {
        static void Main(string[] args)
        {
            Son son = new Son();//创建对象
            son.fun1();             //调用该对象的方法
            son.fun2();             //调用该对象的方法
        }
    }
```

按〈Ctrl+F5〉键执行程序，从程序运行结果看，son.fun1()语句调用的是 Son 类中的 fun1()方法，如图 4-1 所示。

如果在 Son 类中的方法定义中没有使用 new 关键字，单击“启动调试”按钮，在编译时会给出警告“Son.fun2()隐藏了继承的成员 Father.fun2()。如果是有意隐藏，请使用关键字 new。”，如图 4-2 所示。

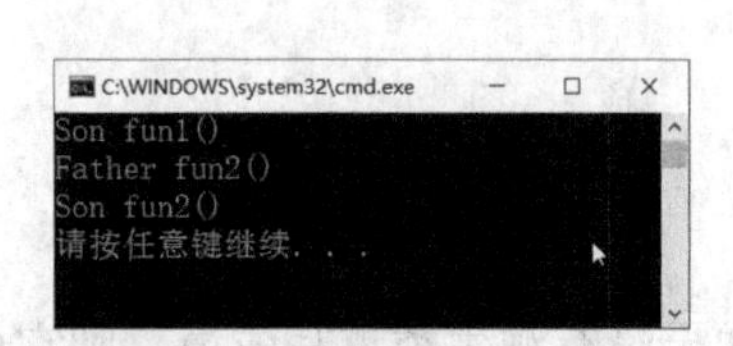

图 4-1　例 4-1 的运行结果

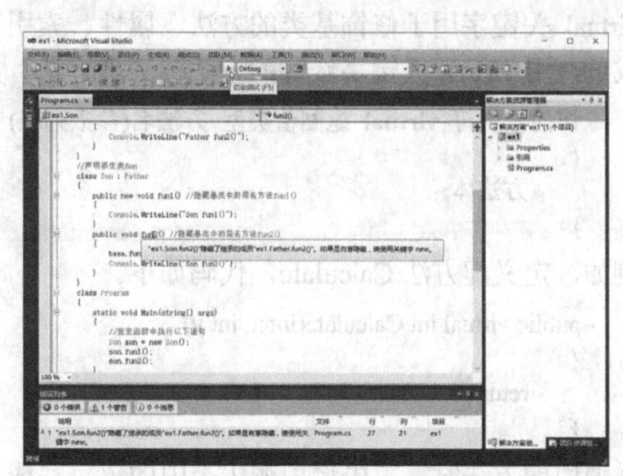

图 4-2　例 4-2 的出错提示

【课堂练习 4-1】使用重写实现对计算软件公司员工薪金的计算。本程序中定义有 4 个类，Employee 是所有员工的基类，还有它的 3 个子类 SE、PM 和 SalePerson。每种岗位的员工薪金的计算方法是不一样的，在基类 Employee 中只定义了一个计算员工薪金的基本方法 GetSalary()，在该方法中只计算员工的基本薪金，加上所有员工

课堂练习解答
课堂练习 4-1 解答

都有的餐补、交通补助。但是，很多岗位还需要加上奖金，那么这个方法就不够用了，所以下面要使用重写，对不同的员工类中的计算薪金的方法进行修改。

4.2.3 使用虚方法实现多态性重写

除了以派生类覆盖基类的方法实现重写外，下面是另一种实现重写的方法，即重写基类方法。

多态就是同一个引用类型，使用不同的实例而执行不同的操作。如果希望基类中的某个方法能够在派生类中进一步得到改进，那么可以把这个方法定义为虚方法，虚方法在派生类中能够对其实现进一步改进的方法。重写基类方法的过程如下。

1）在基类的定义中，通过 virtual 关键字来说明该方法为虚方法。

2）在派生类的定义中，使用 override 关键字重写基类的虚方法。

采用虚方法实现多态性，也就是派生类继承基类，并重写基类的方法，从而实现不同的操作。

多态性重写是指基类成员使用 virtual 修饰符定义虚成员，派生类使用 override 修饰符重写基类的虚成员。

在具体应用时，当需要用同一个方法去实现相同的目标，但在不同的地方有不同的实现细节时，此时就需要用虚方法实现该方法的不同细节。当定义虚方法时，相当于告诉编译器派生类可以为这个方法提供不同的实现代码。

1．在基类中使用 virtual 关键字声明虚方法

虚方法是 C#中用于实现多态的机制，核心理念就是通过基类访问派生类定义的方法。在设计一个基类的时候，如果希望一个方法在派生类里有不同的表现，那么它就应该定义为虚方法。

默认情况下，C#方法为非虚方法。如果某个方法被声明为虚方法，则继承该方法的任何类都可以实现它自己的版本。若要使方法成为虚方法，必须在方法的返回值前加上 virtual 修饰符。

virtual 关键字用于修饰基类的方法、属性、索引器或事件声明，并且允许在派生类中重写这些成员，用 virtual 关键字修饰的方法称为虚方法。虚方法的声明格式如下。

```
访问修饰符 virtual 返回值类型 方法名(参数列表)
{
    方法体;
}
```

例如，定义虚方法 Calculate，代码如下。

```
public virtual int Calculate(int x, int y)
{
    return x + y;
}
```

在调用虚方法时，首先调用派生类中的该重写成员，如果没有派生类重写成员，则它可能调用原始成员。注意，在默认情况下，方法是非虚的，不能重写非虚方法。

virtual 修饰符不能与 static、abstract 和 override 修饰符一起使用，在静态属性上使用 virtual 修饰符是错误的。

2．在继承类中使用 override 关键字声明重写虚方法

基类中定义的虚方法，派生类可以重新以新的方式实现（使用 override 关键字），也可以不提供实现，如果不提供实现，调用的是基类的实现方法。

基类中定义了虚方法，在派生类中通过 override 关键字声明重写基类的虚方法。如果未指定 override 关键字，编译器将发出警告，并且派生类中的方法将隐藏基类中的方法。使用 override 重写虚方法的一般格式如下。

```
访问修饰符 override 返回值类型 方法名(参数列表)
{
    方法体;
}
```

例如，重写上述虚方法 Calculate，代码如下。

```
public override int Calculate(int x, int y)
{
    return x * y;
}
```

使用 virtual 和 override 实现多态性重写时应注意以下几点：

1）重写方法和派生类虚方法必须具有相同的访问修饰符、类型和名称，相同的返回类型。即重写声明不能更改所对应的虚拟方法的可访问性和返回类型。

2）不能重写非虚方法或静态方法，重写的基类中的方法必须是 virtual、abstract 或 override 的。

3）不能使用修饰符 new、static、virtual 或 abstract 来修饰 override 方法。

4）字段不能是虚拟的，只有方法、属性、事件和索引器才可以是虚拟的。

5）派生类对象即使被强制转换为基类对象，所引用的仍然是派生类的成员。

【例 4-2】 设计一个控制台应用程序，采用虚方法求长方形、圆、圆球体和圆柱体的面积。代码如下。

```
public class Rectangle                          //矩形类
{
    public const double PI = Math.PI;           //PI 常量
    protected double x, y;                      //长方形的长、宽
    public Rectangle()                          //构造函数
    {
    }
    public Rectangle(double x1, double y1)      //构造函数
    {
        x = x1;
        y = y1;
    }
    public virtual double Area()                //虚方法，求矩形面积的方法
    {
        return x * y;
    }
}
public class Circle : Rectangle                 //从 Rectangle 类派生圆类
{
    public Circle(double r) : base(r, 0)        //构造函数
    {
    }
    public override double Area()               //重写虚方法，求圆面积的方法
    {
        return PI * x * x;
    }
```

```
    }
    public class Sphere : Rectangle                    //从 Rectangle 类派生球体类
    {

        public Sphere(double r) : base(r, 0)           //构造函数
        { }
        public override double Area()                  //重写虚方法，求球体表面积方法
        {
            return 4 * PI * x * x;
        }
    }
    class Cylinder : Rectangle                         //从 Rectangle 类派生圆柱体类
    {
        public Cylinder(double r, double h) : base(r, 0) //构造函数
        { }
        public override double Area()                  //重写虚方法，求圆柱体表面积
        {
            return 2 * PI * x * x + 2 * PI * x * y;
        }
    }
    class Program
    {
        static void Main(string[] args)
        {
            double x = 2.5, y = 6.2;                   //长方形的长、宽
            Rectangle t = new Rectangle(x, y);         //创建长方形对象
            Console.WriteLine("长为{0},宽为{1}的长方形面积={2:F2}", x, y, t.Area());
            double r = 3.2, h = 5.6;                   //半径、高
            Rectangle c = new Circle(r);               //创建园形对象
            Console.WriteLine("半径为{0}的圆面积={1:F2}", r, c.Area());
            Rectangle s = new Sphere(r);               //创建圆球体对象
            Console.WriteLine("半径为{0}的圆球体表面积={1:F2}", r, s.Area());
            Rectangle l = new Cylinder(r, h);          //创建圆柱体对象
            Console.WriteLine("半径为{0},高度为{1}的圆柱体表面积={2:F2}", r, h, l.Area());
        }
    }
```

在本程序中，基类 Rectangle 包含 x（长）和 y（宽）两个字段，以及计算面积或表面积的 Area()虚方法，从它派生出 Circle、Cylinder 和 Sphere 类。每个派生类都有各自的 Area()重写实现，根据与此方法关联的对象，通过调用正确的 Area()实现，该程序为计算每个面积或表面积。程序运行结果如图 4-3 所示。

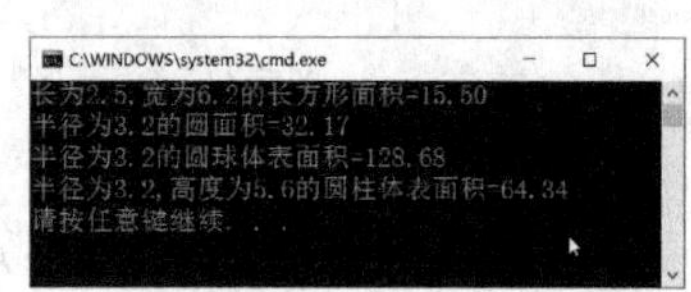

图 4-3 【例 4-2】的运行结果

在程序中使用了两个关键字，一个是在基类方法中使用 virtual 关键字，把基类方法变为虚方法；在继承类中重写方法时使用 override 关键字。重写以后，每一个继承类对于基类的方法都有了不同的实现，这样就实现类重写。重写的时候还有几个地方需要大家注意，首先被重写的这个方法与重写的方法应用具有相同的方法名，有相同的参数列表，有相同的返回值类型。或者继承类重写的这个方法的返回值类型是基类虚方法返回值类型的一个子类。再有，就是访问修饰符不能够缩小基类方法访问修饰符的范围，比如基类方法的访问修饰符是 public，继承类中的方法必须是 public；基类中方法的访问修饰符如果是 internal，那么继承类的访问修饰符

可以是 internal 或者 public，不能够缩小它的访问范围。

【例 4-3】 在制作饼干的程序中，使用虚方法实现多态。

首先定义一个饼干模具的基类，在这个基类中定义一个用来生产饼干的虚方法，之后为这个模具基类派生出若干个子类，在子类中重写基类中定义的制作饼干的虚方法。

（1）饼干模具的基类

在该类中定义一个制作饼干的可以重写的方法 Produce()，这个方法将会在不同的饼干模具类中有不同的实现，这样就是多态了。为了能够在子类中对这个方法进行重写，将这个方法定义为虚方法，也就是在方法的声明前面添加关键字 virtual，具体的方法实现这里没有写。

```
public class CakeModule //基类，饼干模具类
{
    public virtual void Produce() //定义生产饼干的虚方法
    {
    }
}
```

（2）具体的不同形状的饼干模具类

1）定义圆形饼干模具类，它继承饼干模具的基类，然后重写基类中的虚方法，使用关键字 override，它会生产小猫形饼干。

```
public class CatModule : CakeModule    //派生类，小猫形饼干模具类
{
    public override void Produce()        //重写生产饼干的方法
    {
        Console.WriteLine("制作 1 块小猫形饼干");
    }
}
```

2）定义小狗形饼干的模具类。

```
public class DogModule : CakeModule    //派生类，小狗形模具类
{
    public override void Produce()        //重写生产饼干的方法
    {
        Console.WriteLine("制作 1 块小狗形饼干");
    }
}
```

3）定义小鱼形饼干的模具类。

```
public class FishModule : CakeModule    //派生类，小鱼型模具类
{
    public override void Produce()        //重写生产饼干的方法
    {
        Console.WriteLine("制作 1 块小鱼形饼干");
    }
}
```

在以上 3 个派生类中，分别对 Produce()方法进行了重写，这样不同的子类有了自己不同的方法，就实现了多态。

（3）实现多态

在 Program 类的 Main()方法中，看一下多态实现的效果。在代码中定义一个基类类型 CakeModule 型的变量 module，用它分别指向 3 个子类的实例，这样同样一个 module 对象就可以在调用 Produce()方法时有不同的实现（向上转型，多态实例）。

```
class Program
{
    static void Main(string[] args)
    {
        CakeModule module;//定义 CakeModule 型变量 module
        module = new CatModule();//实例化小猫形类，然后赋值给 module
        module.Produce();//调用 CakeModule 类的方法 Produce()
        module = new DogModule();//实例化小狗形类，然后赋值给 CakeModule 型变量 module
        module.Produce();//调用 DogModule 类的方法 Produce()
        module = new FishModule();//实例化小狗形类，然后赋值给 CakeModule 型变量 module
        module.Produce();//调用 FishModule 类的方法 Produce()
    }
}
```

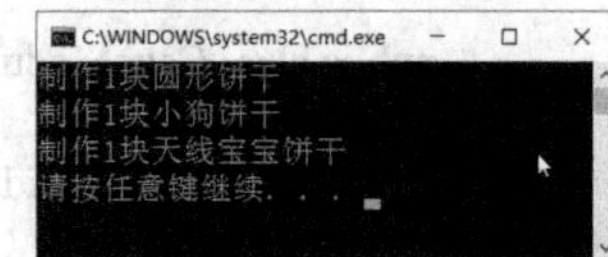

图 4-4 【例 4-3】的运行结果

按〈Ctrl+F5〉键执行程序，运行结果如图 4-4 所示。

【课堂练习 4-2】 对【课堂练习 4-1】使用重写实现对计算软件公司员工薪金的计算。

3．重载和重写的区别

重载（Overload）和重写（Override）在面向对象编程中非常有用，合理利用重写和重载可以设计一个结构清晰而简洁的类。重载和重写都实现多态性，但是它们之间却有很大的区别，对于初学者，很容易将它们搞混，下面列出一些它们之间重要的区别。

1）重载使用关键字为 new，重写关键字为 override。

2）隐藏保留了基类方法，重写覆盖了基类方法。

3）重载实现了编译时的多态性，重写实现了运行时的多态性。

4）重载要求方法名相同，必须具有不同的参数列表，返回值类型可以相同也可以不同；重写要求访问修饰符、方法名、参数列表必须完全与被重写的方法相同。

5）重载发生在一个类内，重写发生在具有继承关系的类内。基于重写可以实现多态，而重载方法不行。

4.3 使用抽象类和抽象方法实现多态

为什么需要抽象类？抽象类可以将已经实现的方法提供给其子类使用，使代码可以被复用；同时抽象类中的抽象方法，保证了子类具有自身的独特性。

4.3.1 抽象类的概念

抽象是从众多的事物中抽取出共同的、本质性的特征，而舍弃其非本质的特征。例如，交通工具→汽车→小轿车→两厢小轿车，是一个由抽象到具象逐步细化的过程，越是处于顶层，其抽象程度越高，包含的领域越广。对于交通工具类，“开”的方法是不同的，比如“开”飞机与“开”轿车是不同的，这时就无法用一种通用的方法来描述“开”的方法。这种情况，人们在日常生活和工作中是如何处理的呢？例如，计划买一辆 20 万元左右的家用车，是买三厢、两厢轿车，还是买 SUV，以及买什么牌子的家用车，在没有把车子买到手之前，这个“家用车”并不是具体的，也没有办法具体描述。“家用车”此时只是一个抽象概念，其意图是表示“家用车”应该存在而不是实现。

在面向对象编程中，要创建一个体现某些基本行为的类，并为该类声明方法，但不允许在该类中实现该行为，而是在子类中实现该方法。这种只给出方法定义而不具体实现的方法称为抽象方法。抽象类不能实例化，抽象方法必须在包含此方法的抽象类的继承类中实现。

4.3.2 抽象类和抽象方法的定义

抽象类是指在基类中声明不包含实现代码方法的类，该方法实际上就是一个不具有任何具体功能的方法，这样的方法要实现功能就必须在派生类中重写。在基类定义中只要类定义中包含一个抽象方法，该类就是抽象类。

我们已经知道，多态就是同一个引用类型，使用不同的实例而执行不同的操作。有时，在基类定义中，基类不提供实现方法，而要求派生类必须实现该方法。这时，可以使用抽象方法。

声明抽象类及其抽象方法，使用 abstract 关键字修饰，基本语法格式如下。

```
访问修饰符 abstract class 类名
{
    访问修饰符 abstract 返回值类型 方法名(参数列表); //定义抽象方法
    其他类成员;
}
```

在抽象类中，声明方法的存在而不是实现，通过用关键字 abstract 标记声明一个抽象类。被声明但没有实现的方法（即没有方法体或{}），也必须标记为抽象。抽象类中可以带有对已知行为的方法的实现，即在抽象类中也可以声明一般的方法和虚方法。

抽象类中必须有一个以上的抽象方法，抽象方法可以是 public、internal、protected。抽象方法声明不能使用 static、private、virtual 和 override 修饰。

抽象方法是一个没有被实现的空方法，声明抽象方法时，没有方法体，在代码中没有“{}”，方法语句后只有一个分号“;”。

注意：抽象方法的声明不提供方法体，抽象属性的声明不提供属性访问器。

并不要求抽象类必须包含抽象成员，含有抽象成员的类一定是抽象类，抽象类可以包含非抽象成员。含有抽象方法的类是抽象类，抽象类不能用来实例化对象，相当于定义了一个模板。必须用派生类去实现抽象类，然后使用其派生类的实例。但是可以创建一个变量，其类型是一个抽象类，并让它指向具体派生类的一个实例，也就是可以使用抽象类来充当形参，实际实现类作为实参，也就是多态的应用（符合里氏替换原则）。

抽象方法声明不提供实现，即只有分号没有大括号{}，例如：

```
public abstract double Area();
```

抽象属性：

```
public abstract string Name
{
    get;
}
```

抽象类不能实例化，但可以把派生类的对象赋给抽象类的引用变量。例如：

```
Area area=new Area();          //错误
Area area=new Circle(10);      //正确
```

抽象类可以完全实现，但更常见的是部分实现或者根本不实现，从而封装继承类的通用功能。抽象类可以继承其他的抽象类。在大型软件的代码编写中，抽象方法的另一个作用就是告诉编写派生类的程序员，按这个抽象方法名来写派生类中的同名方法，使得程序中的命名一致。

注意：抽象类不能被实例化。抽象类中可以有非抽象方法。抽象类可以继承抽象类。子类

如果不是抽象类，则必须重写抽象类中的全部抽象方法。private 关键字不能修饰抽象方法，因为要被继承。

在下列情况下，一个类将成为抽象类：

1）当一个类的一个或多个方法是抽象方法时。

2）当类是一个抽象类的子类，并且不能为任何抽象方法提供任何实现细节或方法主体时。

3）当一个类实现一个接口，并且不能为任何抽象方法提供实现细节或方法主体时。

4.3.3 重载抽象方法

由于抽象类本身表达的是抽象的概念，因此抽象类中的许多方法并不一定要有具体的实现，而只是留出一个接口，在派生类中重写。

定义抽象类的派生类时，派生类继承抽象类中的抽象方法。在派生类中必须实现抽象类中的每一个抽象（abstract）方法、属性，也就是必须重写抽象类中的抽象方法。这是抽象方法与虚方法的不同之处，因为虚方法含有方法体，其派生类可以不重写该方法。

派生类中每个已实现的方法或属性必须与抽象类中指定的方法或属性一样（接受相同数目和类型的参数，具有同样的返回值）。重写抽象方法、抽象属性使用 override 关键字。

派生类及其重写抽象方法的语法格式如下。

```
访问修饰符 class 派生类的类名 : 基类的类名
{
    访问修饰符 override 返回值类型 方法名(参数列表)    /*重写方法或实现方法*/
    {
        方法体;
    }
    其他类成员;
}
```

其中，方法名和参数列表必须与抽象类中的抽象方法完全一致。

在派生类中，抽象方法的实现由带有 override 关键字的方法提供，它是非抽象类的成员。

使用抽象类和抽象方法有以下几条注意事项。

1）抽象类不能被实例化。

2）抽象类可以有非抽象的方法。也就是它可以有一些方法不用 abstract 修饰，是非抽象的方法。

3）抽象类可以继承抽象类。

4）子类如果不是抽象类，则必须要重写全部的抽象方法。

5）private 关键字不能用来修饰抽象方法。因为抽象方法是要交由子类重写的，如果用 private 关键字去修饰，则子类不能继承这个方法，也就无法重写了。

【课堂练习 4-3】 在【例 4-3】中，使用虚方法实现了类多态，虚方法实现多态的时候使用了两个关键字 virtual 和 override。使用 virtual 关键字修饰的方法叫作虚方法，虚方法的特点是有方法体，可以被子类重写，子类也可以选择不重写这个方法。

如果要用抽象方法实现多态，抽象方法的特点是没有方法体，子类必须要重写这个抽象方法。

4.3.4 理解多态

面向对象编程的 3 个特征（封装、继承和多态）是互相关联的。

方法的重写、重载与动态连接构成多态性。C#只允许单继承，派生类与基类间有 is-a 的关系（即“猫”is a“动物”）。这样做虽然保证了继承关系的简单明了，但是势必在功能上有很大的限制，所以，C#引入了多态性的概念以弥补这点的不足。此外，抽象类和接口也是解决单继承规定限制的重要手段。同时，多态也是面向对象编程的精髓所在。

对于多态，可以总结以下几点。

1）使用基类类型的引用指向子类的对象，或者说，通过将派生类对象引用赋值给基类对象引用变量来实现动态方法调用。派生类的对象可以赋值给基类引用，自动实现向上转型。一个基类的对象引用，被赋予不同的派生类对象引用，执行该方法时，将表现出不同的行为，这样就实现了多态，即同一个引用类型，使用不同的实例而执行不同操作。

2）该引用只能调用父类中定义的方法和变量，不能把父类对象引用赋给子类对象引用变量。向上转型是自动进行的，但是向下转型却不是，需要用户自己定义强制进行。

3）如果在派生类中重写了基类中的方法，那么在调用这个方法的时候，将会调用派生类中的这个方法（动态连接、动态调用）。

4）成员变量不能被重写（覆盖），重写的概念只针对方法，如果在派生类中重写了基类中的成员变量，那么在编译时会报错。

5）记住一个很简单又很复杂的规则，一个类型引用只能引用类型自身含有的方法和变量。可能认为这个规则是不对的，因为基类引用指向派生类对象的时候，最后执行的是派生类的方法。其实这并不矛盾，那是因为采用了后期绑定，动态运行的时候又根据类型去调用了派生类的方法。而如果派生类的这个方法在基类中并没有定义，则会出错。

【例 4-4】 使用多态实现给不同类型的宠物看病。在第 2 章的演练中，使用重载方法实现了给不同类型的宠物看病，做法是在 Doctor 类中定义了若干个给不同类型的宠物看病的方法，这些方法是重载方法，它们具有相同的方法名，但是方法的参数不同，每一个方法对应一种类型的宠物。这样做虽然可以解决给不同类型的宠物看病的问题，但是如果增加了新的宠物，就必须要增加新的方法，给 Doctor 类的代码维护带来了麻烦。

下面要做的是使用多态来解决这个问题，具体做法如下。

1）在宠物类的基类 Pet 中定义一个看病方法 ToHospital()，这是一个没有实现的抽象方法，下面代码：

```
public abstract class Pet                    //基类，抽象类，定义宠物类
{
    public String Name { get; set; }         //宠物名字
    public String Gender { get; set; }       //宠物性别
    public int Health { get; set; }          //宠物健康值
    public abstract void ToHospital();       //看病方法
}
```

例题源代码
例 4-4 源代码

2）3 个宠物的派生类会分别去重写这个抽象方法 ToHospital()，针对每种宠物不同的类型，有不同的看病方式。医生类 Doctor 中，不需要去了解具体某一种宠物的看病方式，只需要知道它们是 Pet 类的派生类就可以了，医生只负责给 Pet 类及其派生类的对象看病，而不关心这个对象具体是哪一种宠物，下面用代码来实现。

① Dog 类，打针、吃药是狗类的治疗方法。

```
class Dog : Pet                              //派生类，定义小狗类
{
    public override void ToHospital()        //重写看病方法
    {
```

```
            Console.WriteLine("打针、吃药");
        }
    }
```

② Cat 类，输液、疗养是猫类的治疗方法。

```
public class Cat : Pet                          //派生类，定义猫咪类
{
    public override void ToHospital()   //重写看病方法
    {
        Console.WriteLine("输液、疗养");
    }
}
```

③ Bird 类，吃药、疗养是鸟类的治疗方法。

```
public class Bird : Pet                         //派生类，定义小鸟类
{
    public override void ToHospital()   //重写看病方法
    {
        Console.WriteLine("吃药、疗养");
    }
}
```

这样，每一个宠物类都有了自己独特的治疗方式。

④ 在医生类中定义一个看病的方法，这个方法的参数定义成宠物类的基类类型 Pet。Pet 类型是所有宠物类的基类，根据里氏替换原则，当需要一个基类类型的对象时，可以用一个派生类的对象来代替。所以，这个 Cure()方法是可以给所有宠物类的对象看病的，即便将来定义了新类型的宠物，也是可以照样去看病，而不需要给 Doctor 类做任何修改和扩展。

```
class Doctor                    //定义医生类
{
    public void Cure(Pet pet)       //治疗方法
    {
        if (pet.Health < 50)
        {
            pet.ToHospital();
            pet.Health = 60;
        }
    }
}
```

其实医生类并不关心看的宠物具体是哪一种类型，只需要调用这种宠物的 ToHospital()方法就可以了，这个方法在抽象的基类 Pet 类中定义，在 3 个不同的派生类中实现的，将来新的宠物类型也可以去实现 ToHospital()方法。

3）最后是类的实例化与方法的调用。Program 类的 Main 方法中的代码如下。

```
Doctor doc = new Doctor();  //实例化医生类
Console.Write("为狗狗看病......");
Dog dog = new Dog();            //实例化小狗类
doc.Cure(dog);                  //医生对象 doc 调用其看病方法 Cure()，实参是狗对象 dog
Console.Write("为猫咪看病......");
Cat cat = new Cat();
doc.Cure(cat);
Console.Write("为小鸟看病......");
Bird bird = new Bird();
```

```
doc.Cure(bird);
```

按〈Ctrl+F5〉键执行程序，运行结果如图 4-5 所示。医生给不同的宠物都可以看病了。

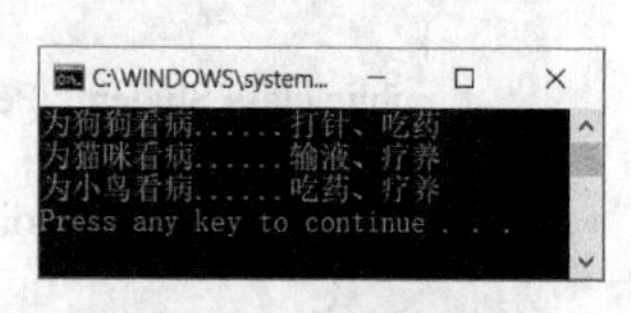

图 4-5　给宠物看病

这时如果希望再扩充新的宠物类型，医生类也不需要更改，因为即便增加新的宠物，它们仍然是 Pet 类的派生类，按照里氏替换原则，仍然可以由 Cure()方法来调用。

请增加一个狐狸类 Fox 及其看病的方法，然后用医生对象调用其治疗方法给狐狸看病。

【课堂练习 4-4】 演示愤怒的小鸟游戏的设计和实现过程。

4.4　对象类型的转换与判断

在对类的对象引用时，经常需要对对象类型进行转换与判断。对象类型的转换与基本数据类型相似，有两种方式，即向上转换类型与向下转换类型。对于引用型数据类型，其类型之间的转换问题也经常会遇到，程序员要熟练掌握这两个转型的方法。

4.4.1　向上转换类型（隐式转换类型）

1．向上转换类型的格式

对象的类型转换——向上转换类型，对于有继承关系的类，是将一个派生类（子类）对象直接赋值给基类（父类）对象，也称将子类对象引用转换为父类对象引用。由于派生类始终包含基类的所有成员，因此在向上转型操作时不需要使用任何特殊语法，采用隐式转换就能正确转换，所以向上转换也称为隐式转换类型。向上转型是自动进行的，向上转型都是安全的。派生类对象转换为基类类型的语法格式如下。

基类对象 ＝ 派生类对象;

由于继承的派生类和基类关系是“is-a”关系，也即是说，派生类是基类中的一种（一名学生也是一个人）。在继承关系中，派生类对象可以转换为基类对象，这就是所谓的向上转型（基类在上，派生类在下），向上转型是兼容的。

例如，对于基类 Person 类和派生类 Student 类，派生类对象转换为基类类型的语句如下：

```
Person per = new Student();  //创建基类 Person 类的对象引用变量 per，把派生类实例转型赋值给基类
```

上面的一行代码，也可以写成下面两行代码：

```
Person per;              //定义 Person 类型的引用变量 per
per = new Student();     //新建 Student 类的实例，然后转换为基类类型，赋值给 per
```

上面对象的类型转换，有点类似基本数据类型的转换（如整型转型为浮点型）。它表示定义一个 Person 类型的引用变量 per，指向新建的 Student 类的实例。由于 Student 类是继承自它的基类 Person 类，根据里氏替换原则，派生类可以替换基类对象，所以 Person 类型的引用是可以指向 Student 类型的对象的。

【例 4-5】 向上转换类型示例，代码如下。

```
public class Person                        //基类 Person
{
    public virtual void Eat()              //定义虚方法
    {
        Console.WriteLine("我喜欢吃美食!");
    }
```

```
    }
    public class Student : Person          //派生类 Student
    {
        public override void Eat()         //覆盖基类方法
        {
            Console.WriteLine("我喜欢吃川菜!");
        }
        public void Study()                //Student 类定义了自己的新方法
        {
            Console.WriteLine("我喜欢学习!");
        }
    }
    class Program
    {
        static void Main(string[] args)
        {
            Person per = new Student();//创建基类类型引用变量 per，把派生类实例转型赋值给基类
            per.Eat();                     //调用派生类的方法，输出：我喜欢吃川菜!
            //per.Study();                 //无法访问派生类定义的方法，为什么？
        }
    }
```

运行程序输出“我喜欢吃川菜！”。这是因为 per 实际上指向的是一个派生类对象，这种转换是自动的。但是，向上转型时对象不能访问派生类新增的成员，例如调用派生类定义的 Study()方法，Student 类的 Study()方法对于对象引用变量 per 是不可见的，因为 per 是基类 Person 类的对象引用变量，所以执行 per.Study()将出错。

2．向上转型的优点

有人可能会问，这种转换不是多此一举吗？这样做有什么意义呢？因为派生类是对基类的改进和扩充，所以一般派生类在功能上较基类更强大，例如方法、属性更多。定义一个基类类型的引用指向一个派生类的对象，既可以使用派生类增强的功能，又可以抽取基类的共性。所以，基类类型的引用可以调用基类中定义的所有属性和方法，而对于派生类中定义的而基类中没有的方法，则调用不到。同时，基类中的一个方法只有在基类中定义而在派生类中没有重写的情况下，才可以被基类类型的引用调用。对于基类中定义的方法，如果派生类中重写了该方法，那么基类类型的引用将会调用派生类中的这个方法，这就是动态连接。

例如，创建 Student 对象，然后调用 Student 对象的 Eat()方法。下面代码：

```
Student stu = new Student();
stu.Eat();
```

这样就丧失了面向抽象的编程特色，降低了可扩展性。

使用向上转型将使程序具有通用性，可扩展性。例如下面的代码：

```
public static void DoEat(Person p) //方法，形参是基类
{
    p.Eat();
}
```

这里以 Person 基类为形参，调用时用 Student 派生类的对象作为实参：

```
DoEat(stu);                //调用静态方法，实参是派生类 Student 对象 stu
```

就是利用了向上转型，这也体现了抽象编程思想。这样使代码变得简洁，不然的话，如果 DoEat()以派生类对象为参数，则有几个派生类就需要写几个方法。

向上转型不仅仅是父类可以指向子类的对象，只要是祖先类都可以指向子类的实例。典型情况，Object 是所有类的祖先类，所以 Object 类型的对象引用可以指向任何对象。例如下面的代码：

```
Object o = new Student();
```

另外，类似的用法还有，某个方法的定义如下：

```
public void setValue(Object o){
    this.value = o;
}
```

这个方法的参数是 Object 类型，返回值类型是 Object。因为参数类型是 Object，所以在调用这个方法的时候可以给它传递任何类型的参数，包括 Person 对象、Student 对象等，只要是它的子孙类就可以了。

再看下面的方法：

```
public Object getValue(){
    return value;
}
```

value 可以是任何类型，如 Person 对象、Student 对象、Dog 对象等。

对于向上转换类型（隐式类型转换），类对象引用转换的规则如下。

- 一个基类的对象引用变量，可以指向其派生类的对象，即任何需要基类对象的地方都可以使用派生类对象。
- 一个基类的对象引用变量，不可以访问其派生类的对象新增加的成员。

【课堂练习 4-5】 定义宠物类 Pet 为基类，其中定义一个虚方法 Eat()，定义两个普通方法 Run()和 Sleep()。Dog 类派生自 Pet 类，其中重写 Eat()方法，使用 new 隐藏基类的方法 Run()，新增加一个方法 DogBark()。在 Main()方法中，创建 Pet 类的对象 pet，并把 Dog 的实例赋值给 pet，然后分别调用各个方法。

4.4.2 向下转换类型（强制转换类型）

1．向下转换类型的格式

既然可以将派生类对象引用转换为基类对象引用，那么反过来把基类对象指向派生类对象是否可行？答案是否定的。一般情况下，越是具体的对象所具有的特性越多，如一名学生的特性就比抽象的人的特性多得多。而越抽象的对象反而具有的特性越少，因为其只具有一些抽象对象的共性特征。在进行向下转型操作时，将特性范围小的对象转换为特性范围大的对象肯定会出现问题。

为此在向下转型时（基类在上，派生类在下），必须确保转换后不会出现问题，即具体对象的特性在抽象对象中也全部具备，只有如此才能够进行转换。而且即使满足这个条件，编译器也不能够进行隐式转换，而是需要采用关键字进行强制转换。在要转换的对象前面加上一对圆括号，显式地写出需要转换成的派生类的类名。语法格式如下。

```
派生类对象 =(派生类名)基类对象;
```

强制转换适合从大类型向小类型的转换。引用类型之间的强制转换操作，是从一种引用类型到另一种引用类型的转换。引用转换可以更改引用的类型，但不更改各自的对象类型。

必须指出，基类对象向下转变为具体的派生类对象的操作，是一种不安全的操作，很难确定应该转变为怎样的派生类，即不能保证转换是否成功。为此默认情况下，进行向下转型时，往往会发生编译错误。

例如，宠物类 Pet 是基类，派生了狗类 Dog。假设 Dog 有一个特殊的行为方法 f，如果把 Dog 实例赋值给了宠物 Pet 引用，下面的代码：

```
Pet pet = new Dog();
```

如何访问 Dog 的 f 方法呢？直接写 pet.f()肯定不行，编译不能通过，因为 pet 没有方法 f()。所以这时候还需要把 pet 再转换成 Dog 才可以访问方法 f。

能写成下面代码吗？不能，编译的时候就会报错“无法将类型 Pet 隐式转换为 Dog。存在一个显式转换”。

```
Dog d = pet;
```

编译器建议使用显式转换。即采用强制类型转换，把基类对象转换成派生类对象（派生类对象引用指向了基类对象）。强制把 pet 转换成了 Dog，也就是把宠物转换成了狗，使用下面的代码：

```
Dog d = (Dog)pet;
```

能转换吗？因为这只宠物确实是狗，所以可以转换，然后可以调用 d.f()方法。

假设猫类 Cat 也派生自 Pet 类。再看下面的代码：

```
Pet pet = new Cat();
Dog d = (Dog)pet;
```

单从第 2 行看，与之前的代码没有区别。但是一看就知道有问题，因为代码想把猫转换成狗，所以运行时，当在显式引用转换期间发生失败时，会引发 InvalidCastException 异常，提示不能从 Cat 类型到 Dog 类型的转换。这种错误不是语法错误，所以能够编译通过，但是在运行时候会出错。

如果进行转换可能会导致信息丢失，则编译器会要求执行显式转换。显式转换是明确通知编译器，程序员打算进行转换，且程序员知道可能会发生数据丢失的一种方式。强制类型的转换适应的范围很广，但是也有一个问题，就是在某些引用类型转换中，编译器无法确定强制转换是否会有效。编译正确的强制转换操作有可能在运行时失败，类型强制转换在运行时失败将导致引发抛出异常（InvalidCastException）。

【例 4-6】 本演练使用强制类型转换。在 Notebook 类定义中增加一个字段 battery。

```
class Computer              //计算机类
{
    public string brand;        //品牌
}
class Desktop : Computer      //台式机类
{}
class Notebook : Computer     //笔记本电脑类
{
    public string battery;      //电池类型
}
class Program
{
    static void Main(string[] args)
    {
        Computer computer = new Computer();
        computer.brand = "IBM";
        Desktop desktop = new Desktop();
```

```
            desktop.brand = "HP";
            Notebook notebook = new Notebook();
            notebook.brand = "APPLE";
            notebook.battery = "8 芯电池";
            ShowInfo(computer);      //参数为基类对象 Computer 类型
            ShowInfo(desktop);       //参数为派生类对象 Desktop 类型
            ShowInfo(notebook);      //参数为派生类对象 Notebook 类型
        }
        public static void ShowInfo(Computer computer)
        {
            Console.WriteLine("{0}牌计算机", computer.brand);
            Notebook nb = (Notebook)computer;
            Console.WriteLine("电池是{0}", nb.battery);
        }
    }
```

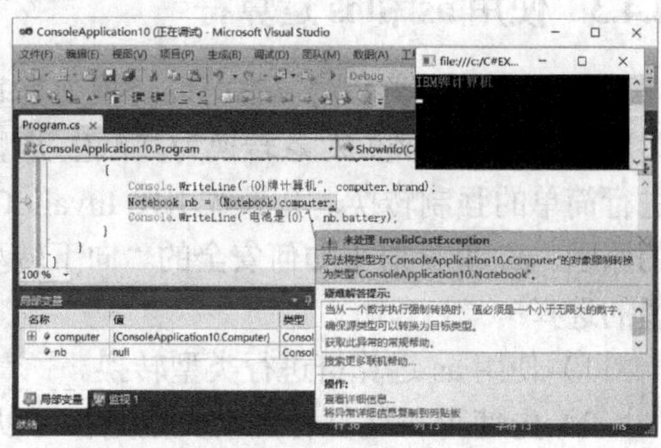

图 4-6 出错提示

按〈F5〉键启动调试，运行结果如图 4-6 所示。为什么会发生这样的错误呢？是因为向 ShowInfo()方法中传递的参数并非每一个对象都能转换成 Notbook 类型。ShowInfo(computer)调用的参数是它的基类，ShowInfo(desktop)调用的是与它没有关系的 Desktop 类，所以这两行调用发生异常。只有 ShowInfo (notebook)调用时传递的对象才是 Notbook 类型的对象。

如果在执行代码时有可能出现异常，就需要异常处理。使用 try 块，当发生异常后，执行 catch 块中的语句，显示相关提示。ShowInfo()方法改为如下代码。

```
public static void ShowInfo(Computer computer)
{
    try
    {
        Console.WriteLine("{0}牌计算机", computer.brand);
        Notebook nb = (Notebook)computer;
        Console.WriteLine("电池是{0}", nb.battery);
    }
    catch
    {
        Console.WriteLine("不配置电池");
    }
}
```

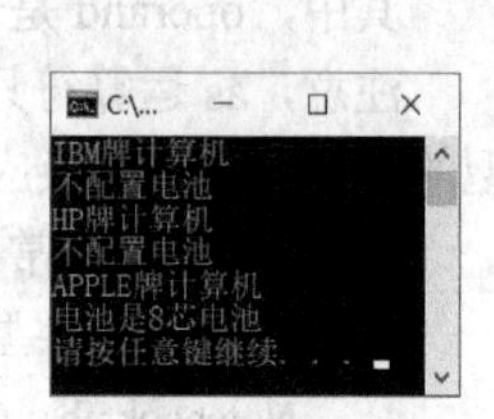

图 4-7 运行结果

再执行程序，运行结果如图 4-7 所示。从运行结果看到，第 1、2 台计算机显示不配置电池，第 3 台计算机显示电池是 8 芯电池。这样无法进行类型转换的对象就有了相应的提示。强制类型转换是通过 try…catch 的异常处理来解决问题。

2．向下转型的注意事项

向下转型往往被认为是不安全的，当在程序中执行向下转型操作的时候，如果基类对象不是派生类对象的实例，就会发生编译器错误。所以在执行向下转型之前要先做一件事情，就是判断基类对象是否为派生类对象的实例。也就是说，先要想一想，金毛犬就是狗类这个命题是否成立。只有如此，向下转型才不会出现问题。在进行向下转型操作时，将特性范围小的对象转换为特性范围大的对象肯定会出现问题。但是，如果两个转换的对象特性范围一样大的话，那么就不会有问题了。在应用程序开发中，往往通过操作符 is 来完成这个判断。

在进行向下转型时，需要注意以下几方面的内容。

1）要慎用向下转型。由于向下转型容易出问题，除非特殊情况，最好不使用向下转型。如果在编程之前，合理规划类，往往可以避免向下转型的发生。只有其他路走不通的情况下，才考虑通过向下转型的技术来解决问题。

2）在进行向下转型的时候，需要做两件事情。一是一定要使用 is 操作符来判断转型的合法性，即判断基类对象是否为派生类对象的实例。二是注意向上转型与向下转型的区别，向上转型往往被认为是安全的，所以在 C#语言平台中向上转型采用的是隐式转型；而向下转型往往被认为是不安全的，故系统默认情况下进行向下转型时必须采用强制转型的方式。

4.4.3 使用 as 和 is 运算符

派生类（子类）对象都可以转换为其基类（父类）类型，用隐式转换就能完成。反之，如果要把基类（父类）对象转换为其派生类型（子类），则必须进行显式转换。不过，如果只尝试进行简单的强制转换，会导致引发 InvalidCastException 的风险，这就是 C#提供 is 和 as 运算符的原因。as 和 is 对于如何安全的“向下转型”提供了较好的解决方案，因此用户有以下两种转型的选择：

1）使用 as 运算符进行类型转换。

2）先使用 is 运算符判断类型是否可以转换，再使用“(类型名)对象名”进行显式的转换。

1．使用 as 运算符转换类型

as 运算符用于在兼容的引用类型之间执行显式类型转换。as 转换规则如下。

1）检查要转换的对象类型与指定类型的兼容性，如果兼容则并返回转换结果；如果不兼容则返回 null 值。

因此转换是否成功可以通过结果是否为 null 进行判断。as 运算符有一定的适用范围，只适用于引用类型或其值可以为 null 的类型。as 的语法格式如下。

```
operand as type
```

其中，operand 是一个已经创建的操作对象，type 是一个类型。

注意，as 运算符只执行引用转换和装箱转换。as 运算符无法执行其他转换，如用户定义类型的转换，这类转换应使用强制转换表达式来执行。

2）不会抛出异常。

例如，用强制类型转换的语句：

```
Notebook nb = (Notebook)computer;
```

使用 as 运算符，改为：

```
Notebook nb=computer as Notbook;
if (nb != null)
{   能够转换的代码；  }
else
{   不能转换的代码；  }
```

as 运算符在一个语句中执行安全的类型转换，而不需要异常处理，使得代码更加简洁。

as 运算符作类型转换并不是不会失败，而是失败以后不会抛出异常，向左边的引用返回一个空对象。在调用这个空对象的属性或字段的时候，仍然会产生一个异常，所以要在调用之前做一个判断。

在实际编程中尽量使用 as 运算符，而少使用“( )”运算符的显式转换，理由如下：

1）无论是 as 和 is 运算符，都比使用“( )”运算符强制转换更安全。

2）不会抛出异常，使用 as 免除使用 try...catch 进行异常捕获的必要和系统开销，只需要判断是否为 null。

3）使用 as 比使用 is 性能更好。

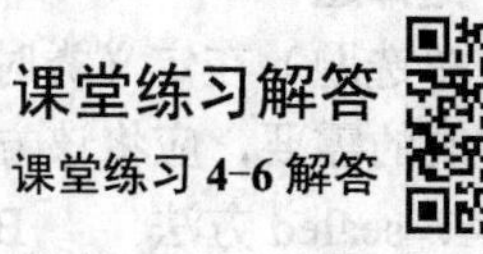

【课堂练习 4-6】 完善【例 4-6】中 ShowInfo()方法的代码，使用 as 运算符把 Computer 类型的对象转换为 Notbook 类型，然后用 if 语句判断，如果转换以后得到的对象不等于空，则显示电池的类型。

2．使用 is 运算符判断对象类型

is 运算符用于检查对象是否与给定类型兼容，并不进行类型的转换。兼容表示对象是（is）该类型，或者派生于该类型。is 转换规则如下。

1）检查一个对象（或变量）是否属于某数据类型（如 int、string、bool、double、class 等），或者是否为它的派生类的对象，或者是否可以转换为给定的类型。如果是（is），则表达式返回 true，否则返回 false。

is 运算符的语法格式如下。

```
operand is type
```

其中，operand 是一个已经创建的操作对象，type 是一个类型。这个表达式的结果如下。

- 如果 type 是一个类类型，而 operand 也是该类型，或者它继承了该类型，或者它可以装箱到该类型，则结果为 true。
- 如果 type 是一个接口类型，而 operand 也是该类型，或者它是实现该接口的类型，则结果为 true。
- 如果 type 是一个值类型，而 operand 也是该类型，或者它可以拆箱到该类型，则结果为 true。

2）不会抛出异常。

例如，要检查变量 i 是否与 object 类型兼容。代码如下。

```
int i = 10;
if (i is object)
{
    Console.WriteLine("i is an object");
}
```

int 和从 object 继承而来的其他 C#数据类型一样，表达式 i is object 将得到 true，并显示信息“i is an object”。

派生类与基类间有 is-a 的关系（即“猫”is a “动物”）。可以在转换之前使用 is 运算符来对对象的类型进行检查，看它到底是不是某个类的一个实例。

说明：is 和 as 都是在运行时进行类型的转换，as 运算符只能用于引用类型，而 is 可以用于值和引用类型。通常的做法是使用 is 判断类型，然后使用 as 或强制类型转换运算符进行类型的转换。

课堂练习解答

课堂练习 4-7 解答

【课堂练习 4-7】 请修改 ShowInfo()方法，使用 is 运算符对 computer 对象类型进行判断，如果 computer 对象是 Notbook 类型的实例，或者是 Notebook 的子类的实例，则 if (computer is

Notebook)中的条件表达式返回 true，就可以作类型转换，执行类型转换语句 Notebook nb= computer as Notebook。

4.5 习题

习题解答

第 4 章习题解答

一、选择题

1．（单选题）在定义类时，如果希望类的某个方法能够在派生类中进一步改进，以处理不同的派生类的需要，应将该方法声明成（　　）。

A．sealed 方法　　B．public 方法　　C．virtual 方法　　D．override 方法

2．（单选题）在派生类中对基类的虚函数进行重写，要求在派生类的声明中使用（　　）。

A．override　　B．new　　C．static　　D．virtual

3．（单选题）以下关于抽象类的叙述错误的是（　　）。

A．抽象类可以包含非抽象方法　　B．含有抽象方法的类一定是抽象类

C．抽象类不能被实例化　　D．抽象类可以是密封类

4．（多选题）对于重写方法的描述正确的是（　　）。

A．重写方法是指子类在继承父类的基础上，重新实现父类中的方法

B．重写方法时可以根据父类的同名方法改变其参数列表

C．重写方法时，必须使用 override 关键字

D．可以在类中重写该类同名的方法体

5．（多选题）关于虚方法和抽象方法说法正确的是（　　）。

A．父类的每一个虚方法都需要被子类所实现，父类的抽象方法也要被子类所实现

B．抽象类的抽象方法只有定义没有实现，虚方法必须有实现

C．抽象方法必须在抽象类中定义

D．虚方法不能存在于抽象类中

6．（单选题）编译运行如下 C#代码，输出结果是（　　）。

```
public class Base
{
    public void Method()
    {
        Console.WriteLine("Base method");
    }
}
public class Child : Base
{
    public void MethodB()
    {
        Console.WriteLine("Child methodB");
    }
}
class Program
{
    static void Main(string[] args)
    {
        Base p = new Child();
        p.MethodB();
    }
```

```
}
```

A．Base method

B．Child methodB

C．Base method　　Child methodB

D．不会输出，编译错误

7．（单选题）在以下 MyClass 类的定义中，（　　）是合法的抽象类。

A．
```
public abstract class MyClass1
{
    abstract public int getCount();
}
```

B．
```
abstract class MyClass2
{
    abstract int getCount();
}
```

C．
```
private abstract class MyClass3
{
    public abstract int getCount();
}
```

D．
```
sealed abstract class MyClass4
{
    public abstract int getCount();
}
```

8．多态是指多个不同对象对于同一个消息作出不同相应的方式。C#中的多态不能通过（　　）实现。

A．接口　　B．抽象类　　C．虚方法　　D．密封类

二、编程题

1．使用方法重写实现中国人和英国人介绍自己的名字。实现思路：

1）定义人类 People 和自我介绍虚方法（直接输出名字）Introduce()。

2）定义中国人类 Chinese 和重写方法（输出中文句子）Introduce()。

3）定义英国人类 English 和重写方法（输出英文句子）Introduce()。

2．根据面向对象的思想，编写程序描述咖啡、茶和啤酒。程序运行结果如图 4-8 所示。

图 4-8　编程题 2

思路分析如下。

1）分析咖啡、茶、啤酒的共性：都是饮料 Drink。

2）定义抽象的饮料类 Drink，字段：名称 name、口感 taste；方法：饮用 Drinking()。

3）定义咖啡类 Coffee、茶类 Tea 和啤酒类 Beer，分别继承饮料类。

3. 某商店中的商品有食品和电器，要求使用继承及抽象类，模拟商店展示商品价格的功能，即输出该种食品和电器的价格。

第 5 章　程序的调试和异常处理

在程序设计和运行中，不可避免地会出现各种各样的错误，为了减少设计程序中的错误和运行中发生的异常，分别对应两种处理方法：一是在程序设计阶段，程序员使用调试工具找出程序中的错误并改正，尽可能使程序正确；二是在程序中加入异常处理的语句，使程序在运行时具有容错功能。

教学课件
第 5 章课件资源

5.1　程序的调试

对程序员来说，花在编写代码的时间不超过 30%，而花在调试程序的时间超过 70%。Visual Studio 提供了强大的调试程序的功能，使用其调试功能可以有效地完成程序的调试工作，从而有助于发现程序的执行错误。

5.1.1　调试工具

1．“调试”工具栏

按〈F5〉键启动调试时会自动显示“调试”工具栏，也可以通过 Visual Studio 的“视图”菜单→“工具栏”→“调试”，使“调试”工具栏显示在 Visual Studio 工具栏上。

“调试”工具栏如图 5-1 所示，包含了对应用程序进行调试所使用的快捷方法按钮。

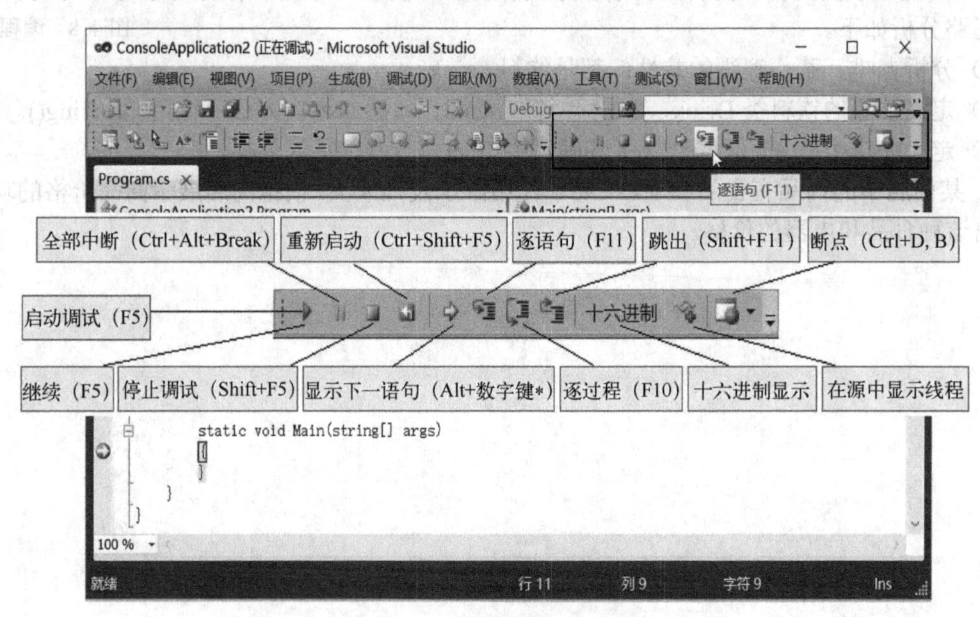

图 5-1　“调试”工具栏

2．“调试”菜单

“调试”菜单中提供了更完整的调试程序所需要的命令，如图 5-2 所示。

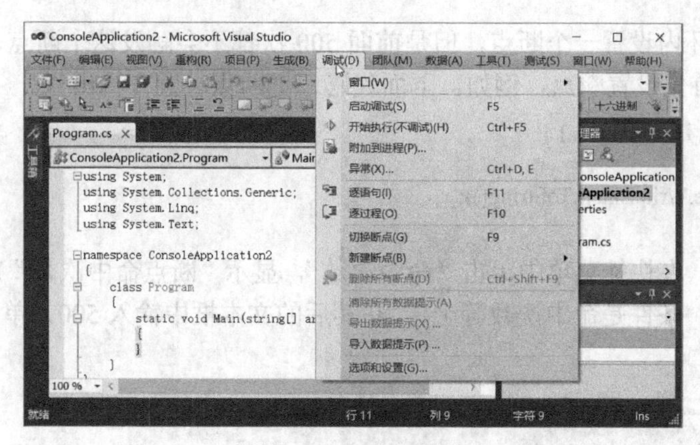

图 5-2 “调试”菜单

5.1.2 设置断点

调试操作在多数情况下就是看程序在运行时的内部状态，例如一些变量的值是多少，程序调用的路径等。当然最直接的方式就是直接中断程序的执行，用调试器检查程序的情况。有时候可能需要查看程序内部一些变量的值，但是又不希望中断程序的执行，这时监视断点就很有用了。Visual Studio 的监视断点可以让程序员在不修改程序源代码的前提下，在调试器窗口中显示一些变量的值。

授课视频

5.1.2 授课视频

设置断点是调试程序的基础，什么是断点？断点是在程序中设置一个程序行，程序执行到该程序行时中断（或暂停）。断点的作用是在调试程序时，当程序执行到断点处语句时会暂停程序的执行，供程序员检查这一位置上程序元素的执行情况，这样有助于定位产生错误输出或出错的代码段。

1．设置断点与取消断点

设置与取消断点的方法如下。

1）选择要确定设置断点的位置。一般把断点设置在要调试的代码段的开始行。

例如，在 Visual Studio 中输入下面代码。

```
int i = int.Parse(Console.ReadLine());
int j = int.Parse(Console.ReadLine());
int result = i / j;
Console.WriteLine(result);
```

2）在第 3 行代码行左侧的灰色栏中单击或者按〈F9〉键，出现一个红色点，如图 5-3 所示，表示为该代码行设置了一个断点。

3）如果要取消该断点，把插入点设置到该行，单击该红色点或按〈F9〉键，则该红色点消失。

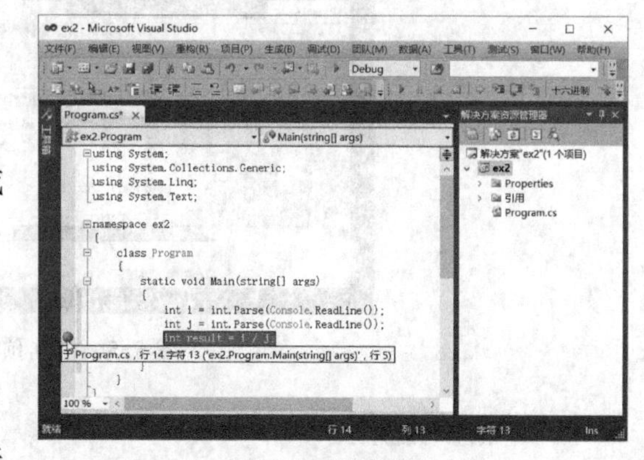

图 5-3 设置断点

2．设置条件断点

条件断点有两种，一种是根据触发的次数来设置，另外一种是根据一条预置的条件来设置。

（1）根据触发次数来设置断点

例如，有一个循环程序，循环 1000 次，程序员知道有一个 Bug 总是在 500 次之后才会出现，因此希望在循环内设置一个断点，但是前面 500 次都不会触发这个断点，否则就要连续按 500 次〈F5〉键。首先设置断点，例如，下面代码，把断点设置在输出行。

```
for (int i = 0; i < 1000;i++ )
{
    Console.WriteLine(i.ToString());
}
```

右击红色圆点，在快捷菜单中单击“命中次数”，显示“断点命中次数”对话框，从下拉列表框中选中“中断，条件是命中次数等于”，在其后的文本框中输入 500，单击“确定”按钮，如图 5-4 所示。

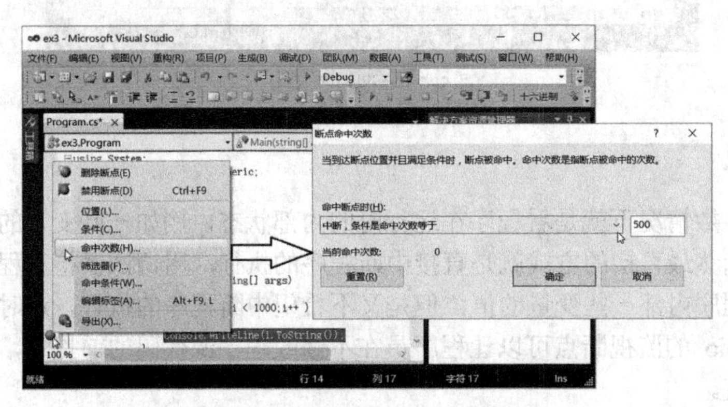

图 5-4　根据触发次数设置断点

（2）根据预置条件来设置断点

如果程序员已经知道一些条件可能会引发 Bug，那么根据条件来设置是最合适不过了。右击红色圆点，在快捷菜单中单击“条件”，显示“断点条件”对话框，如图 5-5 所示，在“断点条件”对话框中，输入一条 C#语句（当然，语法是根据项目中的源代码语法一致），这条语句的要求是必须返回 bool 值，否则就不是一个条件了。例如，当 i 等于 500 时。

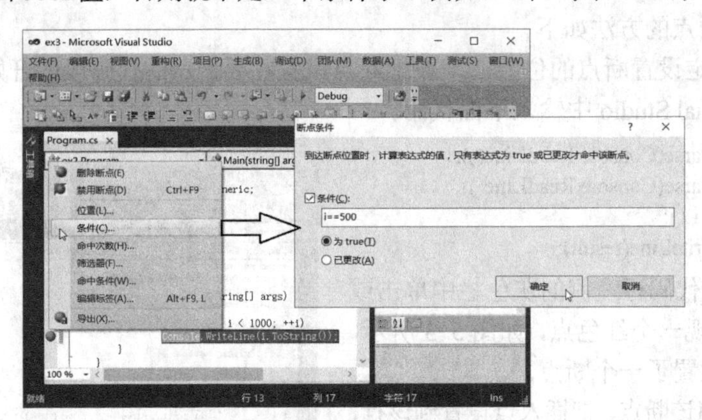

图 5-5　根据预置条件设置断点

5.1.3　调试的过程

1．开始调试

不管设置还是没有设置断点，都可以执行下面几种调试。

授课视频

5.1.3 授课视频

（1）启动调试

例如，对下面代码设置两个断点，如图 5-6 所示。

```
int[] a = new int[10];
int i, sum = 0;
for (i = 0; i <= 10; i++)
{
    a[i] = i;
    sum = sum + a[i];
}
Console.WriteLine(sum.ToString());
```

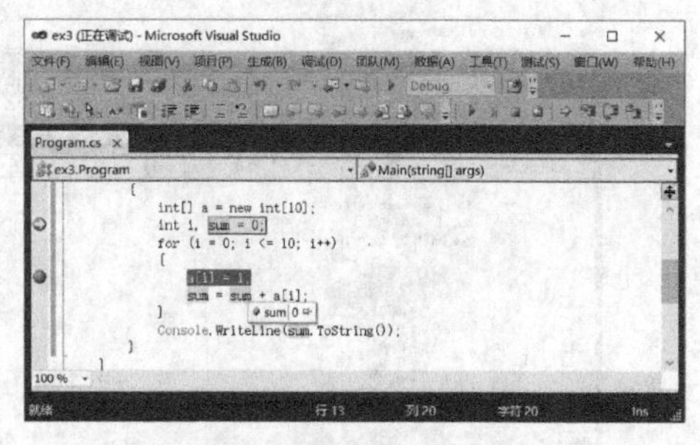

图 5-6　正在调试窗口

从“调试”菜单中，单击“启动调试〈F5〉”，则程序启动并执行到断点处，显示正在调试窗口，如图 5-6 所示。可以查看值或程序状态，例如把鼠标指向变量，其值将显示在鼠标指针的下方。

- 如果需要程序继续执行调试，执行“继续〈F5〉”则程序执行到下一个断点处。可以执行“继续〈F5〉”“逐语句〈F11〉”“逐过程〈F10〉”“停止调试〈Shift+F5〉”“全部终止”等操作命令。
- 如果需要逐语句执行，执行“逐语句〈F11〉”。每执行一次“逐语句〈F11〉”则执行一句代码，左侧调试列出现一个黄色箭头指示在该行。
- 如果需要逐过程执行，执行“逐过程〈F10〉”。

（2）逐语句或逐过程

从“调试”菜单中，单击“逐语句〈F11〉”或“逐过程〈F10〉”，程序启动并执行，然后在第一行中断（即便没有设置断点），左侧调试列出现一个黄色箭头指示在该行，如图 5-7 所示。用户可以查看变量的值或运行状态，也可以执行“继续〈F5〉”“逐语句〈F11〉”“逐过程〈F10〉”“停止调试〈Shift+F5〉”“全部终止”等操作命令。

（3）运行到光标处

如果需要运行到程序中的某个代码，则在该代码处右击，然后单击快捷菜单中的“运行到光标处”，如图 5-8 所示。

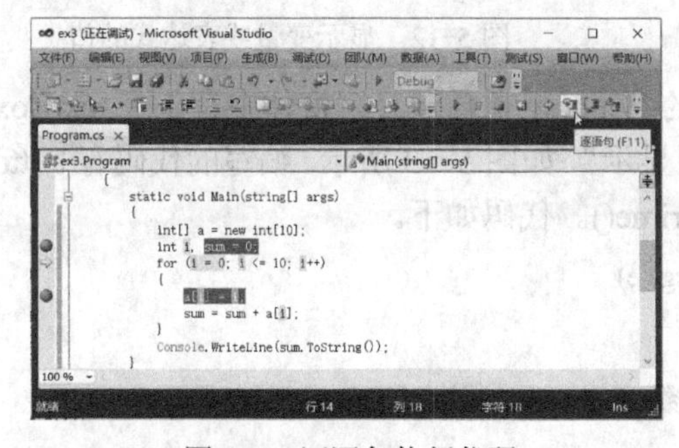

图 5-7　逐语句执行代码

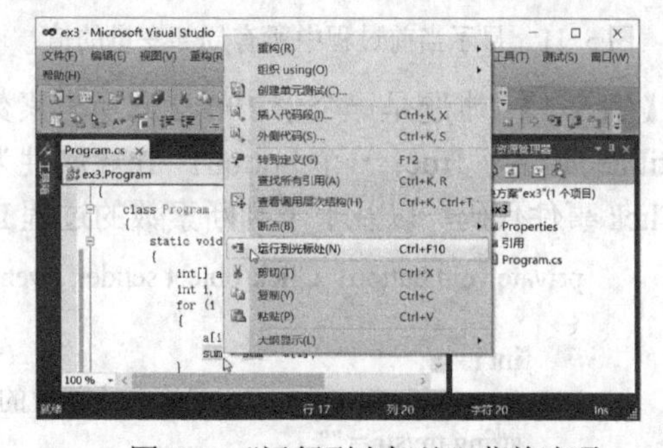

图 5-8　“运行到光标处”菜单选项

2．查看调试信息

在调试程序的中断状态，用户可以通过多种窗口观察变量的值。

（1）智能感知窗口

按〈F5〉键启动调试后，把鼠标指针放在要观察的执行过的语句的变量上，调试器会通过智能感知窗口显示执行到断点时该变量或表达式的值，如果是数组，则可以展开，如图 5-9 所示。

按〈F5〉键 9 次后，再观察 a 的值，则显示如图 5-10 所示。

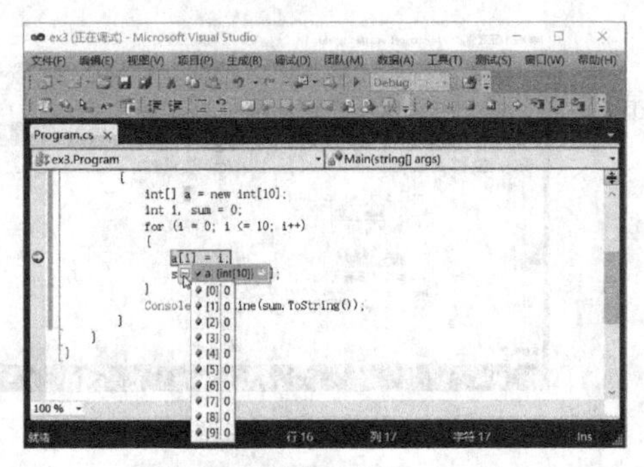

图 5-9 智能感知窗口的显示

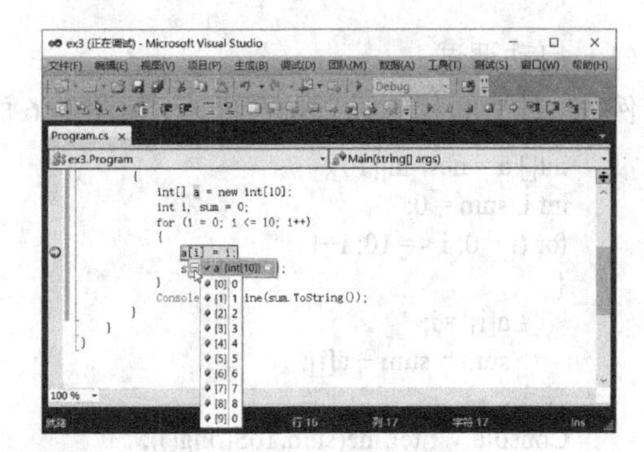

图 5-10 观察 a 的值

（2）“局部变量”窗口

按〈F5〉键启动调试后，执行“调试”菜单→“窗口”→“局部变量”，显示“局部变量”窗口，如图 5-11 所示。“局部变量”窗口中显示当前过程中所有局部变量的值。如果继续执行程序，窗口中的局部变量会随着程序的运行而改变，通过“局部变量”窗口可以观察跟踪变量变化，找出程序出错的原因。

（3）即时窗口

执行“调试”菜单→“窗口”→“即时”，则出现“即时”窗口，可以在窗口中输入“? 变量”“? 表达式”来显示变量或表达式的值，如图 5-12 所示。

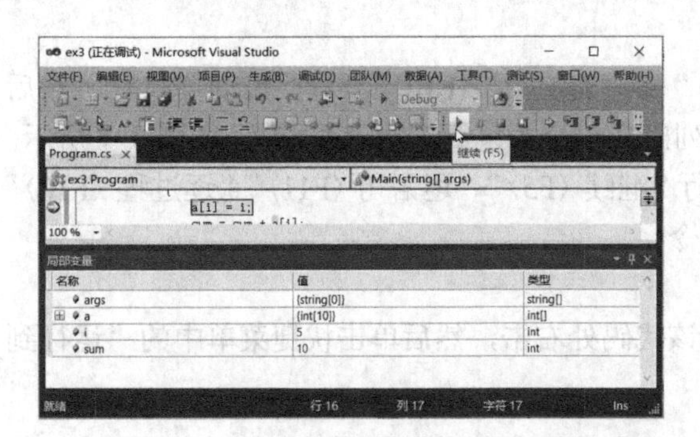

图 5-11 显示当前过程中所有局部变量的值

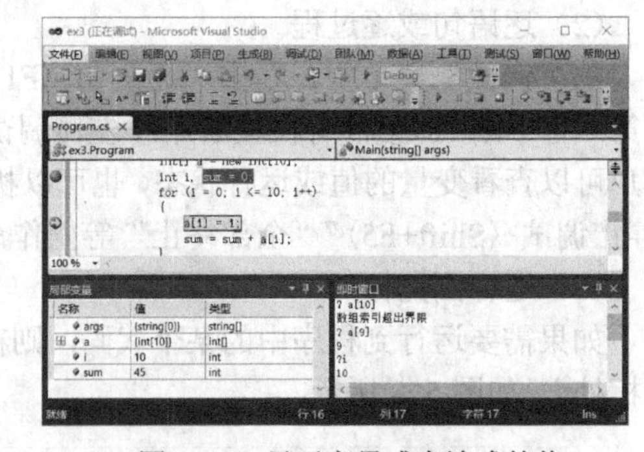

图 5-12 显示变量或表达式的值

【例 5-1】 本题是一个求 100~200 所有素数的 Window 窗体项目。窗体中有 1 个 textBox1，Multiline 属性为 True；一个 button1，Text 属性为“显示”，如图 5-13 所示。编写的代码有 button1 的 Click 事件代码，以及 1 个判断素数的过程 IsPrime()。代码如下。

```
private void button1_Click(object sender, EventArgs e)
{
    int i = 0;
    int count = 0;              //求素数的个数
    string mystr = "";
    for (i = 100; i <= 200; i++)     //100～200 的数
    {
        if (IsPrime(i))             //判断条件：如果是素数（返回值为 1）
        {
            mystr = mystr + i.ToString() + "    ";   //输出素数
            count++;
        }
    }
    textBox1.Text = "素数如下：\r\n" + mystr + "\r\n\r\n 素数的个数：" + count.ToString();
```

```
    }
    //判断一个数 num 是否为素数,如果是素数则返回 true，否则返回 false
    bool IsPrime(int num)
    {
        int k = (int)Math.Sqrt(num);    //除数最大取值为这个数开二次方
        for (int j = 2; j <= k; j++)
        {
            if (num % j = = 1)          //除 1 和他本身外能被其他数整除
                return false;           //返回值 false
        }
        return true; //除 1 和他本身外不能被其他数整除，返回值为 true
    }
```

执行该窗体，运行结果如图 5-13 所示，单击“显示”按钮，运行结果如图 5-14 所示。从中可看到，得到的素数是错误的。

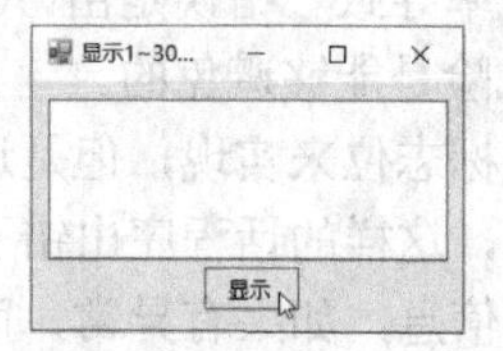

图 5-13　设计窗体

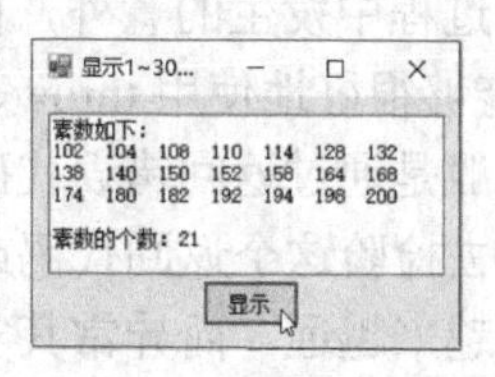

图 5-14　窗体运行结果

下面通过调试，找到错误并改正。

打开窗体代码编辑窗口，在判断素数的方法 IsPrime()中设置一个断点，如图 5-15 所示。然后按〈F5〉键或单击按钮启动调试，单击“显示”按钮，程序执行到设置的断点处中断，并进入中断状态。

此时，查看变量的值并查找出错原因。用户可以通过下面几种方法查看变量的值。

1）智能感知窗口：把鼠标指针放在变量上，智能感知窗口显示变量的值，如图 5-15 所示中的 num。

2）局部变量窗口：显示当前过程中所有局部变量的值，可以看到 num、j、k 的值。

3）即时窗口：输入“? j”按〈Enter〉键后显示 j 变量的值，如图 5-15 所示。

图 5-15　设置断点，查看变量的值

通过跟踪发现，断点处 if (num % j = = 1)应该为 if (num % j = = 0)。改正程序后，再次执行程序，得到的素数正确。

5.2　错误与异常概述

程序的错误有以下 3 种。

- 语法错误。如果使用了错误的语法、函数、结构和类，在编译时程序就无法生成运行代码。
- 运行时错误。运行时发生的错误，称为异常，它分为不可预料的逻辑错误和可以预料的运行异常。
- 逻辑错误。逻辑错误是设计者在思考问题过程中造成的错误。

异常处理机制是用于管理程序运行期间错误的一种结构化方法。所谓结构化是指程序的控制不会由于产生异常而随意跳转。异常处理机制将程序中的正常处理代码与异常处理代码显式区别开来，提高了程序的可读性。

5.2.1 错误与异常的区别

错误（Error）与异常（Exception）在程序设计与运行中，是既有区别，又有联系的两个概念。

错误与异常区别在于错误是可以预见并且知道如何处理的情况，而异常则是指出错了但不知如何去处理的情况。或者说，如果知道出错后该怎么处理就可以直接处理该错误，否则就将其作为一个异常抛出（在知道如何处理地方捕捉该异常然后进行处理）。

错误在编译的时候就可以发现，程序员还可以用调试工具来检测。

异常是在执行过程中发生的意外，由潜在的错误概率导致（错误是由 100%的错误概率导致）。如果程序员能够很好地使用 throw、catch，许多风险是能够避免的。

以前写程序一般是通过返回错误代码或者设置错误标志位来实现，但是这里有个问题，就是不能保证用户会去检验这个返回代码或者错误标志位，这样的话程序出错了还继续运行，最终是离出错的地方越来越远。而异常其实就是一个错误信息，如果有异常，而该异常没有被任何程序捕捉的话，程序就会中断。

【例 5-2】 数组的索引超出了数组界限的错误，代码如下。

```
int[] array = { 1, 2, 3, 4, 5 };
int index = 5;
int num=array[index];
Console.WriteLine(num.ToString());
```

按〈F5〉键调试程序，出现 IndexOutOfRangeException（索引超出了数组界限异常），如图 5-16 所示。单击“调试”菜单中的“全部终止”，结束调试。

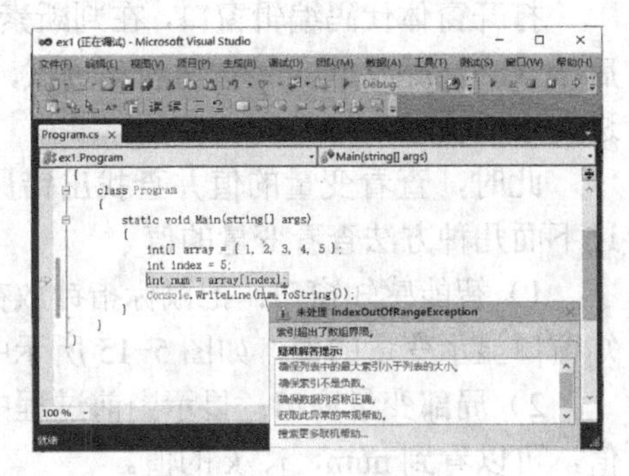

图 5-16 显示异常信息 1

为了避免索引超出了数组界限的错误，可以使用 if 语句，把程序改为：

```
int[] array = { 1, 2, 3, 4, 5 };
int index = 5;
if (index >= 0 && index <= 4)
{
    int num = array[index];
    Console.WriteLine(num.ToString());
}
```

【例 5-3】 尝试除数为 0 的错误，代码如下。

```
int i = int.Parse(Console.ReadLine());
int j = int.Parse(Console.ReadLine());
int result = i / j;
Console.WriteLine(result);
```

按〈F5〉键调试程序，输入 3 和 0，出现 DivideByZeroException（被零除异常）提示，如图 5-17 所示。单击“调试”菜单中的“全部终止”，结束调试。

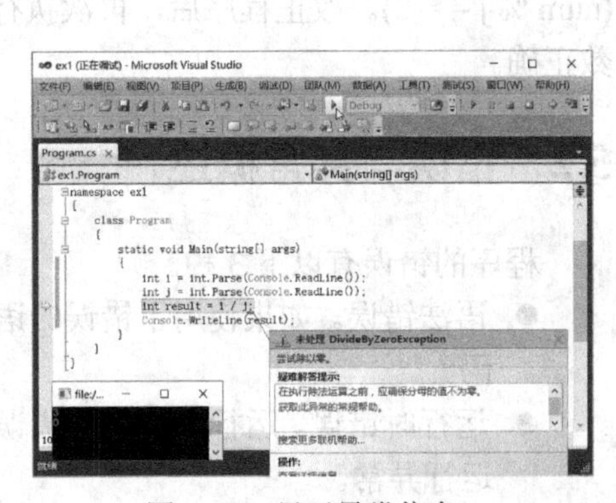

图 5-17 显示异常信息 2

为了避免除以零的错误，可以使用 if 语句，把程序修改为：

```
int i = int.Parse(Console.ReadLine());
int j = int.Parse(Console.ReadLine());
if (j != 0)
{
    int result = i / j;
    Console.WriteLine(result);
}
```

通过 if…else 语言处理异常的缺点如下。

1）代码臃肿。

2）程序员负责堵漏洞，影响业务逻辑开发。

3）难于穷举所有异常情况。

4）代码交织，不利于维护。

5.2.2 异常处理

1．异常的产生

错误是指在执行代码过程中发生的事件，它中断或干扰代码的正常流程并创建异常对象。当错误中断流程时，该程序将尝试寻找异常处理程序（一段告诉程序如何对错误做出响应的代码），以帮助程序恢复流程。换句话说，错误是一个事件，而异常是该事件创建的对象。

当使用短语“产生异常”时，表示存在问题的方法发生错误，并创建异常对象（包含该错误的信息及发生的时间和位置）来响应该错误。导致出现错误和随后异常的因素包括用户错误、资源失败和编程逻辑失败。这些错误与代码实现特定任务的方法有关，而与该任务的目的无关。

异常是指在程序执行期间发生的错误或意外情况，例如整数除零错误时就会产生一个异常。如果该程序没有异常处理程序，则程序将停止执行，并显示一条错误信息，因此对程序中的异常处理是非常重要的。一般情况下，在一个比较完整的程序中，要尽量考虑可能出现的各种异常，这样当发生异常时，控制流将立即跳转到关联的异常处理程序（如果存在）。

如果不进行异常处理，即不对错误做出响应，程序的健壮性就会大打折扣，甚至无法保证正常运行，所以必须要进行异常处理。

2．异常处理

异常处理，英文名为 exceptional handling，是代替 error code 方法的新法，提供 error code 所不具有的优势。异常处理分离了接收和处理错误代码。这个功能理清了编程者的思绪，也帮助代码增强了可读性，方便了维护者的阅读和理解。

异常处理（又称为错误处理）功能提供了处理程序运行时出现的任何意外或异常情况的方法。异常处理使用 try、catch 和 finally 关键字来尝试可能未成功的操作，处理失败，以及在事后清理资源。

异常处理通常是防止未知错误产生所采取的处理措施。异常处理的好处是用户不用再绞尽脑汁考虑各种错误，这为处理某一类错误提供了一个很有效的方法，使编程效率大大提高。

异常可以由公共语言运行库（CLR）、第三方库或使用 throw 关键字的应用程序代码生成。

3．.NET 的异常类

.NET 框架的类库中提供了许多已经定义好的异常类，如图 5-18 所示，分为两大类异常：System.SystemException（系统异常）和 System.ApplicationException（应用异常）。

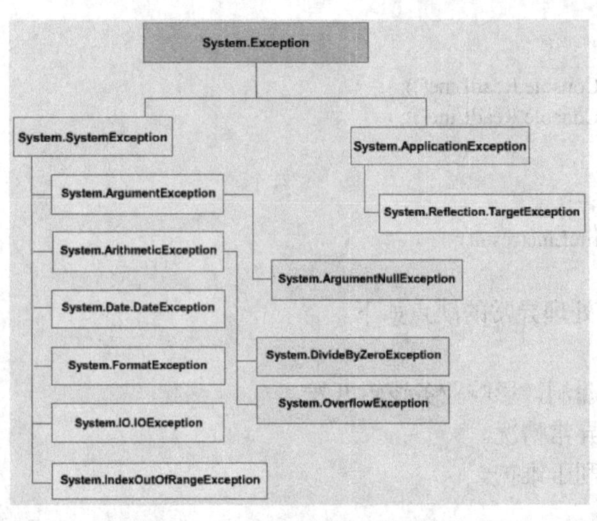

图 5-18 .NET 异常体系结构图

在 System 命名空间中的 SystemException 类又派生出许多异常子类，例如 IndexOutOfRangeException（索引超出范围的异常）、DivideByZeroException（除数为 0 的异常）。程序员要了解异常子类，对于编写如何捕捉这样的异常程序以及如何避免触发这样的异常是有帮助的。

System.ApplicationException 主要用于自定义异常类。

4. 常用的异常类

C#的常用异常类均包含在 System 命名空间中，主要有 Exception、DivideByZeroException、OutOfMemoryException 等。

Exception 类是所有异常类的基类，当出现错误时，系统或当前执行的应用程序通过引发包含有关该错误信息的异常来报告错误。引发异常后，应用程序或默认异常处理程序将处理异常。Exception 类的公共属性见表 5-1，通过这些属性可以获取错误信息等。

表 5-1 Exception 类的公共属性

公共属性	说明
Data	获取一个提供用户定义的其他异常信息的键/值对的集合
HelpLink	获取或设置指向此异常所关联帮助文件的链接
InnerException	获取导致当前异常的 Exception 实例
Message	获取描述当前异常的信息
Source	获取或设置导致错误的应用程序或对象的名称
StackTrace	获取当前异常发生时调用堆栈上的帧的字符串表示形式
TargetSite	获取引发当前异常的方法

【例 5-4】 类型转换异常，代码如下。

```
string str = "2010 年";          //去掉“年”就正常了
int year = int.Parse(str);       //把字符串转换成整型
Console.WriteLine(year);
```

按〈F5〉键调试程序，出现“FormatException（格式异常）”，如图 5-19 所示，就是要转换的字符串中包含有非数字的字符，因为这个非数字的字符“年”而导致触发异常。单击“调试”菜单中的“全部终止”，结束调试。

【例 5-5】 溢出异常。如果想让编译器判断是否溢出，就使用 checked 关键字。

```
checked
{
    byte year = 255;//byte 类型的数据取值范围是 0~255
    year++;
    Console.WriteLine(year);
}
```

按〈F5〉键调试程序，出现“OverflowException（溢出异常）”，即 year++后其值超过 255，而导致溢出，如图 5-20 所示。单击“调试”菜单中的“全部终止”，结束调试。

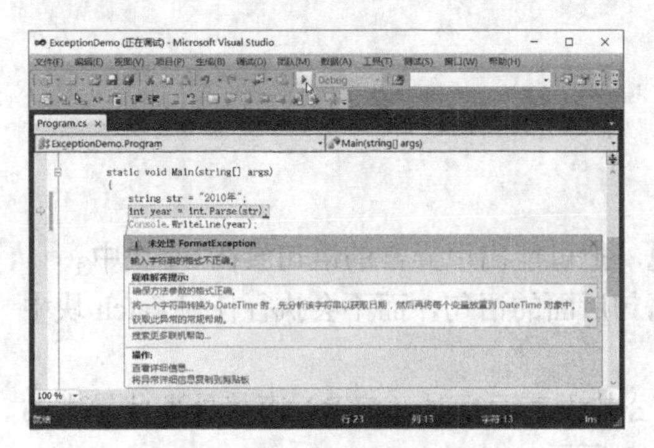

图 5-19 显示异常信息 1

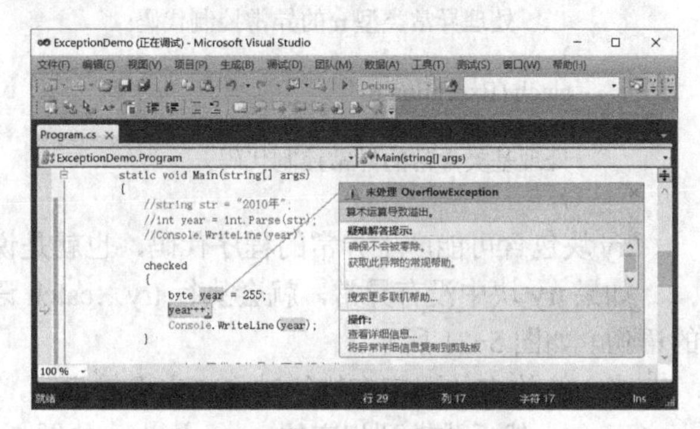

图 5-20 显示异常信息 2

5.3 C#中的异常处理

一个程序在编译时没有错误，在执行时有可能出现错误。异常处理就是对程序运行错误进行检测并作响应处理的机制，以提高程序的健壮性，避免出现更严重的错误；或者提示用户进行某些更改让程序可以继续运行下去。C#编程语言提供了这种异常处理机制。

C#中的异常是对程序运行时出现的特殊情况的一种响应，比如尝试除以零。或者试图将一个字符串"aaa"转换成整数。

异常提供了一种把程序控制权从某个部分转移到另一个部分的方式。C#异常处理是建立在 4 个关键词之上的，即 try、catch、finally 和 throw。

- try：一个 try 块标识了一个将被激活的、特定的、异常的代码块，后跟一个或多个 catch 块。
- catch：表示异常的捕获，通过异常处理程序捕获异常。
- finally：finally 块用于执行给定的语句，不管异常是否被抛出都会执行。例如，如果打开一个文件，不管是否出现异常文件都要被关闭。
- throw：当问题出现时，程序抛出一个异常。使用 throw 关键字来完成。

在 C#中用于异常处理的语句有 try…catch 语句、try…catch…finally 语句和 throw 语句。

5.3.1 使用 try…catch 处理异常

1. try…catch 的语法格式

try…catch 语句用于捕捉可能出现的异常，一般情况下，try 块后有多个 catch 块，每个 catch 块对应一个特定的异常。其语法格式如下。

```
try
{
    可能产生异常的程序代码;
}
catch(异常类型 1   异常类对象 1)
{
    处理异常类型 1 的异常控制代码;
}
…
catch(异常类型 n   异常类对象 n)
{
    处理异常类型 n 的异常控制代码;
}
catch (Exception e)
{
处理基类异常的异常控制代码;
}
```

try 块包含可能产生异常的程序代码，也就是说，把可能出现异常的语句放在 try 块中。

如果 try 块中没有异常，就会执行 try…catch 语句后面的语句，而不会执行任何 catch 块中的语句，如图 5-21 所示。

当 try 块中的语句在执行过程中出现异常时，公共语言运行时（CLR）查找处理此异常的 catch 语句，然后跳转到相应的 catch 块中，如图 5-22 所示。

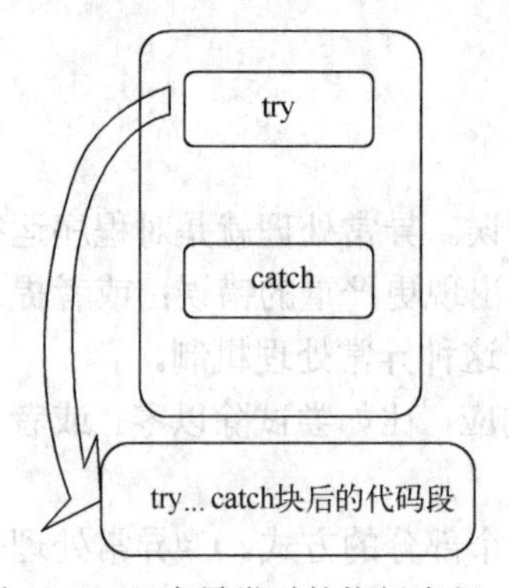

图 5-21　没有异常时的执行流程

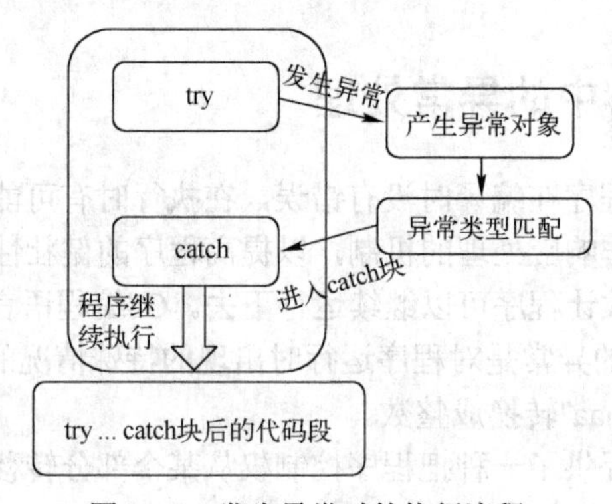

图 5-22　发生异常时的执行流程

try…catch 语句的执行过程是，当 try 块中的语句产生异常（抛出异常）时，公共语言运行时（CLR）就会在它对应的 catch 块中查找是否有与抛出异常类型相同的 catch 块，如果有，则会执行该块中的语句；如果没有，则继续查找下一个匹配的 catch 块；如果直到结束都没有找到相匹配的 catch 块，则 CLR 向用户显示一条未处理的异常消息，并停止执行程序，如图 5-23 所示。

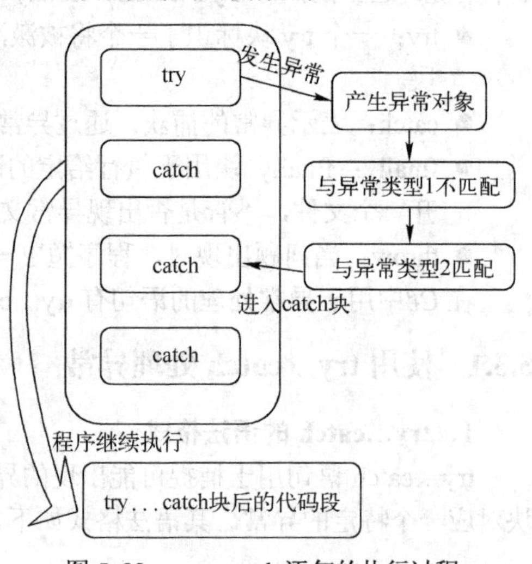

图 5-23　try…catch 语句的执行过程

当有多个 catch 块时，catch 块的顺序很重要，因为会按顺序检查 catch 块。

catch 块在使用时可以不带任何参数，在这种情况下它捕捉任何类型的异常，并称为一般 catch 块。

当只有 try 块，而没有 catch 或 finally 块时，编

译时将出错。

Exception 是异常的关键字，e 表示捕获的 Exception 异常类的一个对象。如果在 try 中发生了 Exception 类型的异常，catch(Exception e)就能够捕获这个异常，并且可以通过 e 来访问这个异常的具体信息。

2．语法说明

1）将预见可能引发异常的代码包含在 try 语句块中。

2）如果发生了异常，则转入 catch 的执行。catch 有以下几种写法。

① catch：catch 关键字后不写任何表达式，这将捕获任何发生的异常。尽管可以不带参数使用 catch 子句来捕获任何类型的异常，但不推荐这种用法。一般情况下，只应捕获程序员知道如何从其恢复的异常。因此，应始终指定派生自 System.Exception 的对象参数。

② catch(Exception e)：这将捕获任何发生的异常。另外，还提供 e 参数，可以在处理异常时使用 e 参数来获得有关异常的信息。

③ catch(Exception 的派生类 e)：这将捕获派生类定义的异常。

④ catch(InvalidOperationException e) {…}：如果 try 语句块中抛出的异常是 InvalidOperationException，将转入本处执行，其他异常不处理。

3）若要捕获最不具体的异常，可以使用语句：throw new Exception()。

4）catch 可以有多个，也可以没有，每个 catch 可以处理一个特定的异常。.NET 按照 catch 的顺序查找异常处理块，如果找到，则进行处理，如果找不到，则向上一层次抛出。如果没有上一层次，则向用户抛出，此时，如果在调试，程序将中断运行，如果是部署的程序，将会中止。如果没有 catch 块，异常总是向上层（如果有）抛出，或者中断程序运行。

5）如果有多个 catch 块，要按先 Exception 类的派出类，最后写 Exception 类，即按先子类后父类的顺利规则来安排异常类的先后顺序，否则将出现编译错误。

【例 5-6】 前面数组越界异常的程序，使用 try…catch 语句捕捉异常的程序如下。

```
int[] array = { 1, 2, 3, 4, 5 };
int index = 5;
try
{
    int num = array[index];
    Console.WriteLine(num.ToString());
}
catch (IndexOutOfRangeException ex)
{
    Console.WriteLine("错误！数组索引超出，请检查数组的大小！");
}
```

按〈Ctrl+F5〉键执行程序，运行结果如图 5-24 所示。

【例 5-7】 前面除数为 0 的程序，使用 try…catch 语句捕捉异常。

Try…catch 语句可以手工输入，也可以让编辑器自动加上。

1）选中并右击运行时可能触发异常的语句，从快捷菜单中单击“外侧代码”，如图 5-25 所示。

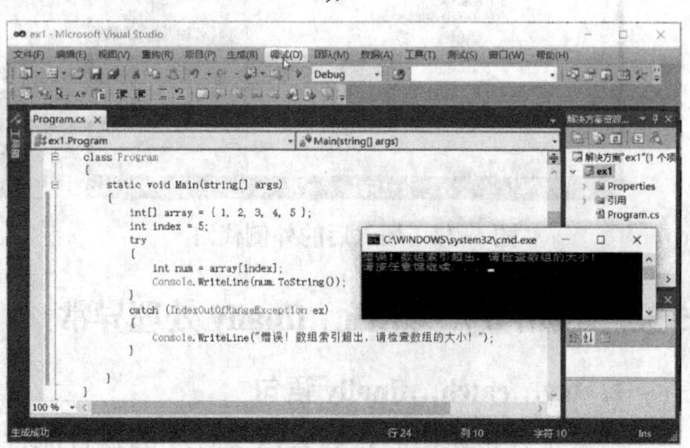

图 5-24　运行结果

2）显示浮动文本框，在“外侧代码:”后输入 try，如图 5-26 所示，然后按〈Enter〉键。

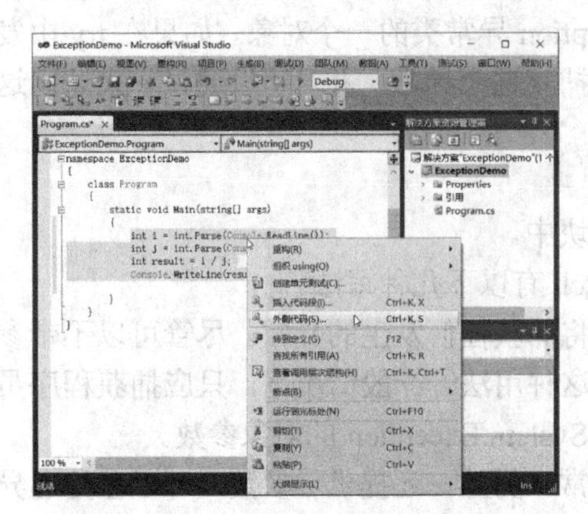

图 5-25 “外侧代码”快捷菜单

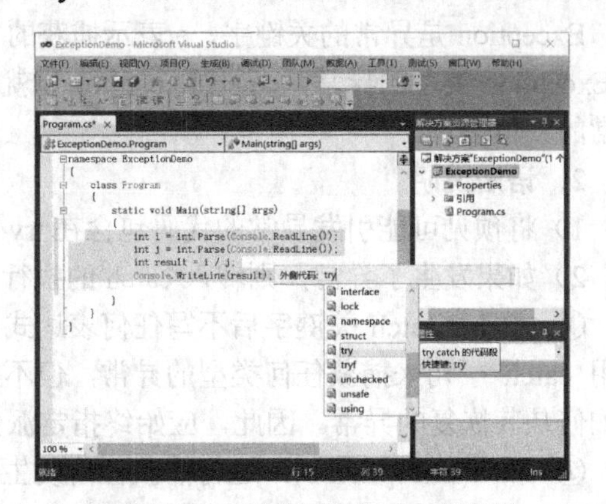

图 5-26 输入要插入的外侧代码

3）编辑器将自动在选中的语句上、下加上 try 语句块和 catch 语句块，如图 5-27 所示。

4）在系统生成的 Exception 类的基础上，修改程序如下。

```
try
{
    int i = int.Parse(Console.ReadLine());
    int j = int.Parse(Console.ReadLine());
    int result = i / j;
    Console.WriteLine(result);
}
catch (Exception ex)
{
    Console.WriteLine("---请输入正确的数据！---");
}
Console.WriteLine("---程序运行结束。---");
```

按〈Ctrl+F5〉键执行程序，分别输入不同的数值，运行结果如图 5-28 所示。

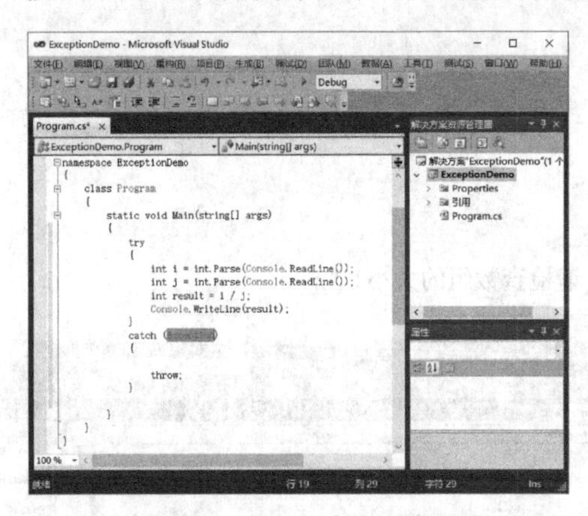

图 5-27 插入后的外侧代码

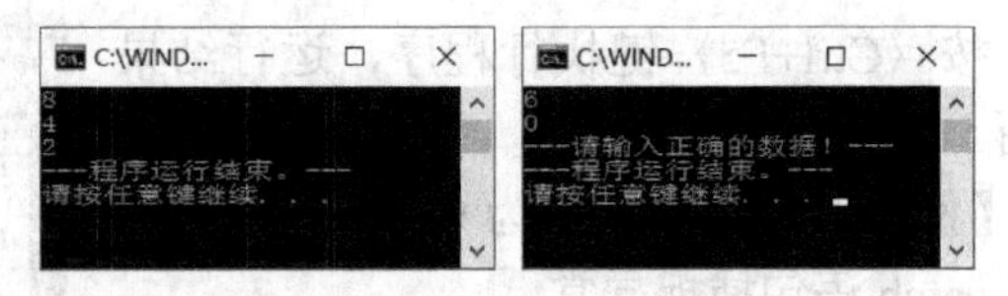

图 5-28 程序运行结果

5.3.2 使用 try…catch…finally 处理异常

1．try…catch…finally 语句

当一个异常抛出时，它会改变程序的执行流程。因此，不能保证一个语句结束后，它后面

的语句一定会执行，在 C#中这个问题可以用 finally 解决。

为了确保一个语句总是能执行（不管是否抛出异常），需要将该语句放到一个 finally 块中，finally 要么紧接在 try 块之后，要么紧接在 try 块之后的最后一个 catch 处理程序之后。只要程序进入与一个 finally 块关联的 try 块，则 finally 块始终都会运行，而不管是否发生异常。如图 5-29 所示。

finally 语句是可选的。只有当触发异常后需要做一些善后处理的代码时，例如资源释放，才是需要的。不管有没有异常产生，finally 部分都会执行。

2．使用 try…catch…finally 语句出现异常后的处理过程

对于 try…catch…finally 语句，在 try 块的代码出现异常后，其处理过程的顺序如下（见图 5-30）。

1）try 块在发生异常的代码处中断程序的执行。

2）如果有 catch 块，检查该块是否与已发生的异常类型相匹配。

3）如果有 catch 块，但它与已发生的异常类型不匹配，检查是否有其他 catch 块。

4）如果有 catch 块与已发生的异常类型相匹配，执行它包含的代码，再执行 finally 块（如果有）。

5）如果所有 catch 块都与已发生的异常类型不匹配，执行 finally 块（如果有）。

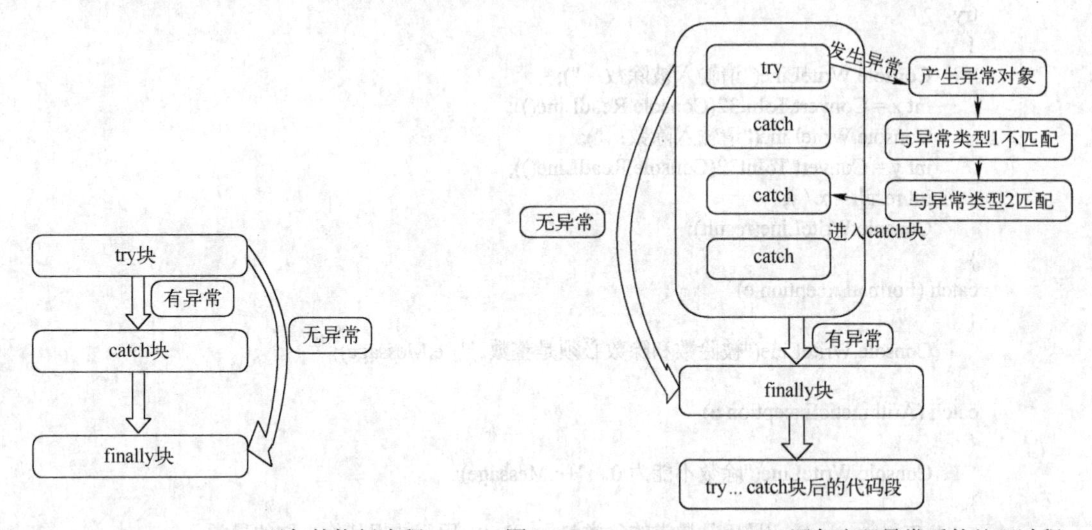

图 5-29　try…catch…finally 语句的执行流程　　图 5-30　try…catch…finally 语句出现异常后的处理过程

【例 5-8】 前面除数为 0 的程序，使用 try…catch…finally 语句捕捉异常，程序中使用异常的基类 Exception 进行一些未知类型的异常捕获，Main()方法中的程序如下。

```
try
{
    int i = int.Parse(Console.ReadLine());
    int j = int.Parse(Console.ReadLine());
    int result = i / j;
    Console.WriteLine(result);
    return;
}
catch (Exception ex)
{
    Console.WriteLine("---请输入正确的数据！---");
```

```
            return;
        }
        finally
        {
            Console.WriteLine("---程序运行结束。---");
        }
```

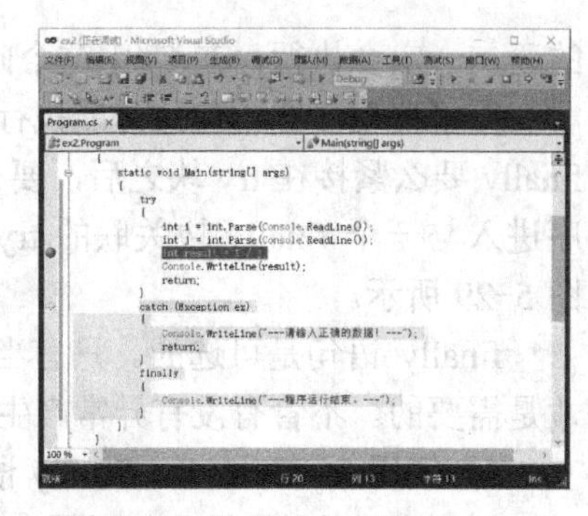

图 5-31 设置断点，逐语句执行

如图 5-31 所示，设置断点，按〈F11〉键逐语句执行。观察有 return 语句和无 return 语句的区别。

【例 5-9】 从控制台输入整数，求商。要求进行异常处理，关键点是除数为 0 时触发异常。

本例整数相除的代码可能会引发多种类型的异常，不同类型的异常处理可能是不一样的，有可能是除数为 0，也可能是输入的数字不是整数，输入的不是数字而是其他字符型的，还有其他未知的原因。在编写程序时，就要对程序可能会触发的异常进行类型判别，如果类型不能判别，就用异常的基类 Exception 类进行一些未知类型的异常捕获，并作相应的异常处理。catch 块的顺序也很重要，catch 块中的异常类的类型，应该先判断 Exception 类的子类，最后用父类 Exception 类作为兜底，作为其他异常无法触发的类。Main()方法中的程序如下。

```
        try
        {
            Console.WriteLine("请输入被除数：");
            int x = Convert.ToInt32(Console.ReadLine());
            Console.WriteLine("请输入除数：");
            int y = Convert.ToInt32(Console.ReadLine());
            int result = x / y;
            Console.WriteLine(result);
        }
        catch (FormatException e)
        {
            Console.WriteLine("被除数和除数必须是整数。"+e.Message);
        }
        catch (ArithmeticException e)
        {
            Console.WriteLine("除数不能为 0。"+e.Message);
        }
        catch (Exception e)   //最后是异常的父类 Exception，用于捕捉其他未知的异常
        {   //由于是异常父类捕捉的，可以捕捉所有的异常的子类，所以无法写出具体的异常
            Console.WriteLine("其他未知异常。"+e.Message);
        }
        finally
        {
            Console.WriteLine("感谢使用本程序！");
        Console.ReadLine();
        }
```

ArithmeticException 是 DivideByZeroException、NotFiniteNumberException 和 OverflowException 的基类。

【例 5-10】 下面代码要求输入字符型、整型数据，通过 try…catch…finally 捕捉异常，并在 Main()方法中返回整数。

把 static void Main(string[] args)方法中的 void 改为 int。程序如下。

```
class Program
{
    static int Main(string[] args)//把默认的返回类型 void 改成 int
    {
        string name;
        string ageText;
        int age;
        int result = 0;
        Console.WriteLine("请输入姓名:");
        name = Console.ReadLine();
        Console.WriteLine("请输入年龄:");
        ageText = Console.ReadLine();
        try
        {
            age = int.Parse(ageText);
            Console.WriteLine("你好 {0}! 你的年龄是{1}岁。", name, ageText);
        }
        catch (FormatException e)
        {
            Console.WriteLine("你输入的年龄{0}，是错误的！", ageText);
            return 1;//return 后要有整型的返回值
        }
        catch (Exception e)
        {   //通过捕获对象的属性 Message 来获得相关的异常错误的信息
            Console.WriteLine("意外错误：{0}", e.Message);
        }
        finally
        {
            Console.WriteLine("再见{0}", name);
        }
        return result;//本方法的返回值
    }
}
```

按〈F5〉键启动调试，在控制台输入相关数据，如图 5-32 所示。按〈F11〉逐语句调试程序。

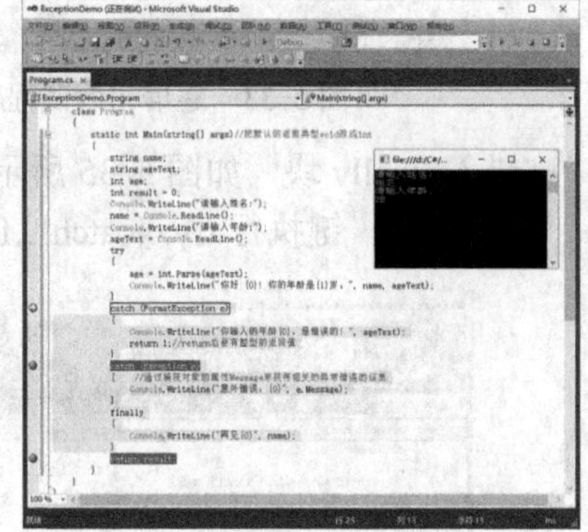

图 5-32　逐语句调试程序

【例 5-11】 捕捉数组越界异常，代码如下。

```
int[] numArray = new int[10];
numArray[10] = 200;//对第 11 位的数组元素赋值
Console.WriteLine("return 之前");
return;
```

如果按〈F5〉键调试程序，将产生数组索引越界的异常。对于这种在程序运行过程中可能产生异常代码，使用 try catch 语句捕捉异常和处理。

1）Main()方法中的程序如下。

```
try
{
    int[] numArray = new int[10];
    numArray[10] = 200;//对第 11 位的数组元素赋值
    Console.WriteLine("return 之前");
    return;
}
catch (IndexOutOfRangeException)
{
    Console.WriteLine("错误！请检查数组索引的大小。");
```

```
}
finally
{
    Console.WriteLine("执行 finally 块。");
}
Console.WriteLine("结束 try…catch…finally 程序");
```

2）在 try 块中的第一个或第二个语句前设置断点，按〈F5〉键启动调试，按〈F11〉键逐语句执行，每按一次〈F11〉键观察执行到的语句，如图 5-33 所示。

当执行到 numArray[10] = 200 语句发生数组下标越界时，触发异常，将不再执行它后面的语句，而是执行它后面的 catch 块，如图 5-34 所示。在 catch 块中通过异常类与抛出的异常进行类型的匹配，如果类型相匹配，将进入到 catch 块中，执行异常处理代码。

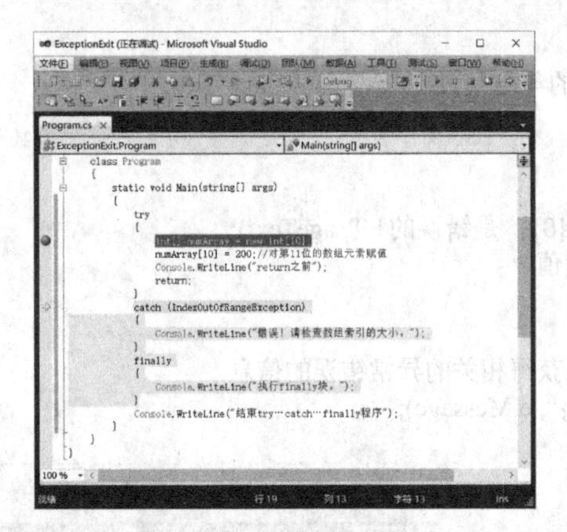

图 5-33　逐语句调试程序

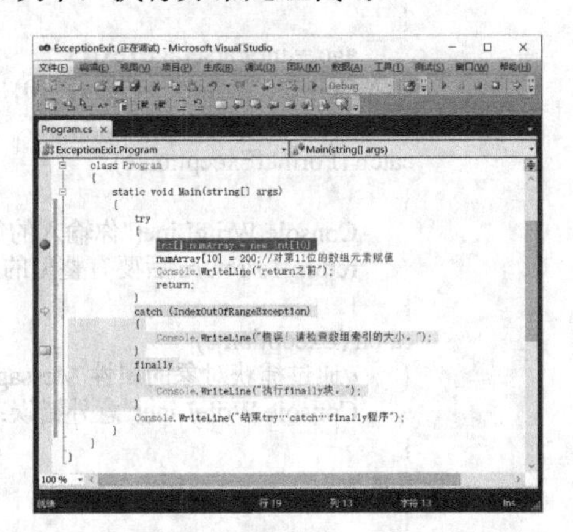

图 5-34　触发异常时执行它后面的 catch 块

进入 finally 块，如图 5-35 所示，执行一些善后处理代码。

按〈F11〉键执行 try…catch…finally 语句后面的代码，如图 5-36 所示。

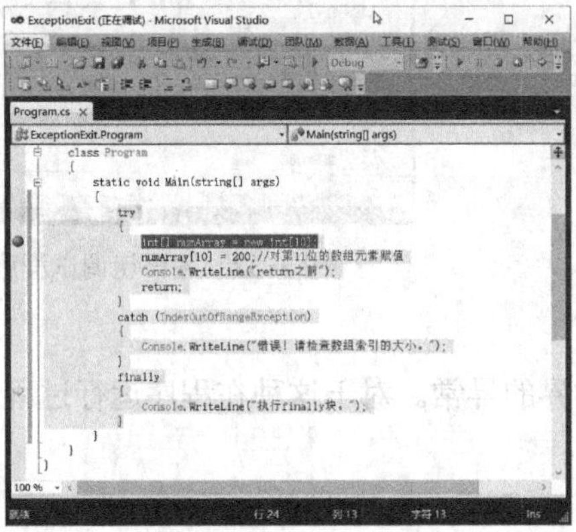

图 5-35　进入 finally 块

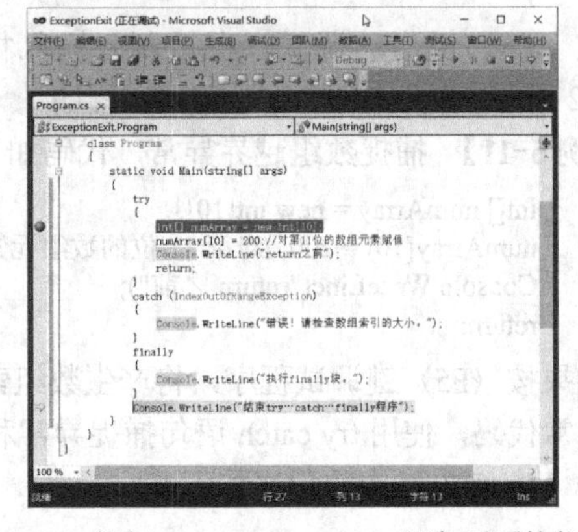

图 5-36　执行 try…catch…finally 语句后面的代码

3）在 catch 块中添加 return 语句。请逐句调试，执行 catch 块中的 return 后，会不会跳过或不执行 finally 块，而执行 finally 块后面的语句呢？

```
catch (IndexOutOfRangeException)
{
    Console.WriteLine("错误！请检查数组索引的大小。");
    return;
}
```

从调试看出，必须执行 finally 块中的语句后，才结束 try…catch…finally 程序。

4）如果要中断程序的运行，用 return 语句是不能中断的。中断程序的运行可使用：

Environment.Exit(参数);

参数为 0 表示正常结束，-1 表示因为异常而中断。

程序修改如下。

```
try
{
    int[] numArray = new int[10];
    numArray[10] = 200;//对第 11 位的数组元素赋值
    Console.WriteLine("return 之前");
    Environment.Exit(0);
    //return;
}
catch (IndexOutOfRangeException)
{
    Console.WriteLine("错误！请检查数组索引的大小。");
    Environment.Exit(-1);
    //return;
}
finally
{
    Console.WriteLine("执行 finally 块。");
}
Console.WriteLine("结束 try…catch…finally 程序");
```

按〈F5〉键启动调试，按〈F11〉键逐句执行，当执行到 Environment.Exit(-1)时，按〈F11〉键后程序不再进入 finally 块，而是强制终止程序的运行，如图 5-37 所示。

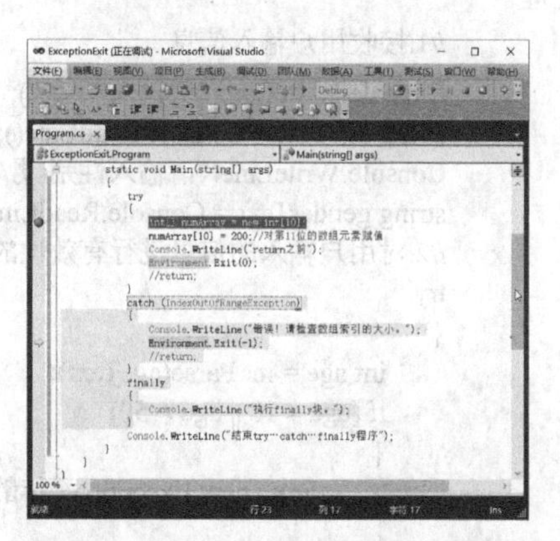

图 5-37 执行到 Environment.Exit(-1)语句

5.3.3 异常处理的指导原则和特点

1．异常处理的指导原则

1）只捕捉能处理的异常。

2）不要隐藏不能完全处理的异常。

3）尽可能少地使用 System.Exception 和空 catch 块。

4）避免在调用栈较低的位置报告或记录异常。

2．异常的特点

1）发生异常时，控制流立即跳转到关联的异常处理程序。

2）可能导致异常的操作通过关键字 try 来执行。

3）程序可以使用关键字 throw 显式引发异常。

4）即使引发了异常，finally 块中的代码也会执行。

5.3.4 使用 throw 抛出异常

当程序员预见到某个异常会发生的时候，也就是编程时，把用户有可能出现的错误操作带来的异常进行处理时，就可以使用 throw 语句。也就是程序员用 throw 发出程序执行期间出现异常的信号。

throw 语句有两种使用方式：一是直接抛出异常；二是在出现异常时，通过 catch 块对其进行处理同时使用 throw 语句重新把这个异常抛出，并让调用这个方法的程序进行捕捉和处理。throw 语句的语法格式如下。

```
throw [表达式];
```

其中“表达式”必须是 System.Exception 或从 System.Exception 派出的类的实例。例如：

```
throw new Exception("自定义的异常信息");
```

throw 语句也可以不带“表达式”，此时只能用在 catch 块中，在这种情况下，它重新抛出当前正由 catch 块处理的异常。

【例 5-12】 使用 throw 来抛出异常。程序要求如下。

1）接收用户输入信息。要求通过键盘输入年龄、性别。

2）对用户输入的信息进行有效性的验证。年龄必须是整型，年龄的范围必须在 18 到 50 岁之间；性别必须是“男”或“女”。

3）异常处理。如果输入的数据不符合这些要求，就要抛出一个异常，然后对异常进行相应处理。

```
//1.接收用户输入信息
Console.WriteLine("请输入年龄:");
string ageText = Console.ReadLine();
Console.WriteLine("请输入性别(男/女):");
string genderText = Console.ReadLine();
//2.对用户输入的信息进行有效性的验证
try
{
    int age = int.Parse(ageText);
    if (age < 18 || age > 50)
    {
        throw new Exception("年龄在 18 到 50 之间");
    }
    if (genderText != "男" && genderText != "女")
    {
        throw new Exception("性别错误");
    }
}
//3.异常处理
catch (Exception e)
{
    Console.WriteLine("异常信息:"+e.Message); //显示 throw 中的信息，注释掉本行看看运行结果
}
```

5.4 习题

习题解答

第 5 章习题解答

一、选择题（单选题）

1．下面关于常用异常类型的描述不正确的是（　　）。

A．FormatException 是格式化异常　　B．OverflowException 是空指针异常

C．StackOverflowException 堆栈溢出异常　　D．NullReferenceException 空引用异常

2．下面关于异常的描述不正确的是（　　）。

A．异常是程序运行时可能发生的意外情况

B．异常是运行时错误

C．通过条件语句可以完全避免异常的发生

D．发生异常如果不处理，程序就会终止运行

3．下面关于异常体系结构的描述不正确的是（　　）。

A．Exception 类继承自 Object 类　　B．系统异常继承自 Exception

C．ApplicationException 是 Exception 的子类　　D．异常类的根类是 Throwable

4．在 C#中，关于异常处理语法，下面错误的是（　　）。

A．try{/*可能出现异常的代码*/}
catch(处理的异常类型)
{/*处理异常的代码*/}

B．try{/*可能出现异常的代码*/}

C．try{/*可能出现异常的代码*/}
catch
{　}

D．try{/*可能出现异常的代码*/}
catch(处理的异常类型)
{/*处理异常的代码*/}
finally(/*条件*/)
{/*代码*/}

5．在 C#中，下列代码的运行结果是（　　）。

```
static void Main(string[] args)
{
    int count = 0;
    int sum = 100;
    try
    {
        int result = sum / count;
        Console.Write("结果是{0}；  ", result);
    }
    catch
    {
        Console.Write("计算出现错误；  ");
    }
    finally
    {
        Console.Write("程序退出；  ");
    }
}
```

A．结果是 0；程序退出　　B．计算出现错误

C．计算出现错误；程序退出　　D．程序退出

6．在 C#中，执行如下代码，输出的结果是（　　）。

```
class Program
{
    static void Main(string[] args)
    {
        Console.WriteLine(Method());
    }
    static string Method()
    {
        string str = "1";
        try
```

```
        {
            int i = 0;
            if (5 / i = = 0)
                str += "2";
        }
        catch
        {
            str += "3";
            return str;
        }
        finally
        {
            str += "4";
        }
        return str;
    }
}
```

A．1　　　　B．14　　　　C．13　　　　D．134

二、编程题

1．在 ExceptionTest()方法中要求用户输入一个整数。如果用户输入一个字符串，程序会产生异常，用 throw 抛出了一个异常。

```
class Program
{
    static void Main(string[] args)
    {
        try
        {
            ExceptionTest();
            Console.WriteLine("调用方法 Exception()成功");
        }
        catch (Exception e)
        {
            Console.WriteLine("调用方法 Exception()出现异常");
            Console.WriteLine("错误的简要信息：" + e.Message);
            Console.WriteLine("详细的错误信息：" + e.StackTrace);
        }
        Console.ReadLine();
    }
    static void ExceptionTest()
    {
        Console.WriteLine("请输入一个整数，按 Enter 键结束：");
        string input = Console.ReadLine();
        int inputNumber;
        try
        {
            inputNumber = Convert.ToInt32(input);
        }
        catch (Exception)
        {
            Console.WriteLine("ExceptionTest()方法执行出现异常");
            throw new Exception("转换出现异常");
        }
```

```
            finally
            {
                Console.WriteLine("ExceptionTest()方法在 finally 语句中执行");
            }
        }
    }
```

要求：

1）读懂代码，在关键的地方加上注释。

2）查看详细的错误信息，定位是哪一行代码出现了问题。

3）去掉第 39 行 throw new Exception("转换出现异常");，再次查看详细的错误信息，看看哪一行代码出现了问题，想想是什么原因。

4）finally 语句一定会执行吗？去掉 Main()方法的 try catch 语句，调试一下程序。

2．运行程序，查看运行结果。如果在程序中注释掉 throw 行，再次运行程序，查看运行结果。

```
    class Program
    {
        static void fun()
        {
            int x = 5, y = 0;
            try
            {
                x = x / y;              //引发除数为 0 错误
            }
            catch (Exception err)       //捕捉该错误
            {
                Console.WriteLine("fun:{0}",err.Message);
                throw;                  //重新抛出异常
            }
        }
        static void Main(string[] args)
        {
            try
            {
                fun();
            }
            catch (Exception err)       //捕捉该错误
            {
                Console.WriteLine("Main:{0}",err.Message);
            }
        }
    }
```

第6章 接口和多态的实现

接口、抽象类与类是一个层次的概念，在C#中极其重要。抽象类是从多个类中抽象出来的公共模板，提供子类均具有的功能。接口是从多个类中抽象出来的规范，体现的是规范和实现分离的原则，同时也有效地弥补了C#继承单根性的不足。深入理解抽象类和接口在设计理念上的差别，才能够正确地选择抽象类或接口来进行开发。

教学课件

第6章课件资源

授课视频

6.1 授课视频

6.1 接口概述

C#中的类不支持多重继承，但在生活、工作中经常用到多重继承的情况。为了避免传统的多重继承给程序带来的复杂性等问题，同时保证多重继承带给程序员的诸多好处，则提出了接口概念，通过接口可以实现多重继承的功能。接口、委托和事件都是C#的一种数据类型，属于引用类型。接口主要用于制定程序设计开发的规范，由该子程序的程序员来实现接口的功能。

6.1.1 接口的概念

在日常生活中，许多地方都有接口的概念，例如电源插头、插座的接口，如图6-1所示。使用者不用关心电是从哪个发电厂来的，只需关心是否匹配（外观、电压、功率）。

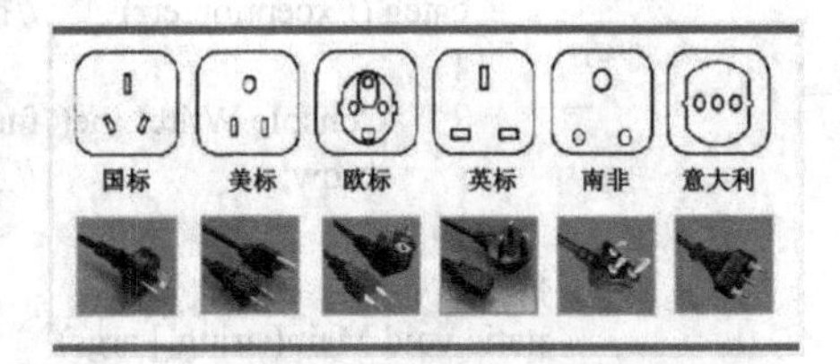

图6-1 各国的电源插头、插座的接口标准

在工业产品中，接口更是随处可见，例如手机上的各种接口，计算机上的接口。不但有外部接口，产品内部的接口更是种类繁多。例如要组装一台计算机，就要购买符合主板接口标准的CPU、显示卡、内存条、硬盘等配件。每种接口都有相应的标准，例如USB接口的规范有USB 1.1、USB 2.0、USB 3.0、USB 3.1和USB 3.2，包括大小形状不同的USB接口外观，以及速率等。

现实生活中的接口是指两个独立实体之间要交互，每个实体提供给外界的一种共同约定。有了共同约定，即使修改实体内部也不影响与其他实体的交互。例如不同的手机和充电器，使用相同标准的USB数据线，就能正常充电，数据线及插头不负责处理任何信号，只是传输电流。这种在工业制造中基于组件和接口的制造方法，同样适用于软件系统。对于规模较大的软件系统，是由众多相对独立的，且可以置换的组件构成，例如Windows系统，经常会更新其中的部分组件。组件与组件之间靠接口进行适配。

6.1.2 接口的声明

C#不支持多重继承，但是客观世界又有多重继承的需要，因此，C#提出了接口的概念，通过接口可以实现多重继承的功能。

接口（Interface）只包含成员的声明，成员方法的实现是在实现接口的类中完成的。在C#

中不允多重继承（一个类有多个基类），但通过接口可以实现 C++中多重继承的功能。

实现接口的类或结构要与接口的定义严格一致，接口描述可属于任何类或结构的一组相关，接口可由方法、属性、事件、索引器或这 4 种成员类型的任何组合构成。

类和结构可以像类继承基类或结构一样从接口继承，而且可以继承多个接口。当类或结构继承接口时，它继承成员定义但不继承实现。若要实现接口成员，类中的对应成员必须是公共的、非静态的，并且与接口成员具有相同的名称和签名。类的属性和索引器可以为接口上定义的属性或索引器定义额外的访问器。例如，接口可以声明一个带有 get 访问器的属性，而实现该接口的类可以声明同时带有 get 和 set 访问器的同一属性。但是，如果属性或索引器使用显式实现，则访问器必须匹配。

接口可以继承其他接口。类可以通过其继承的基类或接口多次继承某个接口。在这种情况下，如果将该接口声明为新类的一部分，则类只能实现该接口一次。如果没有将继承的接口声明为新类的一部分，其实现将由声明它的基类提供。基类可以使用虚拟成员实现接口成员，在这种情况下，继承接口的类可通过重写虚拟成员来更改接口行为。

1．声明接口

简单地说，接口是一个不能实例化，且只能拥有抽象方法的类型（是类型，不是类）。在 C#中，接口的声明属于类型说明，声明接口使用 interface 关键字，接口的基本语法如下。

```
接口修饰符 interface 接口名称 : 基接口名称列表
{
    接口的成员方法、属性等;
}
```

“接口修饰符”有 new 和访问修饰符 public、protected、internal 和 private。new 修饰符表示覆盖了继承而来的同名成员，只能出现在嵌套接口声明中。

“接口名称”为了与类区分，建议使用大写字母 I 开头。

“基接口名列表”可以有零个或多个，表示接口也具有继承性，可以继承多个基接口，基接口之间用逗号隔开。

“接口的成员”是成员的声明列表，接口可以声明零个或多个成员。接口的成员只能包含方法、属性、索引器和事件的声明，不能定义常量、字段、运算符、实例构造函数、析构函数，也不能包含静态的函数。“接口的成员”中只可包含成员的定义，不能包含成员的实现，成员的实现需要在继承的类或者结构中实现，实现接口的类必须严格按其定义来实现接口的每个方面。一个接口的成员不但包括自身声明的成员，还包括从基接口继承的成员。接口成员都是公有的，所以不能为接口成员加上任何修饰符，如 public、private、abstract 等，如果加上修饰符，编译器会报错，也不能声明为虚拟的或静态的。

声明接口的方法成员的语法格式如下。

```
返回类型 方法名(参数表);
```

声明接口的属性成员的语法格式如下。

```
返回类型 属性名{get; set};
```

另外，类只能实现单一继承，要实现多重继承（多父），必须使用接口。

注意：接口是独立于类来定义的。类可以继承接口并实现接口成员，但接口不能继承类。

接口定义的就是一种约定，使得实现接口的类在形式上保持一致。

例如，下面代码声明一个名称为 ISample 的接口，其中包含一个 ShowName()方法：

```
public interface ISample
{
    void ShowName(); //接口中的方法不指定具体的实现，隐式 public，不能显式指定访问的级别
}
```

为什么接口中的抽象方法不使用 abstract 关键字呢？因为，接口中的方法都是抽象的，所以不必专门使用 abstract 关键字进行修饰了。

【例 6-1】 本例演示接口的定义，以及如何使用抽象类和接口。下面分别使用抽象类和接口实现多态。

1）使用抽象类实现多态。先创建 Person 类，并使用 abstract 关键字把 Person 类定义为抽象类。在抽象类中可以定义普通方法和抽象方法，抽象方法也使用 abstract 关键字。在派生类中可以重写基类中的抽象方法，重写方法使用 override 关键字。定义一个 Student 类，并继承 Person 类，由于派生类 Student 类不是抽象类，所以在派生类中需要重写基类中定义的抽象方法。代码如下。

```
public abstract class Person //抽象类
{
    public void Walk() //普通方法
    {
        Console.WriteLine("普通方法：Walk()");
    }
    public abstract void Talk(); //抽象方法
}
public class Student : Person //Student 类继承抽象类
{
    public override void Talk()  //重写抽象方法
    {
        Console.WriteLine("实现抽象方法：Talk()");
    }
}
class Program
{
    static void Main(string[] args)
    {
        Student stu = new Student();//实例化一个派生类 Student 的对象 stu
        stu.Walk();//通过 stu 对象调用方法 Walk()，继承基类中的 Walk()方法
        stu.Talk();//通过 stu 对象调用方法 Talk()
    }
}
```

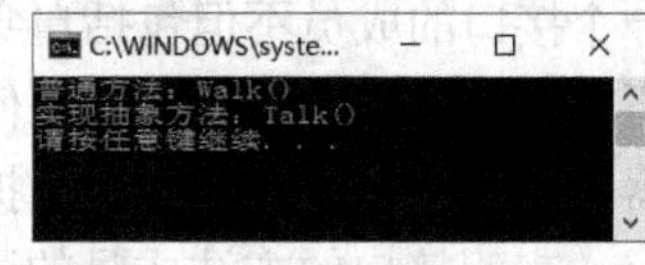

图 6-2　使用抽象类实现多态

按〈Ctrl+F5〉键执行程序，运行结果如图 6-2 所示。这是使用抽象类的例子。

2）使用接口实现多态。声明接口 IPerson，在接口的成员中，如果要声明方法，只能声明抽象方法，即在接口中声明的方法不能有实现，声明的方法名前不能有访问范围修饰符。定义 Student 类，继承接口 IPerson，在 Student 类中实现接口中声明的所有方法。代码如下。

```
public interface IPerson //声明接口
{
    void Walk();//声明行走的方法
    void Talk();//声明说话的方法
}
```

```
//定义 Student 类，并继承接口 IPerson
public class Student : IPerson
{
    public void Walk() //实现行走的方法
    {
        Console.WriteLine("实现接口中的方法声明：Walk()");
    }
    public void Talk() //实现说话的方法
    {
        Console.WriteLine("实现接口中的方法声明：Talk()");
    }
}
class Program
{
    static void Main(string[] args)
    {
        Student stu = new Student();//实例化一个派生类 Student 的对象 stu
        stu.Walk();//通过 stu 对象调用方法 Walk()
        stu.Talk();//通过 stu 对象调用方法 Talk()
    }
}
```

按〈Ctrl+F5〉键执行程序，程序运行结果如图 6-3 所示。

图 6-3　使用接口实现多态

2．接口的继承

接口可以从零个或多个接口中继承。当一个接口从多个接口中继承时，使用“:”后跟被继承的接口名称的列表，多个接口名称之间用“,”号分隔。被继承的接口应是可以被访问的，即被继承的接口的访问修饰符不能是 internal。对一个接口的继承也就继承了该接口的所有成员。

例如，定义 IPerson 接口，让 IStudent 接口继承 IPerson 接口，代码如下。

```
interface IPerson //定义接口
{
    string Name { get; set; } //定义 Name 属性
    char Gender { get; set; } //定义 Gender 属性
    string Answer(); //定义 Answer()方法
}
interface IStudent : IPerson //定义接口并继承 IPerson 接口
{
    string StudentID { get; set; } //扩展基接口属性
    new string Answer(); //重写 Answer 方法
}
```

接口中的方法不指定具体的实现，隐式 public，不能显式指定访问的级别。

6.1.3　接口的实现

接口主要用来定义一个抽象规则，必须要有类或结构继承所定义的接口并实现它的所有定义，否则定义的接口就毫无意义。实现接口的语法格式如下。

```
访问修饰符 class 类名 : 接口名称列表
{
    类的成员;
}
```

需要说明的是：

1）当一个类实现一个接口时，这个类必须实现整个接口，而不能选择实现接口的某一部分。一个接口可以被多个类继承并实现。

2）一个类可以继承并实现一个或多个接口。

3）一个类可以继承一个基类，并同时实现一个或多个接口。

6.1.4 接口成员的实现

一个类或结构可以继承一个或多个接口的定义。如果类实现的是单个接口，一般使用隐式实现。如果类继承了多个接口，当类继承的多个接口中存在同名的成员时，在实现时为了区分是从哪个接口继承来的，那么接口中相同名称的成员就要使用显式实现接口的方法。

1. 隐式实现接口成员

如果类实现了某个接口，它必然隐式地继承了该接口成员，只不过增加了该接口成员的具体实现。若要隐式实现接口成员，类中的对应成员必须是公有的、非静态的，并且与接口成员具有相同的名称和声明形式。

一个接口可以被多个类继承，在这些类中实现该接口的成员，这样接口就起到提供统一界面的作用。

例题源代码
例 6-2 源代码

【例 6-2】 下面代码是一个计算整型数加法和减法的程序，分析以下程序的执行结果。

```
interface ICalculator            //声明接口 ICalculator
{   //计算器接口
    int Calculator();            //接口成员的声明
}
class CalculatorAddition : ICalculator             //类 CalculatorAddition 继承 ICalculator
{   //加法运算类
    int x, y;
    public CalculatorAddition(int a, int b)        //构造函数
    {
        x = a; y = b;
    }
    public int Calculator()                        //隐式接口成员的实现
    {
        return x + y;
    }
}
class CalculatorSubtraction : ICalculator          //类 CalculatorSubtraction 继承接口 ICalculator
{   //减法运算类
    int x, y;
    public CalculatorSubtraction(int a, int b)     //构造函数
    {
        x = a; y = b;
    }
    public int Calculator()                        //隐式接口成员的实现
    {
        return x - y;
    }
}
class Program
{
```

```
        static void Main(string[] args)
        {
            CalculatorAddition add = new CalculatorAddition(6, 3);
            Console.WriteLine("两个数的和：{0}", add.Calculator());//输出：9
            CalculatorSubtraction sub = new CalculatorSubtraction(6, 3);
            Console.WriteLine("两个数的差：{0}", sub.Calculator());//输出：3
        }
    }
```

本程序中声明了一个接口 ICalculator，由 CalculatorAddition 类、CalculatorSubtraction 类继承了该接口，并隐式实现了接口的成员方法 Calculator()。在 Main()方法中分别调用同一个接口的两个不同实现（分别做加法和减法运算），程序的运行结果如图 6-4 所示。

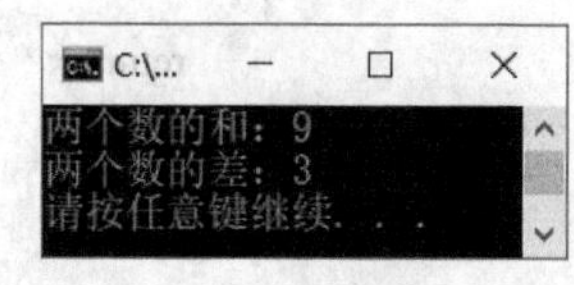

图 6-4　隐式实现接口成员

2．显式实现接口成员

当类实现接口时，如果给出了接口成员的完整名称（即带有接口名前缀），则称这样实现的成员为显式接口成员，其实现被称为显式接口实现。显式实现接口成员的语法格式使用接口名称和一个句点命名该类成员，语法格式如下。

```
    接口名.接口成员名
```

显式实现的成员不能带任何访问修饰符，也不能通过类的实现来引用或调用，必须通过所属的接口来调用或引用。

例如，声明接口 IMyOne 和 IMyTwo，两个接口都具有同名的 Add 方法，所以在 MyClass 类中实现 IMyOne 和 IMyTwo 接口的 Add 方法是必须显式实现接口成员。代码如下。

```
    interface IMyOne        //声明接口 IMyOne
    {
        int Add();          //声明方法
    }
    interface IMyTwo        //声明接口 IMyTwo
    {
        int Add();          //声明方法
    }
    class MyClass : IMyOne, IMyTwo //声明类//声明方法
    {
        int IMyOne.Add() //实现 MyOne 接口中的 Add()方法
        {
            int x = 1; int y = 2;
            return x + y;
        }
        int IMyTwo.Add() //实现 MyTwo 接口中的 Add()方法
        {
            int x = 10; int y = 20; int z = 30;
            return x + y + z;
        }
    }
```

【例 6-3】 下面代码计算长方形的面积，分析以下程序的执行结果。

```
    interface IArea         //声明接口 IArea
    {
        float GetArea();    //接口成员的声明
    }
    public class Rectangle : IArea //类 Rectangle 继承接口 IArea
```

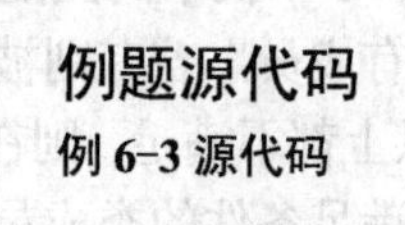

```
    {
        float x, y;
        public Rectangle(float x1, float y1)  //构造函数
        {
            x = x1; y = y1;
        }
        float IArea.GetArea()    //显式接口成员的实现，带有接口名前缀，不能使用 public
        {
            return x * y;
        }
    }
    class Program
    {
        static void Main(string[] args)
        {
            Rectangle box = new Rectangle(6.5f, 1.2f); //定义一个类实例
            IArea ia = (IArea)box; //定义一个接口引用变量 ia，box 对象显式转换为 IArea 接口类型
            Console.WriteLine("长方形面积：{0}", ia.GetArea());//输出：7.8
        }
    }
```

本程序中类 Rectangle 显式实现接口 IArea 的成员 GetArea()。当接口成员由类显式实现时，只能通过对接口的引用来访问该成员。在本例主函数中，通过 ia.GetArea()调用接口成员。本程序的运行结果如图 6-5 所示。

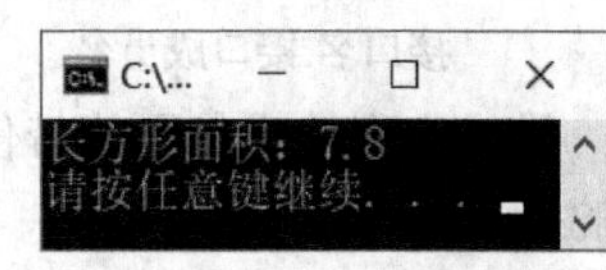

图 6-5　显式实现接口成员

如果通过 box.GetArea()调用接口成员，则产生“Rectangle 并不包含 GetArea()的定义”的编译错误，这是因为显式实现时导致隐藏接口成员。所以如果没有充分理由，应避免显式实现接口成员。如果成员只通过接口调用，则考虑显式实现接口成员。

6.1.5　接口映射

接口通过类实现，对于接口中声明的每一个成员都应该对应类的一个成员，这种对应关系是由接口映射来实现的。

类的成员 A 及其所映射的接口成员 B 之间必须满足以下条件。

- 如果 A 和 B 都是成员方法，那么 A 和 B 的名称、返回类型、形参个数和每个形参的类型都应该是一致的。
- 如果 A 和 B 都是成员属性，那么 A 和 B 的名称和类型都应该是一致的。
- 如果 A 和 B 都是事件，那么 A 和 B 的名称和类型都应该是一致的。
- 如果 A 和 B 都是索引器，那么 A 和 B 的名称、形参个数和每个形参的类型都应该是一致的。

那么，一个接口成员确定哪一个类的成员实现呢？即一个接口成员映射哪一个类的成员。假设类 C 实现了接口 Ia 的一个接口 fun，此时 fun 的映射过程如下。

1）如果类 C 中存在一个显式接口成员实现，它与 Ia 的接口成员的 fun 相应，则由它来实现 fun 成员。

2）如果在 C 中找不到匹配的显示接口成员实现，则看类 C 中是否存在一个与 fun 相匹配的非静态的公有成员，若有则被认为是 Ia 的接口成员的 fun 的实现。

3）如果以上都不满足，则在类 C 的基类中寻找一个基类 D，用 D 来代替 C 进行重复寻找，直到找到一个满足条件的类成员实现。如果都没找到，则报告一个错误。

【例 6-4】 分析以下程序的执行过程。

```
interface IExample
{
    double fun1();
    int fun2();
}
class MyClassA
{
    public int fun2()
    {
        return 6;
    }
}
class MyClassB : MyClassA, IExample
{
    double x;
    public MyClassB(double y)          //构造函数
    {
        x = y;
    }
    public double fun1()
    {
        return x;
    }
}
class Program
{
    static void Main(string[] args)
    {
        MyClassB b = new MyClassB(1.5);
        Console.WriteLine("b.fun1()={0}", b.fun1());//输出：1.5
        Console.WriteLine("b.fun2()={0}", b.fun2());//输出：6
    }
}
```

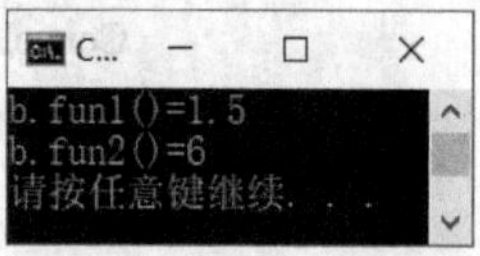

例题源代码
例 6-4 源代码

b.fun1()=1.5
b.fun2()=6
请按任意键继续. . .

图 6-6 接口的映射

按〈Ctrl+F5〉键执行程序，运行结果如图 6-6 所示。按照映射规则，IExample 接口中的 fun1 接口成员对应类 MyClassB 中的 fun1 成员实现（实际上为隐式实现），IExample 接口中的 fun2 接口成员对应类 MyClassA 中的 fun2 成员实现（也为隐式实现）。

6.1.6 重新实现接口

接口的重新实现是指某个类可以通过它的基类中包含的，已被基类实现的接口，再一次实现。当重新实现接口时，不管派生类建立的接口映射如何，它从基类继承的接口映射并不会受到影响。

例如，下面代码。类 A 把 Ia.Fun()映射到了当前的类 A 上，在类 B 中重新实现了 Ia.Fun()，Ia.Fun()被映射到类 B 上。

```
interface Ia
{
    void Fun();
}
class A : Ia
```

```
{
    void Ia.Fun() { }
}
class B : A, Ia
{
    public void Fun() { }
}
```

【例 6-5】 分析下面程序的执行结果。

例题源代码
例 6-5 源代码

```
interface II
{
    void X();
    void Play();
}
class B : II
{
    public void X()
    {
        Console.WriteLine("B:X()");
    }
    public void Play()
    {
        Console.WriteLine("B:Play()");
    }
}
class C : B, II
{
    public new void Play()
    {
        Console.WriteLine("C:Play()");
    }
}
class Program
{
    static void Main(string[] args)
    {
        C c = new C();
        c.X();//输出：B:X()
        c.Play();//输出：C:Play()
        II f = c;
        f.X();//输出：B:X()
        f.Play();//输出：C:Play()
    }
}
```

```
A:X()
B:Play()
A:X()
B:Play()
请按任意键继续. . .
```

图 6-7 重新实现接口

执行程序，运行结果如图 6-7 所示。如果一个类实现一个接口（B 类实现 II 接口），而这个接口在这个类的基类中已经实现过了（在 B 的基类 A 类中实现过），结果会是如何？这时根据接口的匹配原则先找本类显式实现，如果找到则实现；如果没有找到，在直接父类中找，找到了就实现；如果在直接父类中也没有找到，则是隐式实现接口，即直接继承基类中原有的匹配。

6.1.7 接口的本质

接口是一些方法特征的集合，是对抽象的抽象。接口在表面上是由几个没有主体代码的方法定义组成的集合体，有唯一的名称，可以被类或其他接口所实现（或者也可以说继承）。那么，接口的本质是什么呢？或者说设计接口技术的意义是什么？这里可以从以下两个方面考虑。

1）接口是一组规则的集合，它规定了实现本接口的类或接口必须拥有的一组规则，体现了自然界“如果你是 AA，则必须能 BB”的理念。接口是针对行为而言的，例如在自然界中，人都能吃饭，即“如果你是人，则必须能吃饭”。那么模拟到计算机程序中，就应该有一个 IPerson 接口，并有一个 Eat()方法，然后规定每一个表示“人”的类，必须实现 IPerson 接口，这就模拟了自然界“如果你是人，则必须能吃饭”这条规则。

面向对象思想的核心之一，就是模拟真实世界，把真实世界中的事物抽象成类，整个程序靠各个类的实例互相通信、互相协作完成系统功能，这非常符合真实世界的运行状况，也是面向对象思想的精髓。

2）接口是在一定粒度视图上同类事物的抽象表示。注意这里强调了在一定粒度视图上，因为“同类事物”这个概念是相对的，它因为粒度视图不同而不同。

面向对象思想和核心之一叫作多态性，说白了就是在某个粒度视图层面上对同类事物不加区别的对待而统一处理。而之所以敢这样做，就是因为有接口的存在。

6.2 多态的实现

接口有什么用途？它和抽象类有什么区别？能不能用抽象类代替接口呢？

6.2.1 抽象类与普通类的对比

1．普通类与抽象类的区别

普通类可以实例化，抽象类不能实例化。抽象类中可以定义抽象方法，也可以拥有普通方法，而普通类中只能定义普通方法。一旦类中含有用 abstract 定义的抽象方法，则该类就要使用 abstract 声明为抽象类。

```
public class Person{ }
Person p = new Person();//正确，可以实例化
```

```
public abstract class Person{ }
Person p = new Person();//不对，不能实例化
```

2．普通方法与抽象方法的区别

普通方法必须要有方法体，抽象方法不能有方法体（大括号也没有），抽象方法要用 abstract 修饰符修饰。

```
public class Person
{
    public void Show()
    {
        //有方法体
    }
}
```

```
public abstract class Person
{
    public abstract void Show();//没有方法体
}
```

6.2.2 抽象类与接口的对比

接口和抽象类比较类似，接口成员与抽象类的抽象成员声明过程和使用过程比较一致，两者都不能在声明时创建具体的可执行代码，而需要在子类中将接口成员或者抽象类的抽象成员实例化。二者之间的异同对比如下。

1．相同点

抽象类与接口相同的是都不能被直接实例化，都可以通过继承实现其抽象方法，都是面向

抽象编程的技术基础，实现了诸多的设计模式。

2．不同点

1）抽象类使用 abstract class 声明，接口使用 interface 声明。

2）抽象类除拥有抽象方法（成员），还可以拥有普通方法（成员）。接口中的方法（成员）都是抽象方法。

```
public abstract class Person          public interface IPerson
{                                     {
    //抽象方法                              //抽象方法
    //普通方法                          }
}
```

3）抽象类的成员可以是public 或 internal 类型；而接口成员都是公有的，不能为接口成员加上任何修饰符。

4）抽象类中可以包含构造函数、析构函数、静态成员和常量；而接口不能包含这些成员。

5）因 C#的单根结构限制，类只能实现一个抽象类类型，而接口类型无此限制，接口支持多继承，一个子类却能够继承多个接口。这使抽象类作为类型定义工具的效能落后于接口。接口是定义混合类型（实现多从继承）的理想工具。

6）接口只能定义抽象规则；抽象类既可以定义规则，还可能提供已实现的成员。接口是一组行为规范；抽象类是一个不完全的类，着重族的概念。接口可以用于支持回调；抽象类不能实现回调，因为继承不支持。

7）接口只包含方法、属性、索引器、事件的签名，但不能定义字段和包含实现的方法；抽象类可以定义字段、属性、包含有实现的方法。

8）接口可以作用于值类型和引用类型；抽象类只能作用于引用类型。例如，Struct 就可以继承接口，而不能继承类。

9）通过相同与不同的比较，只能说接口和抽象类，各有所长，但无优劣。在实际的编程实践中，要视具体情况来选用。

10）类是对对象的抽象，可以把抽象类理解为把类当作对象，抽象成的类叫作抽象类。而接口只是一个行为的规范或规定，微软的自定义接口总是后带 able 字段，证明其是表述一种类“我能做……”。抽象类更多的是定义在一系列紧密相关的类之间，而接口大多数是关系疏松但都实现某一功能的类中。

11）接口基本上不具备继承的任何具体特点，它仅仅承诺了能够调用的方法。

12）抽象类实现了面向对象编程中的一个原则，把可变的与不可变的分离。抽象类和接口就是定义为不可变的，而把可变的让子类去实现。

13）好的接口定义应该是具有专一功能性的，而不是多功能的，否则造成接口污染。如果一个类只是实现了这个接口中的一个功能，而不得不去实现接口中的其他方法，就叫接口污染。

14）如果抽象类实现接口，则可以把接口中方法映射到抽象类中作为抽象方法而不必实现，而在抽象类的子类中实现接口中方法。

15）抽象类可以提供某些方法的实现。如果向抽象类中加入一个新的具体的方法，那么所有的子类就得到了这个方法。接口做不到这一点（这也许是抽象类的唯一优点）。

16）从代码重构的角度上讲，将一个具体类构成一个接口类型实现起来更容易。

6.2.3 抽象类和接口的使用场合

面向对象思想的一个最重要的原则：面向接口编程。

抽象类应主要用于关系密切的对象，而接口最适合为不相关的类提供通用功能。接口着重于 can-do 关系类型，而抽象类则偏重于 is-a 式的关系；接口多定义对象的行为，而抽象类多定义对象的属性。

接口定义可以使用 public、protected、internal 和 private 修饰符，但是几乎所有的接口都定义为 public，原因就不必多说了。“接口不变”，是应该考虑的重要因素。所以，在由接口增加扩展时，应该增加新的接口，而不能更改现有接口。

尽量将接口设计成功能单一的功能块，以.NET Framework 为例，IDisposable、IDisposable、IComparable、IEquatable、IEnumerable 等都只包含一个公共方法。

接口名称前面的大写字母“I”是一个约定，正如字段名以下画线开头一样，请坚持这些原则。

在接口中，所有的方法都默认为 public。

如果预计会出现版本问题，可以创建“抽象类”。例如，创建了狗（Dog）、鸡（Chicken）和鸭（Duck），那么应该考虑抽象出动物（Animal）来应对以后可能出现马、牛的情况。而向接口中添加新成员则会强制要求修改所有派生类并重新编译，所以版本式的问题最好以抽象类来实现。

从抽象类派生的非抽象类必须包括继承的所有抽象方法和抽象访问器的实现。对抽象类不能使用 new 关键字，也不能被密封，原因是抽象类不能被实例化。

在抽象方法声明中不能使用 static 或 virtual 修饰符。

6.2.4 使用抽象类和接口实现多态

1．抽象类和接口的使用

如果单从具体代码来看，对这两个概念很容易模糊，甚至觉得接口就是多余的。因为单从具体功能来看，除多重继承外，抽象类似乎完全能取代接口。但是，难道接口的存在是为了实现多重继承？当然不是。抽象类和接口的区别在于使用目的不同。使用抽象类是为了代码的复用，而使用接口是为了实现多态性。所以，如果用户在为某个地方应该使用接口还是抽象类而犹豫不决时，那么可以想想自己的目的是什么。

总而言之，接口与抽象类的区别主要在于使用的目的，而不在于其本身。而一个东西该定义成抽象类还是接口，要根据具体环境的上下文决定。

接口和抽象类的另一个区别是抽象类和它的子类之间应该是一般和特殊的关系，而接口仅仅是它的子类应该实现的一组规则（当然，有时也可能存在一般与特殊的关系，但用户使用接口的目的不在这里）。如，交通工具定义成抽象类，汽车、飞机、轮船定义成子类是可以接受的，因为汽车、飞机、轮船都是一种特殊的交通工具。再譬如 Icomparable 接口，它只是说实现这个接口的类必须要可以进行比较，这是一条规则。如果 Car 这个类实现了 Icomparable，只是说 Car 中有一个方法可以对两个 Car 的实例进行比较，可能是比较哪辆车价格更贵，也可能比较哪辆车空间更大，这都无所谓，但不能说“汽车是一种特殊的可以比较”，这在文法上都不通。

1）如果预计要创建组件的多个版本，则创建抽象类。抽象类提供简单的方法来控制组件版本。

2）如果创建的功能将在大范围的全异对象间使用，则使用接口。如果要设计小而简练的功能块，则使用接口。如果条件符合，则多用接口，少用抽象类。

3）如果要设计大的功能单元，则使用抽象类。如果要在组件的所有实现间提供通用的已实现功能，则使用抽象类。

4）抽象类主要用于关系密切的对象，而接口适合为不相关的类提供通用功能。

5）抽象类用于部分实现一个类，再由用户按需求对其进行不同的扩展和完善。接口只是定义一个行为的规范或规定。

6）抽象类在组件的所有实现间提供通用的已实现功能；接口创建在大范围全异对象间使用的功能。抽象类主要用于关系密切的对象；而接口适合为不相关的类提供通用功能。抽象类主要用于设计大的功能单元；而接口用于设计小而简练的功能块。

2．使用抽象类

1）定义时使用 abstract 修饰符。

2）可以拥有抽象方法与普通方法。

3）抽象方法不能使用 private 修饰。

4）子类继承抽象类的语法：

```
子类 : 抽象类
```

如果子类不是抽象类，则要重写所有的抽象方法，需加 override 关键字。

5）继承抽象类，使用如下形式。

```
public class Student : Person
{
    //复用父类的普通方法
    //重写父类的抽象方法
}
```

3．使用接口

1）定义时使用 interface 修饰符。

2）接口名通常以“I”开头，I 后面遵循 Pascal 命名法则。

3）接口中的方法只能是抽象的，不能用 abstract 关键字修饰。

4）接口中的方法默认为 public，不能显示指定访问级别。

5）一个类实现接口时，如果这个类不是抽象类，那么要实现接口中所有的方法，不需要加 override。

6）实现接口，使用如下形式。

```
public class Student : IStudy
{
    //实现接口的抽象方法
}
public class Student : IStudy, IPlay
{
    //实现所有接口的抽象方法
}
public class Student : Person, IStudy
{
    //复用父类的普通方法
    //重写父类的抽象方法
    //实现接口的抽象方法
}
```

注意：抽象类和接口都不能实例化，只能实例化其子类或实现类来得到对象。

4．使用接口实现多态实例

使用抽象类实现多态的例子在第 5 章介绍过了，这里只介绍使用接口实现多态的例子。

【例 6-6】 通过程序演示王小明乘地铁或公交，或开车，或骑自行车等交通工具去参加同学聚会的过程。

定义一个交通工具接口 ITrafficTool，接口中有一个行驶的方法 Run()。

分别定义地铁类 Subway、公交类 Bus、轿车类 Car、自行车类 Bike 实现接口，让 Subway、Bus、Car、Bike 类继承交通工具接口，在这些类中实现接口中的方法。

定义 Person 类，类中有一个 Party()方法，Party()方法的形参有可能是 Subway 对象，也可能是 Bus 对象，或者 Bike 对象等交通工具。这时 Party()方法参数的类型应该是什么呢？应该是其父类类型或接口类型。这里的参数定义成接口类型 Party(ITrafficTool iTool)，那么所有实现这个接口的类的对象都可以传递过来。

在 Main()方法中，如果乘坐的是地铁，就实例化一个 Subway 对象，然后向上转型成接口类型，即让接口的引用去指向一个子类的对象，把 iTool 对象传递给 p.Party(iTool)方法。

实现的代码如下。

例题源代码
例 6-6 源代码

```
public interface ITrafficTool          //交通工具接口
{
    void Run();                        //交通工具行驶的方法
}
public class Subway : ITrafficTool     //地铁类实现接口
{
    public void Run()                  //地铁行驶的方法
    {
        Console.WriteLine("乘坐地铁");
    }
}
public class Bus : ITrafficTool        //公交类实现接口
{
    public void Run()                  //公交行驶的方法
    {
        Console.WriteLine("乘坐公交车");
    }
}
public class Car : ITrafficTool        //轿车类实现接口
{
    public void Run()                  //轿车行驶的方法
    {
        Console.WriteLine("开车");
    }
}
public class Bike : ITrafficTool       //自行车类实现接口
{
    public void Run()                  //自行车行驶的方法
    {
        Console.WriteLine("骑自行车");
    }
}
public class Person                    //人类
{
    string name;
    public string Name
    {
        get { return name; }
        set { name = value; }
    }
    public void Party(ITrafficTool iTool)       //乘交通工具参加聚会的方法
```

```
        {
            Console.WriteLine("{0}参加同学聚会", name);
            iTool.Run();
        }
    }
    class Program
    {
        static void Main(string[] args)
        {
            Person pW = new Person();
            pW.Name = "王小明";
            ITrafficTool iT = new Bike();
            pW.Party(iT);
            Person pZ = new Person();
            pZ.Name = "张芳";
            ITrafficTool iT1 = new Car();
            pZ.Party(iT1);
        }
    }
```

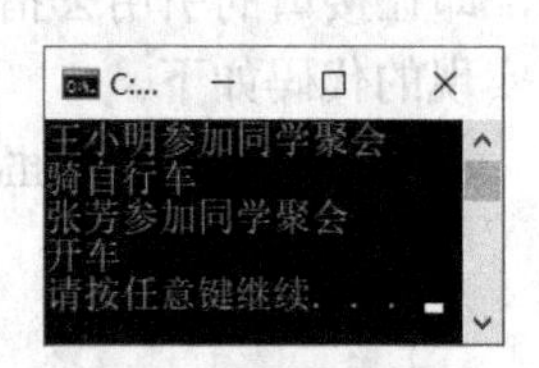

图 6-8 参加同学聚会

按〈Ctrl+F5〉键执行程序，运行结果如图 6-8 所示。同样可以改为地铁、公交车，都是没有问题的。

父类或者接口的对象，可以通过父类的子类或者接口的实现类来实例化。请读者看看，下面两行的代码正确吗？为什么？

```
ITrafficTool iTool = new ITrafficTool();
ITrafficTool iTool = new Subway();
```

从效果看，使用抽象类与使用接口效果是完全一样的，它们都实现了多态。接口与抽象类的用法是不是完全一样？其实，接口与抽象类的本质含义是不一样的。子类继承父类的时候，子类与父类之间要满足“是”的关系，例如，小轿车是交通工具。例如，飞机与麻雀都可以飞行，它们都拥有飞行的方法，是否可以抽象出来一个“飞行”父类，让飞机和麻雀去继承呢？那么像这种场合就不太合适了。这个时候就完全可以使用接口，也就是说可以提炼出一个接口，飞行的接口，在里面定义一个飞行的方法，让飞机和麻雀分别去实现飞行的方法就可以了。这是两种场合，从概念上去理解。

课堂练习解答
课堂练习 6-2 解答

【课堂练习 6-1】 请把【例 6-6】改成用抽象类来实现。

【课堂练习 6-2】 请使用面向对象的思想，设计接口、类，描述飞机和麻雀。运行结果如图 6-9 所示。

思路分析：

1）分析飞机和麻雀的共性——都能飞。

2）定义飞行的接口 IFly，飞行方法 Fly()。

3）定义飞机类 Plane、麻雀类 Spadger，分别实现飞行的接口及其方法。

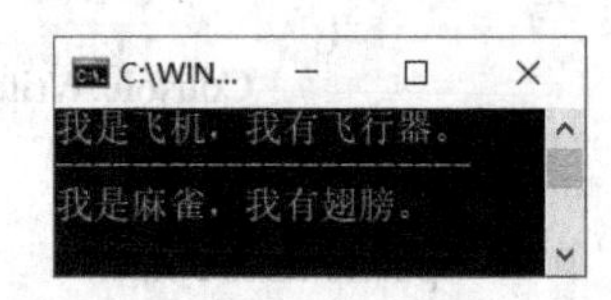

图 6-9 课堂练习 6-2 的结果

6.3 习题

习题解答
第 6 章习题解答

一、选择题

1. （单选题）C#中一个类（　　）。

A．可以继承多个类　　B．可以实现多个接口

C．在一个程序中只能有一个子类　　C．只能实现一个接口

2．（单选题）接口与抽象类的区别在于（　　）。

A．抽象类能够被继承，而接口不能被继承

B．抽象类可以包含非抽象方法，而接口不包含任何方法的实现

C．抽象类不能被实例化，而接口可以被实例化

D．抽象类可以被实例化，而接口不能被实例化

3．（多选题）以下关于接口的说法错误的是（　　）。

A．接口中可以定义方法、属性等　　B．接口中的方法是公有的，使用 public

C．接口可以作为参数　　D．一个类只能实现一个接口

4．以下关于抽象类与接口的叙述，正确的是（　　）。

A．一个类可以从多个接口继承，也可以从多个抽象类继承

B．在抽象类中所有的方法都是抽象方法

C．在接口中可以有方法实现，在抽象类中不能有方法实现

D．继承自抽象类的子类必须实现其父类（抽象类）中的所有抽象方法

5．（判断题）只包含抽象方法的抽象类就是接口（　　）。

A．正确　　B．错误

6．（判断题）抽象类便于代码复用，接口便于代码维护（　　）。

A．正确　　B．错误

二、编程题

1．请使用面向对象的思想，设计接口、类，描述便携式电视机。运行结果如图 6-10 所示。思路分析如下。

C:\WINDOWS\system...

便携式电视可以播放DVD

便携式电视可以收看加密电视频道节目

便携式电视可以接收调频广播

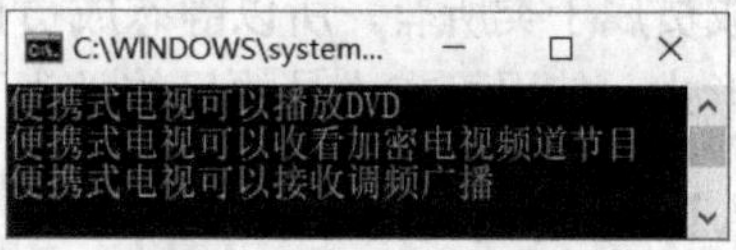

图 6-10　便携式电视机

1）分析便携式电视机的特性：

① 可以看电视节目。

② 可以收听广播。

③ 可以播放 DVD。

2）定义多个接口描述功能特性：

① 看电视的接口 ITV。方法：看电视节目 PlayTV()。

② 听广播的接口 IBroadcast。方法：听广播 ListenRadio()。

③ 播放 DVD 的接口 IDVD。方法：播放 DVD。

3）定义便携式电视机类 PortableTV，实现多个接口。

2．请使用面向对象的思想，设计接口、类，描述兔子和龟。运行结果如图 6-11 所示。思路分析如下。

1）分析兔子和龟的共性：都是动物。

2）根据共性，定义抽象的动物类 Animal：

字段：名字 name、颜色 color、类别（哺乳类、非哺乳类）type。

方法：叫（抽象方法）Cry()，吃（抽象方法）Eat()，行进（抽象方法）Walk()。

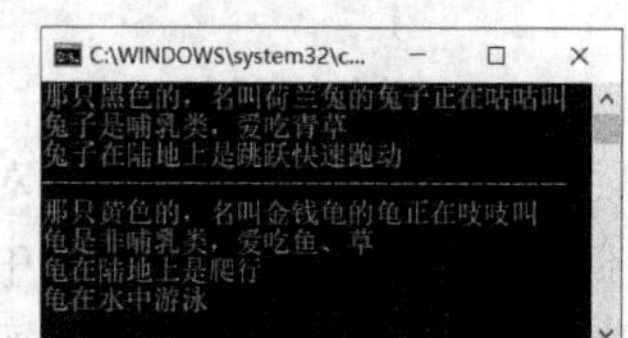

图 6-11　兔与龟

3）根据龟会游泳，抽象游泳的接口 ISwiming。

方法：游泳 Swim()。

4）定义兔子类 Rabbit 继承动物类，龟类 Turtle 继承动物类同时实现游泳接口。

第 7 章　静态类和密封类

前面介绍了面向对象的三大特征：封装、继承和多态。但要知道，C#中并不是所有的类都能完整地体现出这三大特性。不能满足三大特性的类有静态类、密封类、String 类以及静态方法等。

教学课件

第 7 章课件资源

7.1　静态成员

类实例化出对象，然后通过对象访问属性、方法，这是前面学习的面向对象的内容。类实例化出的对象的成员称为实例成员（instance member），实例成员又称非静态成员、对象成员，是没有用 static 修饰的变量或方法，包括实例字段和实例方法等。

7.1.1　静态成员概述

静态成员（static member）又叫类成员，是指在成员类型或返回值类型前用 static 关键字修饰的变量或方法。在 C#中，能够声明为静态成员的类成员包括静态字段、静态属性、静态方法、构造函数、运算符、事件等类成员。而常量和索引器不能声明为静态成员。

非静态成员属于类的对象所有，所以非静态成员也称为对象成员，也就是要先实例化对象，访问时采用“对象名.成员名”的形式。

静态成员在第一次被访问之前并且在任何静态构造函数（如调用的话）之前初始化。静态成员属于类所有，所以静态成员也称为类成员。若要访问静态类成员，采用“类名.成员名”的形式。使用静态成员的目的是为了解决对象之间的共享问题。

7.1.2　静态字段

1．静态字段的定义

静态字段的定义与一般字段的定义相似，但前面要加上 static 关键字。其定义格式如下。

访问修饰符 static 数据类型 字段名 = 初始值;

例如，在 Person 类中定义一个静态字段 name，代码如下。

```
class Person
{
    public static string name;
}
```

2．静态字段的访问

静态字段是类中所有对象共享的成员，而不是某个对象的成员，也就是说，静态字段的存储空间不是放在每个对象中，而是放在类公共区中。静态字段的用法是记录已经实例化的对象的个数，存储必须在所有实例之间共享的值。

1）在本类中访问静态字段的格式如下。

字段名

例如，在声明类中访问静态字段 name，代码如下。

```
name="Jack";
```

2）在类外访问静态字段的格式如下。

```
类名.字段名
```

例如，在其他类中访问 Person 类中的静态字段 name，代码如下。

```
Person.name="Jack";
```

3．静态字段应用实例

【例 7-1】 用静态字段记录实例对象的个数，实现对招生人数的统计。

声明一个学生类 Student，在类中定义一个静态字段 StudentCount 用于记录学生人数；为 Student 类声明一个构造函数，在构造函数中修改 StudentCount 的值，对学生人数进行累加，也就是每实例化一个学生对象，人数加 1，并对人数进行条件判断。代码如下。

例题源代码

例 7-1 源代码

```
class Student                                  //学生类
{
    string name;                               //姓名字段
    public string Name                         //姓名属性
    {
        get { return name; }
        set { name = value; }
    }
    public static int StudentCount;            //学生人数，静态字段
    public Student(string name)                //构造函数
    {
        this.Name = name;                      //参数给姓名属性赋值
        StudentCount++;                        //学生人数累加，在本类中访问静态字段
        if (StudentCount >= 5)                 //判断开班条件
        {
            Console.WriteLine("学生数量已经达到 5 人，可以开班。");
        }
    }
}
```

在 Main()方法中，循环接收用户输入的学生姓名，直到用户选择不再继续，则退出循环。Program 类中的 Main()方法的代码如下。

```
class Program
{
    static void Main(string[] args)
    {
        string input = "y";
        do
        {
            Console.Write("请输入学生姓名:");
            string name = Console.ReadLine();
            new Student(name);                 //声明对象，并用构造函数传递参数赋初值
            Console.Write("是否继续？(y/n)");
            input = Console.ReadLine();
        }while(input= ="y");
        Console.WriteLine("报名人数为：{0} 人", Student.StudentCount); //在类外访问静态字段
    }
}
```

程序中实现对学生人数的统计使用了一个静态字段 StudentCount，静态字段可以被所有的

实例访问，把 StudentCount 定义在类中，然后在构造函数中对 StudentCount 累加，这样就可以统计实例的个数。执行程序，输入学生姓名并回答是否继续，运行结果如图 7-1 所示。

图 7-1 用静态字段统计人数

【例 7-2】 用静态字段存储在所有实例之间共享的值，这里用静态字段实现对老师名字的共享。

声明一个学生类 Student，在类中添加一个静态字段 TeacherName，用来存储在所有实例之间共享的值。在类中添加一个学生做自我介绍的方法 SayHello()，在 SayHello()中显示学生自己的名字和教师的名字，当教师的名字发生改变时，其他学生实例的教师名字也会改变。

例题源代码
例 7-2 源代码

Student 类的代码如下。

```
class Student                         //学生类
{
    string name;                      //姓名字段
    public string Name                //姓名属性
    {
        get { return name; }
        set { name = value; }
    }
    public Student(string name)       //构造函数
    {
        this.Name = name;
    }
    public static string TeacherName; //教师的名字，静态字段
    public void SayHello()
    {
        Console.WriteLine("大家好！我是{0},我的老师是{1}。",this.Name,TeacherName);
    }
}
```

Program 类中的 Main()方法中实例化两个学生对象，设置教师的名字，然后这两个学生做自我介绍，代码如下。

```
class Program
{
    static void Main(string[] args)
    {
        Student.TeacherName = "唐僧";                    //教师名字
        Student oneStudent = new Student("悟空");
        Student twoStudent = new Student("八戒");
        oneStudent.SayHello();                           //对象 oneStudent 调用 SayHello()方法
        twoStudent.SayHello();
        Student.TeacherName = "戒贤";                    //新换的教师名字
        oneStudent.SayHello();                           //学生再次做自我介绍
        twoStudent.SayHello();
        Console.ReadLine();
    }
}
```

执行程序，运行结果如图 7-2 所示。静态成员不是用对象名，而是用类名来调用的，静态成员也能被子类继承。

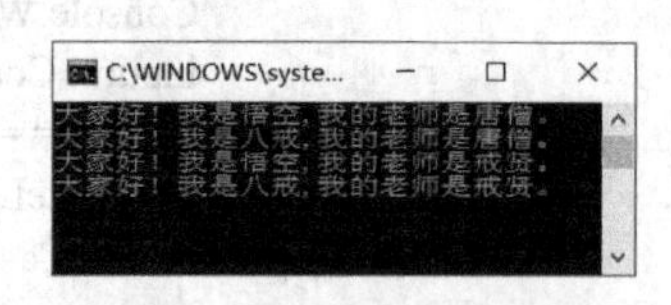

图 7-2 共享静态字段

7.1.3 静态方法

1．静态方法的定义

在 Visual Studio 中创建 C#控制台应用程序时，控制台应用程序模版创建的 Main()方法前面都有一个关键字 static。用 static 修饰的方法叫静态方法，静态方法可以直接调用，不需要实例化对象。静态方法的定义是在一般方法的定义前面加上 static 关键字。静态方法的声明如下。

```
访问修饰符 static 返回类型 方法名(形参列表)
{
    方法体;
}
```

例如，在声明 Computer 类中，定义一个静态方法 Calculate()，代码如下。

```
class Computer
{
    public static int Calculate(int x, int y)
    {
        return x+y;
    }
}
```

static 内部只能出现 static 变量和其他 static 方法，而且 static 方法中不能使用 this 等关键字，因为它属于整个类。

2．静态方法的访问

static 方法是类中的一个成员方法，属于整个类，即不用创建任何对象即可以直接访问。

1）在本类中访问静态方法的格式如下。

```
静态方法名(实参列表);
```

例如，在声明该类中访问静态方法 Calculate()，代码如下。

```
int result = Calculate(100, 200);
```

2）在类外访问静态方法的格式如下。

```
类名.静态方法名(实参列表);
```

例如，在其他类中访问静态方法 Calculate()，代码如下。

```
int result = Computer.Calculate(100, 200);
```

静态方法只能访问静态字段、其他静态方法和类以外的方法及数据，不能访问类中的非静态成员（因为非静态成员只有在对象存在时才有意思）。但静态字段和静态方法可以由任意访问权限许可的成员访问。

3．静态方法应用实例

静态方法用 static 关键字声明，用“类名.方法名(实参列表)”的方式访问。实例方法既可以访问实例成员，又可以访问静态成员。

【例 7-3】 在 C#中调用静态方法，本例编写程序，计算用户输入的两个整数的和。

首先定义一个 Computer 类，在这个类中定义一个计算两个数和的静态方法 Calculate()，然后在 Main()方法中调用 Calculate()方法。

1）编写 Computer 类，在此类中定义 Calculate()方法。代码如下。

```
class Computer
{
```

```
        public static int Calculate(int x, int y)
        {
            return x + y;
        }
    }
```

2）在 Program 类中的 Main()方法中调用 Calculate()方法。因为在 Program 类中并不存在 Calculate()方法，通过类名来调用它，静态方法的调用是不需要例化对象的。代码如下。

```
    class Program
    {
        static void Main(string[] args)
        {
            int num1, num2;
            Console.WriteLine("请输入 2 个整数：");
            num1 = int.Parse(Console.ReadLine());
            num2 = int.Parse(Console.ReadLine());
            int result = Computer.Calculate(num1, num2);        //调用其他类中的静态方法
            Console.WriteLine("计算结果是：" + result.ToString());
            Console.ReadLine();
        }
    }
```

3）按〈Ctrl+F5〉键执行程序，运行结果如图 7-3 所示，输入两个整数，计算出两个整数的和。

图 7-3　计算两个整数的和

7.1.4　静态成员总结

在非静态类中，可以包含静态方法、字段、属性或事件。即使未创建类的任何实例，也可对类调用静态成员。静态成员始终按类名（而不是实例名称）进行访问。静态成员只有一个副本存在（与创建的类的实例数有关）。静态方法和属性无法在其包含类型中访问非静态字段和事件，它们无法访问任何对象的实例变量，除非在方法参数中显式传递它。

更典型的做法是声明具有一些静态成员的非静态类（而不是将整个类都声明为静态）。静态字段的两个常见用途是保留已实例化的对象数的计数，或是存储必须在所有实例间共享的值。

静态方法可以进行重载，但不能进行替代，因为它们属于类，而不属于类的任何实例。

1）静态成员用 static 关键字声明。

2）静态成员用类名调用。

3）子类继承父类时，也会继承父类的静态成员。

4）在静态方法中不能使用关键字 this 和 base。

7.1.5　静态方法与实例方法的区别

使用 static 修饰符的方法为静态方法，反之则是实例方法（非静态方法）。

1．静态方法与实例方法的区别

1）静态方法不需要类实例化就可以调用，而实例方法需要实例化后才能调用。

2）静态方法只能直接访问本类中的静态成员，不能直接访问本类中的实例成员。实例方法既可以直接访问本类中的实例成员，也可以直接访问本类中的静态成员。

3）静态方法不能被子类重写，也不能实现多态。

4）静态成员是在第一次使用时进行初始化，非静态的成员是在创建对象的时候初始化。静态方法和静态变量创建后始终使用同一块内存，而使用实例的方式会创建多个内存。

5）静态方法的缺点是不能自动进行销毁，而实例化的对象则可以进行销毁。静态方法的调用并不比实例化方法效率更高。

2．何时用静态方法，何时用实例方法

1）在给一个类写一个方法时，如果该方法需要访问某个实例的成员变量时，那么就将该方法定义成实例方法。类的实例通常有一些成员变量，其中含有该实例的状态信息，而该方法需要改变这些状态，那么该方法需要声明成实例方法。

2）静态方法正好相反，它不需要访问某个实例的成员变量，也不需要改变某个实例的状态，此时则可把该方法定义成静态方法。

7.2 String 类的常用方法

C#是一种纯面向对象的语言，它使用类和结构实现数据类型，而对象是给定数据类型的实例。在执行应用程序时，数据类型为创建（或实例化）的对象提供运算依据和约束。C#中的一切都是对象，例如，int 数据类型就是一个类，它提供了相应的属性和方法。如图 7-4 所示，int 为类，n 看成是 int 类的一个对象，通过 n 可以使用 int 类的属性和方法，甚至常量也可以看成对象。为了方便设计程序，C#提供了功能丰富的内建系统类和结构，其中有些类和结构是经常使用的，例如 String 类。

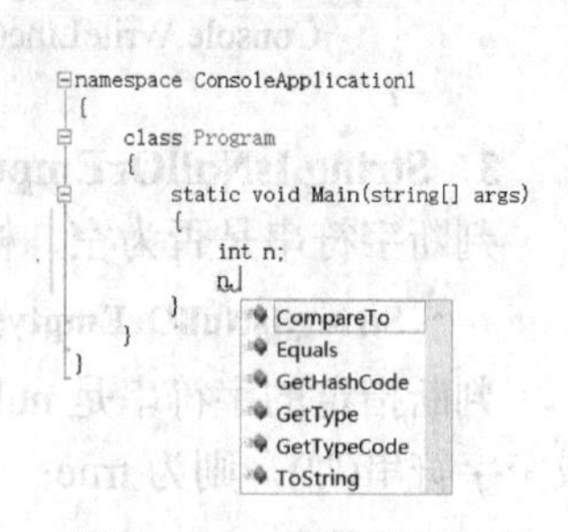

图 7-4　int 变量 n 的方法

在 C#中，可以使用字符数组来表示字符串，但是，更常见的做法是使用 string 关键字来声明一个字符串变量。string 是 C#中的类，String 是.NET Framework 的类，在 Visual Studio 中 String 是绿色，string 是蓝色。在编译时候，C#编译器会默认将 string 转换为 String。在 C#中，建议使用 string，比较符合规范。

string 类型（字符串型）表示零个或多个 Unicode 字符的序列。string 为引用类型，占用字节根据字符多少而定。例如：

```
string UserName = "zhangsan";        //字符串型常量必须加双引号来表示
string UserPwd = "";                 //连续两个双引号表示空字符串
```

String 类位于 System.String 命名空间，用于处理字符串。String 类包括静态方法和实例方法（非静态方法）。

7.2.1 String 类的常用静态方法

对于静态方法，只能通过类名来调用。String 类的静态方法调用格式如下。

String.方法名(参数)

String 类的常用静态方法如下。

1．String.Compare()方法

比较两个字符串，格式如下。

String.Compare(要比较的第一个字符串 str1，要比较的第二个字符串 str2)方法

比较两个指定的字符串对象，并返回一个整数，指示二者在排序顺序中的相对位置。如果返回值小于 0，则 str1 小于 str2。如果返回值等于 0，则 str1 等于 str2。如果返回值大于 0，则 str1 大于 str2。例如，下面代码：

```
string str1 = "abcd";
```

```
string str2 = "abef";
Console.WriteLine(String.Compare(str1, str2));                    //输出整数：-1
```

2．String.Format()方法

格式化对象，格式如下。

String.Format(格式项, 被格式的对象)

将指定字符串中的一个或多个格式项替换为指定对象的字符串表示形式，返回格式化后的字符串。

【例 7-4】 显示数字的十进制值，如图 7-5 所示。

图 7-5　显示数字的十进制值

```
short[] values = { Int16.MinValue, -21, 0, 1026, Int16.MaxValue };
Console.WriteLine("{0,10} \n", "十进制数");
foreach (short value in values)
{
    string formatString = String.Format("十进制数：{0,12}", value);
    Console.WriteLine(formatString);
}
```

3．String.IsNullOrEmpty()方法

判断字符串是否为空，格式如下。

String.IsNullOrEmpty(字符串)

判断指定的字符串是 null 还是 Empty 字符串，返回值是 Boolean 类型。如果字符串为 null 或空字符串("")，则为 true；否则为 false。它与下列代码等效：

```
字符串 = = null || s = = String.Empty
```

【例 7-5】下面代码确定 3 个字符串中的每个字符串都有一个返回值，为空字符串还是为 null。

例题源代码
例 7-5 源代码

```
class Program
{
    static void Main(string[] args)
    {
        string s1 = "abcd";
        string s2 = "";                          //给 s2 赋值一个零长度的 Empty 字符串
        string s3 = null;                        //没有给 s3 赋值任何内容 null
        Console.WriteLine("字符串  s1 {0}.", Test(s1));  //输出：字符串 s1("abcd")不为 null or empty.
        Console.WriteLine("字符串  s2 {0}.", Test(s2));  //输出：字符串 s2 为 null or empty.
        Console.WriteLine("字符串  s3 {0}.", Test(s3));  //输出：字符串 s3 为 null or empty.
    }
    public static String Test(string str)
    {
        if (String.IsNullOrEmpty(str))
            return "为 null or empty";
        else
            return String.Format("(\"{0}\")  不为 null or empty", str);
    }
}
```

4．String.Join()方法

将数组拼接成字符串，其中在每个元素之间使用指定的分隔符。格式如下。

Join(分隔符, 数组[])

返回值是一个由数组的元素组成的字符串，这些元素以分隔符字符串分隔。Join()方法是一个便利方法，通过它可以串联对象数组中的每个元素，无须将其元素显式转换为字符串。

如果分隔符是 null，或者如果数组元素的某些元素而不是首个元素为 null，则使用空字符串（String.Empty）。如果数组的第一个元素为 null，则 Join 方法不串联在数组中的元素，然后返回 String.Empty。为了避免第一个元素为 null 而不连接元素，可以用条件判断，当第一个元素为 null 时，将 String.Empty 值分配给该数组的第一个元素，如以下代码。

```
object[] values = { null, "abc", 100, -20, .368 };
if (values[0] = = null)
    values[0] = String.Empty;
Console.WriteLine(String.Join("|", values));            //输出：|abc|100|-20|0.368
```

【例 7-6】 本例实现新用户注册功能，要求用户输入注册的姓名、密码和出生年月日。这里需要对姓名进行非空验证，需要对输入的两次密码判断是否相等，还要把输入的出生年月日连接成一个字符串，如图 7-6 所示。代码如下。

例题源代码

例 7-6 源代码

```
static void Main(string[] args)
{
    string name;
    bool flag = true;                                   //true 时继续循环
    do
    {
        Console.Write("请输入姓名：");
        name = Console.ReadLine();
        if (String.IsNullOrEmpty(name))                 //判断输入的姓名是否为空
         {    //如果为空
            Console.WriteLine("必须输入姓名！");
            flag = true;                                //继续循环
         }
         else
            flag = false;                               //退出循环
    } while (flag);
    string yn = "y";                                    //"y"时继续循环
    while (yn = = "y")
    {
        Console.Write("请输入密码：");
        string password1 = Console.ReadLine();
        Console.Write("请再次输入密码：");
        string password2 = Console.ReadLine();
        if (password1 != password2)                     //判断输入的两次密码是否一样
        {
            Console.WriteLine("两次输入的密码不一致，请重新输入！");
            yn = "y";                                   //继续循环
        }
        else
            yn = "n";                                   //退出循环
    }
    Console.Write("请输入出生年 yyyy：");
    string year = Console.ReadLine();
    Console.Write("请输入出生月 mm：");
    string month = Console.ReadLine();
    Console.Write("请输入出生日 dd：");
    string day = Console.ReadLine();
```

```
C:\WINDOWS\syste...
请输入姓名：
必须输入姓名！
请输入姓名：张三
请输入密码：111
请再次输入密码：112
两次输入的密码不一致，请重新输入！
请输入密码：111
请再次输入密码：111
请输入出生年yyyy：1992
请输入出生月mm：10
请输入出生日dd：23
张三 输入的出生日期是：1992-10-23
请按任意键继续. . .
```

图 7-6 新用户注册

```
        String[] date = new String[3];          //声明一个字符串数组，用来保存出生日期
        date[0] = year;                         //把年保存到数组元素中
        date[1] = month;                        //把月保存到数组元素中
        date[2] = day;                          //把日保存到数组元素中
        String birthday = String.Join("-", date);  //将年月日用短横线连接成一个字符串
        Console.WriteLine(name + " 输入的出生日期是：" + birthday);
    }
```

【课堂练习 7-1】 例 7-6 中的代码，如果在输入密码时直接按〈Enter〉键，将继续执行。请完善程序，如果不输入密码，则提示“必须输入密码！”，然后返回继续要求输入密码。

课堂练习解答

课堂练习 7-1 解答

7.2.2 String 类的常用实例方法

实例方法就是实例化对象才能调用的方法。

1．创建 String 对象

用户可以使用以下方法来创建 string 对象。

- 通过给 String 变量指定一个字符串。例如，下面代码：

```
string lastName ="Green";
```

- 通过使用字符串串联运算符（ + ）。例如，下面代码：

```
string firstName="Jim";
string fullName = firstName + lastName;        //得到字符串："JimGreen"
```

- 通过使用 String 类构造函数。例如，下面代码：

```
char[] letters = { 'H', 'e', 'l', 'l', 'o', ' ','!'};
string greetings = new String(letters);        //通过使用 String 构造函数，得到字符串："Hello !"
```

- 通过检索属性或调用一个返回字符串的方法。例如，下面代码：

```
string[] word = { "Hello,", "my", "Baby", "." };
string message = String.Join(" ", word);       //方法返回字符串："Hello, my Baby ."
```

- 通过格式化方法转换一个值或对象为它的字符串表示形式。例如，下面代码：

```
DateTime waiting = new DateTime(1992, 10, 13, 12, 58, 1);
string chat = String.Format("出生于：{0:D}{0:t}", waiting);//得到"出生于：1992 年 10 月 13 日 12:58"
```

2．字符串常用实例方法

任何字符串变量与常量对象都具有字符串的方法与属性，可以使用这些方法与属性来处理字符串。假设有一字符串变量 s，其值为“ abCDeFg”（注意，该字串前两个字符为空格），则 s 就具有表 7-1 中的字符串常用方法与属性。

表 7-1　处理字符串常用方法与属性

方法与属性格式	功能说明	示例	示例结果
源字符串.CompareTo(目标字符串)	字符串比较。源串大于目标串为 1，等于目标串为 0，小于目标串为-1	s.CompareTo("abCDeFg") s.CompareTo(" abCDeFg") "abCDeFg".CompareTo(s)	-1 0 1
字符串.Equals(另一个字符串)	判断此实例是否与另一个指定的字符串具有相同的值，如果两个字符串相同，则为 true；否则为 false	s.Equals("abCDeFg")	False

（续）

方法与属性格式	功 能 说 明	示 例	示 例 结 果
字符串.IndexOf(子串,查找起始位置)	查找指定子串在字符串中的位置	s.IndexOf("b",0)	3
字符串.Insert(插入位置,插入子串)	在指定位置插入子串	s.Insert(3,"hij")	ahijbCDeFg
字符串.LastIndexOf(子串)	指定子串最后一次出现的位置	s.LastIndexOf("F")	7
字符串.Length	字符串中的字符数	s.Length	9
字符串.Remove(起始位置,移除字符数)	移除子串	s.Remove(3,2)	aDeFg
字符串.Replace(源子串,替换子串)	替换子串	s.Replace("eFg","hij")	abCDhij
字符串.Substring(截取起始位置) 字符串.Substring(截取起始位置,截取字符数)	截取子串	s.Substring(3) s.Substring(3,4)	bCDeFg bCDe
字符串.Split('分隔符') 字符串.Split(new Char [] {'分隔符 1', '分隔符 2', '分隔符 n' });	将字符串按分隔符分割为字符串数组。例如 s1= "42, 12, 19"	s1.Split(',') s1.Split(new Char[] {',', ' '})	{"42", " 12", " 19"} {"42", "", "12", "", "19"}
字符串.ToLower( )	字符串转小写	s.ToLower( )	abcdefg
字符串.ToUpper( )	字符串转大写	s.ToUpper( )	ABCDEFG
字符串.Trim( )	删除字符串前后的空格	s.Trim( )	abCDeFg

CompareTo(指定的字符串对象)方法将此实例与指定的字符串对象进行比较，并指示此实例在排序顺序中是位于指定的字符串之前（方法返回值为-1），之后（返回值 1）还是与其出现在同一位置（返回值 0）。例如，下面代码从左向右，逐一比较字符的 Unicode 值。

```
string s1 = "ABCD";
string s2 = "ABcD";
int result = s1.CompareTo(s2);                                    //返回：1
```

Equals(指定的字符串对象)方法将此实例与指定的字符串对象比较，如果指定的字符串对象的值与此实例相同，则为 true；否则为 false。例如，下面代码。

```
string word = "File";
string other=word.ToLower();
Console.WriteLine(word.Equals(other));                    //False
Console.WriteLine(word.Equals(other.ToUpper()));          //False
Console.WriteLine(word.Equals(word));                     //True
```

3. 字符串常用实例方法实例

在使用 String 静态方法时，采用“String.方法名(参数)”的格式。对于 String 的实例方法，采用“字符串的实例变量.方法名(参数)”的格式。

【例 7-7】 使用 String 类的常用实例方法，把字符串“参加本次会议的有：刘一、孙二、张三、李四、王五，等。”中的名字提取出来，保存在一个字符串数组中。

可以采用 String 类的实例方法：IndexOf、Substring、Trim、Split。要先把名字部分从这句话中截取出来，使用 Substring 方法，条件是要知道截取字符串的开始位置和截取的字符串长度。名字部分的开始位置从“：”之后开始，到“，”之前结束，

例题源代码
例 7-7 源代码

可以使用 IndexOf 方法得到开始和结束位置，并保存到变量中。

```
String text = "参加本次会议的有：刘一、   孙二、张  三、李 四  、  王五  ，等。";
int indexOfColon = text.IndexOf("：");                //冒号的位置，全角冒号
int indexOfComma = text.IndexOf("，");                //逗号的位置，全角逗号
String allName = text.Substring(indexOfColon + 1, indexOfComma - indexOfColon - 1);//截取名字部分
Console.WriteLine(allName);                           //显示截取后的名字部分
String[] names = allName.Split('、');                 //按字符"、"分割名字
foreach (string i in names)                           //遍历数组元素
{   //显示分割后的保存到数组中的名字
    Console.WriteLine(i.ToString());
}
Console.WriteLine();
for (int i = 0; i < names.Length; i++)        //遍历数组元素
{
    names[i] = names[i].Trim();               //去掉名字前后的空格
    Console.WriteLine(names[i])               //显示数组中的名字
}
Console.ReadLine();
```

执行程序，运行结果如图 7-7 所示。

图 7-7　截取姓名

【例 7-8】 本例通过将空白和标点符号视为分隔符来提取文本块中的各个单词。传递给 String.Split(Char[])方法的参数的字符数组包含空白字符、制表符和一些常用标点符号。

代码如下。

```
string words = "This is a list of words, with: a bit of punctuation" +
               "\tand a tab character.";
string[] split = words.Split(new Char[] { ' ', ',', '.', ':', '\t' });
foreach (string s in split)
{
    if (s.Trim() != "")
        Console.WriteLine(s);
}
```

执行程序，运行结果如图 7-8 所示。

图 7-8　分割字符串

7.3　静态类

C#中定义的类分为静态类与非静态类。在定义类时没有使用 static 声明的类就是非静态类，也就是我们之前介绍的类都是非静态类。

7.3.1　静态类的定义

在声明类时使用 static 则声明该类是静态类，静态类中仅包含静态成员。对于静态类，不能使用 new 关键字创建静态类的实例。静态类在加载包含该类的程序或命名空间时由.NET Framework 公共语言运行库（CLR）自动加载。声明静态类的定义格式如下。

```
访问修饰符 static class 类名 ：基类或接口
{
    访问修饰符 static 类的成员 1;
        …
    访问修饰符 static 类的成员 n;
}
```

静态类只包含静态成员，不能实例化对象，不能派生子类。静态类中的成员都必须使用 static 声明为静态成员，如果没有使用 static 则编译时将提示错误“不能在静态类中声明实例成员”。

例如，定义一个静态类 CompanyInfo，它包含用于获取公司名称和地址信息的方法。

```
public static class CompanyInfo
{
    public static string GetCompanyName() { return "CompanyName"; }
    public static string GetCompanyAddress() { return "CompanyAddress"; }
}
```

在静态类中常见的错误：在静态类中声明实例成员，在静态类中定义实例构造函数，为静态类派生子类。

使用静态类的优点在于，编译器能够执行检查以确保不致偶然地添加实例成员，编译器将保证不会创建此类的实例。静态类的另一个特征是，C#编译器会自动把它标记为 sealed（密封类），因此不可被继承。静态类中不能包含实例构造函数，只能包含静态构造函数，以分配初始值或设置某个静态状态。

当定义的类不需要进行实例化时，可以使用静态类；如果需要实例化对象，需要继承等特性时，应该使用非静态类，并且将统一使用的变量和方法设为静态的，那么所有实例对象都能访问。建议更多地使用一般类（非静态类）。

7.3.2 访问静态类的成员

因为静态类没有实例变量，所以要使用类名本身访问静态类的成员。格式如下。

类名.成员名

访问静态类成员的方法与访问非静态类中静态成员的方法相同。

例题源代码

例 7-9 源代码

【例 7-9】 下面是一个静态类的示例，它包含两个在摄氏温度和华氏温度之间来回转换的方法。

1）声明一个温度转换的静态类 TemperatureConverter，静态类中包含两个静态方法，用于摄氏与华氏之间的转换，代码如下。

```
public static class TemperatureConverter
{
    public static double CelsiusToFahrenheit(string temperatureCelsius)
    {     //静态方法，摄氏温度转为华氏温度
        double celsius = Double.Parse(temperatureCelsius);          //将参数转换为双精度
        double fahrenheit = (celsius * 9 / 5) + 32;                 //将摄氏温度转换为华氏温度
        return fahrenheit;
    }
    public static double FahrenheitToCelsius(string temperatureFahrenheit)
    {     //静态方法，华氏温度转为摄氏温度
        double fahrenheit = Double.Parse(temperatureFahrenheit);    //将参数转换为双精度
        double celsius = (fahrenheit - 32) * 5 / 9;                 //将华氏温度转换为摄氏温度
        return celsius;
    }
}
```

2）在 Program 类的 Main()方法中，通过类名访问静态方法，代码如下。

```
static void Main(string[] args)
{
    Console.WriteLine("请选择转换方向");
    Console.WriteLine("1.从摄氏到华氏");
```

```
            Console.WriteLine("2.从华氏到摄氏");
            Console.Write(":");
            string selection = Console.ReadLine();
            double F, C = 0;
            switch (selection)
            {
                case "1":
                    Console.Write("请输入摄氏温度: ");
                    F = TemperatureConverter.CelsiusToFahrenheit(Console.ReadLine());
                    Console.WriteLine("华氏温度: {0:F2}", F);
                    break;
                case "2":
                    Console.Write("请输入华氏温度: ");
                    C = TemperatureConverter.FahrenheitToCelsius(Console.ReadLine());
                    Console.WriteLine("摄氏温度: {0:F2}", C);
                    break;
                default:
                    Console.WriteLine("请选择一个转换.");
                    break;
            }
        }
```

3）执行程序，输入 2 并按〈Enter〉键，输入 100 并按〈Enter〉键，运行结果如图 7-9 所示。

图 7-9 温度转换

【课堂练习 7-2】 编写控制台程序，实现加、减、乘、除四则运算。

提示：声明静态类 ArithmeticCalculate，在 ArithmeticCalculate 类中添加 4 种静态方法，分别计算两个整数的和、差、积、商。在 Main()方法中调用 ArithmeticCalculate 类的方法实现简单的计算器功能。

7.3.3 静态构造函数

要初始化静态类或非静态类中的静态变量，必须定义静态构造函数。定义静态构造函数的语法如下。

```
访问修饰符 class 类名
{
    …
    static 类名()          //静态构造函数
    {
        静态构造函数的成员;
            …;
    }
    …
}
```

静态构造函数具有以下特点。

1）静态构造函数无访问修饰符、无参数、无返回类型，只有一个 static 关键字。

2）一个类只能有一个静态构造函数。静态构造函数可以用于静态类，也可用于非静态类。

3）无参数的构造函数可以与静态构造函数共存。尽管参数列表相同（都无参数），但一个属于类，一个属于实例，所以不会冲突。

4）程序员无法控制何时执行静态构造函数，静态构造函数不可被程序员显式调用，在创建第一个实例或引用任何静态成员之前，将自动调用静态构造函数来初始化类，并且只执行一次。

5）静态构造函数主要完成的是静态数据成员的初始化工作，若定义静态数据成员的时候进行初始化，同时在静态构造函数中进行了初始化，则以静态构造函数的初始化为准。

6）静态构造函数不可继承。

例如，在 SimpleClass 类中定义一个静态变量 baseline 和一个静态构造函数，通过静态构造函数给静态变量 baseline 初始化。代码如下。

```
class SimpleClass
{
    static readonly long baseline;                      //静态变量
    //在调用任何实例构造函数或访问成员之前，最多调用一次静态构造函数
    static SimpleClass()                                //静态构造函数
    {
        baseline = DateTime.Now.Ticks;                  //在运行时初始化静态变量
    }
}
```

【例 7-10】 在 Company 类中定义一个静态构造函数 Company()，其中为静态字段 CompanyName 赋值；在同名的构造函数中，再次为该静态字段赋值，代码如下。

例题源代码
例 7-10 源代码

```
public class Company
{
    public static string CompanyName;           //静态字段
    public string OtherCompanyName;
    static Company()                            //静态构造函数
    {
        CompanyName="大成软件技术有限公司";
    }
    public Company()                            //构造函数（实例构造函数）
    {
        CompanyName = "博大软件技术有限公司";
        OtherCompanyName = CompanyName;
    }
}
class Program
{
    static void Main(string[] args)
    {                                                       //访问非静态类中的静态成员
        Console.WriteLine(Company.CompanyName);             //输出：大成软件技术有限公司
        Company otherName = new Company();                  //创建对象，访问实例成员
        Console.WriteLine(otherName.OtherCompanyName);      //输出：博大软件技术有限公司
    }
}
```

从执行结果看，虽然在 public Company()构造函数中再次给静态字段赋值，访问类的静态成员的值仍然是 static Company()静态构造函数的值。而访问实例成员时，public Company()构造函数才被执行。

【课堂练习 7-3】 静态关键字练习。

课堂练习解答
课堂练习 7-3 解答

1）关于静态字段的说法中错误的是（　　）。

A．一个类可以允许有多个静态字段

B．静态字段一定比实例字段早分配内存

C．在实例属性中可以访问静态字段为其赋值

D．静态字段可以定义为只读的

2）关于构造函数说法中正确的是（ ）。

A．一个类中可以包含多个实例构造函数和多个静态构造函数

B．静态构造函数可以显式调用初始化静态字段

C．在实例构造函数中可以初始化静态字段

D．先执行静态构造函数，再执行实例构造函数

3）运行下面这段代码的结果为（   ）。

```
public static class StringExt
{
    public static bool IsMobilePhone(this string str)
    {
        if (str.Trim().Length = = 11)
        {
            Int64 i;
            if (Int64.TryParse(str, out i))
                return true;
        }
        return false;
    }
}
class Program
{
    static void Main(string[] args)
    {
        string str = "1352343458";
        if (str.IsMobilePhone())
        {
            Console.WriteLine("合法的手机号");
        }
        if (!StringExt.IsMobilePhone())
        {
            Console.WriteLine("不合法的手机号");
        }
    }
}
```

A．合法的手机号　　B．不合法的手机号　　C．编译出错　　D．运行出错

7.4 密封类和密封方法

C#中不能被继承的类有静态类和密封类。

7.4.1 密封类的定义

在类的定义中使用 sealed 关键字声明的类称为密封类，密封类不能用作基类，因此，它也不能是抽象类。密封类不能派生子类，但可以实例化对象。语法格式如下。

```
访问修饰符 sealed class 类名 : 基类或接口
{
    类的成员;
}
```

例如，下面代码声明一个密封类。

```
sealed class A
{
    public int x;
    public int y;
}
```

密封类中不能包含虚方法（Virtual）和抽象方法（abstract），因为密封类不能继承。密封类除了不能被继承外，与非密封类的用法大致相同。

密封类用来限制扩展性，如果密封了某个类，则其他类不能从该类继承；如果密封了某个成员，则派生类不能重写该成员的实现。除非有充分的理由，否则不要密封类。什么情况下使用密封类？需要阻止其他程序员无意中继承该类的时候，在程序运行时需要起到优化效果的时候，可以使用密封类。

.NET 基类库大量使用了密封类，使希望从这些类中派生出自己的类的第三方开发人员无法访问这些类，例如 string 就是一个密封类。

7.4.2 密封方法

当实例方法声明中使用 sealed 修饰符，称为密封方法。如果实例方法声明包含 sealed 修饰符，则它必须包含 override 修饰符。定义密封方法的格式如下。

```
访问修饰符 sealed override 方法名称(参数列表)
{
    方法体;
}
```

密封方法会重写基类中的 virtual 方法，但其本身不能在任何派生类中进一步重写。当应用于方法或属性时，sealed 修饰符必须始终与 override 一起使用。

sealed 修饰符可以应用于类、实例方法，还可以应用于其他类成员，字段、属性或事件。

【例 7-11】 下面代码声明一个基类 BaseClass 类，其中定义一个虚方法 MyMethod()。密封类 SerlClass 继承 BaseClass，密封并重写基类中的虚方法 MyMethod()。

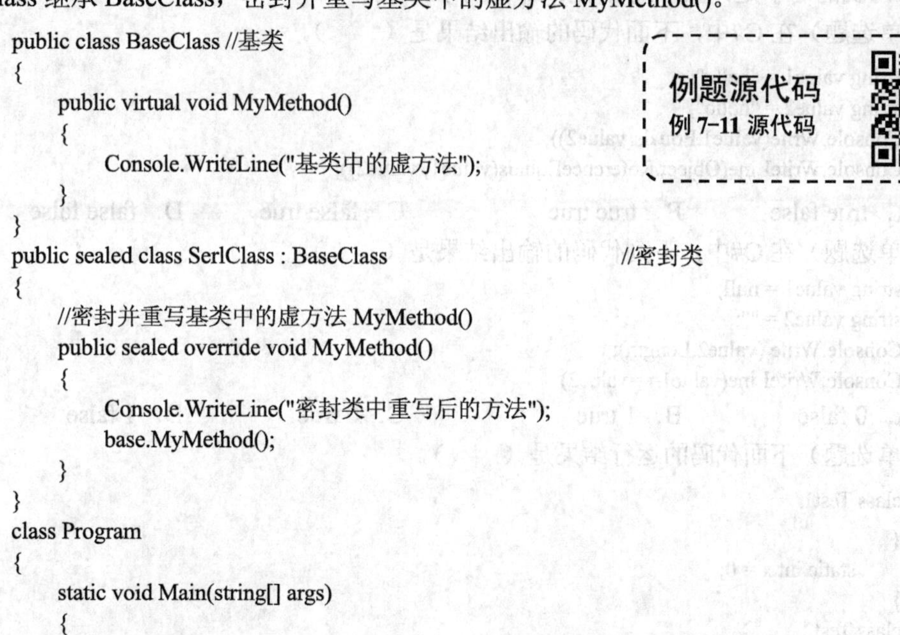


```
public class BaseClass //基类
{
    public virtual void MyMethod()
    {
        Console.WriteLine("基类中的虚方法");
    }
}
public sealed class SerlClass : BaseClass                    //密封类
{
    //密封并重写基类中的虚方法 MyMethod()
    public sealed override void MyMethod()
    {
        Console.WriteLine("密封类中重写后的方法");
        base.MyMethod();
    }
}
class Program
{
    static void Main(string[] args)
    {
        BaseClass one = new BaseClass();     //实例化基类对象
```

```
            one.MyMethod();                    //调用基类对象的方法
            SerlClass two = new SerlClass();    //实例化密封类对象
            two.MyMethod();                    //调用密封类对象的方法
        }
    }
```

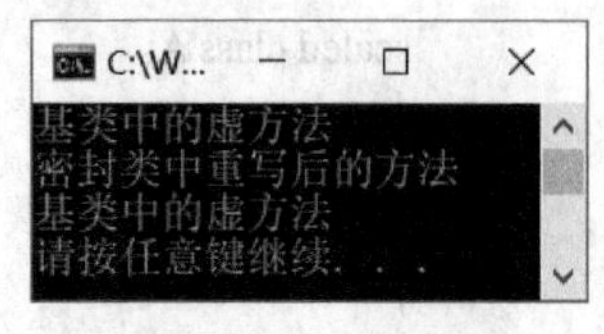

图 7-10　密封方法

执行程序，运行结果如图 7-10 所示。

7.5　习题

习题解答
第 7 章习题解答

一、选择题

1.（单选题）在 C#中，实现转义换行应采用（　　）。

A．\n　　B．\r　　C．\b　　D．\t

2.（单选题）在 C#中，下面代码的输出结果是（　　）。

```
string value = "this is a dog";
string[] array = value.Split(' ');
Console.WriteLine(array[4]);
```

A．is　　B．a　　C．dog　　D．发生运行时错误

3.（单选题）在 C#中，下面代码的输出结果是（　　）。

```
string value= string.Format("我的名字是：{0}, 年龄是：{2}, \n 鞋子大小为：{1}, "张三",25,24);
Console.WriteLine(value);
```

A．我的名字是：张三,年龄是：24,
　　鞋子大小为：25

B．我的名字是：张三,年龄是：25,
　　鞋子大小为：24

C．我的名字是：张三,年龄是：24,鞋子大小为：25

D．我的名字是：张三,年龄是：25,鞋子大小为：24

4.（单选题）在 C#中，下面代码的输出结果是（　　）。

```
string value1 = "hello";
string value2 = "hello";
Console.Write(value1.Equals(value2));
Console.WriteLine(Object.ReferenceEquals(value1, value2));
```

A．true false　　B．true true　　C．false true　　D．false false

5.（单选题）在 C#中，下列代码的输出结果是（　　）。

```
string value1 = null;
string value2 = "";
Console.Write (value2.Length);
Console.WriteLine(value1= =value2);
```

A．0 false　　B．1 true　　C．0 true　　D．1 false

6.（单选题）下面代码的运行结果是（　　）。

```
class Test1
{
    static int x = 0;
}
class Test2
{
```

```
        public static void Main()
        {
            Test1 t1 = new Test1();
            Test1 t2 = new Test2();
            t1.x++;
            Console.Write(t2.x);
        }
    }
```

A．0　　B．1　　C．2　　D．出错

7．（单选题）下面代码的运行结果是（　　）。

```
    class Test
    {
        int x = 0;
        static void Fun()
        {
            x++;
        }
        public static void Main()
        {
            Fun();
            Console.Write(x);
        }
    }
```

A．0　　B．1　　C．2　　D．出错

8．（单选题）下面代码的运行结果是（　　）。

```
    string s = "ABCDEFGHIJK";
    string t = s.Substring(1, 3);
    Console.Write(t);
```

A．BCD　　B．BC　　C．ABC　　D．AB

9．（单选题）下面的构造函数不可能属于（　　）。

```
    public Test(){...}
```

A．class Test{...}　　B．abstract class Test{...}

C．static class Test{...}　　D．sealed class Test{...}

10．（多选题）下面的方法不可能属于（　　）。

```
    public abstract void F1();
```

A．class Test{...}　　B．abstract class Test{...}

C．static class Test{...}　　D．sealed class{...}

二、编程题

实现一个车辆类 Vehicle，包含型号、速度、产地等属性，以及行驶的方法。再定义一个静态的扩展车辆类 VehicleExt，然后实现两个扩展方法，两个方法分别实现汽车加速和汽车减速功能。方法需要以时间（单位：秒）为参数，1 秒钟加速/减速为 15，调用方法后，输出当前的速度等信息，如图 7-11 所示。

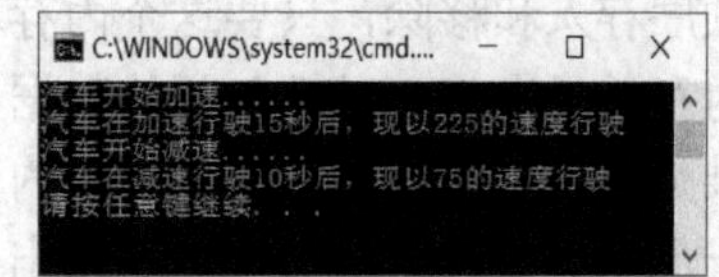

图 7-11　车辆行驶

第 8 章　值类型和引用类型

本章介绍.NET 的类型系统，学习值类型和引用类型的概念及应用，还将介绍新的数据类型，比如枚举、结构等。

教学课件
第 8 章课件资源

8.1　值类型和引用类型简介

在程序运行时，系统会为其分配运行空间，用于存放临时数据。该内存空间又分为栈空间和堆空间，值类型的数据在栈空间中分配，引用类型数据（对象）在堆空间中分配。

8.1.1　栈空间和堆空间

使用.NET 编写程序，基本不需要程序员去处理存储管理的问题，因为.NET 有一套自动处理的机制。计算机的存储空间包括内存和硬盘，数据都是存放在“内存 RAM+硬盘”组成的虚拟内存中。数据如何保存到虚拟内存中的，又是在什么时候从虚拟内存中销毁的，这是计算机处理过程中必须面对的问题，也是存储管理的问题。

在.NET 中，程序在存储空间中都是以栈（Stack）和堆（Heap）两种机制来管理的，如图 8-1 所示。代码中有 4 种主要类型，需要存储在栈和堆中，即值类型、引用类型、指针和程序指令。

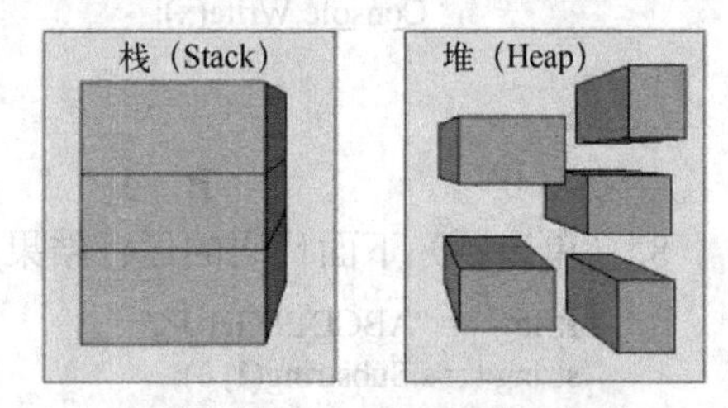

图 8-1　栈空间和堆空间

1．栈空间

栈是一种先进后出、后进先出的数据结构，用于存储、管理栈的内存空间称为栈空间。由系统管理所有的栈空间操作，包括进栈和出栈等，如图 8-2 所示。

往栈中插入数据的操作称为进栈，相反，从栈中删除数据的操作则称为出栈，不管是出栈还是进栈，都在栈顶进行。栈中的数据所占用的内存，也是连续的。当栈中的数据出栈后，栈的内存空间就会自动择放，下次进栈就可以将数据存储到这些内存单元中。

栈在程序中主要是用于保存程序运行时的一些状态信息，如代码、值类型的变量等信息。

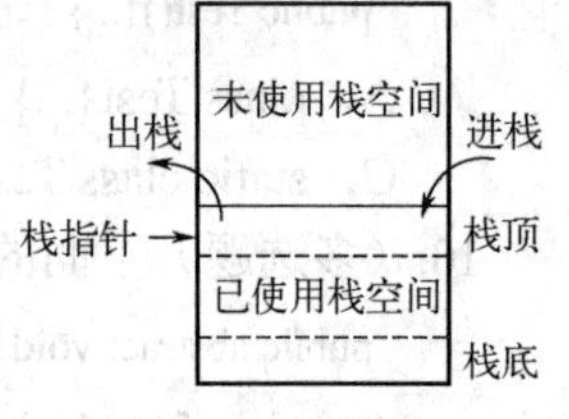

图 8-2　栈空间

2．堆空间

相对于栈来说，堆的存储没有什么限制，堆的空间是取决于虚拟内存，也就是说虚拟内存中的任何空间都可以成为堆管理的部分。对堆空间的操作，可以在任意位置进行，能够以任意顺序存入和移除，只要这个内存单元中没有存放数据，或者存放的数据已经不再使用了，这个内存单元中就可以插入新的数据。所以可以把堆想象成一个仓库，数据直接插入到堆中。另外，堆是不连续的。理论上堆分配内存的时候是会从低地址向高地址分配，但是由于对象的大小不一，当对象的空间从堆中清理出去时，就会逐渐形成一些碎片区域，因此，它是不连续的。如图 8-3 所示，表示一个程序在一个堆里存放了 3 个数据。

虽然程序可以在堆空间里保存数据，但不能显式地删除它们。CLR 的垃圾回收器在判断程序的代码不会再访问某数据时将自动清除无用的堆数据对象。

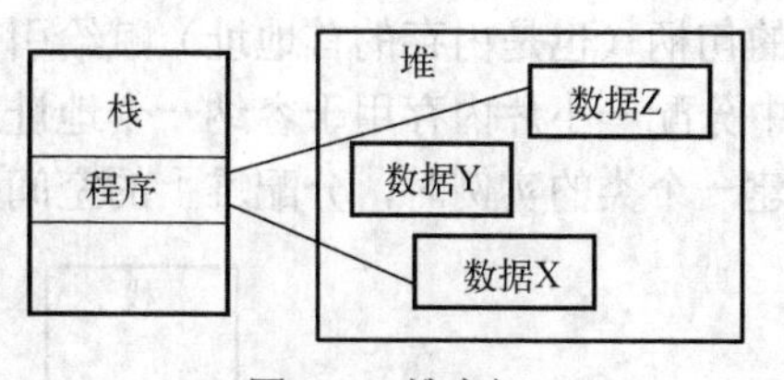

图 8-3　堆空间

堆主要是用于保存对象内容，以便能够在任何时候去访问这些对象。堆的空间是可以随时访问的内存区域，不像栈那样，每次只能存取栈顶的数据。

在程序中声明一个引用类型的变量时，例如声明 Student（学生），类型的变量 s，系统先在栈中分配内存空间，同时在堆中分配内存空间，将实例化的对象存储在堆中，接着创建一个指向堆中对象实例的引用，将这个引用（地址）存储在栈中变量 s 的内存空间中。

所以，无论是值类型变量，还是引用类型变量，变量本身都存储在栈中，只不过对于值类型变量来说，栈中存储的是变量的值，而对于引用类型的变量，栈中存储的则是对象的引用（地址），这个引用指向堆中真正存储变量对象的位置（地址）。

当编写.NET 代码时，使用 new 就会创建一个对象，引用堆中内存的分配。那么当对象不再使用的时候，如何释放存储空间呢？在.NET 中，一般不需要编写代码显式地去清理一个对象，释放它占用的内存，.NET 提供了一套机制自动回收内存。

8.1.2　值类型和引用类型的定义

1．什么是值类型？什么是引用类型？

C#中把数据类型分为两大类：值类型和引用类型。值类型包括基本数据类型（int、double 等）、结构和枚举，引用类型包括数组、Object 类型、类、接口、委托、字符串、null 类型等，那这两大类有什么区别呢？C#中，一个值或变量是值类型还是引用类型，仅取决于其数据类型。在 C#中值类型的变量直接存储数据，而引用类型的变量持有的是数据的引用，数据存储在数据堆中。

（1）值类型（Value Data Types）

值类型的变量直接包含其数据，分配在线程栈（Thread Stack）上。值类型只在栈中存储实际数据的量，即当定义一个值类型的变量时，会根据它所声明的类型，在栈中给这个变量分配一块与其数据类型相适应的存储区域，随后对这个变量的读或写操作就直接在这块内存区域进行，如图 8-4 所示。

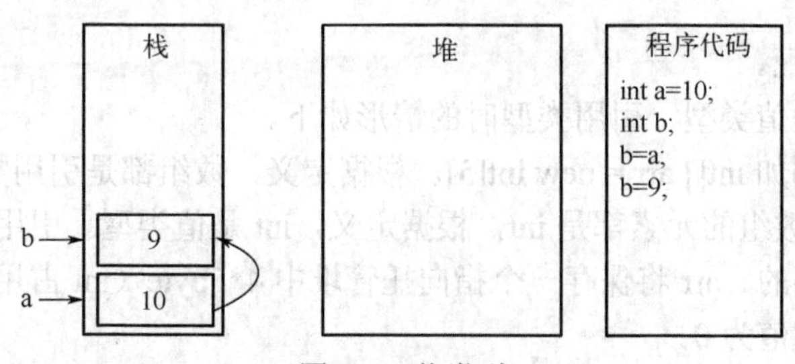

图 8-4　值类型

（2）引用类型（References Data Types）

引用类型的变量存储的是对其数据（对象实例）的引用（内存地址），该引用类型的变量（内存地址）会分配到线程栈上，而被引用的数据（对象实例）则会分配到托管堆（Heap）。

一个引用类型的变量不在栈中存储它们所代表的实际数据，而是存储实际数据的引用。引用类型分两步创建：首先在栈上创建一个引用变量，然后在堆上创建对象本身，再把这个内存的句柄（也是内存的首地址）赋给引用变量，如图 8-5 所示。例如，当声明一个类时，只在栈中分配一小片内存用于容纳一个地址，而此时并没有为其分配堆上的内存空间。当使用 new 创建一个类的实例时，分配堆上的空间，并把堆上空间的地址保存到栈上分配的小片空间中。

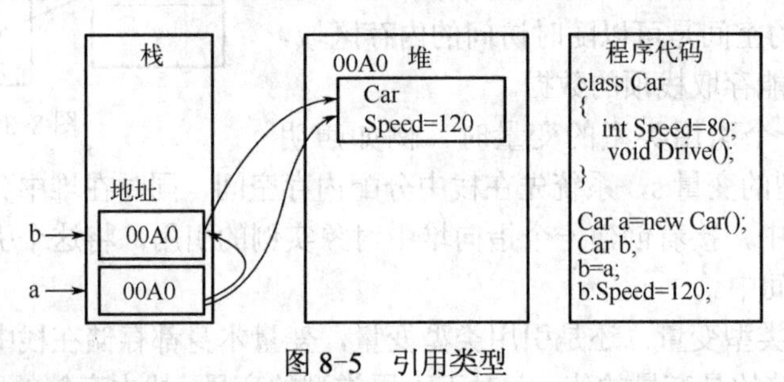

图 8-5 引用类型

1）嵌套结构的内存分配。

所谓嵌套结构，就是引用类型中嵌套有值类型，或值类型中嵌套有引用类型。

嵌套结构的内存分配规律：引用类型部署在托管堆上。值类型总是分配在它声明的地方：作为字段时，跟随其所属的变量（实例）存储；作为局部变量时，存储在栈上。

① 引用类型嵌套值类型。当引用类型嵌套值类型的时候，它作为引用实例的一部分，此时值类型是内联在引用类型中，也分配在托管堆上。例如下面的代码，引用类型 B 的成员都是值类型，当创建一个 B 类型的对象时，该对象的值类型数据成员也在堆上分配空间。

```
public class B
{
    public int a;
    public int b;
}
```

② 值类型嵌套引用类型。当值类型嵌套引用类型时，该引用类型作为值类型成员的变量，栈上将保存该成员的引用，也就是在栈上保存指针（地址），而成员对象的实际数据还是保存在堆中。例如，下面的代码，结构（struct）是一种值类型，但是它的数据成员 B 为引用类型。

```
public struct A
{
    public B b;                           //B 为引用类型
}
```

2）数组内存的分配。

当数组成员分别是值类型、引用类型时的情形如下。

成员是值类型：例如 int[] arr = new int[5]。根据定义，数组都是引用类型，所以 int 数组当然是引用类型。而 int 数组的元素都是 int，根据定义，int 是值类型。引用类型数组中的值类型元素是在托管堆上保存的。arr 将保存一个指向托管堆中 4*5byte（int 占用 4 字节）的地址的引用，同时将所有元素赋值为 0。

引用类型：myClass[] arr = new myClass[5]。arr 在线程的堆栈中创建一个指向托管堆的引用，所有元素被置为 null。

（3）值类型与引用类型存储总结

1）值类型的数据存储在内存的栈中；引用类型的数据存储在内存的堆中，而内存单元中只存放堆中对象的地址。

2）值类型存取速度快，引用类型存取速度慢。

3）值类型表示实际数据，引用类型表示指向存储在内存堆中的数据的引用。

4）值类型继承自 System.ValueType，引用类型继承自 System.Object。

5）栈的内存分配是自动释放，而堆在.NET 中通过垃圾回收来释放。

2．.NET 的通用类型系统

C#的基本数据类型都以平台无关的方式来定义，C#的预定义类型并没有内置于语言中，而是内置于.NET Framework 中。.NET 使用通用类型系统（CTS）定义了可以在中间语言（IL）中使用的预定义数据类型，所有面向.NET 的语言都最终被编译为 IL，即编译为基于 CTS 类型的代码，如图 8-6 所示。通用类型的系统的功能如下。

- 建立一个支持跨语言集成、类型安全和高性能代码执行的框架。
- 提供一个支持完整实现多种编程语言的面向对象的模型。
- 定义各语言必须遵守的规则，有助于确保用不同语言编写的对象能够交互作用。

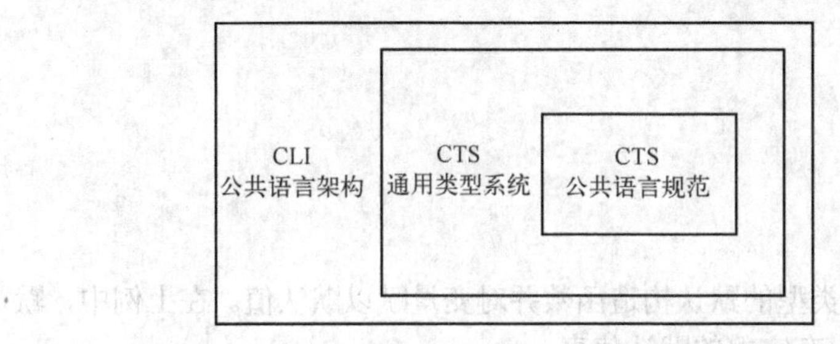

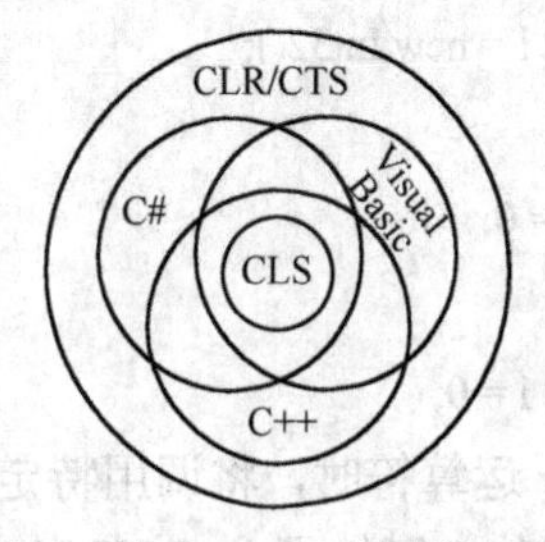

图 8-6　.NET 架构

例如，在 C#中声明一个 int 变量时，实际上声明的是 CTS 中 System.Int32 的一个实例。这具有以下重要的意义。

- 确保 IL 上的强制类型安全。
- 实现了不同.NET 语言的互操作性。
- 所有的数据类型都是对象，它们可以有方法、属性等。例如：

```
int i;
i = 1;
string s;
s = i.ToString();
```

CLR 支持两种类型：值类型和引用类型，如图 8-7 所示。

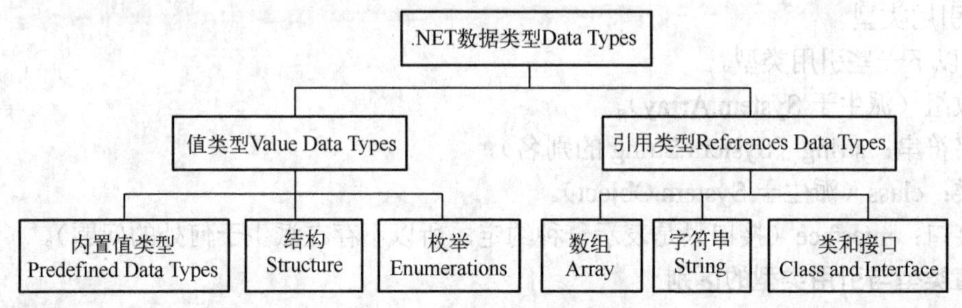

图 8-7　CLR 支持两种类型

（1）值类型

C#的所有值类型均隐式派生自 System.ValueType。

1）内置值类型。

① 数值类型如下。

整型：sbyte（System.SByte 的别名），short（System.Int16），int（System.Int32），long（System.Int64），byte（System.Byte），ushort（System.UInt16），uint（System.UInt32），ulong（System.UInt64），char（System.Char）。

浮点型：float（System.Single），double（System.Double）。

用于财务计算的高精度 decimal 型：decimal（System.Decimal）。

② bool 型：bool（System.Boolean 的别名）。

2）结构：struct（直接派生于 System.ValueType）。

3）枚举：enum（派生于 System.Enum）。

每种值类型均有一个隐式的默认构造函数来初始化该类型的默认值。例如：

```
int i = new int();
```

等价于：

```
Int32 i = new Int32();
```

等价于：

```
int i = 0;
```

等价于：

```
Int32 i = 0;
```

使用 new 运算符时，将调用特定类型的默认构造函数并对变量赋以默认值。在上例中，默认构造函数将值 0 赋给了 i。MSDN 上有完整的默认值表。

所有的值类型都是密封（seal）的，所以无法派生出新的值类型。

值得注意的是，引用类型和值类型都继承自 System.Object 类。不同的是，几乎所有的引用类型都直接从 System.Object 继承，而值类型则继承其子类，即直接继承 System.ValueType。System.ValueType 直接派生于 System.Object，即 System.ValueType 本身是一个类类型，而不是值类型。其关键在于 ValueType 重写了 Equals()方法，从而对值类型按照实例的值来比较，而不是引用地址来比较。用户可以用 Type.IsValueType 属性来判断一个类型是否为值类型。

```
TestType testType = new TestType ();
if (testTypetype.GetType().IsValueType)
{
    Console.WriteLine("{0} is value type.", testType.ToString());
}
```

（2）引用类型

C#有以下一些引用类型。

1）数组（派生于 System.Array）。

2）字符串：string（System.String 的别名）。

3）类：class（派生于 System.Object）。

4）接口：interface（接口只是表示一种约定，所以不存在派生于何处的问题）。

3．值类型与引用类型的区别

（1）相同点

1）引用类型可以实现接口，值类型当中的结构体也可以实现接口。

2）引用类型和值类型都继承自 System.Object 类。

（2）不同点

1）范围方面不同。

C#的值类型包括结构体（数值类型、bool 型、用户定义的结构体）、枚举、可空类型。

C#的引用类型包括数组，用户定义的类、接口、委托，object，字符串。

2）内存分配方面。

值类型变量声明后，不管是否已经赋值，通常是在线程栈上分配的空间（静态分配），但是在某些情形下可以存储在堆中。

引用类型当声明一个类时，只在栈中分配一小片内存用于容纳一个地址，而此时并没有为其分配堆上的内存空间。当使用 new 创建一个类的实例时，分配堆上的空间，并把堆上空间的地址保存到栈上分配的小片空间中。

引用类型在栈中存储一个引用，其实际的存储位置位于托管堆，简称引用类型部署在托管推上。而值类型总是分配在它声明的地方：作为字段时，跟随其所属的变量（实例）存储；作为局部变量时，存储在栈上。

引用类型变量的赋值只复制对对象的引用，而不复制对象本身。将一个值类型变量赋给另一个值类型变量时，将复制包含的值。

数组的元素不管是引用类型还是值类型，都存储在托管堆上。

3）其他的异同。

- 引用类型可以派生新的类型，而值类型不能，因为所有的值类型都是密封（seal）的。
- 引用类型可以包含 null 值，值类型不能（可空类型功能允许将 null 赋给值类型），如：

```
int a = null;
```

- 引用类型变量的赋值只复制对对象的引用，而不复制对象本身。将一个值类型变量赋给另一个值类型变量时，将复制包含的值。

值得注意的是，引用类型和值类型都继承自 System.Object 类。不同的是，几乎所有的引用类型都直接从 System.Object 继承，而值类型则继承其子类，即直接继承 System.ValueType。System.ValueType 本身是一个类类型，而不是值类型。其关键在于 ValueType 重写了 Equals()方法，从而对值类型按照实例的值来比较，而不是引用地址来比较。

4．值类型和引用类型的使用场合

值类型在内存管理方面具有更好的效率，并且不支持多态，适合用作存储数据的载体；引用类型支持多态，适合用于定义应用程序的行为。

在 C#中，用 struct 或 class 来声明一个类型为值类型或用类型。如果类型的职责主要是存储数据，值类型比较合适。一般来说，值类型（不支持多态）适合存储供 C#应用程序操作的数据，而引用类型（支持多态）应该用于定义应用程序的行为。通常用户创建的引用类型总是多于值类型。如果满足下面情况，那么就应该创建为值类型。

- 该类型的主要职责用于数据存储。
- 该类型的共有接口完全由一些数据成员存取属性定义。
- 该类型永远不可能有子类。
- 该类型不具有多态行为。

8.2 方法的参数类型

方法定义中，方法名称后的括号中的参数称为形式参数（parameter），简称形参。形参包含方法的参数及其类型的完整列表，参数声明指定参数中存储的值的类型、大小和标识符。形参的声明语法与变量的声明语法一样。形参用来接收调用该方式时传递来的参数。形参变量只有在被调用时才分配内存单元，在调用结束时，即刻释放所分配的内存单元。方法调用结束返回主调用方法后则不能再使用该形参变量。因此，形参只在方法内部有效。在调用该方法前，该方法的形参没有任何值，形参只是一个表示值的形式上的占位符，所以才称为形式参数。形参的作用是实现主调方法与被调方法之间的联系。通常将方法所处理的数据，影响方法功能的因素，或者方法处理的结果作为形参。形参与局部变量有所区别，且在方法内部（作用域内）不允许存在一个同名的局部变量。

8.2.1 C#中方法的参数

当调用方法时，可以给方法传递一个或多个值，调用方法名后的括号中的参数必须有具体的值，以便向对应的形参赋值，传给方法的值叫作实际参数（argument），简称实参。实参的值必须在方法的代码开始执行之前被初始化。实参可以是常量、变量、表达式、方法等，无论实参是何种类型的量或值，在进行方法调用时，它们都必须具有确定的值，以便把这些值传送给形参。因此应预先用赋值、输入等办法使实参获得确定值。

实参与形参在数量、类型、顺序上应严格一致，否则就会发生类型不匹配的错误。

C#中方法的参数有 6 种类型，具体如下。

- 值参数（不加任何修饰符，是默认的类型）。
- 引用参数（以 ref 修饰符声明）。
- 输出参数（以 out 修饰符声明）。
- 数目可变参数或称数组参数（以 params 修饰符声明）。
- 可选参数。
- 命名实参。

如果方法的形参为值类型，则传递的方式主要分为两种：传值和传址。这两种方式最大的差异在于，当一个实参以传值的方式传递时，形参的值即使在方法中被改变，实参还是维持一开始传入的值，值参数就是传值方式。而以传址方式传入的实参，当在方法中改变对应形参时，此实参的值也同时被更改，用传址方式传递参数，必须使用 ref 和 out 关键字修饰。

8.2.2 值参数

在方法的形参中，未用任何修饰符声明的参数为值参数。在调用方法时，在栈中为形参分配空间；计算实参的值，并把该值赋值给形参。值参数是方法默认的参数类型，方法中的形参是实参的一份复制品。

在调用方法时，形参对应的实参不使用任何修饰符。使用值参数，通过将实参的值复制给形参的方式把数据传递给方法。当控制权传递回调用方法时，形参的改变不会影响到对应实参的值。

【例 8-1】 通过 Swap()方法实现对两个整数交换值的功能，代码如下。

```
class Program
{
    static void Swap(int x, int y) //定义交换两个整数的静态方法，形参未用修饰符
    {   //交换 x,y 的值
        Console.WriteLine("接受传参后  x={0}, y={1}", x, y);
        int temp = x;
        x = y;
        y = temp;
        Console.WriteLine("交换值后  x={0}, y={1}", x, y);
```

```
    }
    static void Main(string[] args)
    {
        int a = 2, b = 3;
        Swap(a, b);            //调用静态交换方法，实参未用修饰符
        Console.WriteLine("执行 Swap()后  a={0}, b={1}", a, b);
    }
}
```

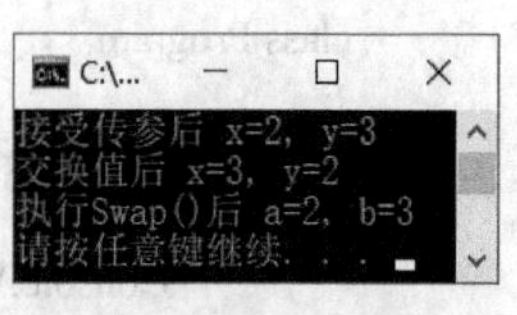

图 8-8 值类型参数传递

执行程序，运行结果如图 8-8 所示。在方法内部实现了两个整数的交换，但返回调用方法后不保留更改的值。使用值参数，不能实现交换值的功能。

8.2.3 引用参数

在方法的参数中，用 ref 修饰符声明的参数为引用参数。当引用参数为值类型时，在调用方法时，在堆中分配新的空间来存放实参的值（初值），同时把堆中保存实参的地址保存在栈中；然后形参的参数名将作为实参变量的别名，都指向堆中的同一个地址，这时在方法中改变形参的值，方法返回后也就改变了实参的值。

以 ref 修饰符声明，传递的形参实际上是实参的指针，所以在方法中的操作都是直接对实参进行的，而不是复制一个值。用户可以利用这个方式在方法调用时双向传递数据。

为了以 ref 方式使用参数，必须在方法声明和方法调用中都明确指定 ref 关键字，并且实参变量在传递给方法前必须进行初始化。当控制权传递回调用方法时，在方法中对形参所做的任何更改都将同步修改对应实参的值。

【例 8-2】 引用参数传递。把【例 8-1】中的方法定义的形参及调用方法的实参，改为用 ref 修饰。代码如下。

```
class Program
{
    static void Swap(ref int x, ref int y)          //使用 ref 修饰形参
    {                                               //交换 x,y 的值
        Console.WriteLine("接受传参后  x={0}, y={1}", x, y);
        int temp = x;
        x = y;
        y = temp;
        Console.WriteLine("交换值后  x={0}, y={1}", x, y);
    }
    static void Main(string[] args)
    {
        int a = 2, b = 3;
        Swap(ref a, ref b);              //使用 ref 修饰实参
        Console.WriteLine("执行 Swap()后  a={0}, b={1}", a, b);
    }
}
```

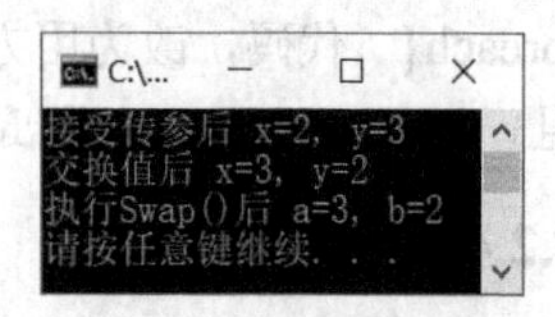

图 8-9 引用参数传递

执行程序，运行结果如图 8-9 所示。使用引用参数，实现了交换值的功能。

在前面演练中，方法的引用参数是值类型（【例 8-2】中的方法是 int 型），加上 ref 后，是将值类型通过引用方法传递过来。如果方法的引用参数为引用类型时，如何传递参数呢？通过下面例题说明。

例题源代码
例 8-3 源代码

【例 8-3】 本例参数为引用类型的实例，因为参数本身就是引用类型（string 类型除外），所以这种参数传递属于传址传

递。代码如下。

```
class Program
{
    static void ArrayMethod(int[] a)              //定义一个静态方法，形参是引用类型的数组参数 a
    {                                             //方法的功能是改变数组 a 中每个元素的值
        Console.WriteLine("方法参数传入时，数组中的元素值是：");
        foreach (int i in a)                      //遍历数组元素
        {
            Console.Write(i + "   ");
        }
        Console.WriteLine();
        for (int j = 0; j < a.Length; j++)
        {
            a[j] = a[j] * 2;                      //数组元素的值改为原来的 2 倍
        }
        Console.WriteLine("方法内部改变后，数组中的元素值是：");
        foreach (int i in a)
        {
            Console.Write(i + "   ");
        }
        Console.WriteLine();
    }
    static void Main(string[] args)
     {
         int[] arr = new int[] { 2, 3, 4 };       //给数组 a 赋初值
         ArrayMethod(arr);                        //调用方法将引用类型的数组参数 arr 带入方法中
         Console.WriteLine("调用方法后，Main 方法中数组 arr 的元素值是：");
         foreach (int i in arr)
         {
            Console.Write(i + "   ");
        }
        Console.Read();
    }
}
```

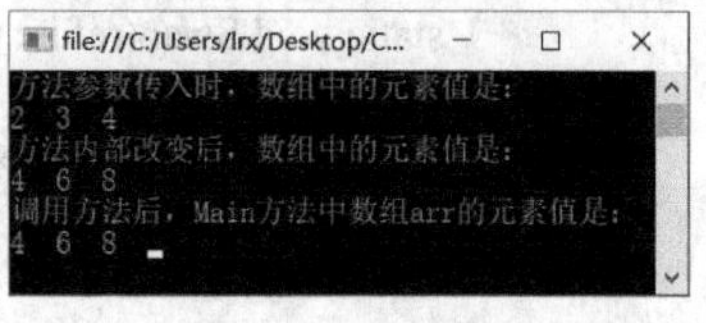

图 8-10　参数为引用类型

执行程序，运行结果如图 8-10 所示。引用类型作为参数时，虽然没有使用 ref 修饰符，采用的仍然是传址方法。

【课堂练习 8-1】 请把【例 8-3】中用于显示数组元素的 foreach{ }代码，改为用方法 Display()实现，方法的形参为数组。在 ArrayMethod()和 Main()方法中调用 Display()方法。

课堂练习解答
课堂练习 8-1 解答

8.2.4　输出参数

以 out 修饰符声明的参数称为输出参数。同样，在调用时，输出参数对应的实参前面要加上 out 修饰符。在方法声明和方法调用时都必须显式地指定 out 关键字。当希望方法返回多个值时，声明 out 方法非常有用。一个方法可以有一个以上的 out 参数。

out 参数声明方式不要求该实参变量在传递给方法前进行初始化，因为它的含义只是用作输出目的。但是，在方法返回前，在方法内部必须为 out 参数赋值。

使用 out 修饰符要注意，主方法中传入调用的方法的 out 参数值应该为未初始化的，即使初始化了，实参的 out 参数的值也不会传递到形参的 out 参数。在方法返回之前，方法内部必须

为所有输出参数至少赋值一次。

ref 参数与 out 参数都是传引用，在方法中对参数所做的修改都会传到调用者。区别在于，out 参数不接受调用者传来参数的数据值，而是把该参数当作未赋值的参数。

【例 8-4】 Calculator 类中的 Add()方法使用了一个输出参数 sum，代码如下。

```
public class Calculator
{
    public void Add(int num1, int num2, out int sum)        //计算两个数的和
    {
        sum = num1 + num2;                                   //给 out 参数赋值
    }
}
class Program
{
    static void Main(string[] args)
    {
        Calculator cal = new Calculator();
        int AddSum;
        cal.Add(12, 13,out AddSum);                 //调用 Add 方法，显式指定对应的 out 参数
        Console.WriteLine(AddSum);                  //输出：25
    }
}
```

执行 Main()方法时，为对象 cal 和变量 AddSum 分配空间；调用 cal.Add(12, 13,out AddSum)方法，为值形参 num1、num2 分配空间并赋值 12、13，而输出形参 sum 和实参 AddSum 共享同一空间；执行方法体，计算 sum 为 25。执行方法后，形参 sum 销毁，实参 AddSum 的值发生改变。

8.2.5 数目可变参数

前面介绍的参数必须严格地一个实参对应一个形参。数目可变参数允许零个或多个实参对应一个特殊的形参。以 params 修饰符声明的形参为数目可变参数，或称数组参数，或动态参数，用于处理相同或不同数据类型，且参数个数可变的情况。也就是说，使用 params 可以自动把传入的值按照规则转换为一个新建的数组。

使用可变参数时注意：

1）在方法声明中只允许有一个 params 关键字，如果方法声明中有多个形参，则 params 参数必须是最后一个参数。

2）在实参中，以逗号分隔可变参数的实参列表，也可以使用一个数组。可以为可变参数指定 0 个参数，这时将传递包含 0 个数据项的一个数组。

3）可变参数的数据类型必须匹配与数组指定的类型。

4）如果方法的实现要求一个最起码的参数数量，请在方法声明中指定必须提供的参数。例如：使用 int max (int first, params int[] operands)而不是 int max(params int[] operands)，确保至少有一个值传给方法 max()。

【例 8-5】在 Program 类中定义一个静态 Add()方法，该方法的参数使用一个数组参数 num。

```
class Program
{
    public static void Add(out int sum, params int[] num)              //计算多个整数的和
    {
```

```
            sum = 0;
            for (int i = 0; i < num.Length; i++)
            {
                sum = sum + num[i];
            }
        }
        static void Main(string[] args)
        {
            int s;
            Add(out s, 1, 2, 3);                        //调用方法，参数数目可变
            Console.WriteLine(s);                       //输出：6
            Add(out s, 1, 2, 3, 4, 5);                  //调用方法，参数数目可变
            Console.WriteLine(s);                       //输出：15
            int[] arr = new int[] { 1, 2, 3, 4, 5, 6, 7, 8, 9, 10 };
            Add(out s, arr);                            //将此数组作为方法的参数
            Console.WriteLine(s);                       //输出：55
        }
    }
```

例题源代码
例 8-5 源代码

在使用数组实参调用方法时，方法接受实参列表，在堆中创建并初始化一个数组；把数组的引用保存到栈的形参中。

【例 8-6】 如果要传递多个数据，一般做法是先构造一个对象数组，然后将此数组作为方法的参数。而使用了 params 修饰方法参数后，可以直接使用一组对象作为参数，当然这组参数需要符合调用的方法对参数的要求。代码如下。

```
class Example
{
    public void ParamsExample(params object[] list)
    {
        for (int i = 0; i < list.Length; i++)
        {
            Console.Write(list[i].ToString()+"    ");
        }
        Console.WriteLine();
    }
}
class Program
{
    static void Main(string[] args)
    {
        object[] arr = new object[] { 12, '3', "Test", true };      //定义对象数组
        Example ex = new Example();
        ex.ParamsExample(arr);                                       //用对象数组作为参数
        ex.ParamsExample("Test", 12, true, '3');
    }
}
```

例题源代码
例 8-6 源代码

8.2.6 可选参数

可选参数是指在调用定义有可选参数的方法时，可以包含这个参数，也可以忽略它。如果没有为该形参发送实参，则使用定义时的默认值。每个可选形参都必须有一个初始化的默认值作为其定义的一部分。可选形参在形参列表的末尾定义，位于任何必需的形参之后。如果调用方法时为一系列可选形参中的任意一个形参提供了实参，则它必须为前面的所有可选形参提供

实参。

使用可选参数时注意：

1）可选参数一定放在所有必需的参数（没有默认值的参数）后面。可选参数的数量可以是多个。

2）对于值类型，默认值必须是一个常量，或者说必须是编译时能确定的一个值。

3）对于引用类型，默认值必须是 null 时，才能作为可选参数。

4）如果一个方法包含有必填参数、可选参数和 params 参数，则必填参数必须在可选参数之前声明，而 params 参数必须在可选参数之后，位于最后一个位置。

【例 8-7】 下面代码有一个必填参数，两个可选参数。

```
class Example
{
    public void CommodityInfo(string name,int number=1,string color="白色")//方法，可选参数
    {
        Console.WriteLine("商品名：{0}，数量：{1}，颜色：{2}",name,number,color);
    }
}
class Program
{
    static void Main(string[] args)
    {
        Example ex = new Example();
        ex.CommodityInfo("计算机");          //输出“商品名：计算机，数量：1，颜色：白色”
        ex.CommodityInfo("手机", 3);         //输出“商品名：手机，数量：3，颜色：白色”
        ex.CommodityInfo("耳机", 2, "红色");;      //输出“商品名：耳机，数量：2，颜色：红色”
    }
}
```

8.2.7 命名参数

命名参数是 C#4.0 新增的一个方法调用功能。利用命名参数，能够为特定形参指定实参，方法的调用者将不再需要记住或查找形参在所调用方法的形参列表中的顺序，可以按形参名称指定每个实参的形参。调用方法时，在实参列表中写上形参名，冒号后写上实参值。

例如，调用例 8-7 中的方法，使用命名参数，代码如下。

```
ex.CommodityInfo(number:3,name:"手机",color:"金色");
ex.CommodityInfo(color:"红色",name:"耳机");
```

例如，下面代码：

```
static void display(string firstname, string middlename = default(string), string lastname = default(string))
{
    Console.WriteLine(firstname + middlename + lastname);
}
static void Main(string[] args)
{
    display(firstname: "Jack", lastname: " Green");                    //输出：Jack Green
}
```

注意：如果一个方法中有大量参数，而且其中许多都是可选参数，那么命名参数语法肯定能带来不少便利。但是，这个便利的代价是牺牲方法接口的灵活性。原来参数名可以自由更改，不会造成调用代码无法编译。但在添加了命名参数后，参数名就成为方法接口的一部分，更改

名称会导致使用命名参数的代码无法编译。

命名实参和可选参数这两种技术都可与方法、索引器、构造函数和委托一起使用。

8.2.8 方法解析

当同时使用可变（数组）参数、可选参数、命名参数、方法重载等功能时，可能造成同一个方法调用可以适用多个方法。

1）多个方法都适用调用的实参列表时，优先选择无可选参数的方法。

2）多个方法都适用调用的实参列表时，优先选择形参类型更加具体的方法。例如，如果调用者传递的是一个 int，那么接受 double 的方法将优先于接受 object 的方法。这是由于 double 比 object 更具体。

3）多个方法（且方法的形参均为可选）都适用调用的实参列表时，优先选择可选参数更少的方法。

4）如果有多个适用的方法，但无法从中挑选一个最具唯一性的，编译器就会报错，指明调用存在歧义。

8.3 值类型和引用类型的应用

一般按照参数类型和传递方式的不同，可以分为以下 4 种参数传递的情况。

- 值类型参数按值方式传递。
- 值类型参数按引用方式传递。
- 引用类型参数按值方式传递。
- 引用类型参数按引用方式传递。

传值调用是将实参的值传递给被调用函数的形参。因此实参既可以是表达式、常量，也可以是变量（或数组元素）。采用传值方式调用，则形参值的变化不会影响实参。

传址调用是将实参的地址传给被调用函数的形参。所以，实参必须有地址。因此实参必须是变量（或数组），不能是表达式或常量。采用引用方式调用，则形参值的变化直接反映到实参。

8.3.1 值类型参数按值方式传递

在进行参数的值传递时，当传递的参数为值类型时，如果按值方式传递，实际上是把实参的值复制给了形参，实参与形参在栈中是两个不同的内存空间。所以在方法中对形参操作，不会对实参构成任何影响。

例如，下面代码。在方法的形参中，被传递的参数是值类型 int，未用任何修饰符声明形参，所以是按值方式传递。在方法内部改变形参 oldValue 的值，不会影响到实参 a 的值。

```
private static void ChangeValue(int oldValue)
{
    int newValue = default(int);
    oldValue = newValue;
}
static void Main(string[] args)
{
    int a = 100;
    ChangeValue(a);
```

```
        Console.WriteLine(a);                              //输出是：100
    }
```

8.3.2 值类型参数按引用方式传递

当传递的参数为值类型时，如果按引用方式传递，需要在形参和实参前面加上 ref 修饰符，传递的是该值类型实例的引用。所以，在方法中对形参所做的更改都将反映在实参上。

例如，下面代码。实参的地址与形参的地址是一样的，所以在 ChangeValue 方法中改变形参的值，也就改变了实参的值。

```
private static void ChangeValue(ref int value)
{
    value = 0;
}
static void Main(string[] args)
{
    int va = 100;
    ChangeValue(ref va);
    Console.WriteLine(va);                                 //输出：0
}
```

8.3.3 引用类型参数按值方式传递

当传递的参数为引用类型时，如果按值方式传递（形参、实参不用 ref 修饰），是把实参的引用复制给了形参，因此在方法中对形参引用所做的更改，不会更改实参的引用。

例如，下面代码。形参 string value 是引用类型，其前没有加 ref 即是按值方式传递。实参 str 把引用复制给形参 value，在方法 ChangeValue 中更改形参的引用，不会影响到实参。

```
private static void ChangeValue(string value)
{
    value = "xyz";                              //更改形参的引用
}
static void Main(string[] args)
{
    string str = "abc";
    ChangeValue(str);
    Console.WriteLine(str);                     //输出：abc
}
```

【例 8-8】 程序中创建 a、b 两个 Student 类的实例，Exchange(Student x, Student y)方法按值方式传递引用类型参数（两个对象的实例）。

例题源代码
例 8-8 源代码

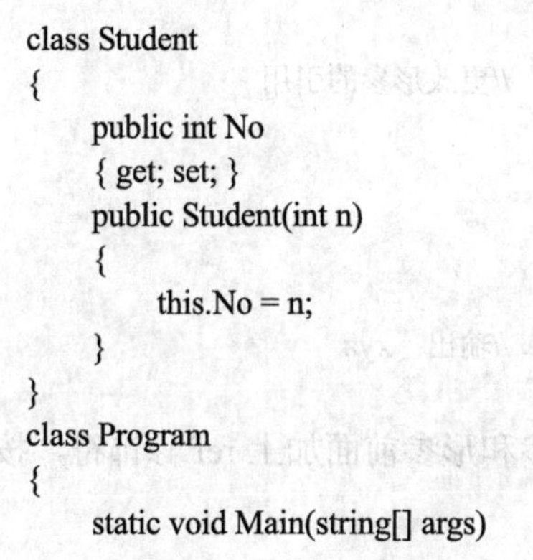

```
class Student
{
    public int No
    { get; set; }
    public Student(int n)
    {
        this.No = n;
    }
}
class Program
{
    static void Main(string[] args)
```

```
        {
            Student a = new Student(2);
            Student b = new Student(7);
            Console.WriteLine("交换前：a.No={0}, b.No={1}", a.No, b.No);
            Exchange(a, b);
            Console.WriteLine("交换后：a.No={0}, b.No={1}", a.No, b.No);
        }
        static void Exchange(Student x, Student y)
        {
            Console.WriteLine("方法中交换前：x.No={0}, y.No={1}", x.No, y.No);
            Student z = y;
            y = x;
            x = z;
            Console.WriteLine("方法中交换后：x.No={0}, y.No={1}", x.No, y.No);
        }
    }
```

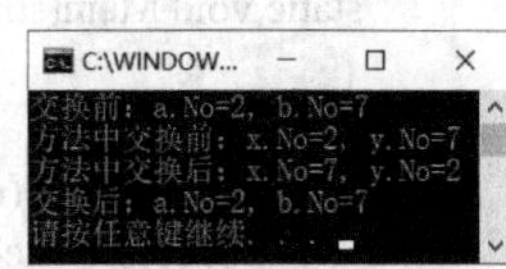

图 8-11　例 8-8 结果

执行程序，运行结果如图 8-11 所示。从结果看，虽然在方法中实现了交换，但是交换结果并没有带回实参，没有实现交换对象的要求。

但是，如果把 Exchange()方法中的交换代码改为交换对象的属性，运行结果如图 8-12 所示，交换的结果带回了实参。

```
static void Exchange(Student x, Student y)
{
    Console.WriteLine("方法中交换前：x.No={0}，y.No={1}"，x.No,
y.No);
    int z = y.No;
    y.No = x.No;
    x.No = z;
    Console.WriteLine("方法中交换后：x.No={0}, y.No={1}", x.No, y.No);
}
```

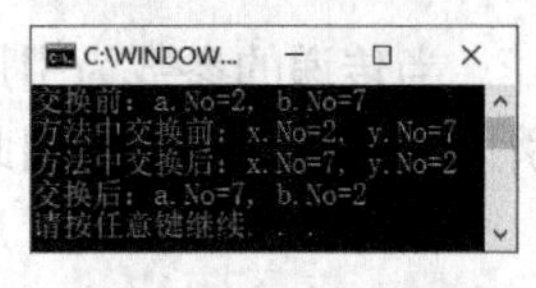

图 8-12　替换属性

8.3.4　引用类型参数按引用方式传递

当传递的参数为引用类型时，如果按引用方式传递（形参、实参用 ref 修饰），是把实参的引用传递给了形参。所以，在方法中对形参变量所做的更改，都将反映在实参变量中。

例如，下面代码。由于实参、形参指向同一个地址，所以在方法中对形参的修改就同步反映在实参变量中了。

```
private static void ChangeValue(ref string value)
{
    value = "xyz";                                    //更改形参的引用
}
static void Main(string[] args)
{
    string str = "abc";
    ChangeValue(ref str);
    Console.WriteLine(str);                           //输出：xyz
}
```

【例 8-9】 在【例 8-8】中的 Exchange()方法的实参和形参前面加上 ref 修饰符，按引用方式传递引用类型参数，则可以实现交换对象的要求。

8.4 相等判断

在编程中只需要两种比较，即值类型比较和引用类型比较，C#中的类型也就这两种。

1）值类型的比较：一般是判断两个值类型实例各自包含的值是否相等。

2）引用类型的比较：由于引用类型在内存中的分布有两部分，一个是引用类型的引用（存在于线程栈中），一个是引用类型的值（存在于托管堆）。所以比较引用类型也就有两种比较，即判断两者的值相等或者判断两者的引用地址相同。

默认情况下，需要对值类型对象判断值相等，对引用类型对象判断指向地址相同。

C#提供了4种判断方式，分别如下。

- = =运算符。
- 实例 Equals()方法。
- 静态 Equals()方法。
- 静态 ReferenceEquals()方法。

8.4.1 静态 ReferenceEquals()方法

ReferenceEquals 是 Object 的静态方法，用于比较两个对象的引用是否相等，即两个引用类型的变量是否是对同一个对象的引用，不能在继承类中重写该方法。原型如下。

```
public static bool ReferenceEquals(object objA, object objB);
```

使用格式（objA、objB 是已经创建的对象变量）：

```
ReferenceEquals(objA, objB)    或者    object.ReferenceEquals(objA, objB)
```

对于两个值类型，ReferenceEquals 永远都为 False，因为使用 ReferenceEquals(object a,object b)方法后，两个值类型被重新装箱为新的两个引用类型实例，自然不会引用相等。

对于两个引用类型，ReferenceEquals 则会比较它们是否指向同一地址。

String 类型比较特殊，只要字符相同永远是同一个引用，字符不同就是不同的引用。

ReferenceEquals()方法的使用场景是比较两个变量是否为同一个引用。对于引用类型，比较两个变量是否为同一个引用。对于值类型，先装箱，再比较装箱后的变量是否为同一个引用。显然，对于值类型，ReferenceEquals()方法的结果必定是 False。

ReferenceEquals()方法，用户不应该重写。为什么？重写的原因是原有的实现不能完成用户所期望的功能。ReferenceEquals()方法就是比较变量是否指向同一个引用，用户不应该期望 ReferenceEquals 方法完成其他的功能。

例如，下面代码实现 ReferenceEquals 比较。

```
int i = 5;
int j = 5;
Console.WriteLine(object.ReferenceEquals(i, j));                    //输出：False
int m = 6;
double n = 6.0;
Console.WriteLine(object.ReferenceEquals(m, n));                    //输出：False
object obj1 = new object();
object obj2 = new object();
Console.WriteLine(object.ReferenceEquals(obj1, obj2));              //输出：False
string s1 = "abc123";
string s2 = "abc123";
```

```
Console.WriteLine(object.ReferenceEquals(s1, s2));                    //输出：True
```

8.4.2 ==运算符

==是静态相等符号，对应的是!=。==是一个可以重载的二元操作符，可以用于比较两个对象是否相等。使用==比较对象时，C#在编译时就决定了所比较的类型，而且不会执行任何Equals()实例方法。这是大家所期望的相等行比较。

使用格式（objA、objB 是已经创建的对象变量）如下。

objA == objB

1）对于内置值类型，==判断的是两个对象的代数值是否相等。它会根据需要自动进行必要的类型转换，并根据两个对象的值是否相等返回 True 或者 False。而对于用户定义的值类型，如果没有重载==操作符，==将是不能够使用的。

2）对于引用类型，==一般情况下比较的是引用类型的引用是否相等。

注意：某些内置的引用类型重载了==符号，例如 String 类就重载==，使其比较的不是两个字符串的引用，而是比较的两个字符串字面量是否相等。所以对于引用类型最好不要使用==符号进行相等性比较，以免程序出现与预期不同的运行结果。

例如，下面代码是值类型的==比较。虽然 i 和 j 在栈上具有不同的内存空间，但是它们的代数值都为 5。m 和 n 的类型被自动转换并比较代数值。

```
int i = 5;
int j = 5;
Console.WriteLine(i == j);                    //值类型比较代数值，输出：True
int m = 6;
double n = 6.0;
Console.WriteLine(m == n);                    //类型自动转换并比较数值，输出：True
string s1 = "abc123";
string s2 = "abc123";
Console.WriteLine(s1==s2);                    //字符串比较的两个字符串字面量是否相等，输出：True
```

例如，下面代码是引用类型==比较。两个 object 对象都在堆上申请了空间，在线程栈上存在两个不同的引用，所以输出结果为 False

```
object obj1 = new object();
object obj2 = new object();
Console.WriteLine(obj2==obj1);                    //引用类型比较引用，输出：False
```

8.4.3 实例 Equals()方法

对象自身的 Equals()方法属于对象的实例方法，用于比较两个对象的引用是否相等。用户可以根据需要对 Equals 进行重载。原型如下。

public virtual bool Equals(object obj)

使用格式（objA、objB 是已经创建的对象变量）如下。

objA.Equals(objB)

对于值类型，类型相同（不会进行类型自动转换），并且数值相同（对于 struct 的每个成员都必须相同），则 Equals 返回 True，否则返回 False。这是因为内置的值类型都重写了Object.Equals()方法，所以值类型的 Equals 方法与引用类型的 Equals 方法就产生了不同的效果。

对于引用类型，默认的行为与 ReferenceEquals()方法的行为相同，仅当两个对象指向同一个引用时才返回 True。

= =与 Equals 并无本质区别，它们大多数情况下都是一样的，值得注意的是，自定义的值类型 struct，本身并不支持运算符= =，强行使用将会出现编译错误。并且，由于 Equals()是虚方法，它可以被具体类重写，因此需要具体问题具体分析。

实例 Equals()方法的使用场景是比较两个变量的内容是否相等。引用类型的父类是 Object（当然值类型的父类也是 Object，但是值类型的直接父类是 ValueType），Object 的实例 Equals()方法比较的是是否为同一个引用，因此引用类型应该重写实例 Equals()方法，使实例 Equals()方法成为内容的比较。对于值类型，值类型的直接父类 ValueType 已经重写了 Object 的实例 Equals()方法，使实例 Equals()方法成为内容的比较。

例如，下面代码。

```
int i = 5;
int j = 5;
Console.WriteLine(i.Equals(j));                    //值类型比较，输出：True
int m = 6;
double n = 6.0;
Console.WriteLine(m.Equals(n));                    //类型不会自动转换并比较数值，输出：False
object obj1 = new object();
object obj2 = new object();
Console.WriteLine(obj2.Equals(obj1));              //引用类型比较，输出：False
Console.WriteLine(obj2.Equals(string.Empty));      //对象的类型不同返回：False
string s1 = "abc123";
string s2 = "abc123";
Console.WriteLine(s1.Equals(s2));      //字符串比较的两个字符串字面量是否相等，输出：True
```

【例 8-10】 重写 Equals()方法。由于虚方法 Equals()是可以重写的，因此可以定义各类型自身的 Equals()方法。代码如下。

例题源代码
例 8-10 源代码

```
public class Student
{
    public string Name;                            //姓名
    public int Id;//Id
    public Student(string name, int id)            //构造函数
    {
        this.Name = name;
        this.Id = id;
    }
    public override bool Equals(object obj)        //重写 Equals()方法
    {
        Student stu = obj as Student;
        if (stu = = null)
        {
            return false;
        }
        else
        {   //对变量的所有的属性都要进行比较，只有都相同才返回 True
            return (stu.Id = = this.Id) && (stu.Name = = this.Name);
        }
    }
    public override int GetHashCode()              //重写 GetHashCode()
    {
        return this.Name.GetHashCode() + this.Id.GetHashCode();
    }
```

```
    }
    class Program
    {
        static void Main(string[] args)
        {
            Student stu1 = new Student("张三", 1000);
            Student stu2 = new Student("张三", 1000);
            Console.WriteLine(stu1 = = stu2);              //输出 False
            Console.WriteLine(stu1.Equals(stu2));          //输出 True
        }
    }
```

注意，如果重写 object 基类的 Equals()方法，要求同时重写 object 基类的 GetHashCode()方法，否则开发环境会有警告。

8.4.4 静态 Equals()方法

静态 Equals()方法也是调用虚拟的 Equals()实例方法，它们的区别在于调用时，虚拟的 Equals()实例方法要考虑对象是否为空，否则会抛异常，而静态的则无须考虑。原型如下。

public static bool Equals(object objA, object objB)

使用格式（objA、objB 是已经创建的对象变量）如下。

Equals(objA, objB)　　或　　object.Equals(objA, objB)

从静态 Equals()方法可以看出，它封装了对虚方法 Equals()的调用，而虚方法是可以在子类中重写的。

静态 Equals 方法的使用场景是不清楚两个变量运行时的类型，因为变量可能是值类型、引用类型或者为 Null。静态 Equals 方法，用户不应该重写。

例如，下面代码。

```
int i = 5;
int j = 5;
Console.WriteLine(Equals(i,j));              //值类型比较，输出：True
int m = 6;
double n = 6.0;
Console.WriteLine(object.Equals(m,n));  //类型不会自动转换并比较数值，输出：False
object obj1 = new object();
object obj2 = new object();
Console.WriteLine(Equals(obj1,obj2));     //引用类型比较，输出：False
string s1 = "abc123";
string s2 = "abc123";
Console.WriteLine(Equals(s1,s2));           //字符串比较的两个字符串字面量是否相等，输出：True
```

8.4.5 三种比较方法的异同

C#中判断两个对象是否相等有 Equals、RefrenceEquals 和= =三种，其中= =为运算符，其他两个为方法，而 Equals 又有两种版本，一个是静态的，一个是虚拟的，虚拟的可以被实体类重写，静态的在方法体内也是调用虚拟的。

C#中 Equals、= =、ReferenceEquals 都可以用于判断两个对象的个体是不是相等，对于相同的基本值类型，= =和 Equals()比较结果是一样的；ReferenceEquals()是判断两个对象的引用是否相等，而且是安全的比较。

= =和 Equals 异同点如下。

1）相同点：对于值类型都是比较代数值是否相等。

2）不同点：

① 对于值类型比较，= =会进行类型的自动转换，然后比较代数值，Equals 则不会进行转换，先比较类型，再比较值，如果类型不同则直接返回 False。

② = =比较是安全的比较，也就是说两个对象为任何值都可以进行比较，不会抛出异常；而 Equals 的比较则是不安全的，由于 Equals 在运行时才会进行真正的比较，有可能调用 Equals 的调用者是 null，编译通过，但是运行时则会抛出异常。

所以对于引用类型是要使用实例的 Equals 进行比较时，一定不要忘记检查调用者对象是否为空。而 Object 提供的静态 Equals 方法也是安全的，不需要检查。

4 种相等判断方法之间的差异，见表 8-1。

表 8-1　4 种相等判断方法之间的差异

相等方法	值类型	引用类型	String 类
= =运算符	比较值，内容是否相等	比较地址，是否为同一个引用	比较值（override）
ReferenceEquals()方法	返回 False（装箱）	比较地址，是否为同一个引用	比较地址，是否为同一个引用
实例 Equals 方法	比较值，内容是否相等	比较地址，是否为同一个引用	比较值（override）
静态 Equals 方法	比较值，内容是否相等	① 使用 ReferenceEquals()判断相等，True 则返回。 ② 判断是否都是 null，True 则返回。 ③ 调用 A.Equals(B)方法	① 使用 Referenceequals()判断相等，True 则返回。 ② 判断是否都是 null，True 则返回。 ③ 调用 A.Equals(B)方法

表格中比较了 4 种方法对不同的对象判断所做的操作。其中，String 类型的对象本来是属于引用类型，但是因为它是一种比较特殊的引用类型，所以此处单独列出来。String 很多地方类似值类型。String 的实例 Equals 方法和= =运算符都是比较内容。

8.5　字符串的存储原理

1．等值判断和字符串存储原理

在比较字符串时，相等判断操作符（= =）和 Equals()方法的判断结果相同，而不是比较内存中它们引用的对象（地址）。相等判断或不等判断的操作符在内部都是通过调用 String 的静态 Equals()方法来实现的。这种比较区分大小写，逐字符比较，例如下面的代码。

```
string str1="Hello";
string str2="world";
Console.WriteLine("str1= =Hello:{0}", str1 = = "Hello");                    //输出：True
Console.WriteLine("str1= =HELLO:{0}", str1 = = "HELLO");                    //输出：False
Console.WriteLine("str1.Equals(str2):{0}", str1.Equals(str2));              //输出：False
Console.WriteLine("world.Equals(str2):{0}", "world".Equals(str2));          //输出：True
```

在上面的代码中使用= =操作符或 Equals()方法判断的仅仅是它们的值是否相等。如何判断它们的引用是否相等，或者说它们是否指向同一个内存地址呢？一般是使用 object 的 ReferenceEquals()方法来判断。下面通过 3 段代码的比较来分析字符串的存储。

```
//第一段代码
int i=10;
int j=i;
Console.WriteLine(i= =j);                                    //输出：True
Console.WriteLine(Object.ReferenceEquals(i,j));              //输出：False
j=11;
Console.WriteLine(i= =j);                                    //输出：False
Console.WriteLine(Object.ReferenceEquals(i,j));              //输出：False
//第二段代码
Employee jack=new Employee();                                //Employee 为一个自定义员工对象
jack.Age=20;
Employee tony=jack;
Console.WriteLine(jack= =tony);                              //输出：True
Console.WriteLine(Object.ReferenceEquals(jack, tony));       //输出：True
tony.Age=22;
Console.WriteLine(jack= =tony);                              //输出：True
Console.WriteLine(Object.ReferenceEquals(jack, tony));       //输出：True
//第三段代码
string s1="Hello";
string s2=s1;
Console.WriteLine(s1= =s2);                                  //输出：True
Console.WriteLine(Object.ReferenceEquals(s1,s2));            //输出：True
s2="World";
Console.WriteLine(s1= =s2);                                  //输出：False
Console.WriteLine(Object.ReferenceEquals(s1,s2));            //输出：False
```

分析上面的 3 段代码。第一段中，当 j=i 时，用 ReferenceEquals()比较的是内存地址，其结果为 False，这说明赋值操作是在内存中赋值一个副本，i 与 j 保存在不同的地址，如图 8-13 所示。因为它们的值相等，所以使用相等判断操作符为 True；但是使用 ReferenceEquals()方法的结果为 False，因为内存中已经赋值了一个新的 10，与之前的 10 是不同的地址。

第二段中，jack 和 tony 是对象，对象之间用等号赋值 tony=jack 时，并不会产生像值类型的内容赋值，而是两个对象都指向同一块内存地址。因此它们两个对象的值相等，内存地址也相等，如图 8-14 所示。如果通过 jack 或 tony 对对象中的 Age 修改，然后再判断是否相等，其结果无论是值还是内存地址也都相等，如图 8-15 所示。

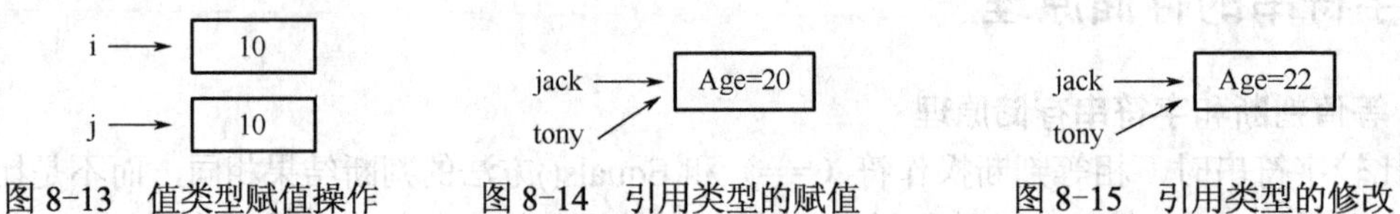

图 8-13　值类型赋值操作　　图 8-14　引用类型的赋值　　图 8-15　引用类型的修改

第三段中，当 s1 赋值给 s2 后，相等判断的结果无论是值还是内存地址都相等，如图 8-16 所示。这符合引用类型的特征，与第二段中自定义类的对象是一样的。但是，如果将 s2 的值做了修改，这时要注意，s2 修改的并非是之前的那个地址中的数据，而是重新分配了一个内存空间用于保存新修改的值，同时 s2 也指向了新的的地址，如图 8-17 所示。这说明了字符串的恒定性原理，也就是说，一个字符串一旦被创建，就不可能再将其变长、变短，或者改变其中任何的字符。

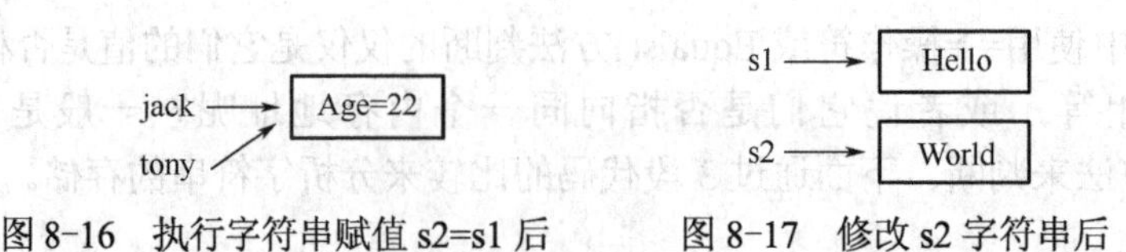

图 8-16　执行字符串赋值 s2=s1 后　　图 8-17　修改 s2 字符串后

2. 字符串池机制

当编译源代码时，编译器必须处理每个文本常量字符串，并将其放入特定的文件中。如果同样的文本常量字符串在源代码中出现多次，那么将所有这些字符串都放到文件中将导致文件的大小急剧膨胀。为了解决这个问题，C#编译器只写入一次这样的字符串，然后其他相同字符串的变量名都指向这个位置。这种将一个多次出现的字符串合并为一个实例的方式，可以极大地减少生成文件的大小，这种处理机制早在 C/C++中使用了多年。这种技术就是字符串池技术。

由于字符串的恒定性，程序中对同一个字符串的大量修改或者对多个引用赋值同一个字符串，这种情况在理论上会产生大量的临时字符串对象，这会极大程度地降低系统的性能，用户可以使用 StringBuilder 类来解决这个问题。而另外一种技术是.NET 提供的一种不透明的机制来进行优化的，称为字符串机制或者字符串驻留。

一旦使用了字符串池机制，当公共语言运行时（Common Language Runtime，CLR）启动的时候，会在内部创建一个容器，容器的键是字符串内容，而值是字符串在托管堆上的引用。当一个新的字符串对象需要分配时，CLR 首先检测内容容器中是否已经包含了该字符串对象，如果已经包含，则直接返回已经存在的字符串对象引用；如果不存在，则新分配一个字符串对象，同时把其添加到内部容器里。但是，当程序使用 new 关键字显式地创建一个字符串对象时，该机制将不会起作用。

字符串池技术的本意是改善程序的性能，但是在有些情况下，这样的机制却可能产生负面效应，因为 CLR 额外保留了一个存储字符串的容器，并且在每次进行字符串赋值时都需要额外检查这个容器。但是，当某个系统较少或者根本没有使用到重复的字符串时，字符串池这个机制只能引起额外的负面效应，而不能带来任何性能上的改善。考虑到这一点，.NET 提供了字符串池的开关接口，如果程序集标记了这个特性，CLR 将不采用字符串池的处理机制。对于 CLR 保存的字符串池的容器，可以通过 System.String 类型的两个静态方法访问，方法如下。

```
public static string Intern(string s)
public static string IsInterned(string s)
```

第一个方法返回字符串在字符串池容器中的对应引用，如果该字符串不存在于字符串池中，则会在字符串池中创建新的对象并返回引用。第二个方法实现了基本类似的功能，它与第一个方法的区别是当字符串池中不存在该字符串时，将不会分配新的对象，并且返回 null。

CLR 会保留程序中出现过的字符串对象的集合，并且在需要新的字符串时，先检查已有的集合，然后在查找成功时返回已有对象的引用。

3. 空字符串

在.NET 中表示一个空字符串，可以使用双引号（""）、string.Empty 或 null，但是它们之间有一定的区别。

string.Empty 在 string 类中的定义原型如下。

```
public static readonly string Empty = "";
```

因此，它与双引号（""）本质是一样的，使用它们都需要在堆上分配内存空间，虽然这个空间为 0，只不过 string.Empty 是一个静态的变量，所以用到多次 string.Empty 不会多次分配内存空间。

null 可以作为字符串字面量的类型使用，null 表示将一个变量设为“无”，null 值只能赋给引用类型、指针类型和可空类型。null 在 C#中表示空引用，一个字符串赋值为 null，意味着没有在堆上分配内存空间，所以与""、string.Empty 不同。

可以通过一对双引号（""）、string.Empty 和字符串对象的 Length 属性判断一个字符串的长度为 0。而判断字符串引用是否为 null 或者值为空，则需要使用 String 类的静态方法 IsNullOrEmpty()实现。例如下面的代码。

```
string s1 = "";
string s2 = String.Empty;
string s3 = null;
Console.WriteLine(String.IsNullOrEmpty(s1));                    //输出：True
Console.WriteLine(String.IsNullOrEmpty(s2));                    //输出：True
Console.WriteLine(String.IsNullOrEmpty(s3));                    //输出：True
```

8.6 常量、枚举和结构

常量、枚举和结构类型可以提高程序的灵活性、易读性。

8.6.1 常量

常量是在编译时设置其值，并且程序在执行过程中不能更改其值的字段。常量是固定值，程序执行期间不会改变。常量可以是任何基本数据类型，比如整数常量、浮点常量、字符常量或者字符串常量、枚举常量。常量分为直接常量和命名常量（也称符号常量）。

1．直接常量

直接常量是指把数据值直接写在程序代码中。例如，18、True、'A'、"ABC"、null 等，表达式 y=3*x+2 中的 3 和 2。在编译时，源代码中的常量直接替换成中间语言（IL）代码。

2．命名常量

使用命名常量可以为特殊值提供有意义的名称，而不是数字或文本。在 C#中定义命名常量的方式有两种，一种叫作编译时常量（Compile-time constant），另一种叫作运行时常量（Runtime constant）。命名常量可以当作常规的变量，只是它们的值在定义后不能修改。

（1）编译时常量

编译时常量使用 const 关键字来定义。使用 const 关键字来声明某个常量字段或常量局部变量，常量字段和常量局部变量不是变量并且不能修改，常量可以为数字、布尔值、字符串或 null 引用。不要创建常量来表示需要随时更改的信息。常量在编译时是已知的，在程序的生命周期内不会改变。定义编译时常量的语法如下。

const 数据类型 常量名 = 表达式;

常量名的命名要符合标识符的命名规则，建议采用 camel 命名规则。

表达式必须是一个可以隐式转换为目标类型的常量表达式。常数表达式是在编译时可被完全计算的表达式。因此，对于引用类型的常数，可能的值只能是 string 和 null 引用。

仅 C#内置类型（不包括 System.Object）可声明为 const。表 8-2 显示内置 C#类型的关键字，即 System 命名空间中预定义类型的别名。此表中的所有类型，除 object 和 string 外，皆称为简单类型。其中 object 不可声明为 const。

表 8-2　内置 C#类型的关键字（.NET Framework 类型）

C#类型	.NET Framework 类型	C#类型	.NET Framework 类型
bool	System.Boolean	uint	System.UInt32
byte	System.Byte	long	System.Int64

（续）

C#类型	.NET Framework 类型	C#类型	.NET Framework 类型
sbyte	System.SByte	ulong	System.UInt64
char	System.Char	Short	System.Int16
decimal	System.Decimal	ushort	System.UInt16
double	System.Double	string	System.String
float	System.Single	object	System.Object
int	System.Int32		

C#类型关键字及其别名可互换。例如，可通过使用以下任意一个声明来声明整型常量：

```
const int x = 123;
const System.Int32 x = 123;
```

枚举类型能够为整数内置类型定义命名常量（例如 int、uint、long 等）。用户定义的类型（包括类、结构和数组）不能为 const。C#不支持 const 方法、属性或事件。

常量在声明时必须初始化，常量不能重复赋值，也不可以定义到类外面。例如：

```
class Calendar1
{
    public const int months = 12;
}
```

在此示例中，常量 months 始终为 12，即使类本身也无法更改它。实际上，当编译器遇到C#源代码中的常量标识符（例如，months）时，它直接将值替换到它生成的中间语言（IL）代码中。因为运行时没有与常量相关联的变量地址，所以 const 字段不能通过引用传递，并且不能在表达式中显示为左值。

用户可以同时声明多个同一类型的常量，例如：

```
class Calendar2
{
    const int months = 12, weeks = 52, days = 365;
}
```

如果不创建循环引用，则用于初始化常量的表达式可以引用另一个常量。例如：

```
class Calendar3
{
    const int months = 12;
    const int weeks = 52;
    const int days = 365;
    const double daysPerWeek = (double) days / (double) weeks;
    const double daysPerMonth = (double) days / (double) months;
}
```

可以将常量标记为 public、private、protected、internal、protected internal 或 private protected。这些访问修饰符定义该类的用户访问该常量的方式。

常量是作为静态字段访问的，因为常量的值对于该类型的所有实例都是相同的，不能使用 static 关键字来声明这些常量。在类外访问类中定义的常量，必须使用类名、句点和常量名称来访问该常量。例如：

```
int birthstones = Calendar.months;
```

【例 8-11】 把圆周率定义为常量，代码如下。

例题源代码
例 8-11 源代码

```
class Round
{
    const double pi = 3.14;                          //圆周率
    public double Perimeter(double radius)           //计算圆的周长
    {
        return 2 * pi * radius;
    }
    public double Area(double radius)                                    //计算圆的面积
    {
        return pi * radius * radius;
    }
    static void Main(string[] args)
    {
        Round r = new Round();
        Console.WriteLine("圆周长：{0}",r.Perimeter(10));    //输出：62.8
        Console.WriteLine("圆面积：{0}", r.Area(10));         //输出：314
    }
}
```

另外，在 C#的系统类中，也提供了字段常量，在代码中可以引用。例如，在 Math 类中提供了圆周率 PI 和自然对数的底 E，调用时可写为“2*System.Math.PI* radius”。

（2）运行时常量

运行时常量用关键字 readonly 来定义。使用 readonly 修饰符创建在运行时一次性（例如在构造函数中）初始化的类、结构或数组，此后不能更改。定义运行时常量的语法如下。

readonly 数据类型 常量名 = 值;

例如，在类构造函数中给字段 year 赋初值，它的值无法在 ChangeYear 方法中更改。

```
class Age                                        //定义类
{
    readonly int _year;                          //定义常量
    Age(int year)                                //构造函数
    {   //由于构造函数在创建对象时只运行一次，所以可以一次性赋值
        _year = year;                            //给常量赋初值
    }
    void ChangeYear()
    {
        //_year = 1993;                          //如果取消注释，则编译错误
    }
}
```

const 字段只能在该字段的声明中初始化。readonly 关键字不同于 const 关键字。readonly 字段可以在声明或构造函数中初始化。因此，根据所使用的构造函数，readonly 字段可能具有不同的值。const 字段是编译时常量，readonly 字段用于运行时常量，如下面的示例代码。

```
public static readonly uint timeStamp = (uint)DateTime.Now.Ticks;
```

【例 8-12】 下面代码在类中定义 readonly 字段，在构造函数中为 readonly 字段赋初值。

```
class SampleClass
{
    public int x;
    public readonly int y = 12;                  //定义 readonly 字段，并初始化
```

```
        public readonly int z;                          //定义 readonly 字段
        public SampleClass()                            //构造函数
        {
            z = 13;                                     //初始化 readonly 实例字段
        }
        public SampleClass(int p1, int p2, int p3)  //方法
        {
            x = p1;
            y = p2;
            z = p3;
        }
        static void Main(string[] args)
        {
            SampleClass p1 = new SampleClass(21, 22, 23);
            Console.WriteLine("p1: x={0}, y={1}, z={2}", p1.x, p1.y, p1.z);//输出：p1: x=21, y=22, z=23
            SampleClass p2 = new SampleClass();
            p2.x = 15;
            Console.WriteLine("p2: x={0}, y={1}, z={2}", p2.x, p2.y, p2.z);//输出：p2: x=15, y=12, z=13
        }
    }
```

在代码的编辑窗口中，如果给 p1.y、p2.z 赋值，则在“错误列表”窗口中将显示“无法对只读的字段赋值（构造函数或变量初始值指定项中除外）”的说明。

8.6.2 枚举类型

枚举类型（也称为枚举）是一种用户定义数据类型，是一组命名的整型常量，是值数据类型。

1．枚举的定义

枚举类型使用 enum 关键字声明，其语法格式如下。

```
访问修饰符 enum 枚举名 : 基础类型
{
    成员 1, 成员 2, …
}
```

枚举至少要有一个成员，成员是用逗号分隔的标识符列表。枚举成员是该枚举类型的命名常数，任意两个枚举成员不能具有相同的名称。

2．枚举成员的赋值

每个枚举成员均具有相关联的常数值，此值的类型就是枚举的基础类型。每个枚举成员的常数值必须在该枚举的基础类型的范围之内。枚举成员的赋值是在定义枚举时同时完成的。

（1）枚举成员的默认值

如果没有为枚举成员显式赋值，默认情况下，在枚举类型中声明的第一个枚举成员的值是 0，以后的枚举成员值是前一个枚举成员（按照文本顺序）的值加 1。这样增加后的值必须在该基础类型可表示的值的范围内，否则会出现编译时错误。

例如，在以下枚举中，Sat 的值为 0，Sun 的值为 1，Mon 的值为 2，…，依次类推。

```
enum Day {Sat, Sun, Mon, Tue, Wed, Thu, Fri};
```

（2）为枚举成员显式赋值

用户可以为一个或多个枚举成员设定初始值来替代默认值。当某个枚举成员被赋值后，如果其后的枚举成员没有被赋值，则自动在前一个枚举成员值上加 1 作为其值。允许多个枚举成员有相同的值。例如：

```
enum Day { Sat=6 , Sun, Mon =1, Tue, Wed, Thu, Fri };//成员的值分别为：6、7、1、2、3、4、5
```

每个枚举类型都有一个基础类型，基础类型必须能够表示该枚举中定义的所有枚举数值。该基础类型可以是除 char 外的任何整型类型，枚举声明可以显式地声明 byte、sbyte、short、ushort、int、uint、long 或 ulong 类型作为对应的基础类型。枚举元素的默认基础类型是 int。例如以下示例，类型 Day 的变量可在 byte 类型范围内分配到任何值。

```
enum Day : byte {Sat=1, Sun, Mon, Tue, Wed, Thu, Fri};
```

3．枚举成员的访问

在声明枚举类型后，可以通过枚举名访问枚举成员，语法格式如下。

```
枚举名.枚举成员
```

【例 8-13】 定义几种手机品牌的枚举，代码如下。

```
enum MobilePhone                                          //手机枚举
{
    APPLE, MI, VIVO, OPPO
}
class Program
{
    static void Main(string[] args)
    {   //定义枚举型变量 MobilePhone phone，通过枚举名访问枚举成员 MobilePhone.APPLE
        MobilePhone phone = MobilePhone.APPLE;      //把访问到的枚举成员赋值给枚举变量
        Console.WriteLine(phone);                   //输出：APPLE
    }
}
```

4．枚举类型与基础类型的转换

就像常量一样，对枚举成员值的引用在编译时都会转换为数值参数。基础类型不能隐式转换为枚举类型，枚举类型也不能隐式转换为基础类型。要将 enum 类型转换为整型，则必须使用显示转换。例如，以下语句通过使用转换将 Sun 转换为 int，从而将枚举数赋值给 int 类型的变量。

```
int x = (int)Day.Sun;
```

【例 8-14】 代码中使用基类型选项来声明其成员是 enum 类型的 long。即使该枚举的基础类型是 long，仍然需通过使用转换将枚举成员显式转换为类型 long。

```
public class EnumTest
{
    enum Range : long { Max = 2147483648L, Min = 255L };
    static void Main(string[] args)
    {
        long x = (long)Range.Max;
        long y = (long)Range.Min;
        Console.WriteLine("Max = {0}", x);          //输出：Max = 2147483648
        Console.WriteLine("Min = {0}", y);          //输出：Min = 255
    }
}
```

使用 Enum.Parse()可以将枚举值字符串或枚举值转换成枚举类型，用法见下面示例。

【例 8-15】 程序定义一个枚举类型 TimeofDay，使用基础类型 long 声明枚举成员，把枚举值字符串或枚举值转换成枚举类型。如果 Enum.Parse()中给出的枚举值字符串不是枚举成员，则抛出异常。代码如下。

例题源代码
例 8-15 源代码

```
public enum TimeofDay : uint
{
    Morning, Afternoon, Evening
}
public class Program
{
    static void Main(string[] args)
    {
        TimeofDay num1,num2;                          //定义枚举类型的变量
        num1= (TimeofDay)Enum.Parse(typeof(TimeofDay), "Morning");  //把"Morning"改为"A"执行
        Console.WriteLine(num1);                                    //输出：Morning
        num2 = (TimeofDay)Enum.Parse(typeof(TimeofDay), "1");       //把"1"改为"5"执行
        Console.WriteLine(num2);                      //输出：Afternoon
        num1 = num1 + 2;                              //枚举变量可以像普通变量一样访问
        Console.WriteLine(num1);                      //num1 的值为 2，输出：Evening
        num1 = num2 + 10;
        Console.WriteLine((uint)num1);                //输出：11
    }
}
```

8.6.3 结构类型

结构类型是值类型数据结构，它使得一个单一变量可以存储各种数据类型的相关数据，结构类型用来代表一个记录。

1．结构类型的定义

结构类型使用 struct 关键字定义，其语法格式如下。

```
访问修饰符 struct 结构名
{
    结构成员 1;
        ...
    结构成员 n;
}
```

C#中的结构有以下特点。

1）结构成员可以包含构造函数、常量、字段、方法、属性、索引器、事件和嵌套类型等。

2）结构可定义构造函数，但不能定义默认（无参数）构造函数。当编写一个结构的有参数构造函数时，必须显式初始化所有成员。如果没有定义有参数构造函数，则系统自动定义无参数构造函数，并为所有成员分配其默认值。

3）结构可以实现接口。结构可以为 null 的类型，并且可以向其分配一个 null 值。

4）结构在分配时进行复制。将结构分配给新变量时，将复制所有数据，并且对新副本所做的任何修改不会更改原始副本的数据。使用值类型的集合（如 Dictionary<string, myStruct>）时，请务必记住这一点。

与类不同，结构无须使用 new 运算符即可对结构进行实例化。如果不使用 new 操作符，只有在所有的字段都被初始化之后，字段才被赋值，对象才被使用。当使用 new 操作符创建一个结构对象时，会调用适当的构造函数来创建结构。虽然结构的初始化也可以使用 new 操作符，可是结构对象依然分配在栈上而不是堆上，如果不使用“新建”（new），那么在初始化所有字段之前，字段将保持未赋值状态，且对象不可用。

2．定义结构类型的变量

在定义一个结构类型后，可以定义该结构类型的变量。定义结构类型变量的格式如下。

```
结构类型名 结构类型变量名;
```

3．使用结构类型变量

结构类型变量的使用主要是访问字段和赋值等。

（1）访问结构类型变量

访问结构类型变量的格式如下。

```
结构类型变量名.字段名
```

结构类型变量在程序中可以像普通变量一样使用。

（2）结构类型变量的赋值

结构类型变量的赋值有两种：

- 结构类型变量的字段赋值：使用方法与普通变量相同。
- 结构类型变量之间的赋值：要求赋值的两个结构变量必须类型相同。

例如，假设 s1、s2 结构类型相同，即 Student s1, s2。

```
s1 = s2;                        //赋值后，s2 所有字段值都会赋值给 s1 的对应字段
```

【例 8-16】 声明一个包含姓名、性别、年龄、班级字段的结构类型 Student，代码如下。

例题源代码
例 8-16 源代码

```
public struct Student              //定义结构类型
{                                  //定义字段
    public string name;            //姓名
    public string gender;          //性别
    public int age;                //年龄
    //定义有参构造函数
    public Student(string name, string gender, int age)
    {   //在构造函数中必须给所有字段赋值，否则出错
        this.name = name;
        this.gender = gender;
        this.age = age;
    }
    //定义方法
    public string Study(string course) //得到学习课程字符串的方法，参数 course 代表课程
    {
        return string.Format("{0}正在学习{1}课程。", this.name, course);
    }
}
class Program
{
    static void Main(string[] args)
    {
        Student s1, s2;                        //创建结构类型的变量
        s1.name = "张三";                       //为结构类型变量的字段赋值。必须为所有字段赋值
        s1.gender = "女";
        s1.age = 18;
        s2 = s1;                               //结构类型变量之间的赋值
        s2.name = "李四";
        Console.WriteLine("{0} {1} {2} {3}", s1.name, s1.gender, s1.age, s1.Study("C#编程"));
        Console.WriteLine("{0} {1} {2} {3}", s2.name, s2.gender, s2.age, s2.Study("英语"));
        s2 = new Student("王五", "男", 20);   //用有参数构造函数给结构类型变量 s2 赋值
        Console.WriteLine("{0} {1} {2} {3}", s2.name, s2.gender, s2.age, s2.Study("检索"));
        Student s3 = new Student();            //创建 Student 类型的变量 s3，用默认的无参构造函数，
                                               //给 s3 赋系统的默认值
        Console.WriteLine("{0} {1} {2} {3}", s3.name, s3.gender, s3.age, s3.Study(""));
    }
}
```

执行程序，运行结果如图 8-18 所示。从执行结果看，执行 s2=s1 后，s1 的值没有改变，说明 s1、s2 存储在不同的位置。如果希望采用构造函数为结构类型变量赋初值，则要采用 new 操作符。

```
C:\WINDOWS\system...
张三 女 18 张三正在学习C#编程课程。
李四 女 18 李四正在学习英语课程。
王五 男 20 王五正在学习检索课程。
 0 正在学习课程。
请按任意键继续. . .
```

图 8-18　执行结构类型程序的结果

4．如何选择结构或类

结构与类具有许多相同的语法，但结构比类受到的限制更多。结构是值类型，而类是引用类型。一个结构无法继承自另一个结构或类，并且它不能为类的基类。所有结构都直接继承自 System.ValueType，类继承自 System.Object。

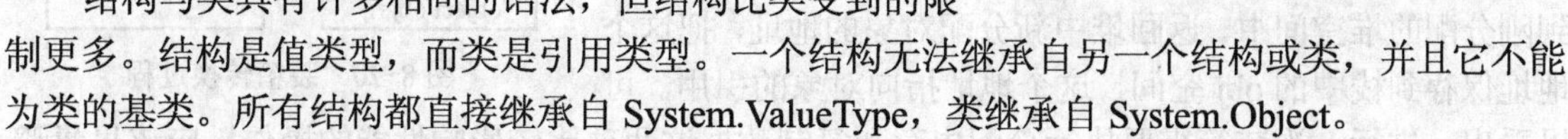

下面是选择使用结构或类的一些标准。

1）栈的空间有限，对于包含大量逻辑的对象，创建类要比创建结构好一些。

2）结构表示如点、矩形和颜色这样的轻量级对象，例如，如果声明一个含有 1000 个点对象的数组，则将为引用每个对象分配附加的内存。在此情况下，结构的成本较低。

3）在表现抽象和多级别的对象层次时，类是最好的选择。

4）大多数情况下该类型只是一些数据（没有方法）时，结构是最佳的选择。

一般来说，类用于对更复杂的行为或应在类对象创建后进行修改的数据建模。结构最适用于所含大部分数据不得在结构创建后进行修改的小型数据结构。

【课堂练习 8-2】 编写一个存储长方形的结构，实例化一个长方形并计算面积。

实现思路：

1）定义结构，包含长和宽字段，计算面积的方法。

2）实例化结构，先赋值，然后调用方法。

课堂练习解答
课堂练习 8-2 解答

8.7　装箱和拆箱

装箱（boxing）和拆箱（unboxing）是 C#类型系统的核心概念，装箱和拆箱是值类型与引用类型之间相互转换时要执行的操作，如图 8-19 所示。

图 8-19　装箱和拆箱

C#中值类型和引用类型的基类都是 Object 类型（它本身是一个引用类型）。也就是说，值类型也可以当作引用类型来处理。而这种机制的底层处理就是通过装箱和拆箱的方式来进行，利用装箱和拆箱功能，可通过允许值类型的任何值与 Object 类型的值相互转换，将值类型与引用类型链接起来。

1．装箱

装箱是指把一个值类型的数据隐式地转换为一个 Object 类型的数据。把一个值类型装箱就是创建一个 Object 类型的实例，并把该值类型的值复制给这个 Object 实例。

例如，下面两行代码执行了装箱转换。obj 和 i 的改变将互不影响，因为装箱使用的是 i 的一个副本。

```
int i = 3;              //定义一个整型变量 a 并赋值
object obj = i;         // 装箱。先创建一个 object 类型的变量或实例 obj，然后把 i 的值赋值给 obj
```

也可以使用显式转换，上面代码写为如下。

```
int i = 3;
object obj = (object)i;   //装箱
```

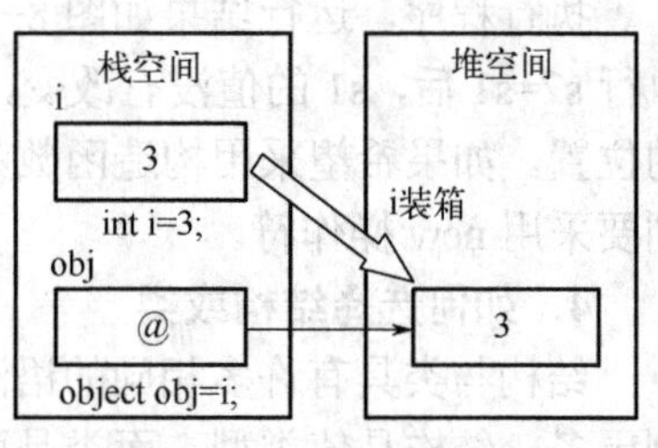

图 8-20　装箱转换过程

装箱转换过程如果 8-20 所示。变量 i 及其值 3 在栈中分配空间，obj 是引用类型变量，也在栈中分配空间。在堆中为新生成的引用对象分配内存，然后将值类型的数据复制到刚分配的堆空间中，返回堆中新分配对象的地址，把这个地址保存到栈中的 obj 空间，这个地址指向对象的引用。可以看出，进行一次装箱需要执行分配内存和复制数据这两项比较影响性能的操作，应该尽量避免装箱。可以通过重载函数，或者通过泛型来避免。

2．拆箱

拆箱是把一个引用类型的数据显式地转换成一个值类型数据。

例如，下面两行代码执行了拆箱转换。obj 和 i 的改变将互不影响。

```
object obj = 3;
int i = (int)obj;//拆箱。拆箱转换需要而且必须执行显式转换
```

拆箱转换过程如图 8-21 所示。首先在栈中获取 obj 堆中属于值类型那部分字段的地址，将引用对象 obj 中的值 3 复制到位于栈上的值类型 i 实例中，最后将不再使用的堆中的内存进行垃圾回收。拆箱伴随复制数据的操作，一样影响性能。

注意：*在程序中尽量减少不必要的装箱和拆箱操作，否则降低程序性能。*

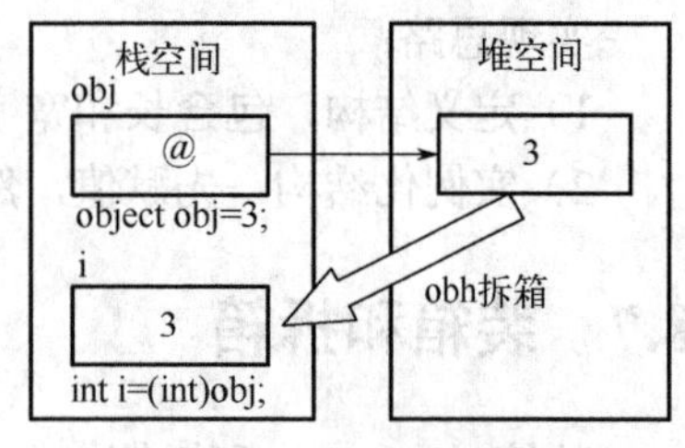

图 8-21　拆箱转换过程

8.8　习题

一、选择题

1.（单选题）下面代码的运行结果是（　　）。

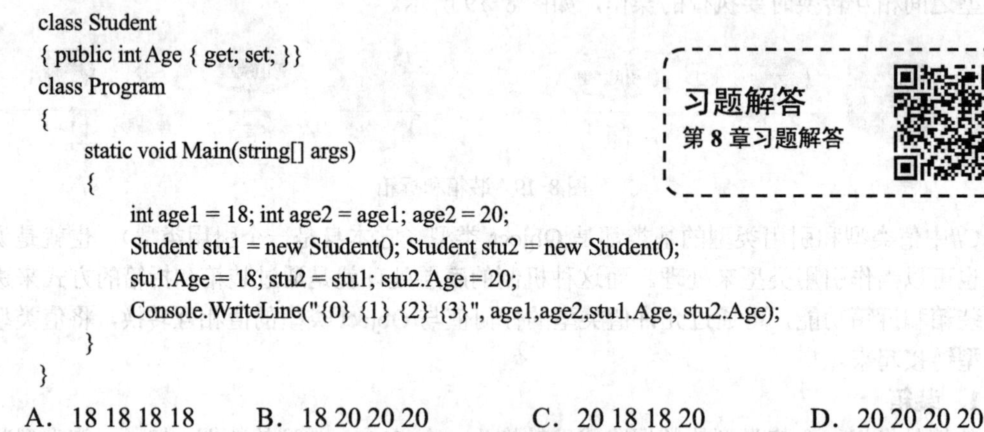

```
class Student
{ public int Age { get; set; }}
class Program
{
    static void Main(string[] args)
    {
        int age1 = 18; int age2 = age1; age2 = 20;
        Student stu1 = new Student(); Student stu2 = new Student();
        stu1.Age = 18; stu2 = stu1; stu2.Age = 20;
        Console.WriteLine("{0} {1} {2} {3}", age1,age2,stu1.Age, stu2.Age);
    }
}
```


A．18 18 18 18　　B．18 20 20 20　　C．20 18 18 20　　D．20 20 20 20

2.（判断题）下面代码产生编译时错误的原因是常数值-1、-2 和-3 不在基础整型 uint 的范围内（　　）。

```
public enum TimeofDay : uint
{
Morning = -3, Afternoon=-2, Evening = -1
}
```

A．正确　　　　　　B．错误

3.（多选题）下列枚举定义正确的有（　　）。

A．enum Gender{ male, female }　　　　B．enum Gender.string{ male, female }

C．enum Gender.int{ male, female }　　　D．enum Gender.byte{ male, female }

4.（单选题）关于下面的枚举说法正确的是（　　）。

```
public enum TimeOfDay : int
{
    Morning, Afternoon = -1, Evening
}
```

A．Moring = 0, Evening = -1　　　　B．Moring = 0, Evening = 0

C．Moring = 0, Evening = 1　　　　D．枚举定义错误

5.（单选题）对下面的枚举进行操作不会出现错误的是（　　）。

```
public enum Num
{ a, b }
```

A．int i =Num.a;

B．Num b = 2;

C．Num num = (Num)Enum.Parse(typeof(Num), "c");

D．Num num = (Num)Enum.Parse(typeof(Num), "1");

6.（单选题）判断一个字符串 str 是否有值，最合适的做法是（　　）。

A．判断 str.Length 是否为 0

B．判断 string.IsNullOrEmpty(str)是否为 True

C．判断 str 是否等于""

D．判断 str 是否等于 string.Empty

7.（多选题）对字符串池机制理解正确的是（　　）。

A．能节省存储空间

B．一定能提升程序的性能

C．代码中较多用到重复字符串时，字符串池机制能更好地发挥作用

D．使用 new 关键字显式地创建一个字符串对象时，该机制不起作用

8.（单选题）关于下面的代码，4 个输出结果分别是（　　）。

```
string s1 = "C#"; string s2 = s1;
Console.Write(s1 = = s2);//1
Console.Write(Object.ReferenceEquals(s1, s2));//2
s2 = "VB";
Console.Write(s1 = = s2);//3
Console.WriteLine(Object.ReferenceEquals(s1, s2));//4
```

A．True True False False　　　　B．True False False False

C．False False False False　　　D．True True True True

9.（单选题）在 Main()中运行下面代码后，发生装箱和拆箱次数为（　　）。

```
static public int Sum(object num1, int num2)
{
    return (int)num1 + (int)num2;
}
static void Main(string[] args)
{
```

```
        object num1 = 18;
        int num2 = 20;
        Console.WriteLine("18+20={0}", Sum(num1, num2));
}
```

A. 2 1　　　B. 1 2　　　C. 1 1　　　D. 2 2

10.（判断题）字符串的值都存储在栈上（　）。

A. 正确　　　B. 错误

11.（多选题）下面会发生装箱或拆箱操作的代码包括（　　）。

A. object a = 3;　　　B. int a = 3; object b = a;

C. object a = "3";　　　C. string a = "3"; object b = a;

12.（多选题）下列数据类型中属于引用类型的是（　　）。

A. 自定义枚举　B. 字符串变量　C. 自定义结构　D. 整型数组

13.（单选题）阅读下面代码，运行结果是（　　）。

```
private static void Multiply(ref int m, out int n)
{
        m = 1; n = 2;
        if (m < n){ m = 100; n = 10; }
        int result = m * n; Console.Write(result+"  ");
}
private static void Div(ref int a, ref int b)
{
        a = a + b; b = a + b;
        int result = b / a; Console.Write(result+"    ");
}
static void Main(string[] args)
{
        int x = 10; int y = 20;
        Multiply(ref x, out y);
        Console.Write(x + "    " + y+"    ");
        Div(ref x, ref y);
        Console.WriteLine(x + "    " + y);
}
```

A. 1000　10　10　1　20　30　　　B. 1000　100　20　1　120　140

C. 1000　100　10　1　110　120　　　D. 1000　10　20　1　30　50

14.（单选题）下面关于装箱与拆箱操作描述中错误的是（　　）。

A. 把值类型转化为引用类型称为装箱

B. 把引用类型转化为值类型称为拆箱

C. 装箱操作会涉及内存分配和数据的复制会降低应用程序的性能

D. 拆箱操作不会影响程序的性能

二、编程题

定义枚举类型 TimeOfDay，成员表示一天各个时间段（Morning、Afternoon 和 Evening），根据各个时间段（枚举值）输出问好信息（Good Morning、Good Afternoon 或 Good Evening）。

实现思路：

1）定义枚举类型 TimeOfDay。

2）定义方法 Greeting()实现信息输出，枚举类型为参数 Greeting(TimeOfDay timeOfDay)。

3）调用方法。

第9章 索 引 器

索引器的功能类似于属性，它也有一对 get 和 set 访问器，只不过属性是用来封装字段的，而索引器是利用访问器控制类中的数组、集合类成员，get 和 set 访问器的用法与属性一致。

教学课件
第 9 章课件资源

授课视频
9.1 授课视频

9.1 索引器的概念

索引器（Indexer）是 C#引入的一个新型的类成员，它使得对象可以像数组那样被方便、直观地引用。索引器非常类似于属性，但索引器可以有参数列表，且只能用在实例对象上，而不能在类上直接作用。

索引器允许类或结构的实例，按照与数组相同的方式进行索引。索引器类似于属性，不同之处在于访问索引器采用参数。索引器也称为有参属性，或数组属性。

定义了索引器的类，在访问类的实例成员时，可以像访问数组一样使用下标[ ]运算符访问类的实例成员。

为什么要用索引器？开发中哪些地方有用到？C#中的类成员可以是任意类型，包括数组和集合。当一个类包含了数组和集合成员时，索引器将大大简化对数组或集合成员的存取操作。与属性一样，索引器本质上还是一种方法，在高级语言层面上，索引器是一种很先进的语法。

什么时候使用索引器呢？如果要将数据暴露在类型的共有接口或者受保护接口中，使用属性；对于具有序列或字典特性的类型，则应该采用索引器。

9.2 定义索引器

索引器是一种特殊的类成员，它能够让对象以类似数组的方式来存取，使程序看起来更为直观，更容易编写。

C#中的类成员可以是任意类型，包括数组和集合。当一个类包含了数组和集合成员时，索引器将大大简化对数组或集合成员的存取操作。索引器可被重载。

要在类或结构上声明索引器，需要使用 this 关键字，定义索引器的方式与定义属性有些类似，其一般形式如下。

```
访问修饰符 class 类名
{
    访问修饰符 返回值的数据类型 this[索引值的数据类型 标识符]
    {
        get { 获得数据的代码; }
        set { 设置数据的代码; }
    }
}
```

“访问修饰符”与方法一样，索引器有 5 种存取保护级别 new、public、protected、internal、private 和 4 种继承行为修饰 virtual、sealed、override、abstract，以及外部索引器。这些行为同方法没有任何差别。唯一不同的是索引器不能为静态（static）。值得注意的是，在重写（override）

实现索引器时，应该用 base 关键字来存取父类的索引器。

“返回值的数据类型”是索引器中要存取的数组或集合元素的类型，就是 get 语句块的返回类型和 set 语句块中 value 关键字的类型。

this 关键字用于定义索引器表示引用类的当前实例，在这里它的意思是当前类的索引。操作当前实例的数组或集合成员，可以简单把它理解成索引器的名字，因此索引器没有自己的名称。关键字 this 表达了索引器引用对象的特征，这个 this 就是类实例化之后的对象。因此，一个 class 或 struct 只允许定义一个索引器，而且总是命名为 this。

索引器类似于属性，不同之处在于它们的访问器采用参数。索引器的方括号中可以是任意参数列表。索引的特征使得索引器必须具备至少一个形参，该形参位于 this 关键字之后的方括号内。索引器可以有多个形参，例如当访问二维数组时。

索引器的形参也只能是传值类型，不可以有 ref（引用）和 out（输出）修饰。形参的“索引值的数据类型”可以是 C#中的任何数据类型，“标识符”是表示索引值的变量，表示该索引器使用哪一类型的索引来存取数组或集合元素。方括号内的所有参数在 get 和 set 下都可以引用，而 value 关键字只能在 set 下作为传递参数。

索引器与属性的实现一样，为它提供 get 和 set 访问器，这些访问器指定使用该索引器时将引用什么内部成员。get 访问器返回值，set 访问器分配值。value 关键字用于定义由 set 索引器分配的值。索引器的数据类型同时为 get 语句块的返回类型和 set 语句块中 value 关键字的类型。value 关键字在 set 后的语句块里有参数传递意义。

下面是典型的索引器的设计，在这里忽略了具体的实现。

```
class MyClass
{
    public object this [int index]
    {
        get { //取数据 }
        set { //存数据 }
    }
}
```

索引器没有像属性和方法那样的名字，关键字 this 清楚地表达了索引器引用对象的特征。与属性一样，value 关键字在 set 后的语句块里有参数传递意义。从编译后的 IL 中间语言代码看，上面这个索引器被实现为

```
class MyClass
{
    public object get_Item(int index)
    { //取数据 }
    public void set_Item(int index, object value)
    { //存数据 }
}
```

由于索引器被编译成 get_Item(int index)和 set_Item(int index, object value)两个方法，程序员甚至不能在声明实现索引器的类里面声明这两个方法，编译器会对这样的行为报错。这样隐含实现的方法同样可以被调用、继承等，和自己实现的方法一样。

例如，在 Student 类中，定义一个 int 类型的数组 a，同时定义了一个索引器，目的是封装数组 a。index 作为访问 int 型数组的索引值，索引值的数值类型可以是整型，也可以为 string 类型，这主要取决于索引器所封装的对象的类型。this 关键字用于定义索引器，value 关键字代

表由 set 索引器获得的值。

```
class Student                          //定义了一个学生类
{
    private int[] a = { 11, 22, 33 }; //类中的数组应定义为私有变量，对外只提供索引器对数组的访问
    public int this[int index]         //在定义索引器时要与所封装的数组类型一致
    {
        get                            //定义 get 访问器
        { //通过 get 访问器，在外部类通过索引器访问数组时，通过 index 值得到数组的元素值
            return a[index];           //返回该索引的元素
        }
        set                            //定义 set 访问器
        { //使用 set 访问器，通过条件限制不符合条件的数值不许给数组 a 赋值
            a[index] = value;          //设置该索引的元素值
        }
    }
}
```

9.3 索引器的使用

通过索引器可以存取类的对象的数组成员，操作方法和数组相似，一般形式如下。

类的对象名[索引]

其中索引的数据类型必须与索引器的索引类型相同。

当类中定义了索引器后，想访问数组的值，就可以把类的对象名想象成数组名，像数组通过索引赋值和取值一样，这样能有助于记住索引器的用法。

例题源代码

例 9-1 源代码

【例 9-1】 带有索引器的 Student 类。声明一个学生类，类中有一个索引器。创建一个对象 st，再通过索引来引用该对象中的数组元素。

```
public class Student                              //声明一个学生类，类中有一个索引器
{
    const int MAX = 3;                            //数组元素的个数
    //声明一个学生姓名字符串数组 name，并初始化，把数组 name 的元素个数设置为 MAX
    private string[] name = new string[MAX];
    public string this[int index]      //声明一个公开的 string 类型的索引器（索引器的返回值是 string）
    {                                  //索引器形参的类型是整型 int
        get                            //给索引器定义 get 访问器：取值
        {
            if (index >= 0 && index < MAX)
                return name[index];  //当索引正确时返回该索引的元素
            else
                throw new ArgumentOutOfRangeException();        //索引越界时抛出异常
        }
        set                                                     //给索引器定义 set 访问器：赋值
        {
            if (index >= 0 && index < MAX)
                name[index] = value;          //当索引正确时设置该索引的元素值
            else
                throw new ArgumentOutOfRangeException();        //索引越界时抛出异常
        }
    }
```

```
}
class Program
{
    static void Main(string[] args)
    {
        Student st = new Student();          //实例化 Student 类
        //使用索引器访问对象实例成员
        //赋值
        st[0] = "张三";                      // "=" 号右边对索引器赋值，其实就是调用其 set 方法
        st[1] = "李四";
        st[2] = "王五";
        //取值
        Console.WriteLine("姓名:{0},{1},{2}", st[0],st[1],st[2]);//输出索引器的值就是调用 get 方法
        st[5] = "王五";                      //出错，索引越界
        Console.WriteLine(st[3]);            //出错，数组越界
    }
}
```

程序运行结果如图 9-1 所示。上面程序中，在 get、set 访问器中，应该判断 index 的取值范围，例如取值范围是 0～2。此时看到，索引器提供了一种把数组封装到类中的方法。

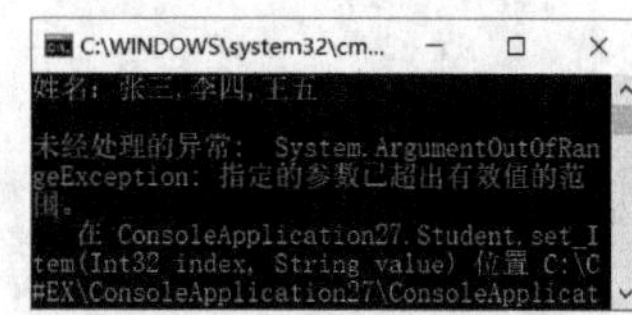

图 9-1 【例 9-1】的运行结果

9.4 使用其他非整数的索引类型

索引器有一个比数组更为灵活的地方，就是它的索引值不一定是整数，而数组的索引值必须为整数，也就是说，索引器的索引值可以为其他类型。例如，可以对索引器使用字符串，通过搜索集合内的字符串并返回响应的值，可以实现此类的索引器。由于访问器可被重载，字符串和整数可以共存。

【例 9-2】 下面通过简单的例子，实现整数索引和字符串索引。在这个例子中，需创建两个类 Student 和 Students。

Student 类中，包含学生基本信息（属性）和一个方法 SayHi()。代码如下。

```
public class Student                         //Student 类
{                                            //构造函数
    public Student() { }
    public Student(string name, int age, string hobby)
    {
        this.name = name;
        this.age = age;
        this.hobby = hobby;
    }
    //三个属性: Name (姓名), Age (年龄), Hobby (爱好)
    private string name;
    public String Name
    {
        get { return name; }
        set { name = value; }
    }
    private int age;
    public int Age
    {
```

```
            get { return age; }
            set { age = value; }
        }
        private string hobby;
        public string Hobby
        {
            get { return hobby; }
            set { hobby = value; }
        }
        public void SayHi()                                   //方法
        {
            Console.WriteLine("我是{0},今年{1}岁，喜欢{2}", Name, Age.ToString(), Hobby);
         }
    }
```

Students 类中，包含要创建的两种索引器，一个 Student 类类型的数组。

```
    public class Students                                      //Students 类
    {
        private Student[] stu = new Student[3];                //Student 类类型数组属性
        public Student this[int index]                         //基本索引器，整数索引器，根据索引查找学生
        {
            get
            {
                if (index < 0 || index >= stu.Length)          // 验证索引范围
                { return null; }
                return stu[index];                             //对于有效索引，返回请求的学生
            }
            set
            {
                if (index < 0 || index >= stu.Length)
                { return; }
                stu[index] = value;
            }
        }
        public Student this[string name]                  //重载的索引器，字符串索引器，根据姓名查找学生
        {
            get
            {
                int i;
                bool found = false;
                for (i = 0; i < stu.Length; i++)
                {
                    if (stu[i].Name = = name)
                    {
                        found = true;
                        break;
                    }
                }
                if (found)
                { return stu[i]; }
                else
                { return null; }
            }
        }
```

```
    }
```

Program 类代码如下。

```
class Program
{
    static void Main(string[] args)
    {
        Students sts = new Students();              //创建对象 sts
        //初始化 sts 对象中的 Student 类类型数组属性
        sts[0] = new Student("张三", 18, "唱歌");
        sts[1] = new Student("李四", 19, "跳舞");
        sts[2] = new Student("王五", 20, "健身");
        sts[0].SayHi();                             //通过索引查找
        sts["李四"].SayHi();                        //通过姓名查找
        Console.ReadKey();
    }
}
```

程序运行结果如图 9-2 所示。

图 9-2 【例 9-2】的运行结果

9.5 索引器与属性的比较

索引器与属性都是类的成员，语法上非常相似。索引器一般用在自定义的集合类中，通过使用索引器来操作集合对象就如同使用数组一样简单；而属性可用于任何自定义类，它增强了类的字段成员的灵活性。

1．相同点

1）索引和属性都不用分配内存位置来存储。

2）索引和属性都是为类的其他成员提供访问控制的。

3）索引和属性都有 get 访问器和 set 访问器，它们可以同时声明两个访问器，也可以只声明其中一个。

2．不同点

1）索引器以函数签名方式 this 来标识，而属性采用名称来标识，名称可以任意。

2）索引器可以重载，而属性不能重载。

3）属性可为静态成员或实例成员，索引器必须为实例成员。属性既可以声明为实例属性，也可以声明为静态属性，而索引不能声明为静态的。

4）属性通常表示单独的数据成员，而索引表示多个数据成员。

5）属性有简洁的自动实现属性，而索引必须声明完整。

6）属性允许调用方法，如同公共数据成员。索引器允许调用对象上的方法，如同对象是一个数组。

7）属性可通过名称访问，索引器可通过索引器参数访问。

8）get 访问器：属性的 get 访问器没有参数，索引器的 get 访问器具有与索引器相同的形参表。

9）set 访问器：属性的 set 访问器包含隐式 value 参数。除了 value 参数外，索引器的 set 访问器还具有与索引器相同的形参表。

索引器与属性的区别见表 9-1。

表 9-1　索引器与属性的区别

属　　性	索　引　器
允许像调用公共数据成员一样调用方法	允许对一个对象本身使用数组表示法来访问该对象内部集合中的元素
可通过简单的名称进行访问	可通过索引器进行访问
可以为静态成员或实例成员	必须为实例成员
属性的 get 访问器没有参数	索引器的 get 访问器具有与索引器相同的形参表
属性的 set 访问器包含隐式 value 参数	除了值参数外，索引器的 set 访问器还具有与索引器相同的形参表
支持对自动实现的属性使用短语法	不支持短语法

9.6　接口中的索引器

在接口中也可以声明索引器，接口索引器与类索引器的区别有两个：一是接口索引器不使用修饰符；二是接口索引器只包含访问器 get 或 set，没有实现语句。访问器的用途是指示索引器是可读写、只读还是只写的，如果是可读写的，访问器 get 或 set 均不能省略；如果只读的，省略 set 访问器；如果是只写的，省略 get 访问器。

实现接口的类或结构要与接口的定义严格一致。接口描述可属于任何类或结构的一组相关行为。接口可由方法、属性、事件、索引器或这 4 种成员类型的任何组合构成。接口不能包含字段，接口成员一定是公共的。其语法格式如下。

```
访问修饰符 interface 接口名称
{
    返回值的数据类型 this[索引值的数据类型 标识符]
    {
        get;
        set;
    }
}
```

1）接口索引器不使用修饰符，例如，不使用 pubic、private 等。

2）接口索引器没有访问器体。

在接口中也可以声明索引器，接口索引器与类索引器的区别有两个：一是接口索引器不使用修饰符，二是接口索引器只包含访问器 get 或 set，没有实现语句。

例如，下面代码表示所声明的接口 IAddress 包含 3 个成员：一个索引器、一个属性和一个方法，其中，索引器是可读写的。

```
public interface IAddress
{
    string this[int index]{get;set;}                //索引器的声明
    string Address{get;set;}                        //属性的声明
    string Answer();                                //方法的声明
}
```

访问器的用途是指示索引器是可读写、只读还是只写的。如果是可读写的，访问器 get 或 set 均不能省略；如果只读的，省略 set 访问器；如果是只写的，省略 get 访问器。

例如，下面代码：

```
interface IRawInt
```

```
{
    bool this[int index]{get;set;}                          //索引器的声明
}
class RawInt:IRawInt
{
    ...
    public bool this [int index]                            //实现索引器
    {
        get{ ...; }
        set{ ...; }
    }
    ...
}
```

假如在一个类中实现了接口索引器，可以将索引器的实现声明为 vitrual，这允许未来的派生类覆盖 get 和 set accessor。

【例 9-3】 定义一个程序员类 Programmer，定义一个部门接口 IDepartment，接口中包括两个索引器，一个参数为 int，另一个参数为 string。在 Department 类实现此接口。

```
public class Programmer                                     //程序员类
{
    public Programmer() { }                                 //构造函数
    public Programmer(string id, int age, string name, Gender gender)
    {
        this.ID = id;
        this.Age = age;
        this.Name = name;
        this.Gender = gender;
    }
    public string ID { get; set; }                          //工号属性
    public string Name { get; set; }                        //姓名属性
    public Gender Gender { get; set; }                      //性别属性
    public int Age { get; set; }                            //年龄属性
    public string Introduce()                               //问好方法
    {
        string message = string.Format("工号：{0}\t 姓名：{1}\t 性别：{2}\t 年龄：{3}", this.ID,
this.Name, this.Gender, this.Age);
        return message;
    }
}
public enum Gender                                          //性别枚举
{ male, female }
public interface IDepartment                                //部门接口
{
    Programmer this[int index]                              //员工索引号索引器
    {   get; set;   }
    Programmer this[string id]                              //重载的索引器，员工工号索引器
    {   get;   }
}
class Department : IDepartment                              //继承类
{
    private Programmer GetSE(string id)                     //根据工号查找到员工的方法
    {
        int i;
```

例题源代码
例 9-3 源代码

```
        for (i = 0; i < employees.Length; i++)
        {
            if (employees[i].ID = = id)
            {   return employees[i];   }
        }
        return null;
    }
    private Programmer[] employees = new Programmer[3];       //员工，数组
    //基本索引器，根据索引查找员工
    public Programmer this[int index]
    {
        get
        {
            if (index < 0 || index >= employees.Length)       // 验证索引范围
            {   return null;   }
            return employees[index];                          //对于有效索引，返回请求的员工
        }
        set
        {
            if (index < 0 || index >= employees.Length)
            {   return;   }
            employees[index] = value;
        }
    }
    public Programmer this[string id]                         //与接口中的定义一致
    {                                                         //重载的索引器，根据工号查找员工
        get
        {   return (GetSE(id));   }
    }
}
class Program
{
    static void Main(string[] args)
    {
        Department dep = new Department();                    //部门对象
        dep[0] = new Programmer("1021", 28, "张三", Gender.male);      //初始化员工
        dep[1] = new Programmer("2018", 30, "李四", Gender.female);
        dep[2] = new Programmer("3105", 32, "王五", Gender.male);
        string type = "根据工号";
        string info = "2018";
        switch (type)
        {
            case "根据工号":
                if (dep[info] != null)
                { Console.WriteLine(dep[info].Introduce()); }
                else
                { Console.WriteLine("该工号的员工不存在！"); }
                break;
            case "根据索引":
                int index = Int32.Parse(info);
                if (dep[index] != null)
                { Console.WriteLine(dep[index].Introduce()); }
                else
                { Console.WriteLine("该索引的员工不存在！"); }
```

```
                    break;
                }
            }
        }
```

程序运行结果如图 9-3 所示。

图 9-3 【例 9-3】的运行结果

9.7 习题

习题解答
第 9 章习题解答

一、选择题

1.（单选题）关于索引器说法中错误的是（　　）。

A．在索引器中，可以根据多个参数进行索引

B．索引器必须同时包含 get 和 set 访问器

C．索引器中 this 关键字是必须有的

D．索引器中的索引可以是 object 类型

2.（单选题）以下选项中关于接口索引器说法错误的是（　　）。

A．接口索引器不能带有访问修饰符

B．接口索引器可以包含 get 访问器或 set 访问器

C．如果接口索引器定义了 get 访问器和 set 访问器，实现类相应的索引器可以只包含 get 访问器

D．接口索引器可以用来限定索引器的读写性

3.（多选题）关于下面这段代码说法正确的是（　　）。

```
public class Class
{   public int Grade { get; set; }                    //年级
    public int Index { get; set; }                    //班级在年级中的序号
    public string Head_Teacher { get; set; }          //班主任
}
public class School
{   private Class[] _classes;
    public Class this[int grade, int index]
    {  get { return null; }  }
    public Class this[string headTeacher]
    {   get { return null; }
        set { }
    }
}
```

A．这段代码在编译的时候一定出现错误

B．调用第二个索引器运行的时候一定出错

C．应该对 School 类的_classes 成员进行初始化

D．可以去掉第二个索引器的 set{}

4．在 C#中，下面关于类索引器的定义正确的是（　　）。

A．

```
class Test
{
    int[] array=new int[]{1,2,3,4,5,6,7};
    public int this[int index]
    {
```

B．

```
class Test
{
    int[] array=new int[]{1,2,3,4,5,6,7};
    public int [int index]
    {
```

```
        get { return arrary[index]; }
    }
}
```

```
        get { return arrary[index]; }
    }
}
```

C.

```
class Test
{
    int[] arrary=new int[]{1,2,3,4,5,6,7};
    public int this[index]
    {
        get { return arrary[index]; }
        set { arrary[index] = value; }
    }
}
```

D.

```
class Test
{
int[] arrary=new int[]{1,2,3,4,5,6,7};
public int this[int index]
{
    get { return arrary[index]; }
    set { arrary[index] = value; }
}
}
```

5．在C#中，下面关于索引器的特点描述错误的是（　　）。

A．使用索引器可以用类似于数组的方式为对象建立索引

B．使用 this 关键字定义索引器

C．索引器不可以被重载

D．索引器必须也只能根据整数值进行索引

6．在C#中，下面关于接口索引器的定义正确的是（　　）。

A.

```
interface ITest
{
    public int this[int index]
    {
        get; set;
    }
}
```

B.

```
interface ITest
{
    int this[index]
    {
        get;
    }
}
```

C.

```
public interface ITest
{
    public int this[int index]
    {
        get; set;
    }
}
```

D.

```
public interface ITest
{
    int this[int index]
    {
        get;
    }
}
```

二、编程题

1．本例中定义了一个 Student 类，类中有一个存放 5 名学生成绩的数组 score，同时定义了一个索引器，目的是封装数组 CJ，同时在类中使用索引器的 set 访问器给数组 score 赋值，起到有条件的限制。

2．定义一个索引器，然后用户手动输入一周的天气情况。当用户输入相应的整型变量（0～6）时，返回相应的天气情况。例如输入 0，则返回：“今天星期一，天气：晴”。

第10章 泛　　型

使用泛型可以提高性能、类型安全和质量，减少重复性的编程任务，简化总体编程模型，而这一切都是通过可读性强的语法完成。本章主要是在类中讲述泛型，实际上，泛型还可以用在类方法、接口、结构、委托上。

教学课件
第10章课件资源

授课视频
10.1 授课视频

10.1 泛型的概念

C#是一种强类型的程序设计语言，不管是在使用简单数据，还是定义对象，首先要考虑的问题就是数据类型，只有数据类型相同，操作才能成功。

在编写程序时，经常遇到两个模块的功能非常相似，只是一个是处理 int 数据，另一个是处理 float 数据，或者其他自定义的数据类型，代码的功能完全相同，只是数据类型有所变化。C#语言这种“强类型”的局限性，只能分别写多个方法处理每个数据类型，因为方法的参数类型不同。若使用通用类型（object）又会占用较多的资源（需要执行装箱和拆箱操作），所以此时只能分别编写出多个方法分别去处理每种数据类型，降低了代码的利用率。能不能写一个方法，传递不同的参数类型呢？

为了解决这一问题，.NET Framwork 2.0 之后的版本推出了泛型的概念。使用泛型可以通过将类型作为参数传递的方式，实现在同一段代码中操作多种数据类型的目的，最大限度地重用代码，提高程序的运行效率。

泛型（Generic Type）是指将数据类型的定义用参数表示，以达到在同一份代码上用于多种数据类型的操作，提高代码的复用。通过泛型可以定义类型安全的数据结构，而无须使用实际的数据类型，从而显著提高性能，并得到更高质量的代码。泛型类型不是类型，而是类型的模板。泛型编程是一种编程范式，它利用“参数化类型”将类型抽象化，从而实现更为灵活的复用。

C#提供类、结构、接口、委托和方法 5 种泛型，前 4 种都是类型，而方法是成员。泛型类型和普通类型的区别在于泛型类型与一组类型参数或类型变量关联。泛型由 CLR 在运行时支持，这使得泛型可以在支持 CLR 的各语言之间无缝地互相操作。使用泛型类型可以最大限度地重用代码、保护类型的安全以及提高性能。

泛型类和泛型方法同时具备可重用性、类型安全和高效率，这是非泛型类和非泛型方法无法具备的。所谓“类型安全”是指编译时能检测数据类型是否匹配，以避免在程序运行时出现错误。泛型类在实例化时，按照所传入的数据类型生成本地代码，本地代码数据类型已确定，所以无须装箱和折箱。由于泛型的使用，使得所有元素都属于同一类，无须类型转换，这就把类型不同的隐患消灭在编译阶段——如果类型不对，则编译错误。

泛型类最常见的用途是创建集合类，如链接列表、哈希表、堆栈、队列、树等。例如，从集合中添加和移除项的操作方式大体上相同，与所存储数据的类型无关。

本章只讨论 C#自定义泛型类。

10.2 泛型类

一般情况下，创建泛型类的过程是从一个现有的具体类开始，逐一将每个类型更改为类型参数，直至达到通用化和可用性的最佳平衡。

10.2.1 定义泛型类

声明泛型类型时，不需要指定要处理的数据的类型，只讨论抽象的数据操作，例如排序、查找、比较等，不能进行具体的操作，例如，不能将两个泛型数据进行加法、减法等运算操作。在实际引用这种泛型类型时，先确定要处理的数据类型，再执行相应的操作。因此，泛型是一种“空泛”“泛指”“泛称”的数据类型，也就是一种不确定的数据类型。

通常先声明泛型类，然后通过类型实例化创建类型，最后定义该类型的对象。

1．泛型类的定义

泛型的定义也非常简单，只需要在声明非泛型类型的后面，使用一对尖括号<>和泛型占位符即可。定义泛型类的语法格式如下。

```
访问修饰符 class 泛型类名<类型参数列表>
{
    类的成员;
}
```

<类型参数列表>可以包含一个或多个类型参数，当泛型类需要多个参数时，各参数之间应使用“,”分隔，但占位符名称不能相同，而且所有参数都应书写在“<>”之内，例如<T, U, ...>。在声明泛型时，需要将未指定的类型参数声明为系统能够识别的类型，可以是C#内置类型或类类型。

例如，下列代码声明一个泛型类 MyGeneric<T>。

```
public class MyGeneric<T>
{
    private T member;                          // T 型变量
    public MyGeneric(T obj)                    /*构造函数*/
    {
    }
    public void Method(T name, int size)       /*方法*/
    {
    }
}
```

其中，T 为泛型占位符（也可以定义成其他任意合法的标识符），表示一个假设的类型。在声明泛型类后，默认情况下 T 可以是任意数据类型，所以可以用实际的数据类型代替 T 来声明某个实际要使用的类型。

例如，下列代码声明一个带有两个参数的泛型类 MyGeneric<TKey, TValue>。

```
public class MyGeneric <TKey, TValue>
{
    private TKey key;
    private TValue value;
    public void Method(TKey k, TValue v) { }
}
```

2．泛型的命名约定

如果在程序中对泛型命名规范，对区分泛型类型和非泛型类型有一定帮助。泛型命名约定如下。

1）泛型类型的名称用字母 T 作为前缀。

2）如果没有特殊的要求，泛型类型允许使用任意合法标识符替代，如果只使用一个泛型类型，就可以使用字符 T 作为泛型类型的名称。

3）如果泛型类型有特定的要求（例如必须实现一个派生于基类的接口），或者使用了两个或多个泛型类型，就应给泛型类型使用描述性名称。

10.2.2 泛型类对象的创建

1．创建泛型类对象

使用泛型前，必须创建泛型类对象。在实例化泛型时，一定要为类型参数指定具体类型，并且一对尖括号不能省略。格式如下。

```
泛型类名<类型列表> 对象名;
对象名 =new 泛型类名<类型列表>(参数列表);
```

一般是在创建对象的同时初始化对象，即把上面的两个语句合在一起，格式如下。

```
泛型类名<类型列表> 对象名 =new 泛型类名<类型列表>(参数列表);
```

<类型列表>是具体的数据类型，多个数据类型用逗号分隔。“参数列表”是构造函数的实参列表，用逗号分隔，如果是无参构造函数，则只写一对小括号。

例如，实例化泛型类 TGeneric、MyGenericArray、Stack，代码如下。

```
TGeneric<string> MyClassObj;                          //声明泛型类对象名
MyClassObj = new TGeneric<string>();                  //初始化泛型类，并赋值给指定的对象
MyGenericArray<int, char> intArray = new MyGenericArray<int, char>(5);
Stack<Student> st = new Stack<Student>();//创建 Student 学生类型的对象，同时初始化泛型类并赋值
```

需要说明的是，对于同一个泛型声明，不同的类型作为参数所产生的新类型是不相同的。例如，下列代码中 IntGeneric 和 StrGeneric 分别是 TGeneric 在 int 和 string 上的两个实例，它们属于不同的类型。

```
TGeneric<int> IntGereric;
TGeneric<string> StrGeneric;
```

2．泛型的初始化

泛型类型也可以实例化为值类型，而 null 只能用于引用类型。为了解决这个问题，可以使用 default 关键字。通过 default 关键字，将 null 赋予引用类型，将 0 赋予值类型。例如：

```
T doc = default(T);
```

使用 T doc = default(T)以后，系统会自动为泛型进行初始化。

注意： *default 关键字根据上下文可以有多种含义，在泛型中，根据泛型类型是引用类型还是值类型，default 关键字用于将泛型类型初始化为 null 或 0。*

3．泛型类的编译

C#泛型类在编译时，先生成中间代码 IL，通用类型 T 只是一个占位符。在实例化类时，根据指定的数据类型代替 T 并由即时编译器（JIT）生成本地代码，这个本地代码中已经使用了实际的数据类型，等同于用实际类型写的类，所以不同的封闭类的本地代码是不一样的。例如，TGeneric<int>和 TGeneric<string>是两个完全没有任何关系的类，可以把它看成类 A 和类 B。

10.2.3 泛型类的应用

【例 10-1】 定义一个泛型类 TestGeneric，T 是要实例化的范型类型。如果 T 被实例化为 int 型，那么成员变量 obj 就是 int 型；如果 T 被实例化为 string 型，那么 obj 就是 string 型。根据不同的类型，下面的程序显示出不同的值。

自定义泛型类 TestGeneric<T>的代码如下。

```
class TestGeneric<T>
{
    public T obj;                    //定义 T 类型的变量 obj
    public TestGeneric(T obj)        /*构造函数*/
    {
        this.obj = obj;
    }
}
```

Program 类的 Main 方法中创建对象的代码如下。

```
int obj = 2;
TestGeneric<int> test = new TestGeneric<int>(obj);          // T 为 int
Console.WriteLine("int:" + test.obj);                         //显示：int:2
string obj2 = "Hello World !";
TestGeneric<string> test1 = new TestGeneric<string>(obj2);
                                          // T 为 string
Console.WriteLine("String:" + test1.obj);
                                          //显示：String: Hello World !
Console.Read();
```

执行程序，显示运行结果如图 10-1 所示。

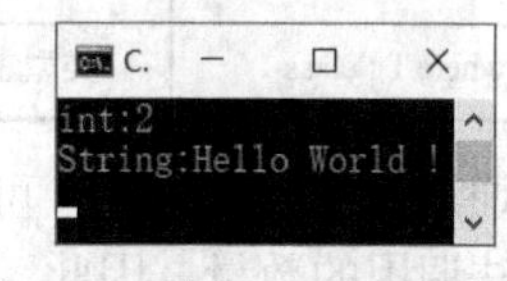

图 10-1 【例 10-1】的运行结果

【课堂练习 10-1】模拟栈的操作，声明一个泛型栈 Stack<T>，然后实例化为整数栈、实数栈、学生对象和教师对象，分别进栈 3 个元素后出栈。运行结果如图 10-2 所示。请编写程序，完成功能要求。

课堂练习解答

课堂练习 10-1 解答

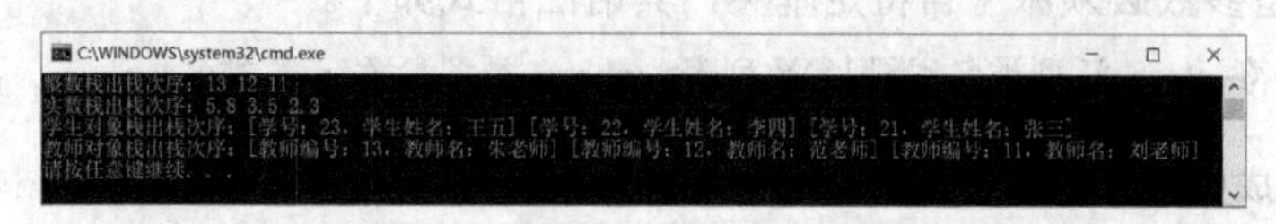

图 10-2 【课堂练习 10-1】的运行结果

10.3 泛型类中数据类型的约束

泛型类是一个模板类，它对于在执行时传递的类型参数是一无所知的，程序员在编写泛型类时，总是会对通用数据类型 T 进行有意或无意地假设，也就是说这个 T 一般来说是不能适应所有数据类型，但怎样限制调用者传入的数据类型呢？这就需要对传入的数据类型进行约束，约束的方式是指定 T 的基类，即继承的类或接口。

10.3.1 泛型类约束的概念

在定义泛型类时，可以对在实例化类时用于类型参数的类型种类施加限制。如果使用某个约束所不允许的类型来实例化类，则会产生编译时错误，这些限制称为约束。

C#中的泛型只支持显式的约束，因为这样才能保证 C#所要求的类型安全，但显式的约束并非是必需的。类型参数如果没有任何约束，泛型类型参数将只能访问 System.Object 类型中的公有方法，如图 10-3 所示。

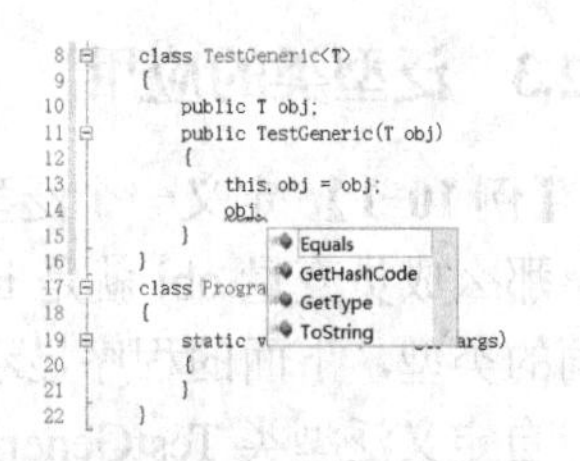

图 10-3　泛型类型的成员

显式约束由 where 子句表达，可以指定“基类约束”“接口约束”“构造函数约束”“值类型或引用类型约束”共 4 种约束。常见的类型参数约束及说明，见表 10-1。

表 10-1　常见的类型参数约束及说明

约　束	说　明
where T : <基类名>	类型参数必须是指定的基类或派生自指定的基类，例如： class EmployeeList<T> where T : Employee
where T : <接口名称>	类型参数必须是指定的接口或实现指定的接口；可以指定多个接口约束；约束接口也可以是泛型的。例如： class EmployeeList<T> where T : Employee, IEmployee, IComparable<T>, new()
where T : new()	类型参数必须有一个默认的无参数的构造函数。当与其他约束一起使用时，new()约束必须最后指定。例如：where T : IComparable, new()
where T: struct	类型参数必须是值类型。可以指定除 Nullable 以外的任何值类型
where T : class	类型参数必须是引用类型；这一点也适用于任何类、接口、委托或数组类型

通过约束类型参数，可以增加约束类型及其继承层次结构中的所有类型所支持的允许操作和方法调用的数量。因此，在设计泛型类或方法时，如果要对泛型成员执行除简单赋值之外的任何操作或调用 System.Object 不支持的任何方法，将需要对该类型参数应用约束。

10.3.2　使用 where 约束类型

1. 基类约束

指定泛型类型参数必须派生自特定基类，其语法格式如下。

```
访问修饰符 class 泛型类名<类型参数列表> where 类型参数 : 基类名
{
    类的成员;
}
```

例如，泛型类 StudentUnion 的类型参数必须继承自基类 Student 类，代码如下。

```
class Student{ }
class StudentUnion<T> where T : Student
{ }
```

例如，基类 A、B，泛型类 C 的类型参数 S 继承自 A 类，类型参数 T 继承自 B 类。

```
class A { public void F1() { } }
class B { public void F2() { } }
class C<S, T>
    where S : A                         // S 继承自 A
    where T : B                         // T 继承自 B
{
    //可以在类型为 S 的变量上调用 F1
    //可以在类型为 T 的变量上调用 F2
```

```
}
```

1）所有的派生约束必须放在类的实际派生列表之后，例如：

```
public class LinkedList<K, T> : IEnumerable<T> where K : IComparable<K>
{ }
```

2）在一个约束中最多只能使用一个基类，约束的基类不能是密封类或静态类。

【例 10-2】 限定泛型类中的参数类型必须派生自某一个指定的类。

```
class Employee                                          //定义 Employee 的基类
{
    private string name;
    private int age;
}
class SE : Employee                                     //定义派生类，继承自 Employee 类
{ }
class MyClass<T> where T : Employee                     //定义必须继承自 Employee 类的泛型类
{ }
class Program
{
    static void Main(string[] args)
    {
        MyClass<SE> myClass = new MyClass<SE>();  //正确，SE 类符合限定类
    }
}
```

2．接口约束

指定编译器泛型类型参数必须派生自特定接口，其语法格式如下。

```
访问修饰符 class 泛型类名<类型参数列表> where 类型参数 : 接口名
{
    类的成员;
}
```

需要注意的是，所有作为参数的类都必须是这个类的子类或实现了指定的接口。

1）可以自定义基类或接口进行泛型约束。

【例 10-3】 限定泛型类中的参数类型必须实现指定的接口。

```
interface IFun                                  //定义接口
{ }
class Fun : IFun                                //定义接口的实现类
{ }
class MyClass<T> where T : IFun                 //定义泛型类，参数类型继承自 IFun 接口
{ }
class Program
{
    static void Main(string[] args)
    {
        MyClass<Fun> myClass = new MyClass<Fun>();        //正确，Fun 类符合限定类
    }
}
```

2）约束可以来自系统接口。例如，下列代码中 where 要求 T 必须都是实现了 IComaparable 接口的类型，所以 TGenString 和 TGenInt 都是正确的，因为 string 类型和 int 类型都实现了 IComaparable 接口。由于 object 类型不支持 IComaparable 接口，故 TGenObj 的声明是错误的。

```
class TGenClass<T> where T: IComaparable
```

```
{ }
TGenClass<string> TGenString;              //string 类型实现了 IComaparable 接口，正确
TGenClass<int> TGenInt;                    //int 类型实现了 IComaparable 接口，正确
TGenClass<object> TGenObj;                 //object 类型未实现 IComaparable 接口，错误
```

“where T : IComparable”表示对 T 的类型约束。如果让程序比较两个 object，它不知道该如何比较。所以必须告诉 TGenClass<T>类（准确说是告诉编译器），它所接受的 T 类型参数必须是可比较的类型，要实现比较就要求类型参数 T 从 IComparable 接口继承，从而实现 IComparable 接口，换言之，就是实现 IComparable 接口，实现泛型接口约束。

3）因为 C#的单根继承性，所以约束可以有多个接口，但最多只能有一个类，在派生约束列表中必须先列出基类。例如下面代码：

```
public class Stack{ }
public class Node<T, V> where T : Stack, IComparable
                        where V: Stack
{...}
```

以上的泛型类的约束表明，要求类型参数 T 必须是从 Stack 类和 IComparable 接口继承，V 必须是从 Stack 继承，否则将无法通过编译器的类型检查，编译失败。

通用类型 T 没有特指，但因为 C#中所有的类都是从 object 继承的，所以它在类 Node 的编写中只能调用 object 类的方法，这给程序的编写造成了困难。比如类设计只需要支持两种数据类型 int 和 string，并且在类中需要对 T 类型的变量比较大小，但这些却无法实现，因为 object 中没有比较大小的方法。解决这个问题，只需对 T 进行 IComparable 约束，这时在类 Node 里就可以对 T 的实例执行 CompareTo 方法了。

4）一个泛型参数上可以约束多个接口（用逗号分隔），例如：

```
public class LinkedList <K, T> where K : IComparable<K> , IConvertible
{ }
```

3．默认构造函数约束

如果在泛型类中需要对 T 进行实例化，该怎么办呢？因为不知道类 T 到底有哪些构造函数。为了解决这个问题，需要用到 new 约束。注意在 CLR 2.0 中，new 约束只能为默认的无参构造函数定义约束，不能为其他构造函数定义约束。所以也要求相应的泛型类必须有一个无参构造函数，否则编译失败。其语法格式如下。

```
访问修饰符 class 泛型类名<类型参数列表> where 类型参数 : new()
{
    类的成员;
    public 泛型类名()                                  /*无参构造函数*/
    {
        构造函数体;
    }
}
```

【例 10-4】 自定义一个类，泛型约束类型限定为必须有一个默认的无参构造函数。

```
class MyClass<T> where T : new()                       // T 必须有一个默认的构造函数
{ }
class Student
{  //采用默认的无参构造函数。如果定义有参构造函数，则要显式地定义无参构造函数
    string name;
}
class Program
```

```
{
    static void Main(string[] args)
    {       //正确，泛型类型 Studnet 有默认的无参构造函数
        MyClass<Student> myClass = new MyClass<Student>();
    }
}
```

【例 10-5】 在下面代码中，B 类写入了一个有参构造函数，使得系统不会再为 B 自动创建一个无参的构造函数，这时 c2 对象将出现编译错误，显示“必须是具有公共的无参数构造函数的非抽象类型，才能用作泛型类型或方法中的参数 T”。

例题源代码
例 10-5 源代码

```
class A
{
                            //采用默认的无参构造函数
}
class B
{
    //public B()          //显式定义无参构造函数。取消注释则正确
    //{ }
    public B(int i)         //有参构造函数
    { }
}
class C<T> where T : new()
{
    T t;
    public C()
    {
        t = new T();
    }
}
class D
{
    public void Func()
    { }
}
class Program
{
    static void Main(string[] args)
    {
        C<A> c1 = new C<A>(); //正确，A 有默认无参构造器
        C<B> c2 = new C<B>(); //错误，B 没有无参构造器。取消 B 中无参构造函数的注释则正确
    }
}
```

如果在 B 类中加一个无参构造器，那么 c2 对象的实例化就不会报错了。

可以将构造函数的约束和派生约束结合起来，前提是构造函数的约束出现在约束列表中的最后。例如下面代码：

```
class EmployeeList<T> where T : Employee, IEmployee, IComparable<T>, new()
{ }
```

4．值类型或引用类型约束

C#中数据类型有两大类：值类型和引用类型。值类型包括基本数据类型（int; double 等），结构和枚举。引用类型包括数组、Object 类型、类、接口、委托、字符串、null 类型等。在泛

型的约束中，也可以大范围地限制类型参数必须是值类型或引用类型，分别对应的关键字是struct和class。其语法格式如下。

```
访问修饰符 class 泛型类名<类型参数列表> where 类型参数 : struct 或 class
{
    类的成员;
}
```

1）使用struct约束将泛型参数约束为值类型（如int、bool、enum）或任何自定义结构。

2）使用class约束将泛型参数约束为引用类型。

例如，定义泛型类MyClass，包含1个类型参数，并对参数进行约束，只能存取引用类型（class类或派生类对象），代码如下。

```
class MyClass<T> where T : class                /*T 必须是引用类型*/
{ }
```

例如，定义的泛型类含有两个类型参数，参数约束分别为引用类型和值类型，代码如下。

```
class MyClas<T, V> where T : class              /*T 必须是引用类型*/
                  where V: struct               /*V 必须是引用类型*/
{ }
```

3）不能将引用/值类型约束与基类约束一起使用，因为基类约束涉及类。

4）不能使用结构和默认构造函数约束，因为默认构造函数约束也涉及类。

5）引用/值类型约束可以与接口约束一起使用，引用/值类型约束要写在约束列表的开头，例如where T : class , IComparable。

【例10-6】 泛型约束类型的使用。

1）泛型约束类型是值类型的情况。声明一个泛型类型约束是值类型的类。

```
class MyClass<T> where T : struct //泛型约束类型是值类型，T在这里面是一个值类型
{ }
class Program
{
    static void Main(string[] args)
    {
        MyClass<int> myClass = new MyClass<int>();            //类型实例化为值类型，正确
        MyClass<string> myClass1 = new MyClass<string>(); //类型实例化为引用类型，编译错误
    }
}
```

myClass1对象在编译时将出现编译错误，显示"必须是不可以为null值的类型才能用作泛型类型或方法中的参数T"。

2）泛型约束类型是引用类型的情况。声明一个泛型类型约束是引用类型的类。例如：

```
class MyClass<T> where T : class //泛型约束类型是引用类型
{ }
class Program
{
    static void Main(string[] args)
    {
        MyClass<int> myClass = new MyClass<int>();            //类型实例化为值类型，编译错误
        MyClass<string> myClass1 = new MyClass<string>(); //类型实例化为引用类型，正确
    }
}
```

【例10-7】 在应用where T : class约束时，避免对类型参数使用= =和!=运算符，因为这些

运算符仅测试引用同一性而不测试值相等性。即使在用作参数的类型中重载这些运算符也是如此，下面的代码说明了这一点。即使 String 类重载= =运算符，输出也为 False。

```
class Program
{
    public static void OpTest<T>(T s, T t) where T : class
    {
        Console.WriteLine(s = = t);                    //输出：False
        Console.WriteLine(s.Equals(t));                //用 Equals 方法作相等比较，输出：True
    }
    static void Main(string[] args)
    {
        string s1 = "abc";
        StringBuilder sb = new StringBuilder("abc");
        string s2 = sb.ToString();
        Console.WriteLine("s1={0},   s2={1}", s1, s2);  //输出：s1=abc,   s2=abc
        OpTest<string>(s1, s2);
    }
}
```

执行程序，运行结果如图 10-4 所示。

图 10-4　约束

出现这种情况的原因在于，编译器在编译时仅知道 T 是引用类型，因此必须使用对所有引用类型都有效的默认运算符。如果必须测试值相等性，建议的方法是同时应用 where T : IComparable<T>约束，并在将用于构造泛型类的任何类中实现该接口。

5．添加多个约束

1）可以对多个类型参数应用约束，也可以对一个类型参数使用多个约束，并且约束自身也可以是泛型类型，多个约束之间用逗号隔开。例如，下面的代码：

```
class Base{ }
interface ISomeInterface{ }
class Test<T, U>
    where U : struct
    where T : Base, ISomeInterface, new()
{}
```

2）允许将另一个泛型参数指定为约束。例如，下面的代码为 T 提供的类型参数必须是为 U 提供的参数或派生自为 U 提供的参数。

```
public class MyClass<T, U> where T : U
{ }
```

6．未绑定的类型参数

没有约束的类型参数（如公共类 SampleClass<T>{ }中的 T）称为未绑定的类型参数。未绑定的类型参数具有以下规则：

- 不能使用!=和= =运算符，因为无法保证具体类型参数能支持这些运算符。
- 可以在它们与 System.Object 之间来回转换，或将它们显式转换为任何接口类型。
- 可以将它们与 null 进行比较。将未绑定的参数与 null 进行比较时，如果类型参数为值类型，则该比较将始终返回 False。

10.3.3　where 约束的应用

【例 10-8】 输入一个字符串，转化为想要的类型。利用泛型的特性，返回值可以是指定的类型。比较两个对象，返回值较大的一个。

```
public class CGeneric
{
    static public T Convert<T>(string s) where T : Iconvertible
        //数据转换
    {
        return (T)System.Convert.ChangeType(s, typeof(T));
    }
    static public T Max<T>(T first, T second) where T : IComparable<T>    //取两个数较大的一个
    {
        if (first.CompareTo(second) > 0)
            return first;
        return second;
    }
}
class Program
{
    static void Main(string[] args)
    {
        int iMax = CGeneric.Max(123, 456);
        double dMax = CGeneric.Max<double>(1.23, 4.56);              //可以指定返回类型
        int iConvert = CGeneric.Convert<int>("123456");
        float fConvert = CGeneric.Convert<float>("123.456");
        Console.WriteLine(iMax + "\t" + dMax + "\t" + iConvert + "\t" + fConvert);
    }
}
```

执行程序，运行结果如图 10-5 所示。

图 10-5 约束应用

【例 10-9】 泛型的数据类型参数可以带限制，规定 T 只能传值类型或者传引用类型，这里限制为第一个数据类型 T 为值类型。

```
class MyGenericArray<T, K> where T : struct
{
    private T[] array;
    public MyGenericArray(int size)
    {
        array = new T[size + 1];
    }
    public T GetItem(int index)
    {
        return array[index];
    }
    public void SetItem(int index, T value)
    {
        array[index] = value;
    }
}
class Program
{
    static void Main(string[] args)
    {
        MyGenericArray<int, char> intArray = new MyGenericArray<int, char>(5);
        for (int i = 0; i < 5; i++)
        {
```

```
                intArray.SetItem(i, i * 5);
            }
            for (int i = 0; i < 5; i++)
            {
                Console.WriteLine(intArray.GetItem(i) + "");
            }
            Console.ReadLine();
        }
    }
```

执行程序，运行结果如图 10-6 所示。

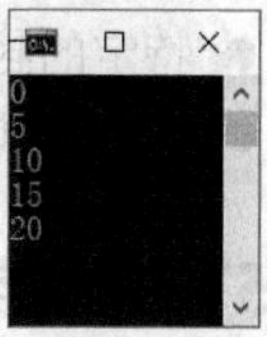

图 10-6　泛型限制

10.4　泛型类的静态成员

1．泛型中的静态成员变量

在 C# 1.x 中，类的静态成员变量在不同的类实例间是共享的，并且是通过类名访问的。C# 2.0 中由于引进了泛型，导致静态成员变量的机制出现了一些变化：静态成员变量在相同封闭类间共享，不同的封闭类间不共享。

这也非常容易理解，因为不同的封闭类虽然有相同的类名称，但由于分别传入了不同的数据类型，它们是完全不同的类，例如：

```
Stack<int> a = new Stack<int>();
Stack<int> b = new Stack<int>();
Stack<long> c = new Stack<long>();
```

类实例 a 和 b 是同一类型，它们之间共享静态成员变量，但类实例 c 却是和 a、b 完全不同的类型，所以 c 不能与 a、b 共享静态成员变量。

【例 10-10】 下面看一个例子，StaticDemo<T>类包含静态字段 Count。代码如下。

```
public class StaticDemo<T>
{
    public static int Count;
}
class Program
{
    static void Main(string[] args)
    {
        StaticDemo<string>.Count = 5;
        StaticDemo<int>.Count = 8;
        Console.WriteLine(StaticDemo<string>.Count);                    //显示：5
        Console.WriteLine(StaticDemo<int>.Count);                       //显示：8
    }
}
```

当对一个 string 类型和一个 int 类型分别使用 StaticDemo<T>类时，就存在两组静态字段：StaticDemo<string>.Count 和 StaticDemo<int>.Count。因为 StaticDemo<string>和 StaticDemo<int>视作两个完全不同的类型，所以，不应该将 StaticDemo<T>类中的静态成员理解成 StaticDemo<string>和 StaticDemo<int>共有的成员。

实际上，随着为 T 指定不同的数据类型，StaticDemo<T>相应地也变成不同的数据类型，它们之间是不共享静态成员的。若 T 所指定的数据类型一致，那么两个泛型对象之间还是可以共享静态成员的。但是为了避免引起混淆，建议尽量避免在泛型类型中声明静态成员。

2．泛型中的静态构造函数

静态构造函数的规则是，构造函数只能有一个，且不能有参数，它只能被.NET运行时自动调用，而不能人工调用。

泛型中的静态构造函数的原理和非泛型类是一样的，只需把泛型中不同类型的类理解为不同的类即可。以下两种情况可激发静态的构造函数：

- 特定的封闭类第一次被实例化。
- 特定封闭类中任一静态成员变量被调用。

10.5 泛型类的继承

C#除了可以单独声明泛型类型（包括类与结构）外，也可以在基类中包含泛型类型的声明。但基类如果是泛型类，它的类型要么已经实例化，要么来源于子类（同样是泛型类型）声明的类型参数。

1．非泛型类继承泛型类

非泛型类可以继承泛型类。在从泛型基类派生时，必须提供类型实参，而不是基类泛型参数。例如，在下面代码中，B 为非泛型类，B 可以继承泛型类 A<T>，但是泛型的类型必须实例化 A<int>。

```
class A<T>
{ }
class B : A<int>                                //泛型的类型已经实例化为 A<int>
{ }
```

2．泛型类继承非泛型类

泛型类可以继承非泛型类。例如，在下面代码中，泛型类 B<T>继承非泛型类 A。

```
class A
{ }
class B<T> : A
{ }
```

3．泛型类继承泛型类

泛型类可以继承泛型类。如果子类是泛型，而非具体的类型实参，则可以使用子类泛型参数作为泛型基类的指定类型，例如下面代码。

```
class A<TT>
{ }
class B<T> : A<T>
{ }
例如，下面代码。
class C<U, V>
class D:C<string, int>
class E<U, V> : C<U, V>          // E 类型为 C 类型提供了 U、V，也就是说来源于子类
class F<U, V> : C<string, int>   //F 类型继承于 C<string, int>，可以看成 F 继承一个非泛型的类
class G : C<U, V> //G 类型为非法的，因为 G 不是泛型，C 是泛型，G 无法给 C 提供泛型的实例化
```

4．使用子类的泛型参数

在使用子类泛型参数时，必须在子类级别重复在基类级别规定的任何约束，例如下面代码。

```
class A<T> where T : struct
{ }
class B<T> : A<T> where T : struct
```

```
{ }
class B<T> : A<int>
{ }
```

5．基类使用泛型参数的虚方法

基类可以定义其使用泛型参数的虚方法，在重写它们时，子类必须在方法中提供相应的类型。例如，下面代码中 SubClass 是非泛型类，所以继承来的泛型类、泛型方法的类型都要实例化。

```
public class BaseClass<T>
{
    public virtual T SomeMethod()                       //定义使用泛型参数的虚方法
    {
        T doc = default(T);                             //为泛型初始化
        return doc;
    }
}
public class SubClass : BaseClass<int>                  /*基类泛型参数实例化 int */
{
    public override int SomeMethod()                    /*重写方法，提供返回类型 int */
    {
        int x = 0;
        return x;
    }
}
```

6．泛型子类重写时可以使用自己的泛型参数

如果该子类是泛型类，则它还可以在重写时使用子类自己的泛型参数，例如下面代码。

```
public class BaseClass<T>
{
    public virtual T SomeMethod()                       //定义使用泛型参数的虚方法
    {
        T doc = default(T);                             //为泛型初始化
        return doc;
    }
}
public class SubClass<U> : BaseClass<U>                 //使用子类自己的泛型参数 U
{
    public override U SomeMethod()                      /*重写方法 */
    {
        U doc = default(U);                             //为泛型初始化
        return doc;
    }
}
```

7．泛型接口、泛型抽象类的继承

在继承的子类中重写基类泛型接口、泛型抽象类中定义的抽象方法时，类型参数要么已实例化，要么来源于实现类声明的类型参数。

例如，在下面代码中，子类 SubClass<T>继承 BaseClass<T>、ISomeInterface<T>，BaseClass、ISomeInterface 的类型参数采用子类的类型参数<T>。

```
public interface ISomeInterface<U>                              //接口
{
    U SomeMethod(U u);
```

```
}
public abstract class BaseClass<V>                                        //泛型基类
{
    public abstract V SomeMethod(V v);
}
public class SubClass<T> : BaseClass<T>, ISomeInterface<T>              //子类
{
    public override T SomeMethod(T t)
    { return default(T); }
}
```

不能对泛型参数使用+或+=之类的运算符。例如，下面代码是错误的。

```
public class Calculator<T>
{
    public T Add(T arg1, T arg2)
    {
        return arg1 + arg2;          //错误：运算符“+”无法应用于“T”和“T”类型的操作数
    }
}
```

【例 10-11】 可以通过泛型抽象类、接口来实现多种类型的操作，因为实现泛型抽象类、接口就已经实例化类型参数，就可以执行诸如“+”这样的操作。

例题源代码
例 10-11 源代码

```
//1.用抽象类和抽象方法
public abstract class BaseCalculator<T>                          //泛型抽象类
{
    public abstract T Add(T arg1, T arg2);                       //加 Add 抽象方法
    //其他减 Subtract、乘 Divide、除 Multiply 抽象方法
}
public class MyCalculator : BaseCalculator<int>                  //实例化类型参数 int
{
    public override int Add(int arg1, int arg2)                  //重写抽象方法
    {
        return arg1 + arg2;
    }
}
//2.用接口
public interface ICalculator<T>                                  //泛型接口
{
    T Add(T arg1, T arg2);
}
public class MyCalculator1 : ICalculator<int>                    //实例化类型参数 int
{
    public int Add(int arg1, int arg2)                           //重写接口方法
    {
        return arg1 + arg2;
    }
}
class Program
{
    static void Main(string[] args)
    {
        MyCalculator cal = new MyCalculator();                   //1.用抽象类和抽象方法
```

```
            int x = cal.Add(2, 3);
            Console.WriteLine(x);                          //显示：5
            MyCalculator1 cal1 = new MyCalculator1();      //2.用接口
            int y = cal1.Add(5, 6);                        //显示：11
            Console.WriteLine(y);
        }
    }
```

10.6 泛型方法

泛型不仅能作用在类上，也可单独用在类的方法上，C#泛型机制只支持“在方法声明上包含类型参数”，这样的方法叫泛型方法。泛型方法是使用类型参数声明的方法，数据的具体类型需要在方法调用语句中表明。使用泛型方法的最大好处在于使用同一个方法能处理不同类型的数据。

泛型方法是在方法声明上包含类型参数，其他成员（属性、事件、索引器、构造器（函数）、析构器）不支持声明上的类型参数，但这些成员本身可以包含在泛型类型中，并使用泛型类型的类型参数。泛型方法既可以包含在泛型类型中，也可以包含在非泛型类型中。

10.6.1 泛型方法的声明

一般情况下，泛型方法包括两个参数列表，一个泛型类型参数列表和一个形参列表。其中，类型参数可以作为返回类型或形参的类型出现。声明泛型方法的格式如下。

```
访问修饰符 返回值类型 方法名<类型参数列表>(形参列表) where 类型参数 : 约束条件
{
    方法体;
}
```

“类型参数列表”为一个或多个类型参数名，用逗号分隔，例如<T>、<T, U>。

“形参列表”中包括类型参数、系统类型、自定义类型，例如(T item)、(int x, T tt)。

“返回值类型”可以是 void、系统类型、自定义类型、类型参数。

例如，下列代码声明泛型方法 GetInfo，返回字符串类型，T 为类型参数，代码如下。

```
public string GetInfo<T>()
{ }
```

例如，下面代码中，类型参数 T 用于形参。

```
public void Swap<T>(ref T a, ref T b)
{
    T temp = a;
    a = b;
    b = temp;
}
```

例如，下面代码中，类型参数 T 用于形参和基类约束。

```
public void MyFunction<T>(T item) where T : MyClass
{ }
```

【例 10-12】 泛型方法的定义和调用。定义的泛型方法的功能是从指定数组中找到指定元素，给出该元素在数组中的索引位置。数组元素的数据类型可以是任何类型，所以设为泛型类型 T；这里定义为静态的泛型方法，由于返回的索引位置是整型，所以返回值设为 int；方法名命名为 Finde，泛型类型名为 T；泛型方法的参数，第 1 个参数是泛型数组 T[] items，第 2 个参数是要索引的元素，也是泛型 T item。

从数组中查找元素可以用循环遍历的方法，从头逐一比较，如果相同就找到了这个元素，否则继续找下一个元素，直到遍历完成。判断两个对象是否相等，使用对象的 Equals 方法。如果相等则返回当前的索引值，表示找到了该元素；否则返回-1，表示没有找到这个元素。

在 Main()方法中调用 Find 泛型方法，这里数组是 int 类型，查找 6 在数组中的索引值，显示 5。请读者把要查找的元素改为 12，看看显示多少。请读者把数组改为字符串数组。

```
class Program
{
    static int Find<T>(T[] items, T item)                          //泛型方法的定义
    {
        for (int i = 0; i < items.Length; i++)
        {
            if (items[i].Equals(item))
            {
                return i;
            }
        }
        return -1;
    }
    static void Main(string[] args)
    {
        int i = Find<int>(new int[] { 1, 2, 3, 4, 5, 6,7,8 }, 6);    //泛型方法的调用
        Console.WriteLine(i);                                       //显示：5
    }
}
```

1．定义方法特定于其执行范围的泛型参数

1）方法可以定义特定于其执行范围的泛型参数，即使包含类不适用泛型参数，也可以定义方法特定的泛型参数。例如，下面代码中，泛型类 MyClass<T>中的类型参数名为<T>，其类中方法 MyMethod<X>(X x)中定义的<X>用于方法中。

```
public class MyClass<T>
{
    public void MyMethod<X>(X x)            /*指定 MyMethod 方法用以执行类型为 X 的参数*/
    { }
    public void Function<X>()               /*此方法也可不指定方法参数，无形参的泛型方法*/
    { }
}
MyClass<int> myClass = new MyClass<int>();      //实例化类的类型参数为 int
myClass.MyMethod<string>("abc");                //实例化用于该方法的类型参数为 string
myClass.Function<char>();                       //实例化用于该方法的类型参数为 char
```

2）泛型方法可以出现在泛型或非泛型类中。需要注意的是，并不是只要方法属于泛型类，或者方法的形参类型是泛型参数就可以说方法是泛型方法。

例如，在下面的代码中只有方法 G 才是泛型方法。

```
class A                                     /*非泛型类*/
{
    T G<T>(T arg)                           /*泛型方法*/
    {
        方法体语句;
    }
```

```
    }
    class Generic<T>                        /*泛型类*/
    {
        T M(T arg)                          /*非泛型方法*/
        {
            方法体语句;
        }
    }
```

2．非泛型类中定义方法特定的泛型参数

在非泛型类中，也可以定义方法特定的泛型参数。例如下面代码。

```
    public class MyClass
    {
        public void MyMethod<T>(T t)        /*指定 MyMethod 方法用以执行类型为 X 的参数*/
        { }
        public void MyMethod1<T>()          /*无形参的泛型方法*/
        { }
    }
```

注意：该功能只适用于方法。属性和索引器不能指定自己的泛型参数，它们只能使用所属类中定义的泛型参数进行操作。

3．泛型方法中泛型参数的约束

1）泛型方法也可以有自己的泛型参数约束。例如下面代码。

```
    public class MyClass
    {
        public T MyMethod<T>(T t) where T : IComparable<T>
        { return default(T); }
    }
```

2）无法为类级别的泛型参数提供方法级别的约束，类级别泛型参数的所有约束都必须在类作用范围中定义。例如下面代码。

```
    public class MyClass<T>
    {
        public void MyMethod<X>(X x, T t)
            where X : IComparable<X>        /*X 是方法级别的约束*/
            where T : class                 /*错误，T 应该在类级别中约束*/
        { }
    }
```

上面代码应该改为如下。

```
    public class MyClass<T> where T : class     /*T 是类级别的约束*/
    {
        public void MyMethod<X>(X x, T t)
            where X : IComparable<X>            /*X 是方法级别的约束*/
        { }
    }
    MyClass<string> myClass = new MyClass<string>();    // T 在类级别中定义
    myClass.MyMethod<int>(2,"abc");                     //X 在方法级别中定义
```

4．泛型参数虚方法的重写

1）子类方法必须重新定义该方法特定的泛型参数。例如下面代码。

```
    public class MyBaseClass
    {
```

```
    public virtual void SomeMethod<T>(T t)
    { }
}
public class MyClass : MyBaseClass
{
    public override void SomeMethod<X>(X x)              /*重写父类中的泛型参数*/
    { }
}
```

2）子类中的泛型方法不能重复父类泛型方法的约束，这一点和泛型类中的虚方法重写是有区别的。例如下面代码。

```
public class BaseClass
{
    public virtual void SomeMethod<T>(T t) where T : new()
    { }
}
public class SubClass : BaseClass
{                                                   //正确写法
    public override void SomeMethod<X>(X x)      //不能重复在父级别出现的约束
    { }
    //错误。重写从父类方法继承的约束
    //public override void SomeMethod<X>(X x) where X : new()
    //{ }
}
```

3）使用类型实参继承的时候，方法要使用实参的类型。例如下面代码。

```
public class BaseClass<T> //泛型类
{
    public virtual T SomeMethod()                  //虚方法，返回 T 类型
    {
        return default(T);
    }
}
public class SubClass1 : BaseClass<int>            //普通类继承，实例化泛型类型为 int
{   //使用类型实参继承的时候，方法要使用实参的类型
    public override int SomeMethod()               //重写虚方法。T 使用类型实参的类型 int
    {
        return 0;
    }
}
public class SubClass2<T> : BaseClass<string>      //泛型类继承,实例化泛型类型为 string
{   //使用类型实参继承的时候，方法要使用实参的类型
    public override string SomeMethod()            //重写虚方法。T 使用类型实参的类型 string
    {
        return null;
    }
}
public class SubClass3<T> : BaseClass<T>           //泛型类继承,方法也是泛型
{
    public override T SomeMethod()                 //重写虚方法。T 类型
    {
        return default(T);
    }
}
```

```
SubClass1 sub1 = new SubClass1();
sub1.SomeMethod();
SubClass2<int> sub2 = new SubClass2<int>();                //实例化泛型的类型为 int
sub2.SomeMethod();
SubClass3<string> sub3 = new SubClass3<string>();          //实例化泛型的类型为 string
sub3.SomeMethod();
```

5．子类方法调用虚拟方法的基类

必须指定要代替泛型基础方法类型所使用的类型实参，可以自己显式指定它，也可以依靠类型推理（如果可能的话）。例如下面代码。

```
public class MyBaseClass
{
    public virtual void SomeMethod<T>(T t) where T:struct      /*泛型基础方法*/
    {
        Console.WriteLine(t);
    }
}
public class MyClass : MyBaseClass
{
    public override void SomeMethod<X>(X x)                    /*正确写法*/
    {
        base.SomeMethod<X>(x);
        base.SomeMethod(x);
    }
}
MyClass myClass = new MyClass();
myClass.SomeMethod<int>(5);
myClass.SomeMethod<bool>(false);
```

6．静态方法可以定义特定的泛型参数和约束

例如下面代码。

```
public class MyClass<T>
{
    public static T SomeMethod<X>(T t, X x)           /*静态方法定义了自己的泛型参数 X*/
    {
        return t;
    }
}
int number = MyClass<int>.SomeMethod<string>(3, "AAA ");
```

或者：

```
int mumber = MyClass<int>.SomeMethod(3, "AAA ");
```

例如下面代码。

```
public class MyClass<T>
{
    public static T SomeMethod(T t)
    { return default(T); }
}
public class MyClass1<T>
{
    public static T SomeMethod<X>(T t, X x)
    { return default(T); }
```

```
}
public class MyClass2
{
    public static T SomeMethod<T>(T t) where T : IComparable<T>
    { return default(T); }
}
class Program
{
    static void Main(string[] args)
    {
        int number = MyClass<int>.SomeMethod(3);
        int number1 = MyClass1<int>.SomeMethod<string>(3, "AAA");
        int number2 = MyClass2.SomeMethod<int>(5);
    }
}
```

7．泛型类中的方法重载

方法的重载在.Net Framework中大量应用，要求重载具有不同的签名。在泛型类中，由于通用类型T在类编写时并不确定，所以在重载时有些注意事项。

（1）构成泛型方法的重载

下面代码不能构成泛型方法的重载。因为编译器无法确定泛型类型T和U是否不同，也就无法确定这两个方法是否不同。

```
public void Function1<T>(T[] a, int i) { }                    //不构成方法重载
public void Function1<U>(U[] a, int i) { }                    //不构成方法重载
```

下面方法可以构成重载。

```
public void Function1<T>(int x) { }                           //构成方法重载
public void Function1(int x) { }                              //构成方法重载
```

下面方法不能构成泛型方法的重载，因为编译器无法确定约束条件中的A和B是否不同，也就无法确定这两个方法是否不同。

```
public void Function1<T>(T t) where T : A{ }                  //不构成方法重载
public void Function1<T>(T t) where T : B{ }                  //不构成方法重载
```

（2）一般方法会覆盖泛型方法

通过以下的例子说明。

```
public class Node<T, V>
{
    public T add(T a, V b)                          //第一个 add
    {
        return a;
    }
    public T add(V a, T b)                          //第二个 add
    {
        return b;
    }
    public int add(int a, int b)                    //第三个 add
    {
        return a + b;
    }
}
```

上面的类很明显，如果T和V都传入int的话，3个add方法将具有同样的签名，但这个

类仍然能通过编译，是否会引起调用混淆将在这个类实例化和调用 add 方法时判断。下面调用代码：

```
Node<int, int> node = new Node<int, int>();
object x = node.add(2, 5);
```

这个 Node 的实例化引起了 3 个 add 具有同样的签名，但却能调用成功，因为它优先匹配了第三个 add。但如果删除了第三个 add，上面的调用代码则无法编译通过，提示方法产生了调用不明确，因为运行时无法在第一个 add 和第二个 add 之间选择。

```
Node<string, int> node = new Node<string, int>();
object x = node.add(2, "5");
```

这两行调用代码可正确编译，因为传入的 string 和 int，使 3 个 add 具有不同的签名，当然能找到唯一匹配的 add 方法。

由以上示例可知，C#的泛型是在实例的方法被调用时检查重载是否产生混淆，而不是在泛型类本身编译时检查。同时还得出一个重要原则：当一般方法与泛型方法具有相同的签名时，会覆盖泛型方法。

（3）泛型方法的重写

在重写的过程中，抽象类中抽象方法的约束是被默认继承的。例如下面代码。

```
class Student { }
class BaseClass
{
    public virtual void Function1<T>(T t) where T : Student;
    public virtual void Function2<T>(T t) where T : ICompare;
}
class MyClass : BaseClass
{
    public override void Function1<X>(X x) { }
    public override void Function2<T>(T t) where T: ICompare { }            //错误
}
```

对于 MyClass 中两个重写的方法来说，Function1 方法是合法的，约束被默认继承。Function2 方法是非法的，指定任何约束都是多余的，抽象类中的抽象方法的约束是被默认继承的。

【例 10-13】 泛型方法的重写。

首先定义一个普通类 Student，再定义一个接口 ICompare 作为泛型限定的条件。

```
class Student
{
    private int id;
    private string name;
}
interface ICompare
{ }
```

定义基类 BaseClass，在基类中实现泛型方法。把要重写的方法定义为虚方法 virtual，返回类型为 void，方法名为 F1、F2，泛型类型为<T>，泛型方法的参数定义为(T t)。F1 给类型限定必须继承自 Student 类，F2 给类型限定为实现 ICompare 接口。

```
class BaseClass
{
    public virtual void F1<T>(T t) where T : Student { }
    public virtual void F2<T>(T t) where T : ICompare { }
}
```

定义一个实现类 MyClass，继承自 BaseClass。在 MyClass 类中重写 BaseClass 中定义的两个虚方法。

```
class MyClass : BaseClass
{
    public override void F1<T>(T t) { }
    public override void F2<T>(T t) { }
}
```

在 Program 类的 Main 方法中，创建对象和调用方法，测试前面定义的类是否正确。

```
MyClass myClass = new MyClass();        //创建 MyClass 类的实例 myClass
//myClass.F1<int>;                      //错误，泛型类型不符合限定的类型 where T : Student
Student stu = new Student();            //创建符合类型限定的类型参数
myClass.F1<Student>(stu);               //调用 F1 方法
myClass.F2<Student>(stu);               //错误，因为 F2 泛型类型限定条件是 where T : ICompare { }
```

修改 class Student 为 class Student : ICompare，让 Student 实现 ICompare 接口，则 F2 正确。

10.6.2 调用泛型方法

1. 实例化类型

在调用泛型方法时，可以提供要在调用场所使用的类型。例如，调用泛型类中的泛型方法，代码如下。

```
public class MyClass<T>
{
    public T SomeMethod<T>(T t)
    {
        return t;
    }
}
MyClass<int> myClass = new MyClass<int>();      //创建泛型类的对象时，实例化类型<int>
myClass.SomeMethod<int>(3);                     //调用泛型方法时，提供类型<int>
```

如果调用非泛型类中的泛型方法，代码如下。

```
public class MyClass1
{
    public T SomeMethod1<T>(T t)
    {
        return t;
    }
}
MyClass1 myClass1 = new MyClass1();             //创建对象
myClass1.SomeMethod1<int>(3);                   //调用泛型方法，提供类型<int>
```

编译器无法只根据方法返回值的类型推断出类型。例如下面代码。

```
public class MyClass
{
    public T MyMethod<T>()
    { return default(T); }
}
class Program
{
    static void Main(string[] args)
    {
```

```
            MyClass obj = new MyClass();
            int number = obj.MyMethod<int>();
        }
    }
```

2．泛型推理

在调用泛型方法时，C#编译器基于传入的参数类型来推断出正确的类型，并且允许完全省略类型规范，称为泛型推理。例如下面代码。

```
public class MyClass
{
    public T SomeMethod<T>(T t)
    {
        return t;
    }
}
MyClass myClass1 = new MyClass();
myClass1.SomeMethod(3);                 //泛型推理机制调用泛型方法，按 int 调用泛型方法
MyClass myClass2 = new MyClass();
myClass2.SomeMethod("3");               //泛型推理机制调用泛型方法，按 string 调用泛型方法
```

注意：泛型方法无法只根据返回值的类型推断出类型。

10.6.3 泛型方法的应用

【例 10-14】 简单的泛型类和泛型方法示例。

```
public class GenericityHello<T>                 /*泛型类 1*/
{
    public void SayHello(T t)
    {
        Console.WriteLine(t.ToString());
    }
}
public class GenericityHello1<T>                    /*泛型类 2*/
{
    private T tt;                                   //字段
    public T Tt                                     /*属性*/
    {
        get { return tt; }
        set { tt = value; }
    }
    public void SayHello()
    {
        Console.WriteLine(tt.ToString());
    }
}
public class English
{                                                   /*重写字符串类的 ToString()方法*/
    public override string ToString()
    {
        return "Hello!";
    }
}
public class Chinese
```

```
{                                                   /*重写字符串类的 ToString()方法*/
    public override string ToString()
    {
        return "你好!";
    }
}
public class MyClass
{
    public MyClass()                                /*构造函数*/
    {
    }
    public void Swap<T>(ref T a, ref T b)           /*泛型方法*/
    {
        T c;
        c = a;
        a = b;
        b = c;
    }
}
class Program
{
    static void Main(string[] args)
    {
        GenericityHello<English> gh1 = new GenericityHello<English>();
        English en = new English();
        gh1.SayHello(en);                       //执行英文方法
        GenericityHello1<Chinese> gh2 = new GenericityHello1<Chinese>();
        Chinese cn = new Chinese();
        gh2.Tt = cn;
        gh2.SayHello();                         //执行中文方法
        //测试泛型方法
        Console.WriteLine("交换 2 个对象：");
        string s1 = "aaaaaa";
        string s2 = "bbbbbb";
        MyClass cls3 = new MyClass();
        cls3.Swap(ref s1, ref s2);
        Console.WriteLine("s1={0}, s2={1}", s1, s2);
        Console.ReadLine();
    }
}
```

图 10-7 【例 10-14】运行结果

执行程序，运行结果如图 10-7 所示。

【例 10-15】 泛型方法示例。在 Program 类的 Main 方法中定义一个静态的泛型方法，用来获取数值在数组中的索引位置。用 Find<T>方法查找 int 数组、float 数组。

例题源代码

例 10-15 源代码

```
class Program
{
    static void Main(string[] args)
    {
        int val = 2;
        int pos = Find<int>(new int[] { 1, 2, 3, 4, 5 }, val);          //用 Find 方法查找 int 数组
        Console.WriteLine(string.Format("int Pos:{0}", pos));
        float val1 = 3;
        pos = Find<float>(new float[] { 1, 2, 3, 4, 5 }, val1);         //用 Find 方法查找 float 数组
```

```
            Console.WriteLine(string.Format("float Pos:{0}", pos));
            Console.ReadLine();
        }
        public static int Find<T>(T[] valus, T val)                     //valus 为 T 型数组,val 为 T 型变量
        {
            for (int i = 0; i < valus.Length; i++)
            {
                if (valus[i].Equals(val))
                {
                    return i;                                           //返回 int 型的数组索引
                }
            }
            return -1;
        }
    }
```

程序运行结果如图 10-8 所示。

```
int Pos:1
float Pos:2
```

图 10-8 【例 10-15】运行结果

10.7 泛型参数的转换

1. 泛型参数的隐式转换

只允许将泛型参数隐式强制转换到 Object 或约束指定的类型。例如下面代码。

```
class BaseClass
{ }
interface ISomeInterface
{ }
class SubClass : BaseClass, ISomeInterface
{ }
class MyClass<T> where T : BaseClass , ISomeInterface
{
    public void SomeMethod(T t)
    {
        ISomeInterface obj1 = t;  //将泛型参数隐式强制转换到约束指定的类型 ISomeInterface
        BaseClass obj2 = t;       //将泛型参数隐式强制转换到约束指定的类型 BaseClass
        object obj3 = t;          //将泛型参数隐式强制转换到 object 类型
    }
}
MyClass<SubClass> myClass = new MyClass<SubClass>();//实例化泛型参数及对象
```

2. 泛型参数转换到接口

允许将泛型参数显式强制转换到其他任何接口，但不能将其转换到类。例如下面代码。

```
class BaseClass
{ }
interface ISomeInterface
{ }
class MyClass1<T>
{
    void SomeMethod(T t)
    {
        ISomeInterface obj1 = (ISomeInterface)t;          //显式强制转换到接口
        BaseClass obj2 = (BaseClass)t;                    //出错“无法将类型 T 转换为 BaseClass”
    }
```

```
}
MyClass1<BaseClass> myClass = new MyClass1<BaseClass>();          //实例化泛型参数及对象
MyClass1<int> myClass1 = new MyClass1<int>();                      //实例化泛型参数及对象
```

3．使用临时 object 变量将泛型参数强制转换到其他类型

由于泛型参数的隐式转换以及泛型参数转换到接口的限制，变通方法是使用临时的 object 类型的变量，将泛型参数强制转换到其他任何类型。例如下面代码。

```
class BaseClass { }
class MyClass<T>
{
    void SomeMethod(T t)
    {
        object temp = t;                                //使用临时的 object 变量
        BaseClass obj = (BaseClass)temp;                //将泛型参数强制转换到其他任何类型
    }
}
```

注意：如果 t 没有继承 BaseClass，编译没错但是运行就会出错。

4．使用 is 和 as 运算符判断

解决上面强制转换问题，可以使用 is 和 as 运算符判断类型是否兼容。例如下面代码。

```
public class LinkedList<T, U>
{ }
public class MyClass<T>
{
    public void SomeMethod(T t)
    {
        if (t is int) { }
        if (t is LinkedList<int, string>) { }
        //如果泛型参数的类型是所查询的类型，则 is 运算符返回 true
        string str = t as string;
        //如果这写类型兼容，则 as 将执行强制类型转换，否则将返回 null
        if (str != null) { }
        LinkedList<int, string> list = t as LinkedList<int, string>;
        if (list != null) { }
    }
}
```

10.8　泛型接口

C#语言允许自定义泛型接口，格式如下。

```
访问修饰符 interface 接口名<类型参数列表>
{
    接口成员;
}
```

“类型参数列表”包含一个或多个类型参数，各参数之间应使用“,”分隔，但占位符名称不能相同，而且所有参数都应书写在“<>”之内。

例如，定义泛型接口 IMyList，包含一个类型参数 T，代码如下。

```
interface IMyList<T>
{
    //接口成员（定义接口的属性和方法）
```

```
}
```

泛型接口成员的定义方法与非泛型接口成员的定义方法基本相同，这些在本教材第 6 章中有较为详细的描述。由于篇幅所限，这里对自定义泛型接口不再展开叙述，更详细的说明请读者自行参阅有关资料。

例题源代码
例 10-16 源代码

【例 10-16】 自定义泛型接口，实现加、减、乘、除等简单的算术运行功能，然后定义一个类来实现这个接口，实现具体类型加、减、乘、除的功能。

1）首先定义泛型类接口 IOperations<T>，定义加、减、乘、除方法。

```
public interface IOperations<T>
{
    T Add(T arg1, T arg2);                //加方法。方法名为 Add，返回和的类型为 T，方法
                                          //的两个形参的类型是 T
    T Subtract(T arg1, T arg2);           //减方法
    T Multiply(T arg1, T arg2);           //乘方法
    T Divide(T arg1, T arg2);             //除方法
}
```

2）定义 MyMath 类来实现这个接口，限定泛型类型为 IOperations<int>，然后分别定义这 4 个实现接口的方法。

```
public class MyMath : IOperations<int>
{
    public int Add(int arg1, int arg2)            //实现加法方法
    {
        return arg1 + arg2;
    }
    public int Subtract(int arg1, int arg2)       //实现减法方法
    {
        return arg1 - arg2;
    }
    public int Multiply(int arg1, int arg2)       //实现乘法方法
    {
        return arg1 * arg2;
    }
    public int Divide(int arg1, int arg2)         //实现除法方法
    {
        return arg1 / arg2;
    }
}
```

3）在 Program 类的 Main 方法中实例化 MyMath 类。

```
MyMath math = new MyMath();                  //实例化一个 MyMath 类的对象 math
Console.WriteLine(math.Add(2,3));            //输出一个加法运算，显示：5
Console.WriteLine(math.Subtract(3, 2));      //显示：1
Console.WriteLine(math.Multiply(2, 3));      //显示：6
Console.WriteLine(math.Divide(6, 3));        //显示：2
```

10.9 习题

习题解答
第 10 章习题解答

一、选择题

1.（多选题）下面泛型类的声明合法的是（　　）。

A．class C<U, V>{ }　　　　B．class D : C<string, int>{ }

C．class E<U, V> : C<U, V>{ }　　　　　　　D．class G : C<U, V>{ }

2．（单选题）下面关于泛型的描述错误的是（　　）。

A．泛型即通过参数化类型的方法，实现在同一份代码上操作多种数据类型

B．泛型编程是一种新的编程方法，它利用“参数化类型”将类型抽象化，从而实现更为灵活的复用

C．通过泛型可以定义类型安全的数据结构

D．通过泛型可以定义类型安全的数据结构

3．（单选题）以下不属于泛型优点的是（　　）。

A．性能高

B．类型安全

C．实现代码的重用

D．C#泛型代码在被编译为 IL 和元数据时，采用特殊的占位符来表示泛型类型

二、编程题

1．Book 类包括图书名和定价。要求定义一个 SortHelper<T>类，其中有一个 BubbleSort(T[] array)方法，按定价排序。

2．模拟栈的操作，分别创建自定义泛型类的 int、String 实例对象。

第 11 章　集　　合

集合原本是数学上的一个概念，表示一组具有某种性质的数学元素。引用到程序设计中，集合由相同类型的数据元素组成。但与数组不同，集合中的元素可以在运行时添加或删除元素，也就是说，集合的容量会根据需要自动扩展。使用集合可以简化程序设计，提高编程效率。

教学课件
第 11 章课件资源

授课视频
11.1　授课视频

11.1　集合的概念

集合类是用于数据存储和检索的专门类。.NET 提供了很多集合类，泛型集合主要在 System.Collections.Generic 命名空间中，而非泛型集合主要在 System.Collections 命名空间中。

非泛型集合 System.Collections 命名空间中的类主要包括 ArrayList（列表）、Hashtable（哈希表）、SortedList（排序列表）、Queue（队列）、Stack（堆栈）等。

泛型集合 System.Collections.Generic 命名空间包含定义泛型集合的接口和类，常用的类包括 List<T>、Dictionary<T>、SortedList<T>、Queue<T>、Stack<T>、HashSet<T>等。

泛型集合与非泛型集合相比，泛型集合是一种强类型的集合，它解决了类型安全问题，同时避免了集合中每次的装箱与拆箱的操作，提升了性能。如果使用 C# 2.0 以上版本，尽量使用泛型集合类，而不使用非泛型集合类。在.NET 2.0 及以后版本的 System.Collections.Generic 命名空间中包含有大量的泛型集合类，用于替代非泛型集合类，例如，List<T>用于替代 ArrayList，Dictionary<T>用于替代 HashTable，SortedList<T>用于替代 SortedList，Queue<T>用于替代 Queue，Stack<T>用于替代 Stack，还有新的 HashSet<T>哈希集合类。

集合本身也是一种类型，基本上可以将其作为存储一组数据对象的容器，由于 C#面向对象的特性，管理数据对象的集合类必须被实例化为对象，而存储在集合中的数据对象则称为集合元素。

11.2　ArryList 类集合

ArrayList 类是一个可动态维护长度的有序集合，是 Array 类数组的复杂版本，可以替代数组。与数组不同，它的容量可以根据需要自动扩充，它的索引会根据集合的扩展而重新分配和调整，如图 11-1 所示。所以，ArrayList 类集合也称为动态数组。

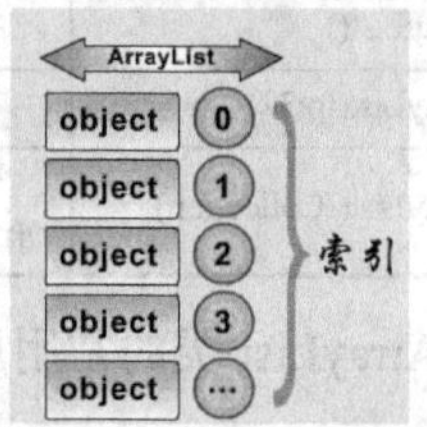

图 11-1　ArrayList 类存储示意图

ArrayList 类（在命名空间 System.Collections 中），用于建立不定长度的集合，该类集合元素的数据类型为 Object。ArrayList 类提供一系列方法对其中的元素进行操作，使用索引从指定位置的列表中访问、添加和删除项目，并且自动调整大小，可以添加、搜索和排序列表中的项目。在 ArrayList 类中可以保存多种数据类型，此时的取值操作要强制转换类型，即拆箱。ArrayList 类对象中的元素起始下标始终是 0，始终是一维的。ArrayList 集合接受 null 作为有效值，它还允许重复的元素。

ArrayList 类是用于保存异类对象的集合。但是，它不总是提供最佳性能。建议对于异类对象的集合使用 List<Object>，对于同构对象的集合使用List<T>类。

11.2.1 创建 ArrayList 类的对象

创建 ArrayList 类的对象之前，必须先导入 System.Collections 命名空间，然后再实例化 ArrayList 类的对象，即在 C#程序的头部添加如下代码。

```
using System.Collections;
```

创建 ArrayList 类的集合对象的语法格式如下。

```
ArrayList 对象名 = new ArrayList();
ArrayList 对象名 = new ArrayList(元素个数);
ArrayList 对象名 = new ArrayList(集合对象);
```

其中，“元素个数”的取值为大于零的整数。“集合对象”是从指定的“集合对象”复制的元素并且具有与所复制的元素数相同的初始容量，“集合对象”通常是数组。

例如，创建一个 ArrayList 类的对象 myAL，并用其构造函数初始化：

```
//构造函数 ArrayList()初始化 ArrayList 类的新实例，该实例为空并且具有默认初始容量
ArrayList myAL1 = new ArrayList();
//构造函数 ArrayList(5)初始化 ArrayList 类的新实例，该实例为空并且具有指定的初始容量
ArrayList myAL2 = new ArrayList(5);
```

例如，已创建整型一维数组 arr，并赋初值 1，2，3，4，5，声明 ArrayList 类的对象 myAL3，并将该一维数组元素复制到该对象中，代码如下。

```
int[] arr = new int[] { 1, 2, 3, 4, 5 };
ArrayList myAL3 = new ArrayList(arr);
```

11.2.2 ArrayList 类的构造函数、属性和方法

ArrayList 类的构造函数，见表 11-1。

表 11-1 ArrayList 类的构造函数

构 造 函 数	说 明
ArrayList()	初始化 ArrayList 类的新实例，该实例为空并且具有默认初始容量
ArrayList(Int32)	初始化 ArrayList 类的新实例，该实例为空并且具有指定的初始容量
ArrayList(ICollection)	初始化 ArrayList 类的新实例，该类包含从指定集合复制的元素，并具有与复制的元素数相同的初始容量。ICollection 是已定义的集合

ArrayList 类的常用属性，见表 11-2。

表 11-2 ArrayList 类的常用属性

属 性	说 明
Capacity	获取或设置 ArrayList 可包含的元素数
Count	获取 ArrayList 中实际包含的元素数
Item[Int32]	获取或设置指定索引处的元素

ArrayList 类的常用方法，见表 11-3。

表 11-3　ArrayList 类的常用方法

方　法	说　明
Add(Object)	将对象添加到 ArrayList 的末尾，可以添加不同类型的值。返回索引位置，int 型
Clear()	从 ArrayList 中移除所有元素
Contains(Object)	确定某元素是否在 ArrayList 中，返回 bool 型
IndexOf(Object)	搜索指定 Object 并返回整个 ArrayList 中的第一个匹配项的索引（从零开始），int 型
Insert(Int32, Object)	将元素插入 ArrayList 的指定索引处
Sort()	对整个 ArrayList 中的元素进行排序。需要排序的集合元素必须具有相同的数据类型。如果当前 ArrayList 元素为多种类型，则 ArrayList 可能无法进行排序
Remove(Object)	从 ArrayList 中移除特定对象的第一个匹配项
RemoveAt(int32)	移除 ArrayList 的指定索引处的元素

11.2.3　ArrayList 类的操作

1. 访问 ArrayList 元素

与访问一维数组元素的方法相同，可以使用整数索引（下标）访问此集合中的元素，集合中的索引从 0 开始。获取或设置 ArrayList 元素中指定索引处元素的格式如下。

(类型)集合对象名[索引值]

“索引值”为 int 型，表示集合元素在集合中的位置。由于 ArrayList 中的元素值的类型是 Object 类型，在访问值时，要使用“(类型)”转换成需要的类型。

例如，已经创建且赋值的 ArrayList 对象 myAL，访问 myAL 的第 1 个元素，代码如下。

```
(string)myAL[0]
```

2. 遍历 ArrayList 元素

用户可以遍历 ArrayList 对象中的元素。假设 myAL 为一个 ArrayList 实例。

例如，使用 foreach 语句遍历 ArrayList 对象 myAL 的元素，代码如下。

```
foreach (Object obj in myAL) //使用 foreach 遍历集合元素
{
    //string obj1 = (string)obj;//把 obj 类型强制转换为 string 类型
    string obj1 = obj as string;//转换类型也可以使用 as
    Console.WriteLine(obj1);
}
```

也可以使用 for 语句遍历 ArrayList 对象 myAL 的元素，代码如下。

```
for (int index = 0; index < myAL.Count; index++) //访问集合中的元素，使用 for 遍历元素
{
    //string obj1 = (string)obj;//把 obj 类型强制转换为 string 类型
    string obj1 = obj as string;//转换类型也可以使用 as
    Console.WriteLine(obj1);
}
```

3. 使用 ArrayList 存储值类型的装箱拆箱问题

例如，下面代码的运行没有任何问题，但是在执行 ArrayList 的过程中，发生了多次装箱和拆箱操作，造成一定的性能损失，所以在编程时应该引起注意。

```
ArrayList list = new ArrayList();
list.Add(110);//Add 的参数都是 Object 类型，会把 int 类型转换为 Object 类型，发生装箱操作
list.Add(119);//装箱
int var = (int)list[0];//强制把 Object 类型转换为 int 型，发生拆箱操作
foreach (int i in list) //用 int i 对 list 对象循环，进行了拆箱操作，即把 list 的 Object 类型的元素，转换
```

```
            //成 int 型。因此 list 中的有多少元素，就会发生多少次拆箱操作
    {
        Console.WriteLine(i);
    }
```

4. 对 ArrayList 类的简单操作

使用下面方法实现对 ArrayList 对象的添加、移除等操作。

在 ArrayList 对象中添加一个元素：ArrayListObject.Add(Object);

在 ArrayList 对象中移除一个元素：ArrayListObject.Remove(Object);

在 ArrayList 对象中移除所有元素：ArrayListObject.Clear();

在 ArrayList 对象中确定某元素是否在 ArrayList 中：HashtableObject.Contains(Object);

在 ArrayList 对象中对整个 ArrayList 中的元素排序：HashtableObject.Sort();

5. 在 ArrayList 集合中保存对象

【例 11-1】 下面代码说明在 ArrayList 集合中对类的对象的操作。

1）声明一个 Student 类，其类中包括属性、方法、构造函数等。

例题源代码

例 11-1 源代码

```
public enum Gender //枚举：性别
{
    male, female
}
public class Student //声明学生类
{
    public string Name { get; set; } //属性：姓名
    public int Age { get; set; } //属性：年龄
    public string Hobby { get; set; } //属性：爱好
    public Gender Genders { get; set; } //属性：性别
    public void SayHi() //方法：自我介绍
    {
        Console.WriteLine("大家好，我叫{0},今年{1}岁，喜欢{2}。", Name, Age, Hobby);
    }
    public Student(string name, int age, string hobby, Gender gender) //构造函数
    {
        this.Name = name;
        this.Age = age;
        this.Hobby = hobby;
        this.Genders = gender;
    }
}
```

2）在 Main()方法中创建几个 Student 类的对象，并通过构造函数初始化对象，然后实现集合元素的添加、访问、删除等操作。

```
Student li = new Student("小李", 20, "唱歌", Gender.male);//创建对象，并初始化
Student wang = new Student("小王", 19, "跳舞", Gender.female);
Student zhang = new Student("小张", 21, "弹钢琴", Gender.male);
ArrayList arrlist = new ArrayList();//创建集合对象
arrlist.Add(li);//添加元素
arrlist.Add(wang);
int i = arrlist.Add(zhang);//返回值是整型，表示添加到 ArrayList 的此处索引，此处 i=2
//arrlist[1]是 Object 类型，stu1 是 Student 类型，所以需要把 arrlist[1]强制类型转换为 Student 类型
Student stu1 = (Student)arrlist[1];//访问单个元素使用索引，例如访问第 2 个元素
Console.WriteLine("下面请{0}做自我介绍:", stu1.Name);
stu1.SayHi();
Console.WriteLine("\n--插入元素后的集合元素成员--");
```

```
Student liu = new Student("小刘", 18, "太极拳", Gender.male);
arrlist.Insert(0, liu);//在指定位置添加元素，把 liu 添加到集合开头
for (int index = 0; index < arrlist.Count; index++) //访问集合中的元素，使用 for 遍历元素
{
    Student stu = (Student)arrlist[index];//把 arrlist 类型强制转换为 Student 类型
    Console.WriteLine("    [{0}]下面请{1}做自我介绍:",index,stu.Name);
    stu.SayHi();
}
Console.WriteLine("\n--删除元素后的集合元素成员--");
arrlist.RemoveAt(1);//删除索引为 1（第 2 个）的元素
arrlist.Remove(zhang);//删除指定的元素，它的参数是一个 Student 对象
foreach (Object obj in arrlist) //使用 foreach 遍历元素
{
    //Student stu = (Student)obj;/ //把 obj 类型强制转换为 Student 类型
    Student stu = obj as Student;//转换类型也可以使用 as
    stu.SayHi();//调用 Student 的 SayHi()方法
}
Student lius = liu;//声明 lius 对象，并使 lius 引用 liu
arrlist.Remove(lius); //删除指定的元素 lius
//因为 Student 类是一个引用类型，lius 与 liu 指向的是同一个内存地址，那么删除 lius 时 liu 也被删除
Console.WriteLine("\n--删除 lius 元素后的集合元素成员--");
foreach (Object obj in arrlist) //遍历删除元素后的集合
{
    Student stu = (Student)obj;//把 obj 类型强制转换为 Student 类型
    Console.WriteLine("下面请{0}做自我介绍:", stu.Name);
    stu.SayHi();//调用 Student 的 SayHi()方法
}
arrlist.Clear();//删除集合中所有的元素
Console.Read();
```

3）执行程序，运行结果如图 11-2 所示。

```
C:\WINDOWS\system32\cmd.exe
下面请小王做自我介绍:
大家好，我叫小王，今年19岁，喜欢跳舞。

--插入元素后的集合元素成员--
    [0]下面请小刘做自我介绍:
大家好，我叫小刘，今年18岁，喜欢太极拳。
    [1]下面请小李做自我介绍:
大家好，我叫小李，今年20岁，喜欢唱歌。
    [2]下面请小王做自我介绍:
大家好，我叫小王，今年19岁，喜欢跳舞。
    [3]下面请小张做自我介绍:
大家好，我叫小张，今年21岁，喜欢弹钢琴。

--删除元素后的集合元素成员--
大家好，我叫小刘，今年18岁，喜欢太极拳。
大家好，我叫小王，今年19岁，喜欢跳舞。

--删除lius元素后的集合元素成员--
下面请小王做自我介绍:
大家好，我叫小王，今年19岁，喜欢跳舞。
```

图 11-2 【例 11-1】的运行结果

由于集合中的元素都是 Object 类型，在把类对象添加到集合中时，从 Student 到 Object 需要装箱的过程。遍历元素的时候，需要把 obj 类型强制转换为 Student 类型，进行一个拆箱的过程。

在上面代码中，假设新建一个 lius 对象，它的所有属性都与 liu 相同，代码如下。

```
Student lius = new Student("小刘", 18, "太极拳", Gender.male); //新建 lius 对象
arrlist.Remove(lius);//删除指定元素
```

这次删除 lius 时 liu 是否会删掉呢？没有被删掉，因为 liu 与 lius 指向的是不同的内存空间。请读者运行程序来验证。

如果要依次删除集合中的每一个元素，调用 RemoveAt 方法，假设集合中有 4 个元素。

```
arrlist.RemoveAt(0);
arrlist.RemoveAt(1);
arrlist.RemoveAt(2);//会出现错误提示，因为删除元素后会调整索引，当删除第 0 个元素后，原来的
                    //第 1 个元素变为第 0 个元素
arrlist.RemoveAt(3); //出现错误提示
```

可以使用循环按索引删除集合中的所有元素或部分元素。

```
for (int j = 0; j < arrlist.Count; ) //删除所有元素
{
    arrlist.RemoveAt(j);//始终只删除第 0 个元素
}
```

11.3 Hashtable 类集合

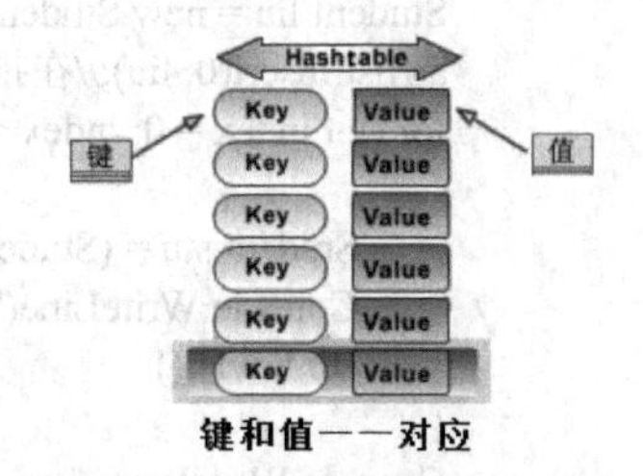

图 11-3 Hashtable 键和值的对应

Hashtable 通常称为哈希表，它表示键/值（Key/Value）对的集合，可动态维护长度，可通过键检索。哈希表中的每个元素都有一个键/值对，键和值一一对应。键用于访问集合中的元素，根据键（Key）可以查找到相应的值（Value），如图 11-3 所示。

在.NET Framework 中，Hashtable 是 System.Collections 命名空间提供的一个容器，必须先导入该命名空间。Hashtable 类实现 IDictionary 接口，因此，Hashtable 类集合中的每个元素都是一个键/值对。

Hashtable 用于处理和表现类似 Key/Value 对，其中 Key 通常可用来快速查找，同时 Key 是区分大小写、不能为空且具有唯一性；Value 用于存储对应于 Key 的值且可以为空。Hashtable 中 Key/Value 对均为 Object 类型，所以 Hashtable 可以支持任何类型的 Key/Value 对，在存储或检索值类型时通常发生装箱和拆箱操作。当 Hashtable 中被占用空间达到一个百分比的时候就将该空间自动扩容。

使用哈希表的场合是，某些数据会被高频率查询，数据量大，查询字段包含字符串类型，数据类型不唯一。

11.3.1 创建 Hashtable 类的对象

创建 Hashtable 类的集合对象的方法有很多种，在此介绍两种比较常用的方法，语法格式如下。

```
Hashtable 对象名=new Hashtable();
Hashtable 对象名=new Hashtable(元素个数);
```

例如，创建一个名为 ht 对象，容纳 10 个元素，代码如下。

```
Hashtable ht = new Hashtable(10);
```

11.3.2 Hashtable 类的构造函数、属性和方法

HashTable 类的构造函数，见表 11-4。

表 11-4 Hashtble 类的构造函数

构造函数	说明
Hashtable()	初始化新的空实例 Hashtable 类使用默认的初始容量、加载因子、哈希代码提供程序和比较器
Hashtable(Int32)	初始化新的空实例 Hashtable 类使用指定的初始容量和默认加载因子、哈希代码提供程序和比较器
Hashtable(IDictionary)	新实例初始化 Hashtable 类将从指定字典的元素复制到新 Hashtable 对象。新 Hashtable 对象拥有与复制的元素数相等的初始容量并使用默认加载因子、哈希代码提供程序和比较器

Hashtable 类的一些常用属性，见表 11-5。

表 11-5 Hashtble 类的常用属性

属性	说明
Count	获取包含在 Hashtable 中的键/值对的数目
IsFixedSize	获取一个值，该值指示 Hashtable 是否具有固定大小
IsReadOnly	获取一个值，该值指示 Hashtable 是否为只读
Item[Object]	获取或设置与指定的键关联的值
Keys	获取 Hashtable 中包含 ICollection 的键
Values	获取 Hashtable 中一个包含的 ICollection 的值

Hashtable 类的一些常用方法，见表 11-6。

表 11-6　Hashtble 类的常用方法

方　法	说　明
Add(ObjectKey, ObjectValue)	将指定键和值的元素添加到 Hashtable 中
Clear()	从 Hashtable 中移除所有元素
ContainsKey(Object)	确定 Hashtable 中是否包含特定键
ContainsValue(Object)	确定 Hashtable 中是否包含特定值
CopyTo(Array, Int32)	复制 Hashtable 元素到一维Array实例的指定索引位置
Remove(Object)	从 Hashtable 中移除带有指定键的元素

11.3.3　Hashtable 类的操作

1. 通过键名访问 Hashtable 元素中的值

Hashtable 中的元素是键/值对，键必须唯一。访问元素只能通过键来访问值，即将键作为下标索引来访问值元素，访问形式如下。

(类型)哈希表对象名[键名]

由于 Hashtable 中的元素值的类型是 Object 类型，在访问值时，要使用“(类型)”转换成需要的类型。

例如，访问 ht 对象中键为“上海”的值元素，表示为

```
(string)ht["上海"]    //通过键 Key 访问其中一个元素的值 Value
```

2. Hashtable 的遍历方式

（1）通过 Key 值遍历

例如，通过 Key 遍历 Hashtable 对象 ht，代码如下。

```
Hashtable ht = new Hashtable();
ht.Add("C#", 2);
ht.Add("C++", 0);
ht.Add("C", 1);
foreach (string key in ht.Keys) //遍历 Keys，key 为 object 或者 string、int 类型
{
    Console.WriteLine("键 Key:{0},值 Value:{1}", key,ht[key]);
}
```

（2）通过 value 值遍历

例如，通过 value 值遍历 Hashtable 对象 ht，代码如下。

```
foreach (int value in ht.Values) //遍历 Values，value 为 Object、string、int 或者类类型
{
    Console.WriteLine("值:{0}", value);
}
```

当获取哈希表中的元素值时，如果类型声明得不对，会出现 InvalidCastException 错误。使用 as 语句可以避免该错误，因为 as 语句在转换失败时，获取的值为 null，但不会抛出错误。代码如下。

```
foreach (object value in ht.Values) //遍历 Values，value 为 Object
{
    string htvalue = value as string;//访问 object 对象的 value。使用 as 语句转换类型。
    Console.WriteLine("值:{0}", htvalue);
}
```

使用上面代码遍历 Hashtable 对象的键或值时，必须保证键或值的数据类型是相同的。所以，使用下面介绍的通过 DictionaryEntry 结构访问 Hashtable 元素，就没有这个限制了。

3. 通过 DictionaryEntry 结构访问 key 和 value 值

Hashtable 内的每个元素都是一个键/值对，因此元素类型既不是键的类型，也不是值的类型，而都是存储在 DictionaryEntry 结构中的键-值对，都是 DictionaryEntry 结构类型。

DictionaryEntry 结构用于定义可设置或检索的字典键/值对。命名空间为 System.Collections。DictionaryEntry 结构类型的成员有公共构造函数，见表 11-7，公共属性见表 11-8。

表 11-7　DictionaryEntry 的公共构造函数

构造函数	说明
DictionaryEntry(Object key, Object value)	使用指定的键和值初始化 DictionaryEntry 类型的实例 参数：key、value 都为 Object 型 key：每个键/值对中定义的对象 value：与 key 相关联的定义的对象

表 11-8　DictionaryEntry 的公共属性

属性	说明
Key	获取或设置键/值对中的键
Value	获取或设置键/值对中的值

例如，使用 DictionaryEntry 类型遍历 Hashtable 对象的元素，可以同时访问元素的 Key 和 Value。de 是 DictionaryEntry 类型的对象。当使用 foreach 遍历哈希表的元素时，被检索的元素是 DictionaryEntry 结构的 Key/Value 对对象。代码如下。

```
foreach (DictionaryEntry de in ht)    //ht 为一个 Hashtable 实例
{    //注意 DictionaryEntry 中存储的 Key、Value 的默认类型是 Object，需要进行转换才可以输出
     Object key = de.Key; //de.Key 对应于 Key/Value 对的 Key
     Object value = de.Value; //de.Value 对应于 Key/Value 对的 Value
     Console.WriteLine("键 Key:{0},值 Value:{1}", key.ToString(), value.ToString());
}
```

11.3.4　Hashtable 类的应用

1. 哈希表的简单操作

使用下面方法实现对哈希表中键/值对的添加、移除操作。

在哈希表中添加一个 Key/Value（键/值）对：HashtableObject.Add(key, value);

在哈希表中移除某个 Key/Value（键/值）对：HashtableObject.Remove(key);

从哈希表中移除所有元素：HashtableObject.Clear();

判断哈希表是否包含特定键 Key：HashtableObject.Contains(key);

【例 11-2】 使用 DictionaryEntry 循环访问 Hashtable 对象中的元素。

创建一个 Hashtable 对象，并使用 Add 方法向哈希表中添加 5 个不同数据类型的元素，然后使用 foreach 遍历哈希表的各个键-值对，并在控制台中显示，代码如下。

```
using System.Collections; //使用 Hashtable 时，必须引入这个命名空间
```

下面代码放在 Program 类的 Main()方法中。

例题源代码

例 11-2 源代码

```
Hashtable ht = new Hashtable(); //创建一个 Hashtable 实例，实
                                //现 IDictionary 接口
ht.Add("学号", "RG20180102");//添加 key/value 对
ht.Add("姓名", "王守一");
```

```
ht.Add("年龄", 18);//添加 int 型的值
ht.Add("Age", 18);// key 不能重复，value 可以重复
ht.Add(12, "序号");//key 为 int 型
foreach (Object key in ht.Keys) //遍历 Keys。key 为 Object 或者 string、int 类型
{
    Console.WriteLine("键:{0}", key.ToString());//访问 Object 对象的 key
}
foreach (Object value in ht.Values) //遍历 Values。value 为 Object 类型
{
    string htvalue = value as string;//访问 Object 对象的 value。使用 as 语句转换类型
    Console.WriteLine("值:{0}", htvalue);
}
string capital = (string)ht["姓名"];//通过 Key"姓名"访问其中一个元素的 Value
Console.WriteLine(capital);
Console.WriteLine(ht.Contains("年龄")); //判断哈希表是否包含特定键,返回值为 true/fa
ht.Remove("年龄"); //移除一个 Key/Value 对
ht.Remove(12); //移除一个 Key/Value 对，key 为 int 型
//当使用 foreach 遍历哈希表的元素时，被检索的元素是 DictionaryEntry 结构的键/值对
foreach (DictionaryEntry de in ht) ) //Hashtable 返回的是 DictionaryEntry 类型
{
    Console.WriteLine("Key = {0}, Value = {1}", de.Key.ToString(),
de.Valng());
}
ht.Clear(); //移除所有元素
```

执行程序，运行结果如图 11-4 所示。从结果可知，Hashtable 有一套排序机制，而不是按添加元素时的顺序排列。

图 11-4 【例 11-2】的运行结果

【课堂练习 11-1】 请在哈希表中保存多种数据类型，例如键/值对为“"名字", "王小丽"”“"年龄", 22”等，然后显示哈希表中的数据。

课堂练习解答

课堂练习 11-1 解答

2. 对哈希表进行排序

对哈希表进行排序就是对 Key/Value 对中的 Key 按一定规则重新排列，由于哈希表有自己的排序机制，所以程序员无法直接对一个 Hashtable 实例按 Key 进行重新排列，如果需要对 Hashtable 实例按某种规则输出，可以采用一种变通的做法，例如下面代码：

```
ArrayList akeys = new ArrayList(ht.Keys); //ht 是 Hashtable 实例
akeys.Sort(); //按字母顺序排序
foreach (string skey in akeys)
{
    Console.WriteLine(skey + ":" + ht[skey]); //排序后输出
}
```

【例 11-3】 按 Hashtable 的默认顺序和字母顺序输出。代码如下。

例题源代码

例 11-3 源代码

```
Hashtable ht = new Hashtable();
ht.Add("001", "Maxsu");
ht.Add("002", "Andy");
ht.Add("003", "Jame");
ht.Add("004", "Mausambe");
ht.Add("005", "Mr. Amlan");
ht.Add("006", "Mr. Arif");
ht.Add("007", "Ritesh");
ht.Add("008", "Sukida");
```

```
if (ht.ContainsValue("Nuha Ali"))
{
    Console.WriteLine("This student name is already in the list");
}
else
{
    ht.Add("018", "Yiibai");
}
// 获取键的集合
ICollection key = ht.Keys;
foreach (string k in key)
{
    Console.WriteLine(k + ": " + ht[k]);
}
Console.WriteLine("——————————");
ArrayList akeys = new ArrayList(ht.Keys); //ht 是 Hashtable 实例
akeys.Sort(); //按字母顺序排序
foreach (string skey in akeys)
{
    Console.WriteLine(skey + ":" + ht[skey]); //排序后输出
}
Console.ReadKey();
```

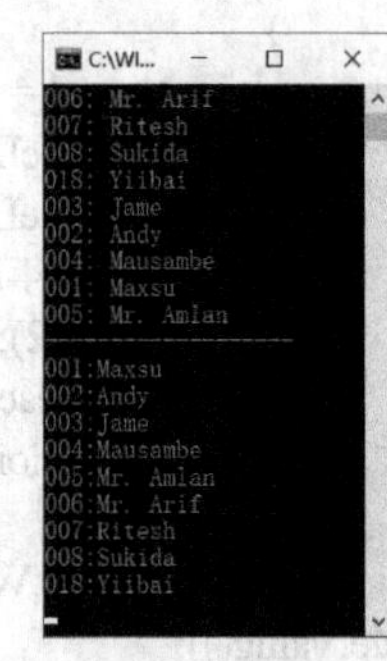

图 11-5 【例 11-3】的运行结果

执行程序，运行结果如图 11-5 所示。

3. 在哈希表中保存对象

【例 11-4】 以 Student 类为例，在 Hashtable 中保存多个类的实例。

1）在 Student 类中添加了一个 ID 属性，作为学号。Student 类的定义如下。

例题源代码

例 11-4 源代码

```
public enum Gender//性别枚举
{
    male,
    female
}
public class Student
{
    public string ID;                          //学号
    public string Name { get; set; }           //姓名
    public int Age { get; set; }               //年龄
    public Gender Genders { get; set; }        //性别
    public string Hobby { get; set; }          //兴趣爱好
    public void SayHi()                        //自我介绍
    {
        Console.WriteLine("大家好，我叫{0},今年{1}岁，喜欢{2}", Name, Age, Hobby);
    }
    public Student(string id, string name, int age, string hobby, Gender gender) //构造函数
    {
        this.ID = id;
        this.Name = name;
        this.Age = age;
        this.Hobby = hobby;
        this.Genders = gender;
    }
}
```

2）创建 3 位学生对象，Main()方法中的代码如下。

```
Student wangfang = new Student("001", "王芳", 18, "唱歌", Gender.male);//创建对象
Student zhaoqiang = new Student("002", "赵萍", 19, "舞蹈", Gender.male);
Student liuqiang = new Student("003", "刘强", 20, "弹钢琴", Gender.female);
Hashtable hashtable = new Hashtable();
hashtable.Add(wangfang.ID, wangfang);                //对象的 ID 属性作为 key，对象作为 value
hashtable.Add(zhaoqiang.ID, zhaoqiang);              //添加到哈希表中
hashtable.Add(liuqiang.ID, liuqiang);
Student stu = (Student)hashtable[wangfang.ID];       //单个元素的访问:通过键访问值
stu.SayHi();                                         //执行单元元素的方法
foreach (Object key in hashtable.Keys)               //遍历 Keys
{
    Console.WriteLine("键:{0}", key.ToString());
}
foreach (Object value in hashtable.Values)           //遍历 Values
{
    //Student stuvalue = value as Student;
    Student stuvalue = (Student)value;               //value 是 Object 类型，要转换成 Student
    Console.WriteLine("学生姓名：{0}",stus.Name);     //访问该对象的 Name 属性
    stuvalue.SayHi();                                //执行该对象的 SayHi()方法
}
hashtable.Remove(wangfang.ID);                       //删除元素 Remove
foreach (DictionaryEntry de in hashtable)            //使用 DictionaryEntry 遍历
{
    Object key = de.Key;
    Object value = de.Value;
    Console.WriteLine("键:{0}", key.ToString());
    Student stus = (Student)value;
    stus.SayHi();
}
Console.WriteLine("hashtable 中元素的数量:{0}", hashtable.Count);
Console.Read();
```

执行程序，运行结果如图 11-6 所示。

图 11-6 【例 11-4】的运行结果

11.4 List<T>泛型集合类

.NET Framework 2.0 版类库提供一个新的命名空间 System.Collections.Generic，其中包含几个新的基于泛型的集合类。泛型最重要的应用就是集合操作，使用泛型集合可以提高代码重用性，类型安全和更佳的性能。建议面向.NET2.0 版的所有应用程序都使用新的泛型集合类，而不要使用旧的非泛型集合类，如 ArrayList。

List<T>泛型集合类的用法类似于 ArrayList 类，但是 List<T>提供了类型安全型，无须拆箱、装箱。List<T>表示可通过索引访问的对象的强类型列表，提供用于对列表进行搜索、排序和操作的方法。

在泛型定义中，泛型类参数“<T>”是必须指定的，其中 T 是定义泛型类时的占位符，并不是一种类型，仅代表某种可能的类型。在定义时 T 会被使用的类型代替。泛型集合 List<T>中只能有一个参数类型，“<T>”中的 T 可以对集合中的元素类型进行约束。

11.4.1 创建 List<T>类的对象

实例化 List<T>泛型集合类的格式如下。

```
List<T> 对象名 = new List<T>();
```

```
List<T> 对象名 = new List<T>(元素数目);
List<T> 对象名 = new List<T>(){集合};
```

<T>中的 T 表示集合中的元素类型，用于对集合中的元素进行约束。

例如，实例化创建泛型对象，代码如下。

```
List<int> list = new List<int>();
List<string> myList = new List<string>(10);
List<int> intList = new List<int>() { 90, 86, 72 };
List<string> nameList = new List<string>(2) { "Jack", "Black", "Jhon", "Rose" };
//存储的元素个数以实际的元素个数为准，而不是以指定的个数为准
```

以一个集合作为参数创建 List<T>，代码如下。

```
string[] temArr = { "Tom", "Lily", "Jay", "Jim", "Jhon", "Rose" };
List<string> testList = new List<string>(temArr);
```

11.4.2 List<T>类的构造函数、属性和方法

List<T>类的构造函数，见表 11-9。

表 11-9 List<T>类的构造函数

构造函数	说明
List<T>()	初始化 List<T>类的新实例，该实例为空并且具有默认初始容量
List<T>(Int32)	初始化 List<T>类的新实例，该实例为空并且具有指定的初始容量
List<T>(IEnumerable<T>)	初始化 List<T>类的新实例，该实例包含从指定集合复制的元素并且具有足够的容量来容纳所复制的元素。IEnumerable 是已定义的集合

List<T>类的常用属性，见表 11-10。

表 11-10 List<T>类的常用属性

属性	说明
Capacity	获取或设置该内部数据结构在不调整大小的情况下能够容纳的元素总数
Count	获取 List<T>中包含的元素数
Item[Int32]	获取或设置指定索引处的元素

List<T>类的常用方法，见表 11-11。

表 11-11 List<T>类的常用方法

方法	说明
Add(T)	将对象添加到 List<T>的结尾处
AddRange(IEnumerable<T>)	将指定集合的多个元素添加到 List<T>的末尾
Clear()	从 List<T>中移除所有元素
Contains(T)	确定某元素是否在 List<T>中
IndexOf(T)	搜索指定的对象，并返回整个 List<T>中第一个匹配项的索引（从零开始）
IndexOf(T, Int32)	搜索指定对象，并返回 List<T>中从指定索引到最后一个元素这部分元素中第一个匹配项的从零开始索引
IndexOf(T, Int32, Int32)	搜索指定对象，并返回 List<T>中从指定索引开始并包含指定元素数的这部分元素中第一个匹配项的从零开始索引
Insert(Int32, T)	将元素插入 List<T>的指定索引处
InsertRange(Int32, IEnumerable<T>)	将集合中的元素插入 List<T>的指定索引处
Remove(T)	从 List<T>中移除特定对象的第一个匹配项
RemoveAt(Int32)	移除 List<T>的指定索引处的元素
RemoveRange(Int32, Int32)	从 List<T>中移除一定范围的元素
Reverse()	将整个 List<T>中元素的顺序反转
Reverse(Int32, Int32)	将指定范围中元素的顺序反转
Sort()	使用默认比较器对整个 List<T>中的元素进行排序，但不保证对 List<T>都能进行排序

11.4.3 List<T>类的操作

1. 将元素（项）添加到 List<T>

在 List<T>中可以添加 null，并允许添加重复的元素（项）。

（1）添加一个元素

将一个元素添加到 List<T>，使用 Add()方法，格式如下。

```
ListObject.Add(T 元素);
```

“T 元素”表示 T 类型的元素或项。例如，下面代码：

```
myList.Add("John");
```

（2）添加一组元素

将一组元素添加到 List<T>，使用 AddRange()方法，格式如下。

```
ListObject.AddRange(集合对象);
```

例如，下面代码：

```
string[] temArr = { "Tom", "Lily", "Jay", "Jim", "Jhon", "Rose" };
myList.AddRange(temArr);
```

（3）插入一个元素

在 index 位置添加一个元素，使用 Insert()方法，格式如下。

```
ListObject.Insert(int index, T 元素);
```

例如，下面代码：

```
myList.Insert(1, "Jack");
```

2. 通过索引访问 List<T>元素

用户可以使用整数索引访问此集合中的元素。获取或设置 List<T>元素中指定索引处元素的格式如下。

```
集合对象名[索引值]
```

“索引值”为 int 型，表示集合元素在集合中的位置，在此集合中的索引是从零开始的。

例如，已经创建且赋值的 List<T>对象 myList，访问 myList 集合对象的第 1 个元素，代码如下。

```
myList[0]
```

3. 遍历 List<T>中元素

例如，假设 List<T>的对象为 myList。使用 foreach 语句遍历 List<T>对象 myList 的元素，代码如下。

```
foreach (T 元素类型  T 元素变量名  in myList) //T 元素的类型与 myList 声明时一样
{
    Console.WriteLine(T 元素变量名);
}
```

例如，遍历 List<string>对象 myLis 中的元素 t，代码如下。

```
foreach (string s in myList)
{
    Console.WriteLine(s);
}
```

4. 删除 List<T>中元素

（1）删除指定元素

从 List<T>中移除第一个匹配元素项，使用 Remove()方法，格式如下。

ListObject.Remove(T 元素);

例如，下面代码：

```
myList.Remove("Jhon");
```

（2）删除指定下标索引的元素

移除 List<T>的指定索引处的元素，使用 RemoveAt 方法，index 为下标，格式如下。

ListObject.RemoveAt(index);

例如，下面代码：

```
myList.RemoveAt(0); //删除下标为 0 的元素
```

（3）移除从指定索引开始指定个数的元素

在 List<T>中，从下标 index 开始，移除 count 个元素，index、count 的类型都是 int，格式如下。

ListObject.RemoveRange(index, count);

例如，下面代码：

```
myList.RemoveRange(2, 3);//移除索引为 2，3，4 的元素
```

（4）清空元素

从 List<T>中移除所有元素，格式如下。

ListObject.Clear()

5. 判断某个元素是否在 List<T>中

确定某元素是否在 List<T>中，返回 True 或 False，格式如下。

ListObject.Contains(T 元素)

例如，下面代码判断 List<string>对象 myList 中的元素：

```
if (myList.Contains("Jhon"))
{
    Console.WriteLine("There is Jhon in the list");
}
else
{
    myList.Add("Jhon");
    Console.WriteLine("Add Jhon successfully.");
}
```

6. 返回某个元素在 List<T>中的索引

搜索指定的对象，并返回整个 List<T>中第一个匹配项的从零开始的索引，格式如下。

ListObject.IndexOf(T 元素)

7. 给 List<T>中的元素排序

默认按元素第一个字母进行升序，但不保证对 List<T>都能进行排序，格式如下。

ListObject.Sort()

例如，下面代码：

```
myList.Sort();
```

11.4.4 List<T>类与 ArrayList 类的区别

在决定使用 List<T>泛型集合类还是使用 ArrayList 类（两者具有类似的功能）时，记住 List<T>泛型集合类在大多数情况下执行得更好并且类型是安全的。如果对 List<T>泛型集合类

的类型使用引用类型，则两个类的行为是完全相同的。但是，如果对类型使用值类型，则需要考虑实现和装箱问题。建议尽量使用 List<T>泛型集合类。

List<T>泛型集合和 ArrayList 类似，只是 List<T>无须类型转换，它们的相同点与不同点，见表 11-12。

表 11-12　List<T>与 ArrayList 的区别

异同点	List<T>	ArrayList
不同点	对所保存元素做类型约束	可以增加任何类型
	添加/读取无须拆箱和装箱	添加/读取需要拆箱和装箱
相同点	通过索引访问集合中的元素	
	添加元素方法相同	
	删除元素方法相同	

11.4.5　List<T>类的应用

【例 11-5】 创建保存 int 数据元素的 List<T>对象，然后对该对象执行简单操作。代码如下。

```
List<int> list = new List<int>(2) { 10, 11, 12 };
Console.WriteLine("list.Count: " + list.Count);//获取 List<int>中包含的元素数
Console.WriteLine("list.Capacity: " + list.Capacity);//在不调整大小的情况下能容纳的元素个数
list.Add(13);//添加元素 13
list.Add(14);//添加元素 14
Console.WriteLine("list.Count: " + list.Count);//获取 List<int>中包含的
                                              //元素数
Console.WriteLine("list.Capacity: " + list.Capacity);
list.AddRange(new int[] { 23, 59, 90 });//添加一组元素
foreach (int i in list) //遍历 List<int>对象
{
    Console.WriteLine("i=" + i.ToString());
}
```

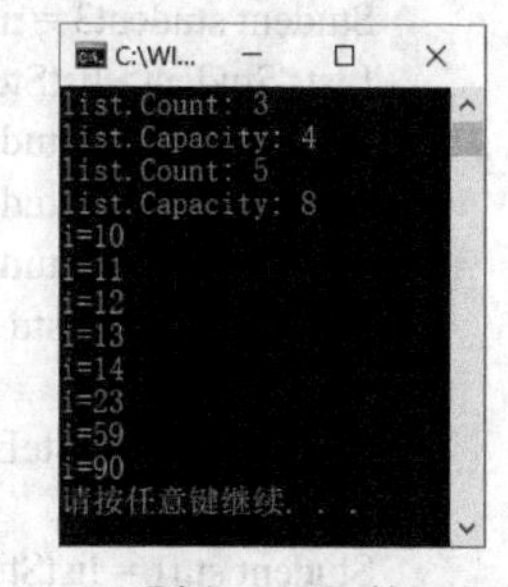

图 11-7 【例 11-5】的运行结果

执行程序，显示运行结果如图 11-7 所示。

【例 11-6】 在 List<string>中查找集合中是否有“刘一”，如果有给出提示，不加入集合；如果没有，加入集合，放在“李四”的前面。代码如下。

```
List<string> list = new List<string> { "张三", "李四", "王五", "赵六" };
string name = "刘一";
if (list.Contains(name))
{
    Console.WriteLine(name + "已经存在!");
}
else
{//list.LastIndexOf();如果集合中有多个 Tony，要想查找最后面的“李四”，就要使用 LastIndexOf()
    int index = list.IndexOf("李四");
    list.Insert(index, name);
}
foreach (string item in list) //遍历 List<string>对象
{
    Console.WriteLine(item);
}
```

图 11-8 【例 11-6】的运行结果

执行程序，运行结果如图 11-8 所示，可以看到“刘一”已经插入到“李四”前面。

【例 11-7】 把 Student 类的 3 个实例，添加到 List<Student>中。然后进行遍历、删除等操作。

定义 Student 类的代码如下。

例题源代码
例 11-7 源代码

```
class Student //定义 Student 类
{
    public string Name { get; set; } //属性：姓名
    public int Age { get; set; } //属性：年龄
    public void SayHi() //方法：自己介绍
    {
        Console.WriteLine("大家好！我叫{0}，今年{1}岁。", Name, Age);
    }
    public Student(string name, int age) //构造函数
    {
        Name = name;
        Age = age;
    }
}
```

Main()方法中的代码如下。

```
Student student1 = new Student("张三", 18);//创建学生对象 student1
Student student2 = new Student("李四", 19);//创建学生对象 student2
Student student3 = new Student("王五", 20);//创建学生对象 student3
List<Student> listStudent = new List<Student>();//创建 List<Student>对象 listStudent
listStudent.Add(student1);//把学生对象 student1 添加到 listStudent 对象中
listStudent.Add(student2);//把学生对象 student2 添加到 listStudent 对象中
listStudent.Add(student3);//把学生对象 student3 添加到 listStudent 对象中
foreach (Student stu in listStudent) //遍历 listStudent 对象中的元素
{
    Console.WriteLine("姓名：{0}，年龄：{1}", stu.Name, stu.Age);
}
Student stu1 = listStudent[2];//访问单个元素。通过索引访问，无需类型转换
stu1.SayHi();//访问 listStudent 对象的方法
listStudent.RemoveAt(2); //在 listStudent 对象中，指定索引删除
listStudent.Remove(student1);//在 listStudent 对象中，指定元素删除
foreach (Student stu in listStudent) //遍历删除元素后的列表对象
{
    Console.WriteLine("姓名：{0}，年龄：{1}",stu.Name, stu.Age);
}
Console.WriteLine("集合中的元素个数为：{0}", listStudent.Count);
Console.ReadLine();
```

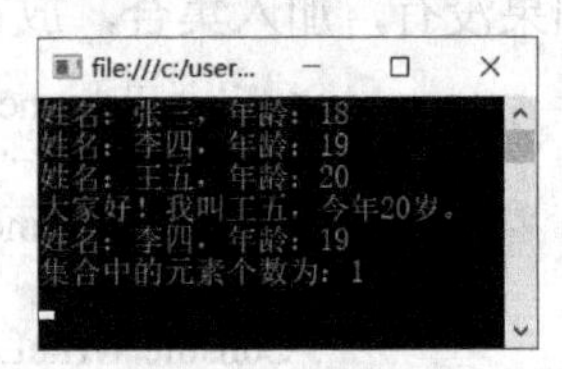

图 11-9 【例 11-7】的运行结果

执行程序，运行结果如图 11-9 所示。

【课堂练习 11-2】 定义 Person 类，类中有姓名、年龄属性。将 3 个 Person 对象添加到 List<Person>的集合 Persons 对象中。输出集合 Persons 对象中的所有元素。

课堂练习解答
课堂练习 11-2 解答

11.5 Dictionary<K, V>类

Dictionary<K, V>字典类是 System.Collection 命名空间中 Hashtable 类的泛型版本。

Hashtable 类和 Dictionary<K, V>泛型类实现 IDictionary 接口。因此，这些集合中的每个元素都是一个键/值对。Hashtable 类和 Dictionary<K, V>泛型类的功能相同。

对于值类型的 Dictionary<K, V>的性能优于 Hashtable，这是因为 Dictionary<K, V>具有泛型的全部特征，编译时检查类型约束，读取时无须装箱和拆箱类型转换。

Dictionary<K, V>集合类的每一个添加项都是由一个键（Key）及其相关联的值（Value）组成的键/值对，任何键都必须是唯一的。键不能为空（null）引用，若值为引用类型，则可以为空值（null）。Key 和 Value 可以是任何类型（string，int，class 等）。要使用 Dictionary<K, V>集合，需要导入 C#泛型命名空间 System.Collections.Generic。

11.5.1 创建 Dictionary<K, V>类的对象

实例化 Dictionary<K, V>类的格式如下。

Dictionary<K, V> 对象名 = new Dictionary<K, V>();

其中 K 为占位符，具体定义时用键 Key 的数据类型代替，V 也是占位符，用元素值 Value 的数据类型代替。这样就在定义该集合时，声明了存储元素的键和值的数据类型，保证了类型的安全性。

例如，实例化创建泛型对象 myDictionary，代码如下。

```
Dictionary<string, int> myDictionary = new Dictionary<string, int>();
```

11.5.2 Dictionary<K, V>类的构造函数、属性和方法

Dictionary<K, V>类的构造函数，见表 11-13。

表 11-13 Dictionary<K, V>类的构造函数

构造函数	说明
Dictionary()	初始化 Dictionary 类的新实例，该实例为空且具有默认的初始容量，并为键类型使用默认的相等比较器
Dictionary (Int32)	初始化 Dictionary 类的新实例，该实例为空且具有指定的初始容量，并为键类型使用默认的相等比较器
Dictionary(泛型 IDictionary)	初始化 Dictionary 类的新实例，该实例包含从指定的 IDictionary 中复制的元素并为键类型使用默认的相等比较器

Dictionary<K, V>类的一些常用属性，见表 11-14。

表 11-14 Dictionary<K, V>类的常用属性

属性	说明
Count	获取包含在 Dictionary 对象中的键/值对的数目
Item[Key]	获取或设置与指定的 Key 键相关联的 Value 值
Keys	获取包含 Dictionary 中的 Key 键的集合（ICollection）
Values	获取包含 Dictionary 中的 Value 值的集合（ICollection）

Dictionary<K, V>类的一些常用方法，见表 11-15。

表 11-15 Dictionary<K, V>类的常用方法

方法	说明
Add(K 类型的键, V 类型的值)	将指定类型的键和指定类型的值，作为元素项，添加到 Dictionary 对象中。“K 类型的键”是要添加的元素的键。“V 类型的值”是要添加的元素的值，对于引用类型，该值可以为空（null）引用
Remove(K 类型的键)	从 Dictionary 对象中移除带有指定键的元素项
Clear()	从 Dictionary 对象中移除所有元素
ContainsKey(K 类型的键)	确定 Dictionary 对象中是否包含指定的键。“K 类型的键”是要在 Dictionary 中定位的键。如果 Dictionary 包含具有指定值的元素，返回值则为 True；否则为 False
ContainsValue(V 类型的值)	确定 Dictionary 对象中是否包含指定的值。“V 类型的值”是要在 Dictionary 中定位的值。如果 Dictionary 包含具有指定值的元素，返回值则为 True；否则为 False

11.5.3 Dictionary<K, V>类的操作

Dictionary<K,V>中元素的操作方法与 HashTable 相似，添加元素、获取元素、删除元素、遍历集合元素的方法基本相同。

1. 添加元素

例如，代码如下。

```
myDictionary.Add("C#", 2);
myDictionary.Add("C++", 0);
myDictionary.Add("C", 1);
```

2. 用 Key 访问元素

使用 Key 访问此集合中与指定的 Key 键相关联的 Value 值。格式如下。

集合对象名[Key]

其中的 Key 为“K 类型的键”。

例如，代码如下。

```
myDictionary["C#"]
```

3. 用 Key 查找元素

例如，代码如下。

```
if(myDictionary.ContainsKey("C#"))
{
    Console.WriteLine("键 Key:{0}, 值 Value:{1}", "C#", myDictionary["C#"]);
}
```

4. Dictionary 的几种遍历方式

（1）通过 Key 值遍历

例如，代码如下。

```
Dictionary<string, int> myDictionary = new Dictionary<string, int>();
myDictionary.Add("C#", 2);
myDictionary.Add("C++", 0);
myDictionary.Add("C", 1);
foreach (string key in myDictionary.Keys) /*在 myDictionary 集合对象中，Key 是 string*/
{
    Console.WriteLine("键 Key = {0},该 Key 对应的 Value 值={1}", key, myDictionary[key]);
}
```

（2）通过 Value 值遍历

例如，代码如下。

```
foreach (int value in myDictionary.Values) /*在 myDictionary 集合对象中，Value 是 int*/
{
    Console.WriteLine("值 Value = {0}", value);
}
```

（3）通过 Key 和 Value 遍历

Dictionary 是由 KeyValuePair 结构类型组成的集合，所以用 KeyValuePair 关键字可设置或检索的键/值对。

例如，代码如下。

```
foreach (KeyValuePair<string, int> kvp in myDictionary)
{
```

```
        Console.WriteLine("键 Key = {0}，值 Value = {1}", kvp.Key, kvp.Value);
    }
```

（4）.NET3.0 以上版本

.NET3.0 以上版本可以用更简单的方法遍历 Key 和 Value。例如，代码如下。

```
    foreach (var item in myDictionary)
    {
        Console.WriteLine("键 Key = {0},该 Key 对应的 Value 值={1}", item.Key, item.Value);
    }
```

5. 移除指定的键值

例如，代码如下。

```
    myDictionary.Remove("C#");
    if (myDictionary.ContainsKey("C#"))
    {
        Console.WriteLine("Key:{0},Value:{1}", "C#", myDictionary["C#"]);
    }
    else
    {
        Console.WriteLine("不存在 Key : C#");
    }
```

11.5.4 Dictionary<K, V>类的应用

【例11-8】有一个员工类Employee，把Employee类的对象添加到泛型集合Dictionary<string, Employee>对象中。Employee 员工类的代码如下。

例题源代码

例 11-8 源代码

```
    class Employee /*定义员工类*/
    {
        public string ID { get; set; }
        public string Name { get; set; }
        public int Age { get; set; }
        public Employee(string id, string name, int age)
        {
            ID = id;
            Name = name;
            Age = age;
        }
        public void Talk()
        {
            Console.WriteLine("大家好！我是{0}。", Name);
        }
    }
```

Main()方法中的代码如下。

```
    //定义 Dictionary 对象，实现 IDictionary 接口，IDictionary<T key,T value>类
    Dictionary<string, Employee> dict = new Dictionary<string, Employee>();
    dict.Add("18001", new Employee("001", "张三", 18));//添加元素,元素是 Employee 类型的对象
    dict.Add("18002", new Employee("002", "李四", 19));
    dict.Add("18003", new Employee("003", "王五", 20));
    Console.WriteLine("部门共包括 {0} 个工程师。", dict.Count.ToString());//打印集合数目
    Employee engineer = dict["18001"];//通过 Key 员工号访问元素,然后把该对象赋值给 engineer
    Console.WriteLine("员工号为 18001 的员工是" + engineer.Name);
```

```
        Console.WriteLine("部门的员工号为：");
        foreach (string key in dict.Keys) /*遍历 Keys*/
        {
            Console.WriteLine(key);
        }
        foreach (Employee emp in dict.Values) /*遍历 Values*/
        {
            Console.Write(emp.Name);
            emp.Talk();
        }
        foreach (KeyValuePair<string, Employee> kvp in dict) /*遍历 Keys
和 Values*/
        {   /*由于 Value 是 Employee 对象，所以还要继续指出它的属性
            Value.ID、Value.Name 等*/
            Console.WriteLine("key:" + kvp.Key + " Values:" + kvp.Value.
ID + " " + kvp.Value.Name);
        }
```

执行程序，运行结果如图 11-10 所示。

图 11-10 【例 11-8】的运行结果

11.6 HashSet<T>类

.Net3.5 后出现了 HashSet<T>，翻译过来就是“哈希集合”，“哈希”说明这种集合的内部实现用到了哈希算法。HashSet<T>是一个 Set 集合，虽然 List、Collection 也叫集合，但 Set 集合和它们却大有不同。HashSet<T>提供了与“Set 集合运算”相关的方法。

HashSet<T>集类包含不重复项的无序列表，容量将随该对象中元素的添加而自动增大。HashSet<T>集类的特点是，基于哈希的查找算法，查找速度快，添加元素速度快；不存储相同的元素，当试图添加相同元素时将忽略该操作；不可以通过索引访问元素。

11.6.1 创建 HashSet<T>类的对象

实例化 HashSet<T>类的格式如下。

```
HashSet<T> 对象名 = new HashSet<T>();
```

<T>中的 T 表示集合中的元素类型，用于对集合中的元素进行约束。

11.6.2 HashSet<T>类的构造函数、属性和方法

HashSet<T>类的构造函数，见表 11-16。

表 11-16 HashSet<T>类的构造函数

构 造 函 数	说 明
Hashtable()	初始化新的空实例 Hashtable 类使用默认的初始容量、加载因子、哈希代码提供程序和比较器
Hashtable(Int32)	初始化新的空实例 Hashtable 类使用指定的初始容量，默认加载因子、哈希代码提供程序和比较器
Hashtable(IDictionary)	新实例初始化 Hashtable 类将从指定字典的元素复制到新 Hashtable 对象。新 Hashtable 对象拥有与复制的元素数相等的初始容量并使用默认加载因子、哈希代码提供程序和比较器

HashSet<T>类的一些常用属性，见表 11-17。

表 11-17　HashSet<T>类的常用属性

属　　性	说　　明
Count	获取包含在 HashSet 对象中的键-值对的数目
Item[Key]	获取或设置与指定的 Key 键相关联的 Value 值
Keys	获取包含 HashSet 中的 Key 键的集合（ICollection）
Values	获取包含 HashSet 中的 Value 值的集合（ICollection）

HashSet<T>类的一些常用的改变集的值的方法，见表 11-18。

表 11-18　HashSet<T>类的常用方法

方　　法	说　　明
Add(T 类型的值)	如果元素不在集中，就将该元素添加添加到 HashSet 对象集中，方法返回 bool 值。如果发现集合中已经存在，则忽略这次操作，并返回 False 值
Clear()	从 HashSet 对象集中移除所有元素
Remove(T 类型的值)	从 HashSet 对象集中移除指定值键的元素项
ExceptWith()	以集合为参数，从集中删除参数集合中的所有元素
ContainsKey(K 类型的键)	确定 HashSet 对象中是否包含指定的键
ContainsValue(Object)	确定 HashSet 对象中是否包含指定的值
Contains(Object)	如果参数在集中，返回为 True
IsSubsetOf(IEnumerable<T> other)	如果参数集合是集中的一个子集，返回为 True
IsSupersetOf(IEnumerable<T> other)	如果参数集合是集中的一个超集，返回为 True
Overlaps(IEnumerable<T> other)	如果参数集合和集中至少有一个元素相同，返回为 True
SetEquals(IEnumerable<T> other)	如果参数集合和集中包含的元素相同，返回为 True
IntersectWith(IEnumerable<T> other)	求交集。对当前集合进行修改，当前集合与参数中的集合合并，且去掉重复项，没有返回值
UnionWith(IEnumerable<T> other)	求并集。把参数中的集合全部添加到当前集合中
ExceptWith(IEnumerable<T> other)	求补集（排除）。从当前的集合中删除参数中的集合

11.6.3　HashSet<T>类的特点

HashSet<T>是 Set 集合，它只实现了 ICollection 接口，在单独元素访问上有很大限制，与 List<T>相比，不能使用下标来访问元素，例如 list[1]。与 Dictionary<TKey,TValue>相比，不能通过键值来访问元素，例如 dic[key]，因为 HashSet<T>每条数据只保存一项，并不采用 Key-Value 的方式。换句话说，HashSet<T>中的 Key 就是 Value，假如已经知道了 Key，也没必要再查询去获取 Value，需要做的只是检查值是否已存在。所以，剩下的仅仅是开头提到的集合操作，这是它的缺点，也是特点。

由上可知，HashSet<T>是一个 Set 集合，查询上有较大优势，但无法通过下标方式来访问单个元素。HashSet<T>有别于其他哈希表，具有很多集合操作的方法，但优势并不明显，因为.NET 3.5 之后扩展方法赋予了泛型集合进行集合操作的能力，但扩展方法的集合操作往往返回新的集合。

11.6.4　HashSet<T>类的操作

1. 交集

使用 HashSet 对象的 IntersectWith(IEnumerable<T> other)方法实现交集。代码如下。

```
class Program
{
    public static void IntersectWithTest() //交集
    {
        HashSet<int> set1 = new HashSet<int>() { 1, 2, 3 };
        HashSet<int> set2 = new HashSet<int>() { 2, 3, 4 };
        set1.IntersectWith(set2);
        foreach (var item in set1)
        {
            Console.WriteLine(item);//输出：2,3
        }
    }
    static void Main(string[] args)
    {
        IntersectWithTest();//调用交集方法
    }
}
```

2. 并集

使用 HashSet 对象的 UnionWith(IEnumerable<T> other)方法实现并集。代码如下。

```
class Program
{
    public static void UnionWithTest() //并集
    {
        HashSet<int> set1 = new HashSet<int>() { 1, 2, 3 };
        HashSet<int> set2 = new HashSet<int>() { 2, 3, 4 };
        set1.UnionWith(set2);
        foreach (var item in set1)
        {
            Console.WriteLine(item);//输出：1,2,3,4
        }
    }
    static void Main(string[] args)
    {
        UnionWithTest();//调用并集方法
    }
}
```

3. 补集（排除）

使用 HashSet 对象的 ExceptWith(IEnumerable<T> other)方法实现补集。代码如下。

```
class Program
{
    public static void ExceptWithTest() //补集
    {
        HashSet<int> set1 = new HashSet<int>() { 1, 2, 3 };
        HashSet<int> set2 = new HashSet<int>() { 2, 3, 4 };
        set1.ExceptWith(set2);
        foreach (var item in set1)
        {
            Console.WriteLine(item); //输出：1
        }
    }
    static void Main(string[] args)
```

```
            {
                ExceptWithTest();//调用补集方法
            }
        }
```

11.6.5 HashSet<T>类的应用

【例 11-9】 用户 A 和用户 B 在某商城的网站上浏览了商品，要求如下。

1）输出用户 A 浏览的商品名称，用户 B 浏览的商品名称。

2）输出被用户 A 或 B 浏览过的商品名称。

3）输出 A 和 B 都浏览过的商品名称。

4）输出只被 A 没有被 B 浏览过的商品名称。

分析：A 和 B 浏览的商品分别保存在一个 HashSet<string>类型的两个实例中，实现思路如下。

1）分别遍历两个实例实现。

2）求并集：创建新集合，使用 UnionWith()方法合并两个集合。

3）求交集：创建新集合，使用 IntersectWith()方法合并两个集合。

4）求补集：创建新集合，使用 ExceptWith()方法从 2）的集合中删掉 3）中的集合。

代码如下：

```
HashSet<string> aProduct = new HashSet<string>() { "苹果","小米","魅族" };  //用户 A 浏览的商品
HashSet<string> bProduct = new HashSet<string>() { "联想","魅族" ,"苹果","三星"};//用户 B 浏览的商品
//1）输出用户 A 浏览的商品名称,输出用户 B 浏览的商品名称
Console.WriteLine("用户 A 浏览的商品：");
foreach (string product in aProduct) /*遍历用户 A 浏览的商品，product 的数据类型与<string>相同*/
{
    Console.WriteLine("    " + product);
}
Console.WriteLine("\n 用户 B 浏览的商品：");
foreach (string product in bProduct)/*遍历用户 B 浏览的商品，product 的数据类型与<string>相同*/
{
    Console.WriteLine("    " + product);
}
//2）输出被用户 A 或用户 B 浏览过的商品名称
//求并集：创建新集合，使用 UnionWith()方法合并两个集合
Console.WriteLine("\n 被用户 A 或用户 B 浏览过的商品名称：");
HashSet<string> tempProduct = new HashSet<string>() { }; //创建一个临时集对象，用于保存合并的两
                                                          //个集合
tempProduct.UnionWith(aProduct);//把 aProduct 中的集合全部添加到当前的临时集合中
tempProduct.UnionWith(bProduct);//把 bProduct 中的集合全部添加到当前的临时集合中
foreach (string product in tempProduct)/*遍历临时集*/
{
    Console.WriteLine("    " + product);
}
tempProduct.Clear();//从当前集合对象中移除所有元素
//3）输出用户 A 和用户 B 都浏览过的商品名称
//求交集：创建新集合，使用 IntersectWith()方法合并两个集合，去掉重复项
Console.WriteLine("\n 用户 A 和用户 B 都浏览过的商品名称：");
tempProduct.UnionWith(aProduct);//把 aProduct 中的集合全部添加到当前的临时集合中
tempProduct.IntersectWith(bProduct);//求交集：当前集合与参数中的集合合并，且去掉重复项
foreach (string product in tempProduct)/*遍历临时集*/
```

例题源代码

例 11-9 源代码

```
{
    Console.WriteLine("    " + product);
}
tempProduct.Clear();//从当前集合对象中移除所有元素
//4）输出只被用户 A 没有被用户 B 浏览过的商品名称
//求补集：创建新集合，使用 ExceptWith()方法从当前的集合中删掉参数中的集合
Console.WriteLine("\n 只被用户 A 没有被用户 B 浏览过的商品名称：");
tempProduct.UnionWith(aProduct);//把 aProduct 中的集合全部添加
                                //到当前的临时集合中
tempProduct.ExceptWith(bProduct);//补集：从当前的集合中删掉参
                                 //数中的集合
foreach (string product in tempProduct)/*遍历临时集*/
{
    Console.WriteLine("    " + product);
}
```

执行程序，运行结果如图 11-11 所示。

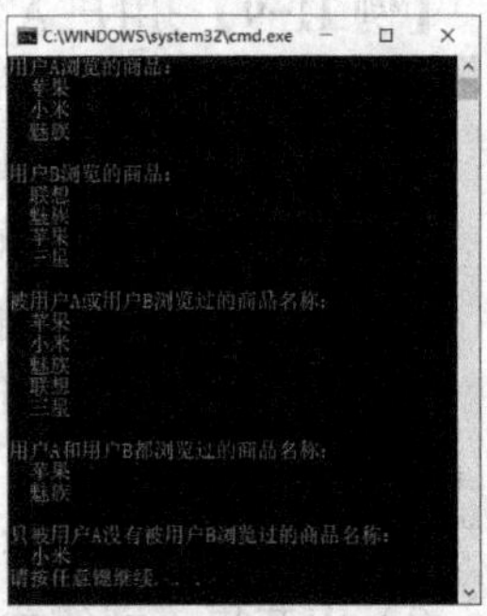

图 11-11 【例 11-9】的运行结果

11.7 比较接口在集合排序中的应用

C#中的基本类型都提供了默认的比较方法，可以调用比较方法为基本类型的数组进行排序。若希望对自定义类的实例比较或排序，可以使用 IComparable<T>和 IComparer<T>接口。

Comparable 单词的意思是可比较的，那么实现 IComparable<T>接口是说这个类的实例是可以比较的。

Comparer 单词的意思是比较器，那么实现 IComparer<T>接口是说这个类起到一个比较器的作用。

C#中实现对象集合的排序可以使用集合类的 Sort()方法，而有比较才能谈排序，因为不是基本类型（如 string、int、double 等），所以.NET Framework 不可能一一制定它们的比较规则，这就需要程序员自行制定。而比较规则的制定就需要通过继承这两个接口之一来实现。制定了比较规则后才可以用以下两种方式之一调用排序。

```
集合的实例.Sort();
集合的实例.Sort(实现 Icomparer 接口的类);
```

11.7.1 IComparable 和 IComparable<T>接口

IComparable 或 IComparable<T>接口定义通用的比较方法，由值类型或类实现，以创建类型特定的比较方法。IComparable 或 IComparable<T>接口只有一个 CompareTo()方法，该方法只有一个参数，参数是一个对象。该方法用于将当前对象与另一个对象比较大小。

IComparable 接口的 CompareTo()方法的语法格式如下。

```
int CompareTo(object otherObj);
```

IComparable<T>接口的 CompareTo()方法的语法格式如下。

```
int CompareTo(T otherObj));
```

其中，otherObj 表示与此实例比较的对象。该方法返回一个整型的返回值，指示要比较的对象的相对顺序，返回值的含义如下。

- 如果此实例 < otherObj，则返回值 < 0。
- 如果此实例 == otherObj，则返回值 = 0。

● 如果此实例 ＞otherObj，则返回值 ＞0。

使定义类的对象数组、集合对象，通过其 Sort()方法实现默认的从小到大排序。如果需要改变其排序方式，通常定义一个类，并从 IComparable 或 IComparable<T>接口派生，其中实现 CompareTo()方法，按照自己希望的比较方式实现比较功能。然后使定义类的对象数组、集合对象调用 Sort()排序方法，就能实现这种比较方式的排序。

【例 11-10】 定义 Student.cs 类并实现 IComparable<T>泛型接口。

1）声明一个 Student 类，包含 Name、Age 字段，通过其构造函数初始化对象。由于要对学生类的多个对象按年龄升序排列，需要改变默认的排序方式，所以 Student 类从 IComparable<T>泛型接口派生并实现 CompareTo()方法。代码如下。

```
public class Student : IComparable<Student>
{ //定义 Student 类并继承 IComparable<T>接口
    public string Name { get; set; }
    public int Age { get; set; }
    public Student(string name, int age)
    {   //构造函数
        this.Name = name;
        this.Age = age;
    }
    //IComparable<Student>的成员方法
    public int CompareTo(Student other) //实现接口方法
    {   //按学生的年龄比较，降序排列
        if (this.Age < other.Age)
            return -1;
        else if (this.Age = = other.Age)
            return 0;
        else
            return 1;
        //return this.Age.CompareTo(other.Age);//也可以注释上面的 6 行代码，用本行代码代替
        //return this.Name.CompareTo(other.Name);//如果按姓名排序，则注释上面的代码，用本行代码
    }
}
```

例题源代码
例 11-10 源代码

在实现接口的 CompareTo(Student other)方法中，可以自己编写比较代码，也可以调用默认的 CompareTo()方法。

2）在 Program 类的 Main()方法中，创建一个 List<Student>对象 stuList，把创建的 Student 对象添加到集合对象 stuList 中。调用 List 类的 Sort()方法，在排序比较时会使用 Student 类中实现的 CompareTo()方法。代码如下。

```
static void Main(string[] args)
{
    Student stu1 = new Student("张三", 18);
    Student stu2 = new Student("李四", 20);
    Student stu3 = new Student("王五", 19);
    List<Student> stuList = new List<Student>();
    stuList.Add(stu1);
    stuList.Add(stu2);
    stuList.Add(stu3);
    Console.WriteLine("排序前：");
    foreach (Student stu in stuList)
    {
```

```
            Console.WriteLine("姓名：{0}，年龄：{1}", stu.Name, stu.Age);
        }
        stuList.Sort();//使用默认排序
        Console.WriteLine("排序后：");
        foreach (Student stu in stuList)
        {
            Console.WriteLine("姓名：{0}，年龄：{1}", stu.Name,
stu.Age);
        }
        Console.Read();
    }
```

图 11-12 【例 11-10】的运行结果

执行程序，运行结果如图 11-12 所示。

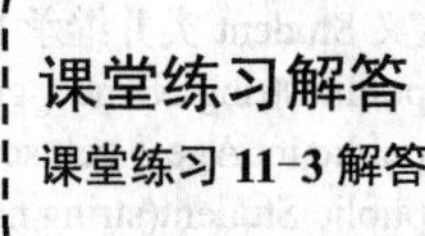

【课堂练习 11-3】Student 类继承 IComparable<Student>接口，Student 类中的字段有 FirstName、LastName、EnglishScore、ChineseScore，通过构造函数初始化对象。定义比较方法 CompareTo()，按 FirstName 字母顺序升序排列，若 FirstName 相同，则按照 LastName 升序排序。用 Sort()方法实现排序。

11.7.2 IComparer 和 IComparer<T>接口

IComparer 和 IComparer<T>接口定义为在一个单独的类中比较两个对象的方法，称为比较器。它有一个未实现的比较方法 Compare()，用于比较两个对象的大小，其语法格式如下。

```
int Compare(object x, object y); //IComparer 接口
int Compare(T x, T y); //IComparer<T>接口
```

其中，x 表示要比较的第一个对象，y 表示要比较的第二个对象。Compare()方法返回一个整型的返回值，指示要比较的对象的相对顺序，返回值的含义如下。

- 如果 x < y，则返回值< 0。
- 如果 x = = y，则返回值 = 0。
- 如果 x > y，则返回值 > 0。

通常声明一个类，并从 Icomparer 或 IComparer<T>接口派生，其中实现 Compare()方法，以订制其比较功能，然后调用 Sort()排序方法，就能实现这种比较方式的排序。

Sort()方法默认从小到大排序，也可由开发人员自行设计比较器，将不同的比较器传入 Sort()方法就可以按照自己希望的方式排序。Sort()方法有以下 3 种重载方式。

1）public void Sort();

2）public void Sort(IComparer<T> comparer);

3）public void Sort(int index, int count, IComparer<T> comparer);

在第一种方式中，Sort()方法通过默认的比较器对列表所有元素进行从小到大排序，若类型 T 没有默认的比较器，同时也没有实现 IComparer<T>泛型接口，那么将产生异常。

在第二种方式中，参数 comparer 是一个实现了 IComparer<T>泛型接口的类对象，Sort()方法通过参数 comparer 的 Compare()方法对列表中的元素进行比较，也就是说 Comparer()方法实际上是一个自定义的比较器。

在第三种方式中，可以实现对列表中部分元素的排序，index 表示起始索引，count 表示要排序的元素个数。

【例 11-11】 创建 Student 类，在一个 List<T>集合中保存若干个 Student 对象，并实现各种

比较器。

```
public class Student
{//定义 Student 类
    public string Name { get; set; }
    public int Age { get; set; }
    public Student(string name, int age)
    {//构造函数
        this.Name = name;
        this.Age = age;
    }
}
//各种比较器
public class NameComparer : IComparer<Student> //从 IComparer 接口派生 NameComparer 类
{
    public int Compare(Student x, Student y) //姓名比较器
    {   //实现姓名升序比较
        return (x.Name.CompareTo(y.Name));
    }
}
public class NameComparerDesc : IComparer<Student>//从 IComparer 接口派生 NameComparerDesc 类
{
    public int Compare(Student x, Student y) //姓名比较器
    {   //实现姓名降序比较
        return (y.Name.CompareTo(x.Name));
    }
}
public class AgeComparer : IComparer<Student>//从 IComparer 接口派生 AgeComparer 类
{
    public int Compare(Student x, Student y) //年龄比较器
    {   //实现年龄升序比较
        return (x.Age.CompareTo(y.Age));
    }
}
class Program
{
    static void Main(string[] args)
    {
        Student stu1 = new Student("张三", 18);
        Student stu2 = new Student("李四", 20);
        Student stu3 = new Student("王五", 21);
        List<Student> stuList = new List<Student>();
        stuList.Add(stu1);
        stuList.Add(stu2);
        stuList.Add(stu3);
        stuList.Sort(new NameComparer());//按姓名升序排序
        Console.WriteLine("按姓名升序：");
        foreach (Student stu in stuList)
        {
            Console.WriteLine("姓名：{0}，年龄：{1}", stu.Name, stu.Age);
        }
        stuList.Sort(new NameComparerDesc());//按姓名降序排序
        Console.WriteLine("按姓名降序：");
        foreach (Student stu in stuList)
```

例题源代码

例 11-11 源代码

```
            {
                Console.WriteLine("姓名：{0}，年龄：{1}", stu.Name, stu.Age);
            }
            stuList.Sort(new AgeComparer());//按年龄升序排序
            Console.WriteLine("按年龄升序：");
            foreach (Student stu in stuList)
            {
                Console.WriteLine("姓名：{0}，年龄：{1}", stu.Name, stu.Age);
            }
            Console.Read();
        }
    }
```

从 IComparer<Student>接口派生 3 个类，即 NameComparer、NameComparerDesc、AgeComparer，它们都实现了 Compare()方法。

在 Main()方法中，创建 List<Student>集合对象 stuList，把 Student 对象添加到集合 stuList 对象中，以这 3 个排序类的对象作为实参调用 Sort()方法，实现不同的排序要求。

图 11-13 【例 11-11】的运行结果

执行程序，运行结果如图 11-13 所示。

11.8 习题

习题解答
第 11 章习题解答

一、选择题

1.（单选题）ArrayList 集合类的构造函数可以有指定容量的参数，也可以没有参数。下面说法（　　）是正确的。

A．如果不指定容量参数值，那么容量为 0

B．ArrayList 对象的容量不能自动调整，需要专门设置

C．当创建一个 ArrayList 对象后，里面的元素值默认为 0

D．创建一个 ArrayList 对象：ArrayList a=new ArrayList("100");

2.（多选题）定义 ArrayList 的代码如下。

```
ArrayList arr = new ArrayList();
arr.Add("aa");
arr.Add("bb");
```

则下列代码中，可以正确清空 arr 中元素的代码是（　）。

A．for (int i=0; i<2; i++)
{ arr.RemoveAt(i); }

B．for (int i=0; i<arr.Count;)
{ arr.RemoveAt(i); }

C．for (int i=0; i<arr.Count; i++)
{ arr.Remove(arr[0]); }

D．for (int i=0; i<arr.Count; i++)
{ arr.Remove(arr[i]); }

3.（单选题）下面关于列表 List<T>的说法中正确的是（　）。

A．每次只能向 List<T>增加一个元素

B．新元素只能放在 List<T>的尾部

C．只能按照元素下标来删除 List<T>中的元素

D．Capacity 属性的值是大于等于 Count 属性的值

4.（单选题）下面关于字典 Dictionary<K,V>的说法中错误的是（　）。

A．Dictionary<K,V>是通过键来获取值

B．通过 KeyValuePair 可同时获得键和值

C．Dictionary<K,V>中的 K 表示 Value 的类型

D．键必须是唯一的

5.（多选题）下面说法中错误的是（　　）。

A．HashSet<T>是包含不重复项的无序列表

B．HashSet<T>的容量将随该对象中元素的添加而自动增大

C．HashSet<T>的非泛型版本是 Hashtable

D．HashSet<T>可以通过索引访问元素

二、编程题

1．模拟超市打印购物小票的功能，列出所有购买商品的名称、单价，并计算出应付金额。

实现思路：

1）定义商品类，包括商品条形码、商品名称、商品价格 3 个属性。

2）定义计算类，包含一个 Hashtable 存储商品信息，key 为商品编号，value 为商品对象。

3）编写添加商品的方法、计算金额的方法。

2．声明类 Person，属性有 Name、Age、Email。定义 5 个 Person 对象，添加到 Hashtable 集合中，输入要查询的名字，通过遍历找到该对象。

3．某空气质量检测系统能够每天检测空气质量，然后记录。模拟实现该系统，能够计算某一段时间内北京的空气质量。空气质量以整数 1～5 表示，1 表示最好，5 表示最差。要求能够计算出指定时间段内的平均空气质量，以及空气质量最好和最差的日期和数值。

实现思路：

1）可以将每天的空气质量看作一个对象，包含两个属性：日期、空气质量值。需要用集合来保存空气质量对象。

2）主要操作是将每天的空气质量对象添加到集合尾部，然后遍历指定范围内的集合元素。可以选用 List<T>集合。

3）定义一个检测系统类，包含一个 List<T>集合，T 为空气质量类型。

4．实现公交卡管理。公交卡有两个属性：卡号和余额。实现功能如下。

1）新办卡。

2）根据卡号查询卡余额。

3）为卡片充值。

4）刷卡付费，如果余额不足则报警。

实现思路：

1）定义公交卡类，含两个属性：卡号和余额。

2）使用 Dictionary<T, K>维护卡集合。

3）定义 4 个方法实现 4 个功能。

5. 冒泡排序。定义一个泛型排序类 SortHelper<T>，泛型要约束成实现 IComparable 接口。

6. 使用 IComparer<T>泛型接口实现对 List<T>泛型集合的排序。要求如下：

1）创建一个继承于 IComparer<T>泛型接口的 NewComparer 类，并重写 Compare 比较器，使其能按照 int 类型数据的绝对值进行升序排序。

2）创建一个 Display<T>方法，使其能将 List<T>中各元素组合成一个用空格分隔的字符串，并返回给调用语句。

提示：

默认情况下，Sort()按从小到大顺序排序（升序）。若希望按降序排列时，可首先调用 Sort()方法进行升排序，再使用 Reverse()方法对序列进行反转，从而达到降序排序的目的。

7．使用 ArrayList 类，存储一组学生对象，并对学生对象按分数降序排序。Student 类包含的属性有学号 No，姓名 Name，分数 Score。要求使用 IComparable 接口。

8．使用 ArrayList 类，存储一组学生对象，并对学生对象按分数降序排序。Student 类包含的属性有学号 No，姓名 Name，分数 Score。要求使用 IComparer 接口，实现不同的比较方法，按学号升序排序，按姓名降序排序，按分数降序排序。

9．Student 类包含的属性有学号 No、姓名 Name、课程名 Course 和分数 Score。在 ArrayList 类中保存若干名学生信息。按课程名递增排序，相同课程名按分数递减排序。输出排序前、后的集合元素。

提示：

1）定义一个学生 Student 类。

2）为了排序，需要从 IComparer 接口派生自定义的比较类，并实现 Comparer()方法。

3）在 Main 方法中，创建若干 Student 类的对象。

4）在 Main 方法中，创建一个 List<T>或 ArrayList 集合类对象，把 Student 类的对象添加到集合对象中。

5）遍历集合对象，输出排序前的集合对象的元素。

6）创建自定义的比较类的对象，以该对象作为实参，通过集合对象调用 Sort()方法，对集合对象排序。

7）遍历排序后的集合对象，输出集合对象的元素。

第 12 章　Windows 窗体应用程序

本章介绍使用 Visual Studio 的集成开发环境（IDE），在 Windows 窗体上通过可视化方式，创建 Windows 应用程序（也称 WinFrom）的过程。

教学课件

第 12 章课件资源

12.1　Windows 窗体

Windows 窗体是用于.NET Framework 的智能客户端技术，是一组简化读取和写入文件系统等常见应用程序任务的托管库。使用 Visual Studio 的开发环境，可以创建 Windows 窗体智能客户端应用程序，该应用程序可显示信息、请求来自用户的输入以及通过网络和远程计算机通信。使用 Windows 窗体可以轻松创建 Windows 窗体应用程序。

窗体（Form）是应用程序的基本单位，窗体就像画布或白板，一个窗体就是一个窗口或对话框，是存放各种控件的容器。使用 Visual Studio 的集成开发环境（IDE），开发人员通过可视化操作方式，拖放 Windows 窗体设计器，通过向窗体添加控件（如文本框、按钮、下拉框、单选按钮等）和开发对用户操作（如单击鼠标或按键）的响应来构建 Windows 窗体应用程序。控件是离散的用户界面（UI）元素，用于显示数据或接受数据输入。用控件在窗体上创建用户界面，并借助代码操纵数据。

当用户对窗体或一个窗体控件执行了某个操作，该操作将生成一个事件。应用程序通过使用代码对这些事件做出反应，并在事件发生时对其进行处理。

12.1.1　创建 Windows 窗体应用程序

创建一个 Windows 应用程序，首先需要在 Visual Studio 环境中创建一个新项目。

1. 新建项目

启动 Visual Studio 后，首先显示如图 12-1 所示的“起始页”，在“起始页”中单击“新建项目”，或者在“文件”菜单中单击“新建”→“项目”，如图 12-2 所示。

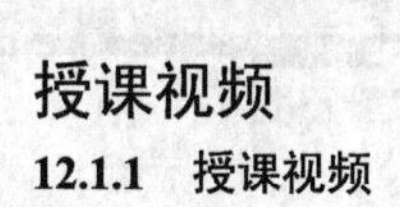

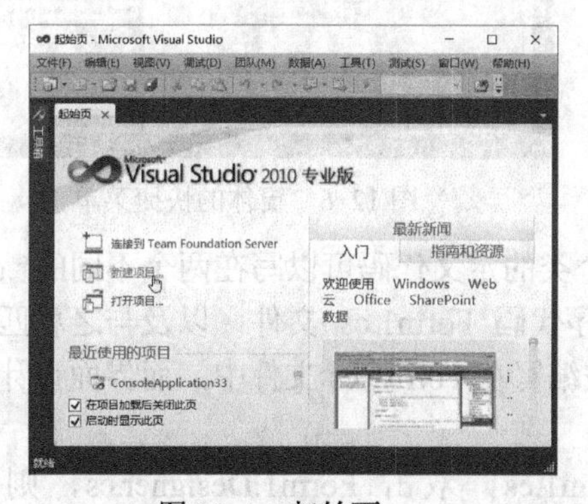

图 12-1　起始页

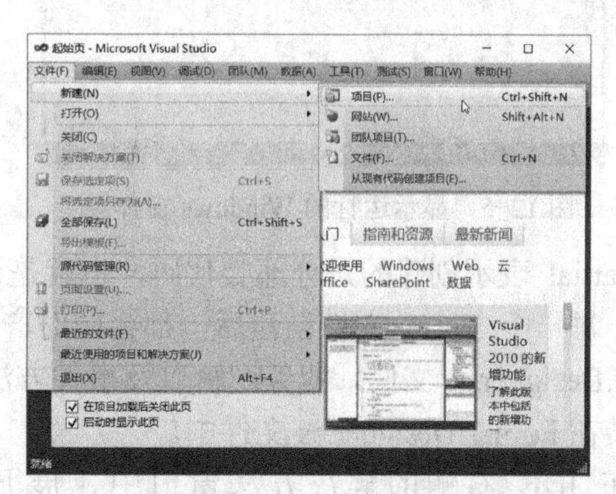

图 12-2　新建菜单

显示“新建项目”对话框，如图 12-3 所示，在左侧栏“已安装的模板”中选择“Visual C#”→“Windows”模版，在中间栏中选择“Windows 窗体应用程序”，并指定项目名称、保存位置、解决方案名称后，单击“确定”按钮。

将根据选择的模板创建一个 Windows 窗体应用程序框架，显示如图 12-4 所示。在 IDE 编辑窗口中，有一个“Form1.cs[设计]”选项卡，其中包含一个空白的窗体“Form1”，窗体由 4 部分组成：标题栏、控制按钮、窗体边框和窗体区。拖动窗体的右侧边框、下方边框或右下角的白色小方块，可以改变窗体的大小。该视图称为窗体设计器。

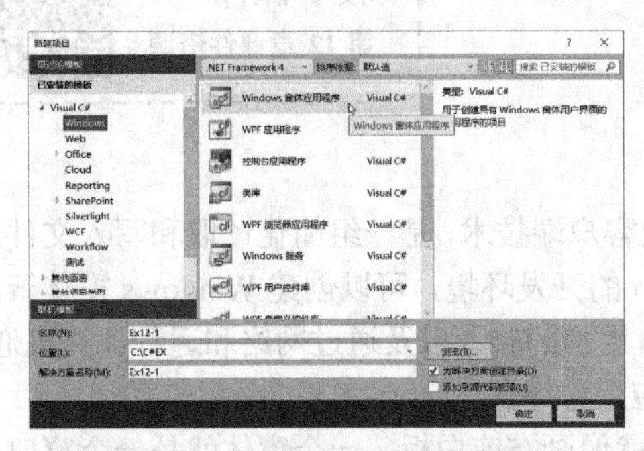

图 12-3 “新建项目”对话框

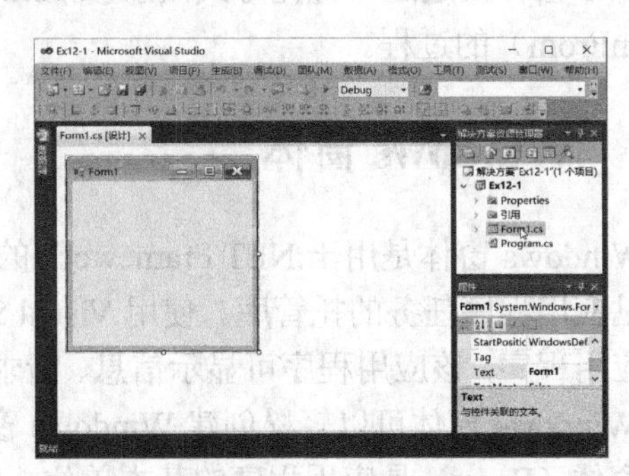

图 12-4 新建窗体

2. 运行 Windows 窗体程序

不做任何改动，直接单击工具栏上的“启动调试”按钮 ▶ 或按〈F5〉键，这时显示一个名为“Form1”的窗体，如图 12-5 所示。没有编写一行代码，就创建了这样一个 Windows 窗体的应用程序。单击这个窗体的关闭按钮×，返回到 IDE 编辑窗口。

3. 查看代码

在窗体上右击，在快捷菜单中单击“查看代码”命令，如图 12-6 所示。将显示 C#代码选项卡，如图 12-7 所示，该视图称为代码编辑器。其中代码 public partial class Form1 : Form，表示定义了一个名为 Form1 的类，该类继承自 Form 类。

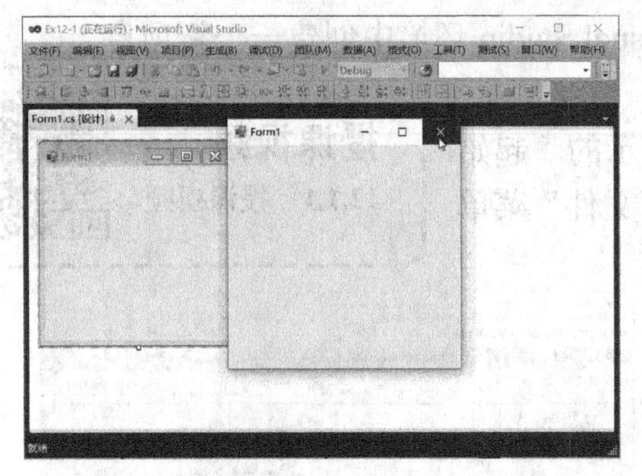

图 12-5 显示运行的 Windows 窗体

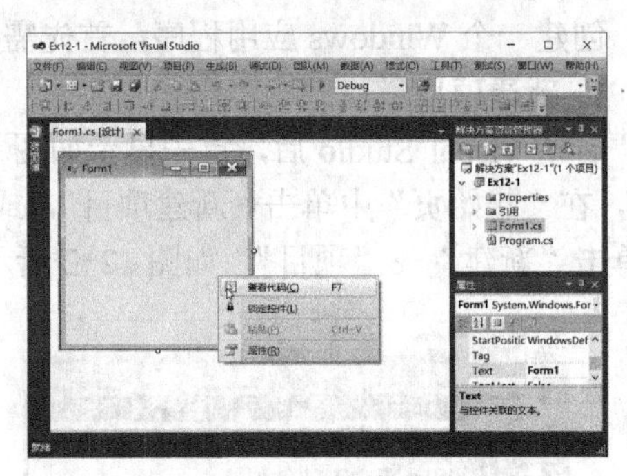

图 12-6 窗体的快捷菜单

partial 表示创建的是分部类代码，也就是说一个类的定义代码可以写在两个不同的*.cs 文件中。每一个 Form 文件创建后，都会同时产生程序代码 Form1.cs 文件，以及与之相匹配的 Form1.Designer.cs 文件。业务逻辑以及事件方法等被编写在 Form1.cs 文件中，而界面设计规则被封装在 Form1.Designer.cs 文件中。

在 IDE 右侧的解决方法窗口中，展开 Form1.cs，双击 Form1.Designer.cs，则显示“Form1.Designer.cs”选项卡，如图 12-8 所示，在该选项卡中，定义了一个 partial class Form1

类，同样使用了 partial 关键字，这个分部类是负责设计的分部类，这个分部类中的代码是根据程序员在窗体设计器中的操作而自动生成的代码，平时不用关注它。

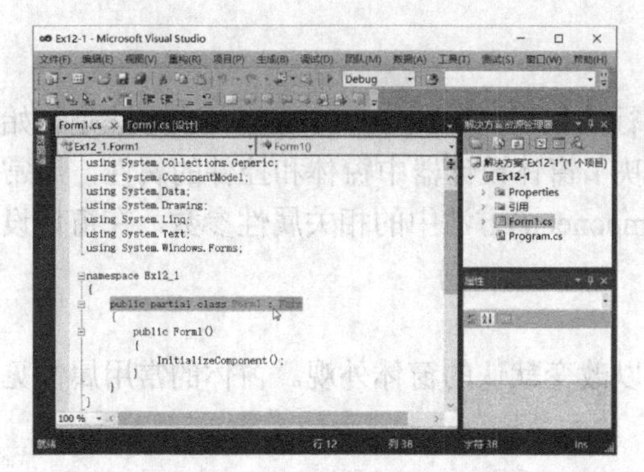

图 12-7　Form1.cs 选项卡中的代码

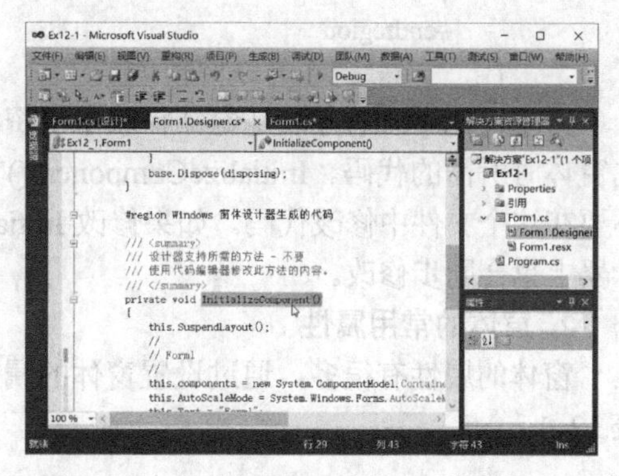

图 12-8　Form1.Designer.cs 选项卡中的代码

12.1.2　Form 类

1. 窗体代码

创建 C#窗体项目后，在 Form1.cs 和 Form1.Designer.cs 中分别有一个 InitializeComponent()方法。Form1.cs 中的代码是调用 InitializeComponent()方法（函数名后面分号结尾），如图 12-7 所示。每一个窗体生成时，都会针对当前的窗体定义 InitializeComponent()方法，该方法是由系统生成的对于窗体界面的定义方法。代码如下。

```
public partial class Form1 : Form
{
    public Form1() //构造函数
    {
        InitializeComponent();//调用方法
    }
    //程序员编写的代码
}
```

Form1.Designer.cs 中的代码是定义 InitializeComponent()方法（函数名后面有大括号包含定义内容），如图 12-8 所示。Form1.Designer.cs 是系统自动生成的脚本代码。代码如下。

```
partial class Form1
{   //限于篇幅，删掉了几行代码
    //清理所有正在使用的资源
    // <param name="disposing">如果应释放托管资源，为 true；否则为 false。</param>
    protected override void Dispose(bool disposing)
    {
        if (disposing && (components != null))
        {
            components.Dispose();
        }
        base.Dispose(disposing);
    }
    #region Windows 窗体设计器生成的代码
    /// 设计器支持所需的方法 - 不要使用代码编辑器修改此方法的内容
    private void InitializeComponent() //定义方法
    {
        this.components = new System.ComponentModel.Container();
```

```
            this.AutoScaleMode = System.Windows.Forms.AutoScaleMode.Font;
            this.Text = "Form1";
        }
        #endregion
    }
```

其中，Dispose()方法是窗体释放系统资源时执行的代码。InitializeComponent()方法是初始化窗体时所需的代码。InitializeComponent()方法反映了窗体设计器中窗体和控件的属性，通常不要在这个文件中修改代码。如果修改 InitializeComponent()方法中的相关属性参数，在窗体设计器上也会同步修改。

2. 窗体的常用属性

窗体的属性有很多，通过设置窗体的属性值可以改变默认的窗体外观。窗体的常用属性见表 12-1。

表 12-1　窗体的常用属性

属　性	说　明
Name	获取或设置窗体对象的名称，在应用程序中可通过 Name 属性来引用窗体。类似于变量名
Text	设置或获取在窗口标题栏中显示的文字
BackColor	获取或设置窗体的背景色
BackgroundImage	获取或设置窗体的背景图像
ForeColor	获取或设置控件的前景色
Font	获取或设置控件显示的文本的字体
Icon	窗体的图标
StartPosition	获取或设置运行时窗体的起始位置
TopMost	设置窗体是否为最顶端的窗体
Width	获取或设置窗体的宽度
Height	获取或设置窗体的高度
WindowState	获取或设置窗体出现时最初的窗口状态。取值有 3 种：Normal（窗体正常显示）、Minimized（窗体以最小化形式显示）和 Maximized（窗体以最大化形式显示）
ControlBox	获取或设置一个值，该值指示在该窗体的标题栏中是否显示控制框。值为 True（默认）时将显示控制框，值为 False 时不显示控制框
MaximizeBox	获取或设置一个值，该值指示是否在窗体的标题栏中显示“最大化”按钮。值为 True（默认）时显示“最大化”按钮，值为 False 时不显示“最大化”按钮
MinimizeBox	获取或设置一个值，该值指示是否在窗体的标题栏中显示“最小化”按钮。值为 True（默认）时显示“最小化”按钮，值为 False 时不显示“最小化”按钮

在窗体设计器视图下，如果没有显示“属性”窗口，则在解决方案管理器中双击“Form1.cs”（见图 12-4），或者右击窗体后单击快捷菜单中的“属性”（见图 12-6），或者在“视图”菜单中单击“属性窗口”。在右侧的“属性”窗口中，显示 Form1 的属性列表，可以在列表中对 Form1 的属性进行设置。

例如，把窗体的背景色设置为黄色（Yellow），在“属性”窗口中单击 BackColor 后的⌄按钮，从下拉菜单中单击“自定义”，单击调色板中的黄色，如图 12-9 所示。

打开 Form1.Designer.cs 标签，查看在窗体设计器中设置背景色后自动生成的代码。展开“Windows 窗体设计器生成的代码”，其中有一行：

```
this.BackColor = System.Drawing.Color.Yellow;
```

就是设置窗体属性后自动生成的代码，如图 12-10 所示。

设置 Name 为 FrmWelcom，Text 属性为“我的第一个窗体程序”，WindowState 为 Maximized。

在 Form1.Designer.cs 选项卡中查看生成的代码，然后执行窗体程序。

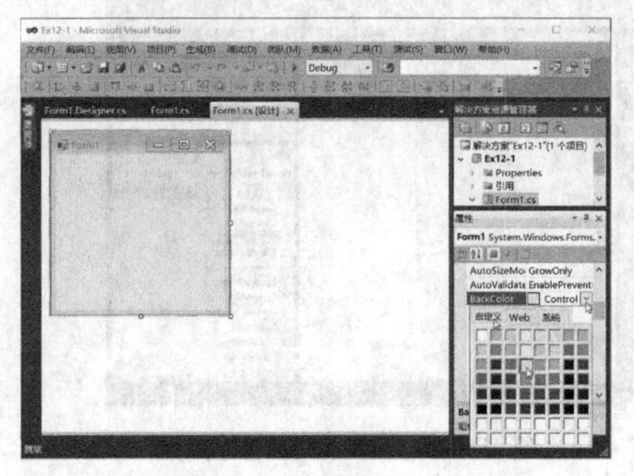

图 12-9　设置窗体的属性

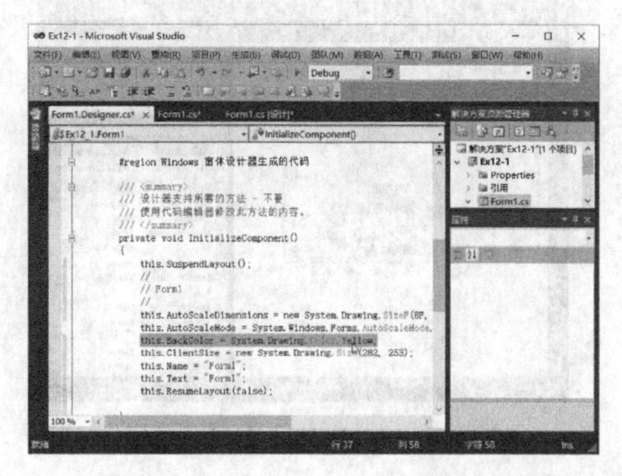

图 12-10　在 Form1.Designer.cs 选项卡中查看生成的代码

3. 窗体的常用方法和事件

Windows 应用程序是事件驱动的，Windows 通过随时响应用户触发的事件做出相应的响应。窗体的常用方法见表 12-2，窗体的常用事件见表 12-3。

表 12-2　窗体的常用方法

方　法	说　明
Close	关闭窗体，该方法没有参数。其调用格式：窗体名.Close();
Show	显示窗体，该方法没有参数。其调用格式：窗体名.Show();
Hide	隐藏窗体，其调用格式：窗体名.Hide();

表 12-3　窗体的常用事件

事　件	说　明
Load	在窗体加载到内存时发生，即在第一次显示窗体前发生
Closed	在关闭窗体后发生
Closing	在关闭窗体时发生
MouseMove	当鼠标指针在窗体件上移动时发生
Click	在用户单击窗体时发生
Resize	在改变窗体大小时发生

【例 12-1】　当用鼠标在窗体上单击时，窗体的背景色改变：如果是红色，则变成黄色；如果是黄色，变成绿色，否则变成红色。

例题视频
例 12-1 视频

实现思路；处理窗体的单击事件。获得窗体背景颜色：this.BackColor。通过 Color 获得颜色：红色 Color.Red，绿色 Color.Green，黄色 Color.Yello。判断背景颜色：if(this.BackColor = = Color.Red)。

实现步骤如下。

1）新建 Windows 窗体应用程序。右击窗体，从快捷菜单中单击“属性”命令。打开“属性”窗口，在“属性”窗口的工具栏上单击“事件”按钮 ，如图 12-11 所示。显示“事件”列表，如图 12-12 所示，在事件列表中找到 Click，然后双击该行。

2）这时在“Form1.cs”代码选项卡中，显示代码编辑器生成的名为 Form1_MouseClick() 的事件方法框架，如图 12-13 所示，该代码位于 public partial class Form1 : Form 类中。在该事件方法框架中输入下面代码。

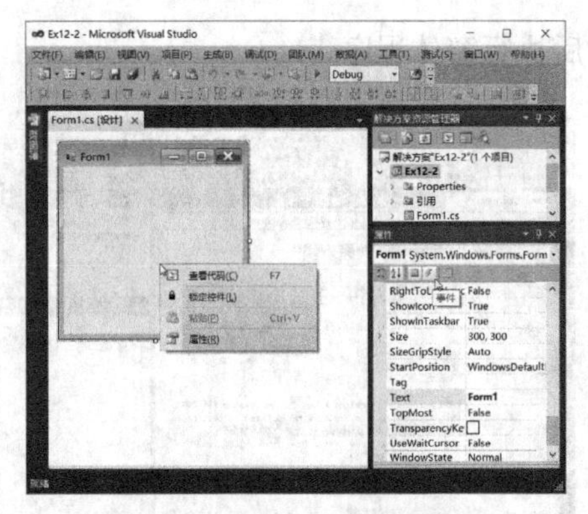

图 12-11　窗体的“属性”窗口

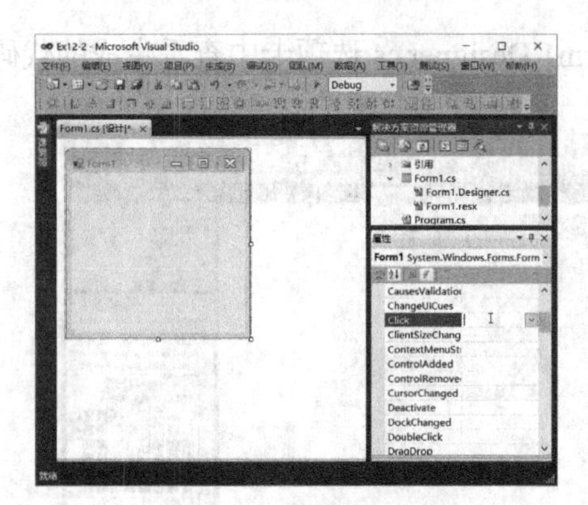

图 12-12　窗体的事件列表

```
private void Form1_Click(object sender, EventArgs e)
{   //鼠标单击事件
    if (this.BackColor = = Color.Red)
    {
        this.BackColor = Color.Yellow;
    }
    else if (this.BackColor = = Color.Yellow)
    {
        this.BackColor = Color.Green;
    }
    else
    {
        this.BackColor = Color.Red;
    }
}
```

输入代码后的“Form1.cs”代码选项卡如图 12-14 所示。

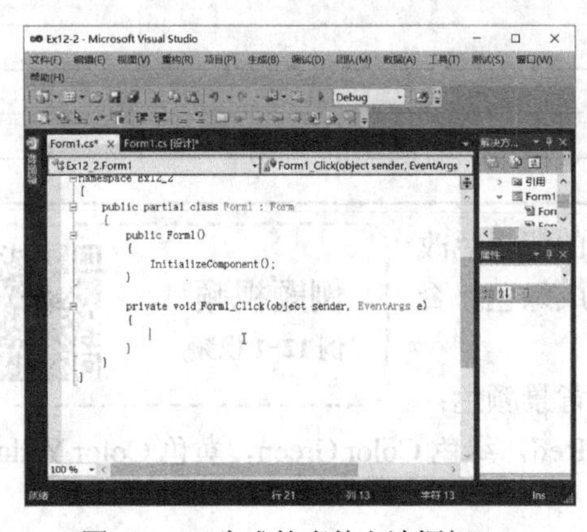

图 12-13　生成的事件方法框架

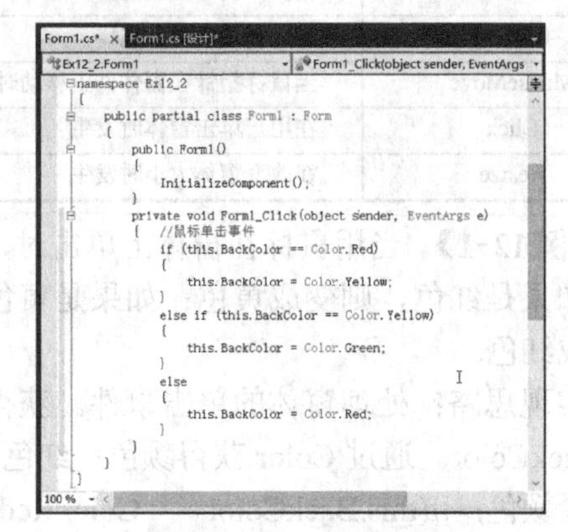

图 12-14　输入代码后的事件

3）执行窗体程序，按〈F5〉键或单击工具栏上的“启动调试”按钮 ▶。显示窗体，每单击一次窗体，则改变一次窗体的背景颜色，窗体的背景色在红、黄、绿之间改变。

12.1.3　Application 类

Application 类提供静态方法和属性以管理应用程序，例如启动和停止应用程序、处理 Windows 消息的方法和获取应用程序信息的属性，但此类不能被继承。

在 Windows 窗体项目中，从解决方案资源管理器中，双击 Program.cs，则显示“Program.cs”标签，如图 12-15 所示。Program.cs 类中的代码如下。

```
static class Program
{   //应用程序的主入口
    static void Main()
    {
        Application.EnableVisualStyles();
        Application.SetCompatibleTextRenderingDefault(false);
        Application.Run(new Form1());
    }
}
```

C#程序是以 Program 类中的 Main()方法开始执行的，它是程序的入口，Main()方法必须是类的静态方法，并且其返回类型必须是 int 或者 void。

Main()方法中的 3 行代码是调用 Application 类的方法。其中 Application.Run()方法的功能是开始运行应用程序，并打开实参中的窗体。

Application 类提供许多静态方法、属性和事件，读者可参考相关资料。

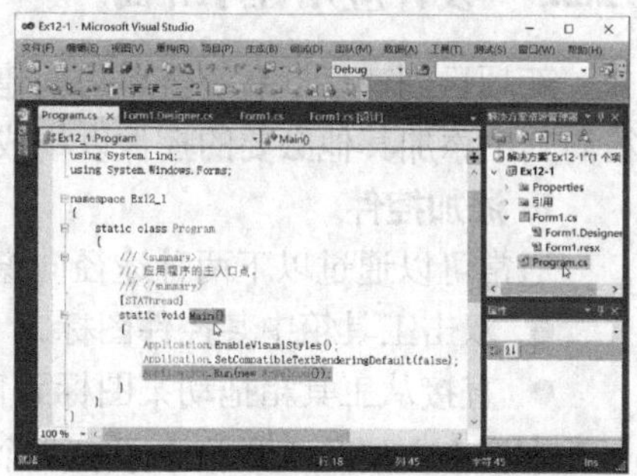

图 12-15　Program 类中的 Main()方法

12.2　创建 Windows 窗体应用程序的步骤

在 Visual Studio 中创建一个 Windows 应用程序，一般需要经过以下 6 个步骤。

1）根据用户需求进行问题分析，构思出合理的程序设计思路。

2）创建一个新的 Windows 应用程序项目。

3）设计应用程序界面。

4）设置窗体中所有控件对象的初始属性值。

5）编写用于响应系统事件或用户事件的代码。

6）试运行并调试程序，纠正存在的错误，调整程序界面，提高容错能力和操作的便捷性，使程序更符合用户的操作习惯。通常将这一过程称为提高程序的“友好性”。

本节将通过一个电子表程序的创建过程，介绍在 Visual Studio 环境中使用 Visual C#语言创建 Windows 应用程序的基本步骤。

12.2.1　设计要求及设计方法分析

1. 设计要求

【例 12-2】要求在 Visual Studio 环境中设计一个 Windows 应用程序，程序启动后窗体中显示如图 12-16 所示的基于系统时钟的数字式电子表。

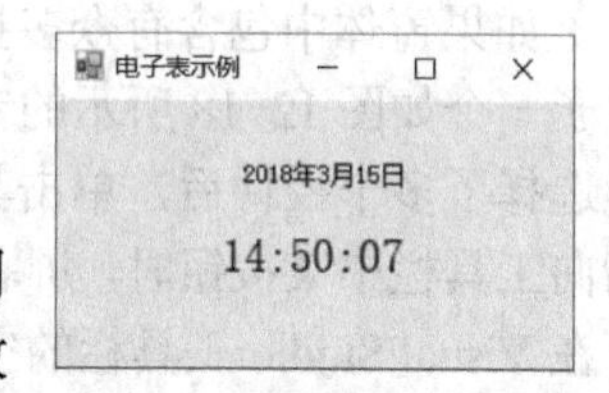

图 12-16　程序运行结果

2. 设计方法分析

1）这是一个简单的 Windows 应用程序，程序中包含 1 个用于显示日期信息和 1 个时间信息的标签（Label）控件，以及 1 个计时器控件（Timer）。

2）在窗体装入（发生 Load 事件）时和计时器触发（发生 Tick 事件）时，调用用于返回系统时间的 Now()方法，并将返回值分别显示到两个标签控件中。

3）为了使显示时间信息连贯，应将计时器控件的触发周期设置为 1 秒。

12.2.2 创建应用程序项目

启动 Visual Studio 后，在起始页中单击“创建”下“项目”项，在打开的对话框中选择“Visual C#”下的“Windows 窗体应用程序”，并指定项目名称、保存位置后单击“确定”按钮，进入 Visual Studio 集成开发环境。

12.2.3 设计应用程序界面

新项目创建后，系统会自动创建一个空白 Windows 窗体，程序员可根据实际需要，从工具箱向其中添加其他必要的控件以构成希望的程序界面。

1. 添加控件

通常可以通过以下两种途径向窗体中添加控件。

- 双击工具箱中某控件图标。
- 直接从工具箱拖动某图标到窗体上。

本例中需要从工具箱中添加两个标签控件 A Label 和 1 个计时器控件 Timer 到窗体中。由于计时器控件在程序运行时并不显示出来，是一个后台运行的控件，故添加到程序后控件并不出现在窗体中，而是出现在窗体编辑窗口的下方，如图 12-17 所示。

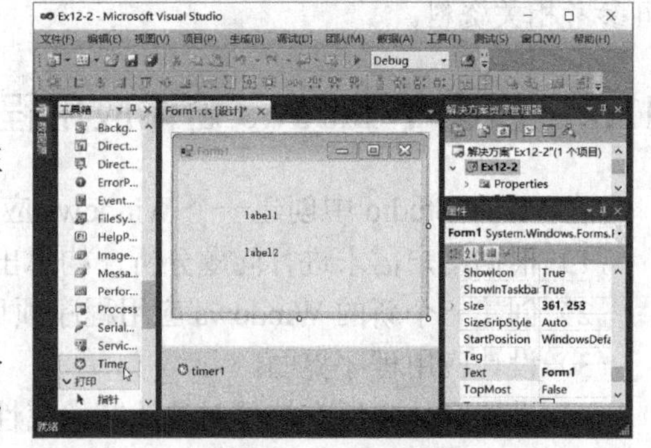

图 12-17 添加控件

2. 调整控件的大小和位置

控件被添加到窗体后，其大小和放置位置往往不能恰好满足界面设计的需要。

（1）调整控件大小

要调整大小时可首先通过单击控件将其选中，被选中的控件四周会出现 8 个控制点，拖动任一个控制点即可更改控件的大小，也可通过设置控件的 Size 属性值来精确指定控件的大小。

（2）调整控件位置

调整控件位置最简单的方法就是使用鼠标直接将其拖动到希望的位置，也可通过设置控件的 Location 属性或值来精确指定控件的位置。

3. 控件对齐

如果窗体中包含有众多控件，为了界面美观，自然会存在一个对齐问题。Visual Studio 提供了一个如图 12-18 所示的专门用于设置控件对齐方式的“布局”工具栏，用户可以在配合〈Ctrl〉键选择了多个控件后，单击其中某按钮来快速实现控件的对齐、间距设置等操作。将鼠标指针指向工具栏中某按钮时，屏幕上将显示其功能的提示信息。如果“布局”工具栏没有显示出来，可在 Visual Studio 工具栏的空白处单击右键，在弹出的快捷菜单中选择“布局”命令。

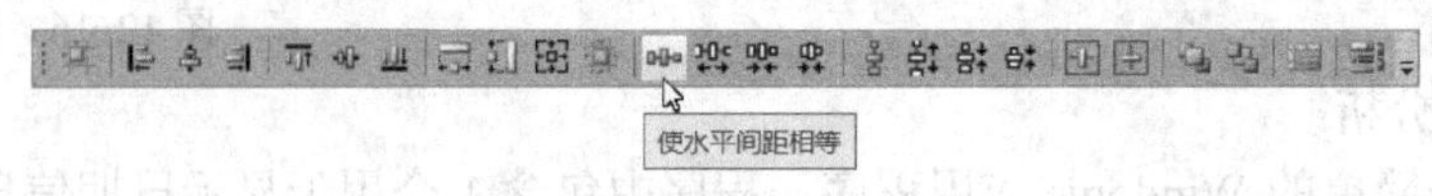

图 12-18 “布局”工具栏

在窗体中拖动控件来改变其位置时，系统会自动显示出布局参考线来协助完成相邻控件的对齐设置。如图 12-19 所示的是在拖动标签控件时显示出来的对齐参考线。

12.2.4 设置对象属性

在面向对象的程序设计中将控件或其他实体统称为对象，而对象的外观、行为等表现需要靠对象的属性来表现。在 Visual Studio 中可通过属性窗口在程序设计时设置对象的属性，也可以编写代码在程序运行时设置对象的属性。

1. 在属性窗口中设置属性

属性窗口用来设置对象的初始属性，在窗体中选择了某对象后属性窗口将自动列出该对象的属性名称及默认值列表，程序员只需为某属性设置或选择新的属性值即可。

本例中需要在选择了计时器控件 timer1 后，在属性窗口将其“Interval”属性值更改为“1000”。Interval 属性用来设置计时器控件，以毫秒为单位的触发周期，该设置使计时器能在每秒内触发一次。为了在窗体加载时就开始计时，还需要将计时器控件的“Enabled”属性设置为“True”，设置结果如图 12-20 所示。从图中可以看出，凡是被修改过的属性值系统均以粗体字显示。

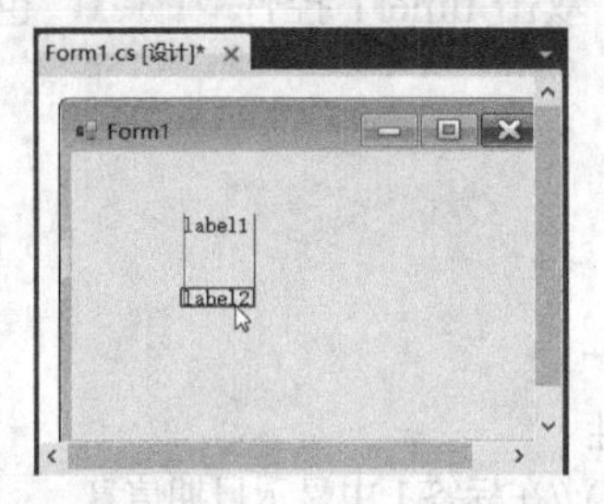

图 12-19　拖动标签控件时出现的对齐参考线

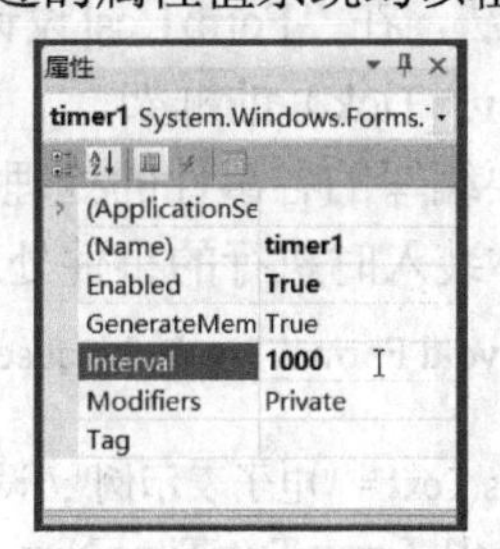

图 12-20　设置计时器控件的初始属性

2. 通过代码设置属性

有些对象的属性在程序设计时并不是确定的，可能还需要根据程序运行情况动态地进行修改，对于这类属性只能通过编写代码在程序运行时进行设置。通过代码设置对象属性值的语法格式如下。

```
对象名.属性名 = 属性值;
```

例如：

```
label1.Text = "欢迎使用本程序！";
```

12.2.5 编写程序代码

面向对象的程序设计方法采用了“事件驱动”的代码编写方式，也就是将特定功能的代码片段放置在不同的事件过程中，只有触发了对应的系统事件（由系统触发的事件，如窗体装入等）或用户事件（由用户操作触发的事件，如单击按钮等）时，这些代码才会执行。

Visual Studio 中多数控件都被预定义有若干事件，例如按钮控件 Button 的 Click 事件（用户单击了按钮时触发）；文本框控件 TextBox 的 TextChange 事件（用户更改了文本框中文字时触发）；窗体的 Load 事件（应用程序启动，窗体被装入时触发）。

本例中需要在窗体加载时设置窗体的标题属性值，在标签控件中分别显示当前日期和时间；计时器控件周期性触发时更新标签控件中显示的日期和时间。具体操作方法如下。

1）在“Form1.cs[设计]”标签中，单击选中 Form1 窗体，在“属性”窗口中单击“事件”按钮⚡，显示 Form1 的事件列表，然后双击 Load，如图 12-21 所示。

也可以双击窗体，将打开窗体的默认事件代码框架——窗体默认 Load 事件。

2）系统将自动切换到代码视图，并创建窗体默认事件（Form1_Load）的框架，如图 12-22

所示，用户只需在该框架中编写相应的代码即可。

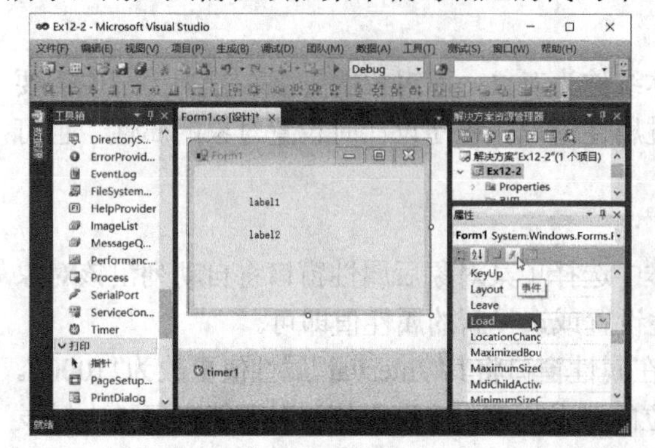

图 12-21　在事件列表中双击事件名称

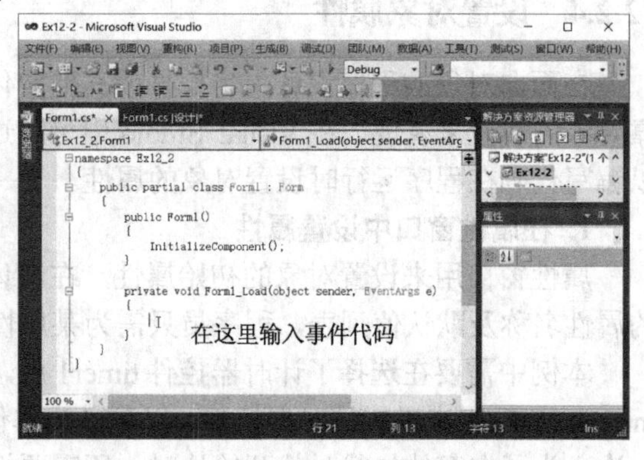

图 12-22　由系统自动创建的事件过程框架

3）同样方法，在“Form1.cs[设计]”选项卡中，双击 timer1 控件 timer1，也将自动创建其默认事件（timer1_Tick）的框架。

本例中需要编写的各事件的处理程序代码如下。

Form1 窗体装入时执行的事件处理程序代码：

```
private void Form1_Load(object sender, EventArgs e)
{
    this.Text = "电子表示例";//设置窗体的标题属性
    label1.Text = DateTime.Now.ToLongDateString();//在标签 1 中显示日期信息
    label2.Text = DateTime.Now.ToLongTimeString();//在标签 2 中显示时间信息
}
```

timer1 计时器周期性触发时执行的事件处理程序代码：

```
private void timer1_Tick(object sender, EventArgs e)
{
    label1.Text = DateTime.Now.ToLongDateString();
    label2.Text = DateTime.Now.ToLongTimeString();
}
```

说明：程序中使用了日期时间类（DateTime）中 Now 属性的 ToLongDateString()方法和 ToLongTimeString()方法，用于获取当前的日期和时间。

12.2.6　运行和调试程序

用于响应各类事件的代码编写完毕后，可单击工具栏中▶按钮或按〈F5〉键运行程序。经过初步设置、代码编写后本例程序运行结果如图 12-23 所示。从图中可以看出经过前面的几个步骤，程序已达到了预期的设计目标，但界面外观仍略显单薄，不够美观。根据程序运行结果，适当调整两个标签控件的位置，并通过 Label 控件的 Font 属性调整字体、字号，最终得到预期的外观效果。

图 12-23　程序运行结果

12.3　常用控件的使用

Visual Studio 系统中内置了大量控件，显示在工具箱中。这些显示在工具箱中的控件，严格地讲只能称为“控件类”。只有将工具箱中的控件添加到窗体中，也就是将控件类实例化之后，它们才真正变成了窗体中的对象。

工具箱中的控件按功能分为公共控件、容器、菜单和工具栏、数据、组件、打印、对话框等控件。本节主要介绍公共控件中的常用控件。

控件是窗体上的对象，是构成窗口的基本元素，也是 Visual Studio 可视化编程的工具。控件不但有自己的外观，还有自己的属性和方法，大部分控件还能响应系统或用户事件。

12.3.1 Control 类

Control 类是控件的基类，所有的标准 Windows 控件都继承自 Control 类，如图 12-24 所示，并继承了许多通用成员，这些成员都是平时使用控件的过程中最常用的。

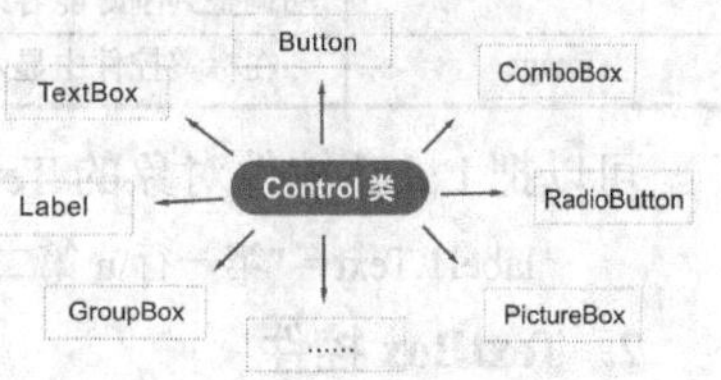

图12-24 Windows控件都继承自Control类

Control 类的通用属性见表 12-4。

表 12-4 Control 类的通用属性

属性	说明
Name	获取或设置控件实例的标识名称。通常通过“属性”窗口设置，控件实例名称与变量名字相同，以方便在代码中能够引用
Text	获取或设置控件中显示的文本信息
Font	用于显示控件中文本的字体，包括字体、字体大小、是否加粗
Height	获取或设置控件的高度
Width	获取或设置控件的宽度
Anchor	指示在控件的容器被调整时，控件紧贴哪个方向的边沿。可以设定 Top、Bottom、Right、Left 中的任意几种，设置的方法是在属性窗口中单击 Anchor 属性右边的箭头，通过它可设置 Anchor 属性值。例如紧贴右下角
Visible	指示控件是否可见，如果为 True 用户可以看见该控件，否者用户看不到该控件。虽然看不见这个控件但是还是可以单击的
Enable	指示控件是否可以使用。如果为 True，说明控件处于可以使用状态；如果为 False，表示控件不可用，不能与用户交互
ForeColor	获取或设置控件的前景颜色
BackColor	获取或设置控件的背景颜色
BackgroundImage	可以提供一个图像实例来绘制控件的背景
Dock	指示控件如何填充容器中的可用空间。如果设置为 Fill 则表示控件将占满所有可用空间，Top 则表示控件将占用容器上方的所有空间
BorderStyle	设置或返回边框。有 3 种选择：BorderStyle.None 为无边框（默认），BorderStyle.FixedSingle 为固定单边框，BorderStyle.Fixed3D 为三维边框
TabIndex	设置或返回对象的〈Tab〉键顺序

12.3.2 基本控件

基本控件是指标签（Label）、文本框（TextBox）和命令按钮（Button）3 个控件。它们是程序设计中使用最为频繁的 Windows 应用程序控件。

所有控件都有一个 Name 属性，当控件被添加到窗体时，会自动以控件类型加一个序号的方式定义其 Name 属性值，如 TextBox1、TextBox2 等。如果窗体中控件较多，为了增加程序的可读性，建议采用控件类型缩写加一个能表明其作用的英文单词为 Name 属性值，如 TextName、TextPasword 等。

1．Label 控件

Label（标签）控件用于在窗体上显示描述文字。Label 控件的属性有许多是控件通用的，常用属性见表 12-5。

表 12-5　Label 控件的常用属性

属　性	说　明
Text	设置或获取标签控件中显示的文本信息
AutoSize	获取或设置一个值，该值指示是否自动调整控件的大小以完整显示其内容。取值为 True 时，控件将自动调整到刚好能容纳文本时的大小；取值为 False（默认）时，控件的大小为设计时的大小
Image	在标签控件中显示一张图片

可以把 Label 控件对象的 Text 属性设置为任意字符串（包括控制符）。例如：

```
label1.Text = "第一行\n 第二行\n 第三行";//显示 3 行，\n 为换行符
```

2. TextBox 控件

TextBox（文本框）控件的作用是让用户输入文本。在默认情况下，该控件将显示一个单行文本框，但可以设置为显示多行文本框，也可以设置为输入密码方式以屏蔽用户输入的文本内容。TextBox 控件的常用属性见表 12-6。

表 12-6　TextBox 控件的常用属性

属　性	说　明
Text	设置或获取文本框中显示的文本。默认情况下，最多可在一个文本框中输入 2048 个字符。如果将 MultiLine 属性设置为 True，则最多可输入 32 KB 的文本
MultiLine	设置文本框中的文本是否可以输入多行并以多行显示。值为 True 时，允许多行显示。值为 False（默认）时不允许多行显示，一旦文本超过文本框宽度时，超过部分不显示
MaxLength	设置文本框允许输入字符的最大长度，该属性值为 0 时，不限制输入的字符数
ReadOnly	获取或设置一个值，该值指示文本框中的文本是否为只读。值为 True 时为只读，值为 False（默认）时可读可写
PasswordChar	是一个字符串类型，允许设置一个字符，运行程序时，将输入到 Text 的内容全部显示为该属性值，从而起到保密作用，通常用来输入口令或密码
ScrollBars	设置滚动条模式，有 4 种选择：ScrollBars.None（无滚动条），ScrollBars.Horizontal（水平滚动条），ScrollBars.Vertical（垂直滚动条），ScrollBars.Both（水平和垂直滚动条） 注意：只有当 MultiLine 属性为 True 时，该属性值才有效。在 WordWrap 属性值为 True 时，水平滚动条将不起作用
WordWrap	用来指示多行文本框控件在输入的字符超过一行宽度时是否自动换行到下一行的开始，值为 True（默认），表示自动换到下一行的开始；值为 False 表示不自动换到下一行的开始
TextLength	获取控件中文本的长度

TextBox 控件的常用方法见表 12-7。

表 12-7　TextBox 控件的常用方法

方　法	说　明
AppendText	把一个字符串添加到文件框中文本的后面，调用的一般格式：文本框对象.AppendText(str)，参数 str 是要添加的字符串
Clear	从文本框控件中清除所有文本。调用的一般格式：文本框对象.Clear()，该方法无参数
Focus	为文本框设置焦点。如果焦点设置成功，值为 True，否则为 False。调用的一般格式：文本框对象.Focus()，该方法无参数
Copy	将文本框中的当前选定内容复制到剪贴板上。调用的一般格式：文本框对象.Copy()，该方法无参数
Cut	将文本框中的当前选定内容移动到剪贴板上。调用的一般格式：文本框对象.Cut()，该方法无参数
Paste	用剪贴板的内容替换文本框中的当前选定内容。调用的一般格式：文本框对象.Paste()，该方法无参数
Undo	撤销文本框中的上一个编辑操作。调用的一般格式：文本框对象.Undo()，该方法无参数
ClearUndo	从该文本框的撤销缓冲区中清除关于最近操作的信息，根据应用程序的状态，可以使用此方法防止重复执行撤销操作。调用的一般格式：文本框对象.ClearUndo()，该方法无参数
Select	用来在文本框中设置选定文本。调用的一般格式：文本框对象.Select(start, length)，该方法有两个参数，第一个参数 start 用来设定文本框中当前选定文本的第一个字符的位置，第二个参数 length 用来设定要选择的字符数
SelectAll	用来选定文本框中的所有文本。调用的一般格式：文本框对象.SelectAll()，该方法无参数

TextBox 控件的常用事件见表 12-8。

表 12-8　TextBox 控件的常用事件

事　件	说　明
GotFocus	该事件在文本框接收焦点时发生
LostFocus	该事件在文本框失去焦点时发生
TextChanged	该事件在 Text 属性值更改时发生。无论是通过编程修改还是用户交互更改文本框的 Text 属性值，均会引发此事件
Enter	该事件在文本框成为该窗体的活动控件时发生
Leave	该事件当文本框不再是窗体的活动控件时发生

3. Button 控件

Button（按钮）控件是 Windows 应用程序中最常用的控件之一，通常用它来执行命令。如果按钮具有焦点，就可以使用鼠标左键、〈Enter〉键或空格键触发该按钮的 Click 事件。通过设置窗体的 AcceptButton 或 CancelButton 属性，无论该按钮是否有焦点，都可以使用户通过按〈Enter〉或〈Esc〉键来触发按钮的 Click 事件。一般不使用 Button 控件的方法。Button 控件也具有许多如 Text、ForeColor 等的常规属性，此处不再介绍，只介绍该控件有特色的属性。以后介绍的控件也采用同样的方法来处理。

Button 控件的常用属性见表 12-9。

表 12-9　Button 控件的常用属性

属　性	说　明
Text	设置或获取按钮上显示的文本
DialogResult	当使用 ShowDialog 方法显示窗体时，可以使用该属性设置当用户按了该按钮后，ShowDialog 方法的返回值。值有 OK、Cancel、Abort、Retry、Ignore、Yes、No 等
Image	设置显示在按钮上的图像
FlatStyle	设置当用户将鼠标移动到该按钮上并单击时该按钮的外观。值有 Standard（三维显示，默认）、Flat（平面显示）、Popup（平面显示，如果鼠标指针移动到按钮，则三维显示）、System（由用户的操作系统决定）

Button 控件的常用事件见表 12-10。

表 12-10　Button 控件的常用事件

事　件	说　明
Click	当单击按钮控件时，将发生该事件
MouseDown	当用户在按钮控件上按下鼠标按钮时，将发生该事件
MouseUp	当用户在按钮控件上释放鼠标按钮时，将发生该事件

【例 12-3】设计一个简单的登录窗口，窗口上取消最大化、最小化控制按钮，不能拖拉改变窗口的大小，假设用户名为 admin，密码为 123。如图 12-25 所示。

例题视频

例 12-3 视频

1）新建项目，创建 Windows 创建应用程序。设置 Form1 窗体的属性，Text 属性设为“用户登录”，MaximizeBox、MinimizeBox 属性设为 False；FormBorderStyle 设为 Fixed3D，使得窗体不允许拖拉改变大小。

2）向窗体中添加 3 个 label 控件，2 个 textBox 控件，1 个 button 控件，适当调整 Form1 的大小，如图 12-26 所示。label1、label2、label3 的 Text 属性分别设为“用户名：”“密　码：”和“请输入用户名和密码”，textBox2 的 PasswordChar 属性设为“*”，button1 的 Text 属性设为“确定”，如图 12-27 所示。

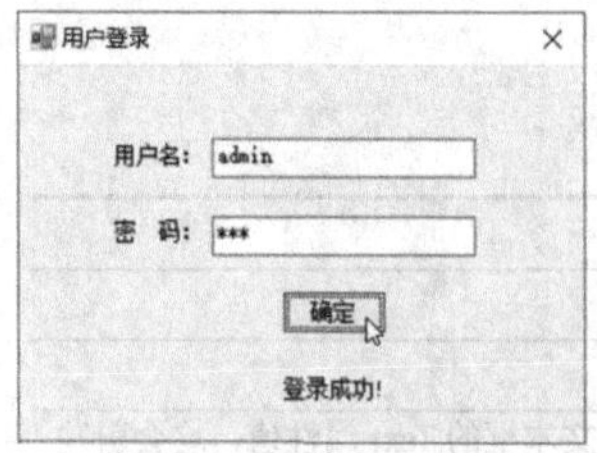

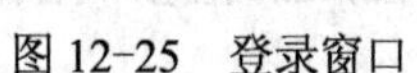

图 12-25 登录窗口

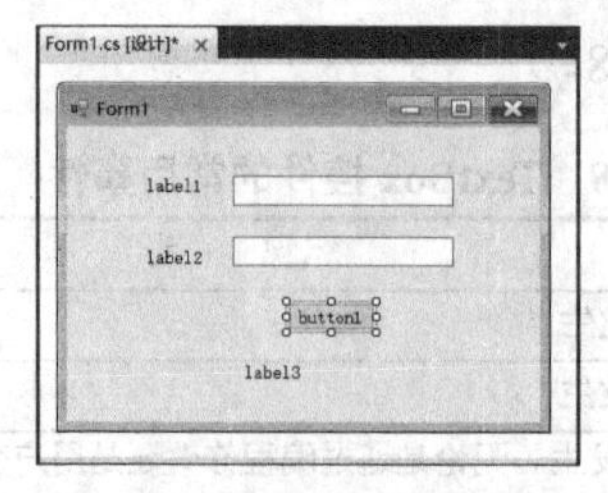

图 12-26 添加控件

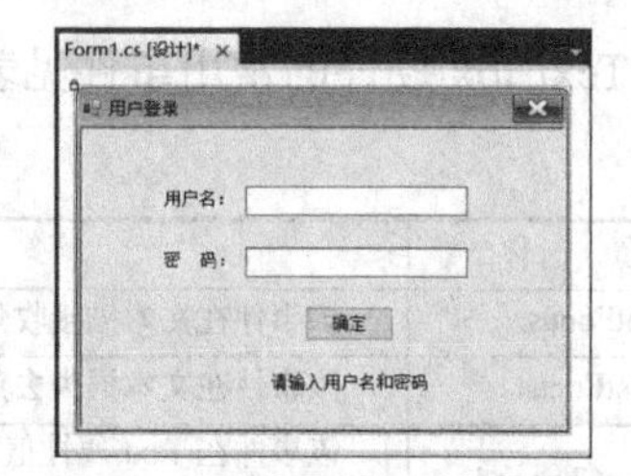

图 12-27 设置窗体、控件的属性

3）双击“确定”按钮，打开代码设计器。在 button1_Click 事件框架中输入该按钮的单击事件代码。

```
private void button1_Click(object sender, EventArgs e)
{
    string name = textBox1.Text.Trim(); ;//获取文本框中的值，并删掉字符串首、尾的空格
    string password = textBox2.Text.Trim();
    if (name.Equals("admin") && password.Equals("123")) //判断用户名和密码
    {
        label3.Text = "      登录成功!";
    }
    else
    {
        label3.Text ="用户名或密码错误！";
        textBox1.Focus();//光标定位到该文本框
    }
}
```

4）单击工具栏中 按钮或按〈F5〉键执行程序，运行结果如图 12-25 所示，输入 admin 和 123。

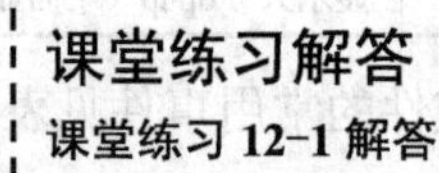

【课堂练习 12-1】 在【例 12-3】的基础上，修改登录程序，光标进入文本框时背景色为 AliceBlue,；光标离开文本框时，背景白色。为 label 添加图片属性。添加“取消”按钮，单击“取消”按钮后，清除输入信息，并将光标定位在用户名文本框中。单击“确定”按钮，如果输入的用户名或密码错误，显示如图 12-28 所示的消息框；如果正确，显示如图 12-29 所示。

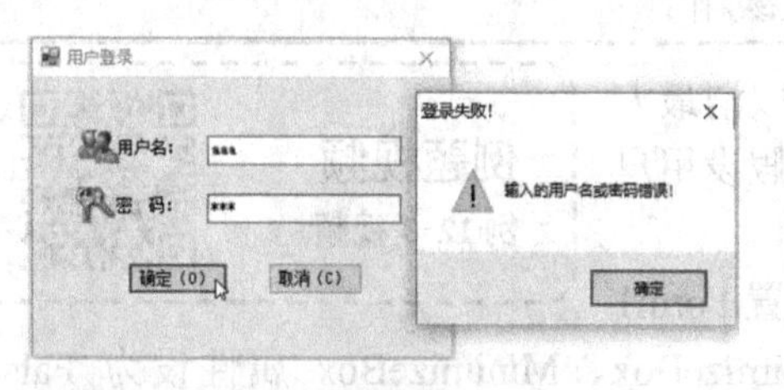

图 12-28 错误消息框

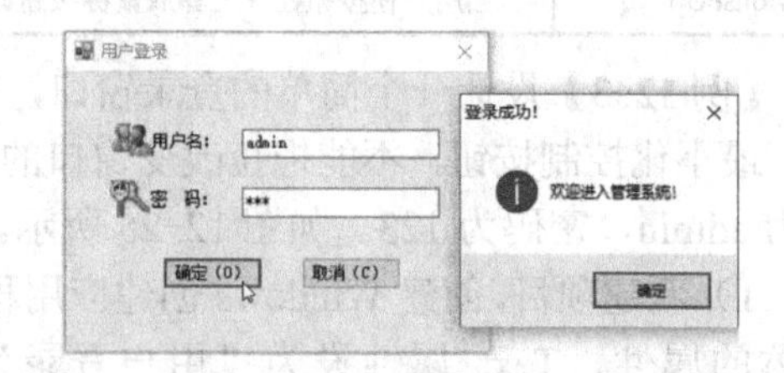

图 12-29 正确消息框

提示：为 label 设置 Image 属性，添加图片时，为了让图片完整显示出来，需要把 label 的 AutoSize 属性设置为 false，然后适当拉大 label。ImageAlign 属性设置为 MiddleLeft，TextAlign 属性设置为 MiddleRight。

消息框显示一个模态对话框，其中包含一个系统图标、一个按钮和一个简短的特定的应用程序消息，代码如下。

MessageBox.Show("欢迎进入管理系统！", "登录成功！", MessageBoxButtons.OK, MessageBoxIcon.Information);

MessageBox.Show("输入的用户名或密码错误！", "登录失败！", MessageBoxButtons.OK, MessageBoxIcon.Exclamation);

button 的快捷键设置 Text 属性为“确定（&O）”“取消（&C）”。

改变文本框的背景色使用文本框的〈Enter〉和 Leave 事件，在事件代码中设置，例如：

textBox1.BackColor = Color.AliceBlue;//设置 textBox1 的背景色

12.3.3 选择类常用控件

“选择类控件”是指在应用程序中提供选项供用户选择的控件。常用的选择类控件有分组框（GroupBox）、单选按钮（RadioButton）、复选框（CheckBox）、列表框（ListBox）、组合框（ComboBox）、复选列表框（CheckListBox）等。

1. GroupBox 控件

GroupBox（分组框）控件常用于为其他控件提供可识别的分组，其典型的用法之一就是给 RadioButton 控件分组。用户可以通过分组框的 Text 属性为分组框中的控件向用户提供提示信息。设计时，向 GroupBox 控件中添加控件的方法有两种：一是直接在分组框中绘制控件；二是把某一个已存在的控件复制到剪贴板上，然后选中分组框，再执行粘贴操作。位于分组框中的所有控件随着分组框的移动而一起移动，随着分组框的删除而全部删除，分组框的 Visible 属性和 Enabled 属性也会影响到分组框中的所有控件。分组框的最常用的属性是 Text，一般用来给出分组提示。GroupBox 控件提供了许多属性、方法和事件。

2. RadioButton 控件

RadioButton（单选按钮）控件通常成组出现，用于提供两个或多个互斥选项，即在一组单选钮中只能选择一个，当组内某个按钮被选中时，其他按钮将自动失效。如果需要在同一个窗体中创建多个单选按钮，则需要使用容器控件（GroupBox 等）将其分配在不同的组中。

RadioButton 控件的常用属性见表 12-11。

表 12-11 RadioButton 控件的常用属性

属 性	说 明
Text	设置或返回单选按钮控件内显示的文本，该属性也可以包含访问键，即前面带有“&”符号的字母，这样用户就可以通过同时按〈Alt〉键和访问键来选中控件
Checked	设置或返回单选按钮是否被选中，选中时值为 True，没有选中时值为 False（默认）
AutoCheck	如果 AutoCheck 属性被设置为 True（默认），那么当选择该单选按钮时，将自动清除该组中所有其他单选按钮。对一般用户来说，不需改变该属性，采用默认值（True）
Appearance	获取或设置单选按钮控件的外观。当其取值为 Appearance.Button 时，将使单选按钮的外观像命令按钮一样：当选定它时，它看似已被按下。当取值为 Appearance.Normal 时，就是默认的单选按钮的外观

RadioButton 控件的常用事件见表 12-12。

表 12-12 RadioButton 控件的常用事件

事 件	说 明
Click	当单击单选按钮时，将把单选按钮的 Checked 属性值设置为 True，同时发生 Click 事件
CheckedChanged	当 Checked 属性值更改时，将触发 CheckedChanged 事件

3. CheckBox（复选框）控件

CheckBox（复选框）控件用于向用户提供多选输入数据的控件。用户可以在控件提供的多个选项中选择一个或多个或不选。单个 CheckBox 控件，可在页面中作为用于控制某种状态的开关控件使用，也可将若干个 CheckBox 控件组合在一起向用户提供一组多选选项。

CheckBox 控件的常用属性见表 12-13。

表 12-13　CheckBox 控件的常用属性

属　　性	说　　明
Text	设置或返回单选按钮控件内显示的文本，该属性也可以包含访问键，即前面带有“&”符号的字母，这样用户就可以通过同时按〈Alt〉键和访问键来选中控件
TextAlign	设置控件中文字的对齐方式，有 9 种选择。该属性的默认值为 ContentAlignment.MiddleLeft，即文字左对齐、居控件垂直方向中央
ThreeState	返回或设置复选框是否能表示 3 种状态，如果属性值为 True 时，表示可以表示 3 种状态——选中、没选中和中间态（CheckState.Checked、CheckState.Unchecked 和 CheckState.Indeterminate），属性值为 False 时，只能表示两种状态——选中和没选中
Checked	设置或返回复选框是否被选中，值为 True 时，表示复选框被选中，值为 False 时，表示复选框没被选中。当 ThreeState 属性值为 True 时，中间态也表示选中
CheckState	设置或返回复选框的状态。在 ThreeState 属性值为 False 时，取值有 CheckState.Checked 或 CheckState.Unchecked。在 ThreeState 属性值被设置为 True 时，CheckState 还可以取值 CheckState.Indeterminate，在此时，复选框显示为浅灰色选中状态，该状态通常表示该选项下的多个子选项未完全选中

CheckBox 控件的常用事件见表 12-14。

表 12-14　CheckBox 控件的常用事件

事　　件	说　　明
Click	当单击单选按钮时，将把单选按钮的 Checked 属性值设置为 True，同时发生 Click 事件
CheckedChanged	当 Checked 属性值更改时，将触发 CheckedChanged 事件

【例 12-4】 设计如图 12-30 所示的窗体，勾选复选框后，单击按钮，在标签中显示勾选的项。

1）在窗体上添加 1 个 GroupBox，并在 GroupBox 中添加 3 个 Checkbox，添加 1 个 Button、1 个 Label。如图 12-31 所示。

2）在属性窗口中，设置 groupBox1 的 Text 值为“请选择喜欢的球类运动:”，分别设置 checkBox1、checkBox2、checkBox3 的 Text 值为“篮球”“排球”“足球”，设置 button1 的 Text 值为“显示选定的爱好”，设置 label1 的 Text 值为空。如图 12-32 所示。

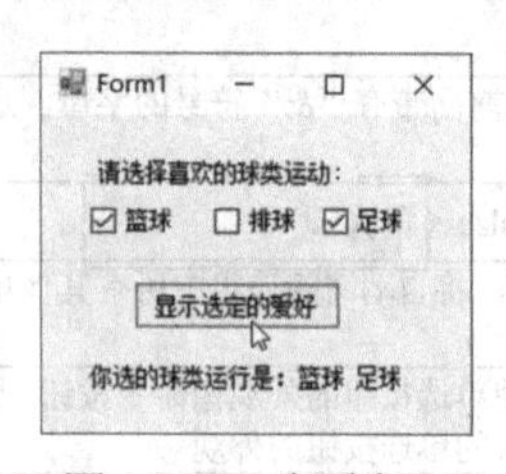

图 12-30　复选框

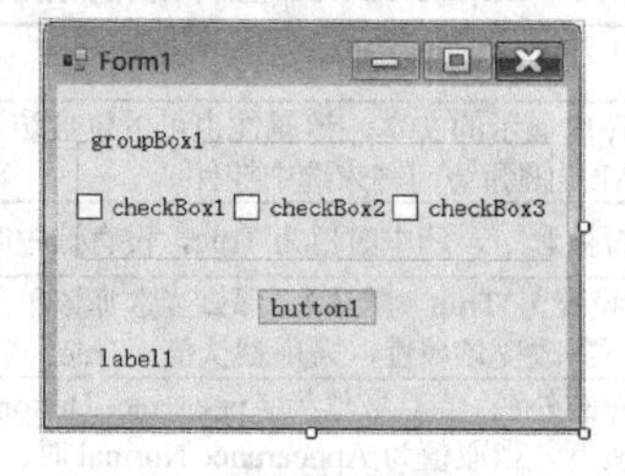

图 12-31　添加控件

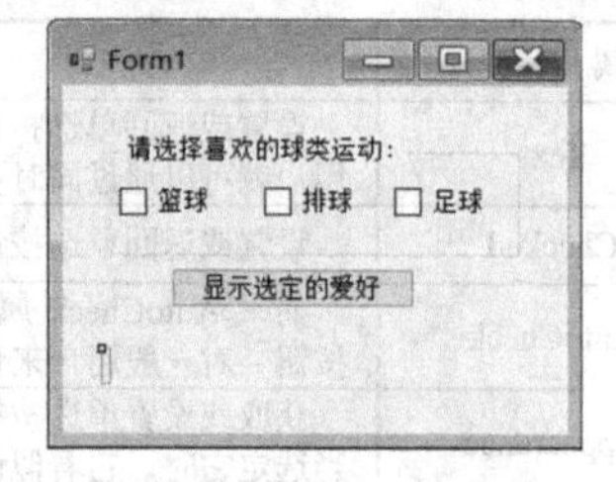

图 12-32　设置属性

3）双击 button1 按钮，编写该按钮的单击事件。因所有 CheckBox 都放在 groupBox1 中，只需要在 groupBox1 中循环遍历，如果该控件是 CheckBox，检查 CheckBox 的 Checked；如果勾选，则把 CheckBox 的 Text 连接在一起，赋值给 label1.Text。代码如下。

```
private void button1_Click(object sender, EventArgs e)
{
    string sports = "你选的球类运行是：";
    foreach (Control cl in groupBox1.Controls)//循环 groupBox1 中的控件
    {
```

```
            if (cl is CheckBox)//如果是 CheckBox
            {
                CheckBox ck = cl as CheckBox;//将找到的 control 转化成 checkbox
                if (ck.Checked)//判断是否选中
                {
                    sports += ck.Text + " ";
                }
            }
        }
        label2.Text = "" + sports.ToString();
    }
```

如果没有把 CheckBox 控件放到容器中，而是放在 Form 中，则可以遍历 Form，代码改为：

```
foreach (Control cl in this.Controls);
```

4）单击工具栏中的▶按钮运行程序，勾选复选框后，单击按钮显示如图 12-30 所示。

4. ListBox 控件

ListBox（列表框）控件显示一个项目列表供用户选择。在列表框中，用户一次可以选择一项，也可以选择多项。

ListBox 控件的常用属性见表 12-15。

表 12-15　ListBox 控件的常用属性

属　性	说　明
Text	获取或搜索 ListBox 控件中当前选定项的文本。当把此属性值设置为字符串值时，ListBox 控件将在列表内搜索与指定文本匹配的项并选择该项。若在列表中选择了一项或多项，该属性将返回第一个选定项的文本
Items	存放列表框中的列表项，是一个集合。通过该属性，可以添加列表项、移除列表项和获得列表项的数目
MultiColumn	获取或设置一个值，该值指示 ListBox 是否支持多列。值为 True 时表示支持多列，值为 False 时不支持多列。当使用多列模式时，可以使控件得以显示更多可见项
ColumnWidth	获取或设置多列 ListBox 控件中列的宽度
SelectionMode	获取或设置在 ListBox 控件中选择列表项的方法。当 SelectionMode 属性设置为 SelectionMode.MultiExtended 时，按〈Shift〉键的同时单击鼠标或者同时按〈Shift〉键和箭头键之一（上箭头键、下箭头键、左箭头键和右箭头键），会将选定内容从前一选定项扩展到当前项。按〈Ctrl〉键的同时单击鼠标将选择或撤销选择列表中的某项；当该属性设置为 SelectionMode.MultiSimple 时，鼠标单击或按空格键将选择或撤销选择列表中的某项；该属性的默认值为 SelectionMode.One，则只能选择一项
SelectedIndex	获取或设置 ListBox 控件中当前选定项的从零开始的索引。如果未选定任何项，则返回值为 1。对于只能选择一项的 ListBox 控件，可使用此属性确定 ListBox 中选定的项的索引。如果 ListBox 控件的 SelectionMode 属性设置为 SelectionMode.MultiSimple 或 SelectionMode.MultiExtended，并在该列表中选定多个项，此时应用 SelectedIndices 来获取选定项的索引
SelectedIndices	属性用来获取一个集合，该集合包含 ListBox 控件中所有选定项的从零开始的索引
SelectedItem	获取或设置 ListBox 中的当前选定项
SelectedItems	获取 ListBox 控件中选定项的集合，通常在 ListBox 控件的 SelectionMode 属性值设置为 SelectionMode.MultiSimple 或 SelectionMode.MultiExtended（它指示多重选择 ListBox）时使用
Sorted	获取或设置一个值，该值指示 ListBox 控件中的列表项是否按字母顺序排序。如果列表项按字母排序，该属性值为 True；如果列表项不按字母排序，该属性值为 False。默认值为 False。在向已排序的 ListBox 控件中添加项时，这些项会移动到排序列表中适当的位置
ItemsCount	返回列表项的数目

ListBox 控件的常用方法见表 12-16。

表 12-16　ListBox 控件的常用方法

方　法	说　明
FindString(s)	查找列表项中以指定字符串开始的第一个项。s 是要查找的字符串。如果找到则返回该项从零开始的索引；如果找不到匹配项，则返回 ListBox.NoMatches。注意：FindString 方式只是词语部分匹配，即要查找的字符串在列表项的开头，便认为是匹配的，如果要精确匹配，即只有在列表项与查找字符串完全一致时才认为匹配，可使用 FindStringExact 方法，调用格式与功能与 FindString 基本一致
SetSelected(n, k)	选中某一项或取消对某一项的选择。如果参数 k 的值是 True，则在 ListBox 对象指定的列表框中选中索引为 n 的列表项，如果参数 k 的值是 False，则索引为 n 的列表项未被选中
Items.Add(s)	向列表框中增添一个列表项。把参数 s 添加到 ListBox 对象指定的列表框的列表项中
Insert(n, s)	在列表框中指定位置插入一个列表项。把 s 插入到 ListBox 对象指定的列表框的索引为 n 的位置处
Items.Remove(s)	从列表框中删除一个列表项。从 ListBox 对象指定的列表框中删除列表项 s
Items.Clear()	清除列表框中的所有项。该方法无参数

ListBox 控件的常用事件见表 12-17。

表 12-17　ListBox 控件的常用事件

事　件	说　明
Click	
SelectedIndexChanged	事件在列表框中改变选中项时发生

用户可以使用以下 3 种方法向 ListBox 控件中添加项：

- 在设计时添加静态项。
- 以编程方式在运行时添加项。
- 使用数据绑定添加项。

这里只介绍前两种方法。

（1）在设计时添加静态项的方法

1）在窗体设计器中，选中 ListBox 控件。单击其右上角附近的▸按钮，显示菜单，如图 12-33 所示，单击“编辑项”；或者在“属性”窗口中单击 Items 后面的…按钮。

2）显示“字符串集合编辑器”对话框，每行输入一个字符串，按〈Enter〉键，如图 12-34 所示。所有项输入完成后，单击“确定”按钮。

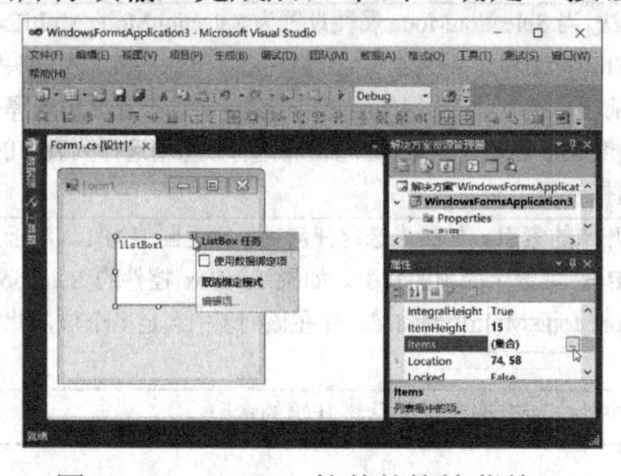

图 12-33　ListBox 控件的快捷菜单

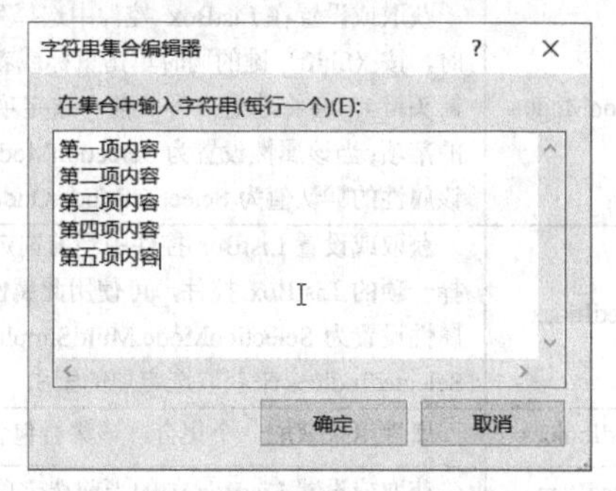

图 12-34　字符串集合编辑器

（2）以编程方式添加项的方法

创建 ListBox 控件对象，ListBox 控件包含一个 Items 集合，集合中的成员与列表中的各项对应。在程序中，调用 ListBox 控件对象的 Items 集合的 Add 方法来添加项目，代码如下。

```
ListBox1.Items.Add("字符串 1");
ListBox1.Items.Add("字符串 2");
```

【例 12-5】 在文本框中输入人员姓名，单击“添加人员”按钮，则该人员添加到“所有人员”框中，如图 12-35 所示。在“所有人员”框中选定人员，单击“选取>>”按钮，则选中的人员移动到“已选人员”框中，如图 12-36 所示。在“已选人员”框中选定人员，单击“<<移除”按钮，则该人员移动到“所有人员”框中。

1）设计窗体，如图 12-37 所示，包括 1 个 TextBox，3 个 Button，2 个 Label，2 个 ListBox。

2）设置控件的属性，如图 12-35 所示。

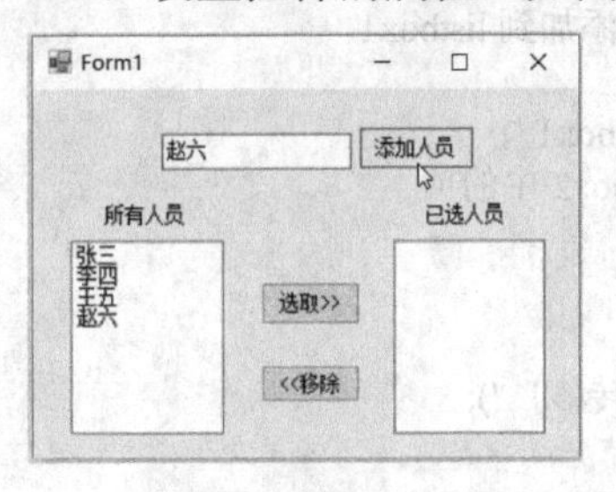

图 12-35　添加人员

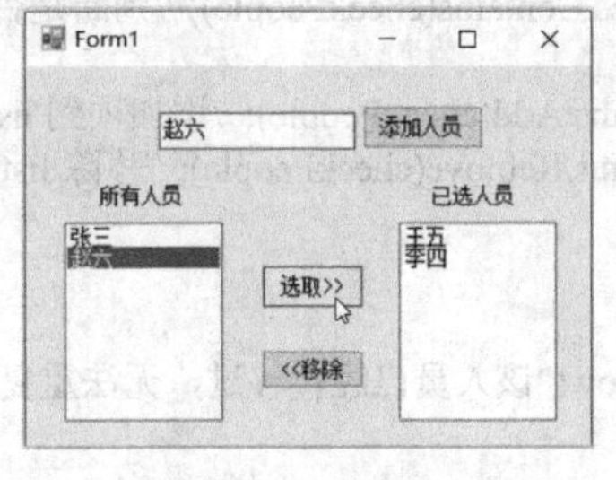

图 12-36　转移人员

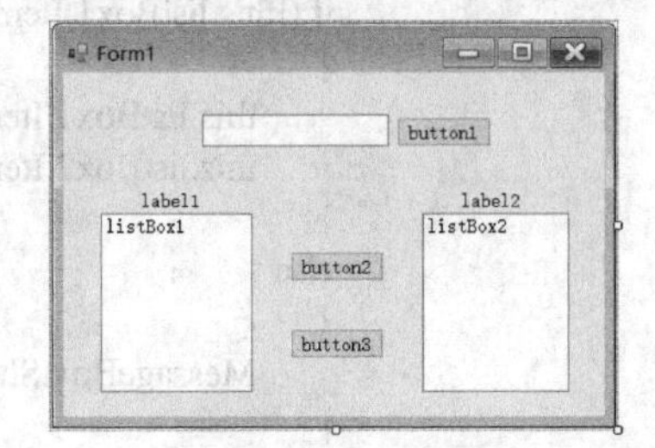

图 12-37　设计窗体

3）编写事件程序。双击 button1 按钮，编写“添加人员”按钮的单击事件程序。

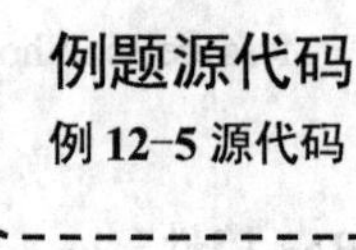

```
private void button1_Click(object sender, EventArgs e)
{    //“添加人员”按钮的单击事件
     string peopleText = textBox1.Text.Trim().ToString();//获取添加人的值
     ListBox list1 = this.listBox1;//获取 listbox1 的对象
     if (!list1.Items.Contains(peopleText)) //判断人员是否已经添加过
     {
          list1.Items.Add(peopleText);//添加项到 listbox1 集合中
     }
     else
     {
          MessageBox.Show("该人员已经添加过，无法重复添加！");
     }
}
```

双击 button2 按钮，编写“选取>>”按钮的单击事件程序。

```
rivate void button2_Click(object sender, EventArgs e)
{    //“选取>>”按钮的单击事件
     if (this.listBox1.SelectedItems.Count > 0) //获取 listbox1 的所有选中的项
     {
          string checkPeople = this.listBox1.SelectedItem.ToString();
          if (!this.listBox2.Items.Contains(checkPeople)) //判断是否添加到 listbox2
          {
               this.listBox2.Items.Add(checkPeople);//添加项到 listbox2 中
               this.listBox1.Items.Remove(checkPeople);//移除 listbox1 中的项
          }
          else
          {
               MessageBox.Show("该人员已经转移过，无法重复转移！");
          }
     }
     else
     {
          MessageBox.Show("未选中人员，无法转移！");
     }
}
```

双击 button3 按钮，编写“<<移除”按钮的单击事件程序。

```
private void button3_Click(object sender, EventArgs e)
{   //“<<移除”按钮的单击事件
    if (this.listBox2.SelectedItems.Count > 0) //获取 listbox2 的所有选中的项
    {
        string checkPeople = this.listBox2.SelectedItem.ToString();
        if (!this.listBox1.Items.Contains(checkPeople)) //判断是否添加到 listbox1
        {
            this.listBox1.Items.Add(checkPeople); //添加项到 listbox1 中
            this.listBox2.Items.Remove(checkPeople); //移除 listbox2 中的项
        }
        else
        {
            MessageBox.Show("该人员已经转移过，无法重复转移！");
        }
    }
    else
    {
        MessageBox.Show("未选中已选人员，无法转移到所有人员中！");
    }
}
```

5. ComboBox 控件

ComboBox（组合框）控件分两个部分显示：顶部是一个允许输入文本的文本框，下面的列表框则显示列表项。可以认为 ComboBox 就是文本框与列表框的组合，与文本框和列表框的功能基本一致。组合框控件的属性和方法与列表框基本相同，其控件上方文本框内显示的信息可由 Text 属性设置。与列表框相比，组合框不能多选，它无 SelectionMode 属性。

但组合框有一个名为 DropDownStyle 的属性，该属性用来设置或获取组合框的样式，可选值有 Simple、DropDownList 和 DropDown 三种，其外观如图 12-38 所示。

组合框的 DropDownStyle 属性的取值说明如下。

DropDown：文本框部分是可以编辑的，列表项处于折叠状态，需要单击文本框部分右侧的按钮，才能将其显示出来。

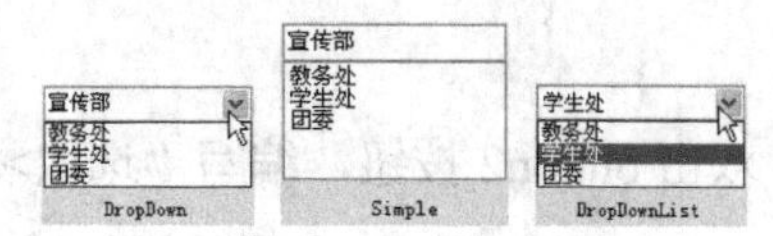

图 12-38　ComboBox 控件的不同外观

Simple：文本框部分是可以编辑的，列表项部分是直接显示出来不折叠的。当列表项高度大于控件高度时将自动添加纵向滚动条。

DropDownList：文本框部分不可编辑，用户只能从提供的选项列表中选择。列表项处于折叠状态，需要单击文本框部分右侧的按钮，才能将其显示出来。从外观上看与 DropDownStyle 属性设置为 DropDown 时是完全相同的。

列表框与组合框的区别是，在列表框中任何时候都能看到多个项，而在组合框中一般只能看到一个项，单击其右侧的按钮可以看到多项的列表。可以将组合框理解成一个折叠起来的列表框，故也称为下拉列表框。列表框与组合框的不同还有，列表框只能在其选项中选择，而组合框除了具有列表框的选择功能外，也可以用键盘输入列表中未提供的选项。

6. CheckedListBox 控件

CheckedListBox（复选列表框、检查列表框）扩展了 ListBox 控件，它几乎能完成列表框可以完成的所有任务，并且还可以在列表项旁边显示复选标记。两种控件间的其他差异在于，复选列表框只支持 DrawMode.Normal，并且复选列表框只能有一项选定或没有任何选定。此处需要注意：选定的项是指窗体上突出显示的项，已选中的项是指左边的复选框被选中的项。

CheckedListBox 控件除具有列表框的全部属性外，还具有自己的属性，见表 12-18。

表 12-18　CheckedListBox 控件的独有属性

属　性	说　明
CheckOnClick	获取或设置一个值，该值指示当某项被选定时是否应切换左侧的复选框。如果立即切换选中标记，则该属性值为 True；否则为 False。默认值为 False
CheckedItems	该属性是复选列表框中选中项的集合，只代表处于 CheckState. Checked 或 CheckState.Indeterminate 状态的那些项。该集合中的索引按升序排列
CheckedIndices	该属性代表选中项（处于选中状态或中间状态的那些项）索引的集合

CheckedListBox 中的选项可采用静态和动态加载两种方法，如果选项是固定的，则采用静态设置；如果选项不固定，则采用从文件或数据库读取，然后使用 Add()方法。

（1）在设计时添加静态选项的方法

1）在窗体设计器中，选中 CheckedListBox 控件。单击其右上角附近的▣按钮，显示菜单，如图 12-39 所示，单击“编辑项”；或者在“属性”窗口中单击 Items 后面的▭按钮。

2）显示“字符串集合编辑器”对话框，每行输入一个字符串，按〈Enter〉键，如图 12-40 所示。所有项输入完成后，单击“确定”按钮。在窗体中显示如图 12-41 所示。

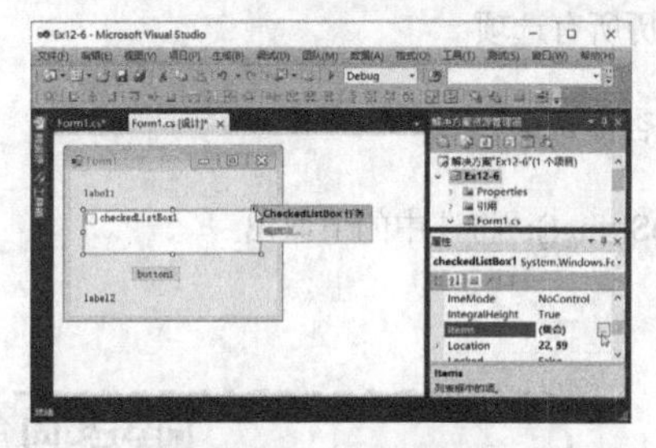

图 12-39　启动编辑

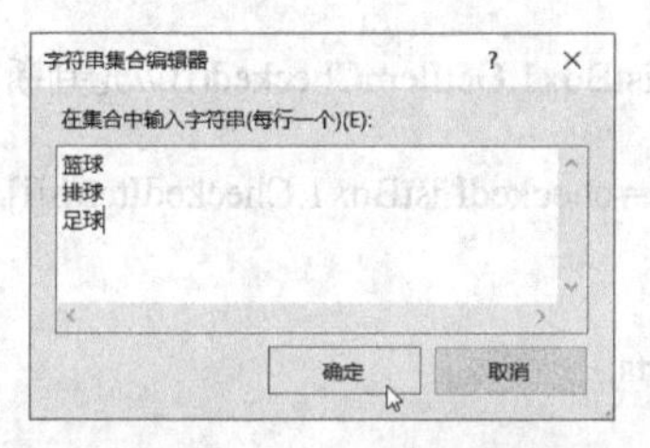

图 12-40　字符串集合编辑器

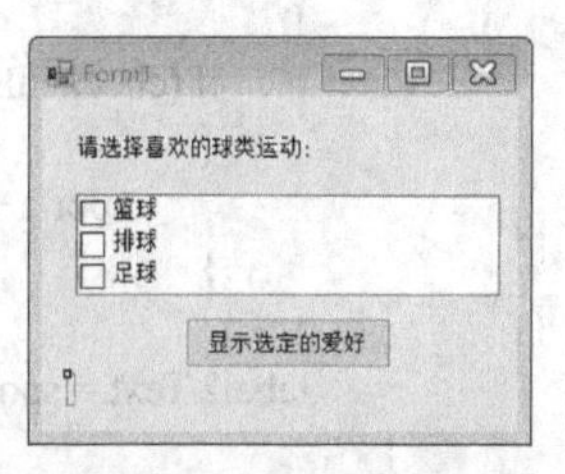

图 12-41　编辑完成

3）设置复选项的选取方式。如果 CheckOnClick 为 False（默认），第一次单击该选项时，只选中该项，背景变为蓝色，并不勾选，如图 12-42 所示；再次单击该选项时才勾选。如果 CheckOnClick 设置成 True，则单击该选项时，同时选中（背景变为蓝色）并且勾选，如图 12-43 所示。一般的习惯是单击并选中，所以最好将 CheckOnClick 设置为 True。

这两种复选项的选取方式在用代码判断时也是不一样的，判断选中但不复选用 GetSelected(i)方法，勾选用 GetItemChecked(i)方法。将 CheckOnClick 设置为 True，用 GetItemChecked(i)方法判断取值即可。

（2）以编程方式添加选项的方法

CheckedListBox 以编程方式动态添加选项就是从数据库、文件或数组中找到数据，通过代码绑定来添加。

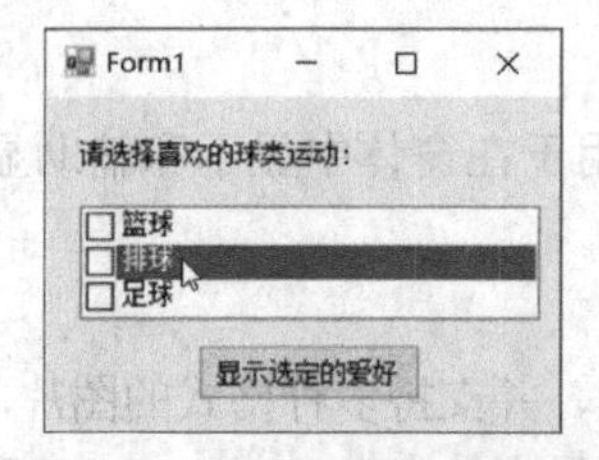

图 12-42　第一次单击选项是选中该项

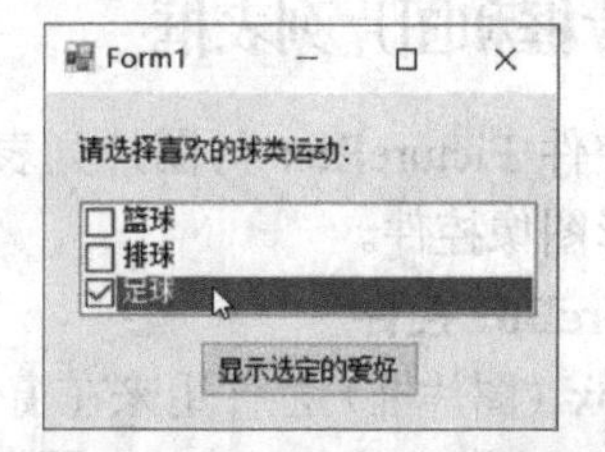

图 12-43　第一次单击选项是复选该项

【例 12-6】　通过数组绑定添加选项。

1）在窗体上添加一个 CheckedListBox 控件对象 checkedListBox1，将其 CheckOnClick 设置为 True。添加 2 个 Label 控件，1 个 Button 控件，并设置其 Text 属性。如图 12-44 所示。

2）在窗体的空白区域双击，在代码设计器中创建 Form1 的 Load 事件框架，输入程序如下。

```
private void Form1_Load(object sender, EventArgs e)
{
    String[] arr = new String[] { "足球", "篮球", "排球" };
    for (int i = 0; i < arr.Count(); i++)
    {
        checkedListBox1.Items.Add(arr[i]);//将数组项添加到 checkedListBox 上
    }
}
```

图 12-44　添加控件

双击“显示选定的爱好”按钮，在创建的 button1 的 Click 事件框架中输入程序如下。

```
private void button1_Click(object sender, EventArgs e)
{
    string sports = "您的兴趣爱好是";
    for (int i = 0; i < checkedListBox1.Items.Count; i++) //遍历所有选项
    {
        if (checkedListBox1.GetItemChecked(i))//先判断是否被选中
        {
            sports += checkedListBox1.CheckedItems[i].ToString();//将选中的值取出
        }
    }
    label2.Text = sports;
}
```

【课堂练习 12-2】 在例 12-6 的基础，添加一个“全选”复选框 checkBox1，实现全选或反选功能，如图 12-45 所示。

提示： 可设置窗体如图12-46所示。

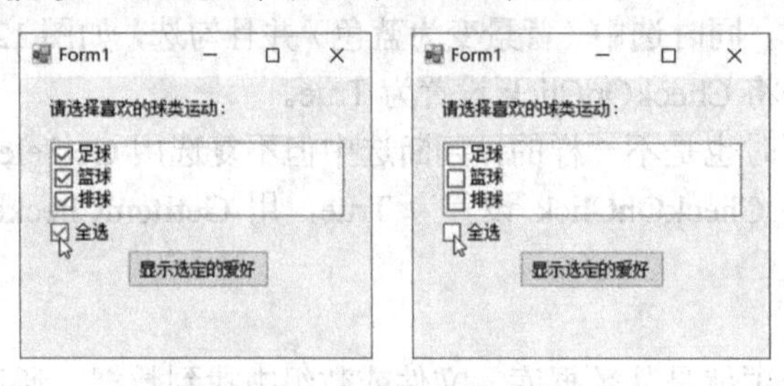

图 12-45　全选或反选功能

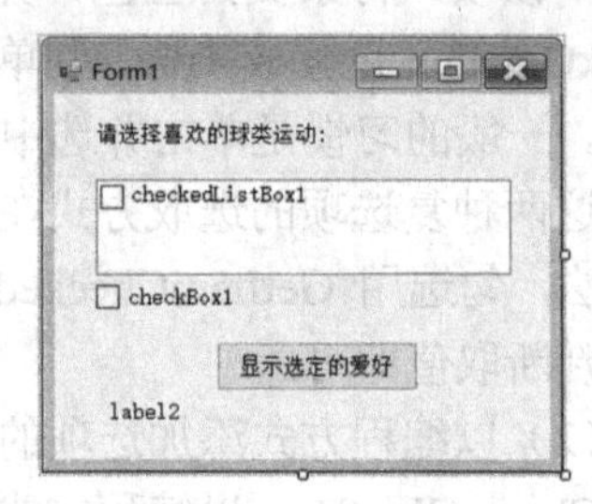

图 12-46　窗体及控件

12.3.4　图片框和图片列表框

图片框控件 PictureBox 与图片列表控件 ImageList 用于在窗体中显示和辅助显示图片，是最基本的图形图像控件。

1. PictureBox 控件

PictureBox（图片框）控件用来在窗体上显示一个图片，并支持多种格式的图片，可以加载的图像文件格式有位图文件（.BMP）、图标文件（.ICO）、图元文件（.WMF）、.JPEG 和.GIF 文件。Label、Button 控件也可通过其 Image 属性来显示图片，但 PictureBox 显示图片的方法更加灵活。

PictureBox 控件的常用属性见表 12-19。

表 12-19　PictureBox 控件的常用属性

属　性	说　明
Image	设置控件要显示的图像
SizeMode	设置如何显示图片，SizeMode 属性值如下 Normal（默认值）：图片显示在控件左上角，若图片大于控件则超出部分被剪切掉 AutoSize：控件调整自身大小，使图片能正好显示其中 CenterImage：若控件大于图片则图片居中；若图片大于控件则图片居中，超出控件的部分被剪切掉 StretchImage：若图片与控件大小不等，则图片被拉伸或缩小以适应控件
BorderStyle	设置其边框样式，属性值有 None 表示没有边框（默认值），FixedSingle 表示单线边框，Fixed3D 表示立体边框

把文件中的图像加载到图片框通常采用以下 3 种方式。

- 设计时单击 Image 属性，其后出现 ... 按钮，单击该按钮显示“选择资源”对话框，先选中“本地资源”，然后单击“导入”按钮，如图 12-47 所示。显示“打开”对话框，在该对话框中找到相应的图片文件后单击“确定”按钮。添加的图片出现在图片框中，如图 12-48 所示。

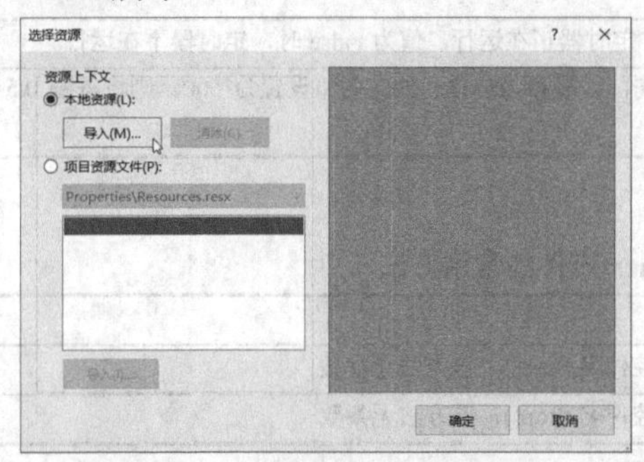

图12-47　“选择资源”对话框

图12-48　图片框中的图片

- 通过创建一个 Bitmap 实例并将它赋值给 PictureBox 控件的 Image 属性来实现图片显示。下列语句使用 Bitmap 实例将存放在 C:\GIF 目录下的图片文件 001.gif 显示到图片框中：

```
pictureBox1.Image=new Bitmap("C:\\GIF\\001.gif");
```

- 通过 Image 类的静态方法 FromFile 获取图像文件，并将它赋值给 PictureBox 控件的 Image 属性来显示图片。下列语句使用 FromFile 方法将存放在 C:\GIF 目录下的图片文件 006.gif 显示到图片框中：

```
pictureBox1.Image = Image.FromFile("C:\\GIF\\006.gif");
```

2. ImageList 控件

ImageList（图片列表框）控件用于存储大小相同的一组图片，每个图片有对应的索引，从 0 开始。ImageList 控件本身并不显示在窗体上，它只是一个图片容器，保存一些图片文件，因此程序运行时，图片列表框控件 ImageList 是不可见的。但是，这些图片和 ImageList 控件本身可被项目中其他具有 ImageList 属性的对象使用，如 PictureBox、Label、Button、TreeView、ListView、ToolBar 等。

例如，在图片列表框 imageList1 中已通过其 Images 属性添加了一些图片文件，当图片列表框充当标签控件 label1 的图片源时，可使用如下代码。

```
label1.ImageList = imageList1;//指定标签控件使用的图片源（图片列表框）
label1.ImageIndex = 0;//显示图片列表框中第 1 张图片
```

ImageList 控件的常用属性见表 12-20。

表 12-20　ImageList 控件的常用属性

属　性	说　明
Images	存储在 ImageList 中所有图片组成的集合
ImageSize	ImageList 中每个图片的大小，有效值为 1～256
ColorDepth	表示图片每个像素占用几个二进制位，位数越多图片质量越好，但占用的存储空间也越大

12.3.5　Timer 控件

Timer（定时器或计时器）控件的主要作用是按一定的时间间隔周期性地触发一个名为 Tick 的事件，因此在该事件的代码中可以放置一些需要每隔一段时间重复执行的程序段。在程序运行时，定时器控件在窗体上是不可见的。

Timer 控件的常用属性见表 12-21。

表 12-21　Timer 控件的常用属性

属　性	说　明
Enabled	设置定时器是否正在运行。值为 True 时，定时器正在运行，值为 False 时，定时器不在运行
Interval	设置定时器两次 Tick 事件发生的时间间隔，以毫秒为单位。如它的值设置为 500，则将每隔 0.5 秒发生一个 Tick 事件

Timer 控件的常用方法见表 12-22。

表 12-22　Timer 控件的常用方法

方　法	说　明
Start( )	启动定时器。调用的一般格式：Timer 的控件名.Start()，该方法无参数
Stop( )	停止定时器。调用的一般格式：Timer 的控件名.Stop()，该方法无参数

Timer 控件的常用事件见表 12-23。

表 12-23　Timer 控件的常用事件

事　件	说　明
Tick	每隔 Interval 时间后将触发一次该事件

【课堂练习 12-3】 设计幸运之星抽奖程序。单击“开始”按钮时，窗体上快速变换员工的照片；单击“停止”按钮时，照片停止变换，此时显示的照片上的员工即为中奖者，如图 12-49 所示。

提示：使用 ImageList 控件保存所有员工的照片，在 PictureBox 控件中显示，使用 Timer 控件的 Tick 事件每 100 毫秒显示一张照片。即：

pictureBox1.Image = imageList1.Images[index];//index 是图片在 imageList1 中的索引

“开始”“停止”按钮分别是启动或停止 Timer。

图 12-49　幸运抽奖

12.3.6　焦点与 Tab 键顺序

焦点是控件接收用户鼠标或键盘输入的能力。当对象具有焦点时，可接收用户的输入。在 Windows 环境中，任一时刻都可以同时运行多个程序，但只有具有焦点的应用程序才有活动标题栏（蓝色标题栏），也只有具有焦点的程序才能接受用户输入（键盘或鼠标的动作）。

当对象得到或失去焦点时，会产生 GotFocus 或 LostFocus 事件。窗体和多数控件都支持这些事件。从事件的名称上不难看出，GotFocus 事件发生在对象得到焦点时，LostFocus 事件发生在失去焦点时。使用以下方法可以将焦点赋予对象。

1）运行时选择对象。

2）运行时用快捷键选择对象。

3）在代码中使用对象的 Focus 方法。

代码中使用对象的 Focus 方法获得焦点的语法格式如下。

对象名称.Focus( );

并非所有的控件都具有接收焦点的能力，通常是能和用户交互的控件，才能接收焦点。其中按钮与文本框就是这种控件，而标签框通常是向用户显示信息，所以标签虽然也有 GotFocus 和 LostFocus 事件，却无获得焦点的功能。

大多数的控件得到或失去焦点时的外观是不相同的，如命令按钮得到焦点后周围会出现一个虚线框，文本框得到焦点后会出现闪烁的光标等。

只有当对象的 Enabled 和 Visible 属性均为 True 时，它才能接收焦点。Enabled 属性允许对象响应由用户产生的事件，如键盘和鼠标事件。Visible 属性决定了对象在屏幕上是否可见。

所谓 Tab 键序指的是在用户按下〈Tab〉键时，焦点在控件间移动的顺序。每个窗体都有自己的 Tab 键序。默认状态下 Tab 键序与建立这些控件的顺序相同。例如在窗体上建立 3 个命令按钮 C1、C2 和 C3，程序启动时 C1 首先获得焦点。当用户按下〈Tab〉键时焦点依此向 C2、C3 转移，如此这般往复循环。

如果希望更改 Tab 键序，例如希望焦点直接从 C1 转移到 C3，可以通过设置 TabIndex 属性来改变一个控件的 Tab 键顺序。控件的 TabIndex 属性决定了它在 Tab 键顺序中的位置。按照默认规定，第一个建立的控件其 TabIndex 值为 0，第二个的 TabIndex 值为 1，以此类推。用户可以通过修改控件的 TabIndex 属性值改变控件的 Tab 键顺序位置。

注意：不能获得焦点的控件，如 Label 控件，虽然也具有 TabIndex 属性，但按〈Tab〉键时这些控件将被跳过。

通常，运行时按〈Tab〉键能选择键序中的每一控件。将控件的 TabStop 属性设为 False，便可将此控件从键序中排除，但仍然保持它在实际 Tab 键序中的位置，只不过在按〈Tab〉键时这个控件将被跳过。

12.4 使用控件类创建动态控件

Visual Studio 将控件存放在工具箱中，使用时可通过双击工具箱中某控件图标或直接拖动的方式将其添加到窗体中。按照面向对象程序设计的概念可以将所有控件归纳为“控件类”，控件类中又包含了“按钮类”“文本框类”等，当然用户也可以创建具有特殊功能的专用控件类。

存放在工具箱中的各种控件是以“类”的形式出现的。例如，工具箱中的按钮控件图标就代表了各种表现形式的所有按钮。也就是说工具箱中的控件表现的是一种“类型”，将其添加到窗体的操作实际上是完成了“类的实例化”，即将抽象的类型转换成实际的对象。

由于控件是控件类的实例化结果，自然可以在程序运行中使用代码动态地创建、显示和操作控件。通常将由代码动态创建的控件称为“动态控件”。

12.4.1 控件类的实例化

可以像声明一个变量一样实例化一个控件类，从而得到一个控件对象。控件类实例化的语法格式如下。

控件类名 对象名 = new 控件类名( );

例如，下列语句用于实例化一个按钮对象。

```
Button btn = new Button();
```

通过控件类实例化得到的控件对象，可以像处理普通控件一个设置其初始属性。例如：

```
Button btn = new Button();
btn.Text = "确定";
```

12.4.2 控件对象的事件委托

动态创建控件对象后，通常需要使用带有两个参数的 EventHandler 委托来定义控件的某个事件，例如：

```
Button btn = new Button();
btn.Click += new EventHandler(btn_Click);
```

上述代码声明了 btn 对象的一个 Click 事件，事件处理程序的表示形式如下。

```
private void btn_Click(object sender, EventArgs e)
```

参数 sender 表示了触发该事件的具体对象，参数 e 用于传递事件的细节。

使用 EventHandler 委托声明对象事件的语法格式如下。

对象名.事件名 += new EventHandler(事件处理程序名);

例如，声明某文本框对象 txt 的 TextChanged 事件可使用如下语句。

```
txt.TextChanged += EventHandler(txt_TextChanged);
```

12.4.3 使用动态控件

将控件对象添加到窗体中需要使用 Controls 类的 Add 方法，其语法格式如下。

Controls.Add(对象名称);

例如，下列代码可将一个按钮对象添加到窗体的指定位置。

```
Button btn = new Button();    //实例化一个按钮类对象 btn
btn.Top = 30;                 //按钮距窗体顶端 30 像素
btn.Left = 40;                //按钮距窗体左侧 40 像素
Controls.Add(btn);            //将按钮对象 btn 显示到指定位置
```

12.4.4 访问动态控件的属性

访问控件对象的属性需要首先使用 Controls 类的 Find 方法查找控件，该方法带有的两个参数分别表示被查找控件的 Name 属性值和是否查找子控件。其语法格式如下。

Control[] 结果集名称 = Controls.Find("对象 Name 属性值",true 或 false)

Find 方法的返回值为一个控件集合（存放所有找到的控件）。

如果希望访问结果集中第 n 个控件的某属性值可使用如下代码。

变量类型 变量名 = 结果集名称[n-1].属性名;//结果集的索引值从零开始

【课堂练习 12-4】 创建和使用动态控件。要求程序运行时由代码生成 9 个按钮和 1 个标签。按钮排列成 3 行 3 列显示到窗体中，按钮的 Text 属性设置成 1～9 数字字符，标签显示的按钮区的下方。单击某按钮时在标签中显示用户单击了几号按钮，被单击过的按钮的 Text 属性设置为“●”符号。程序运行效果如图 12-50 所示。

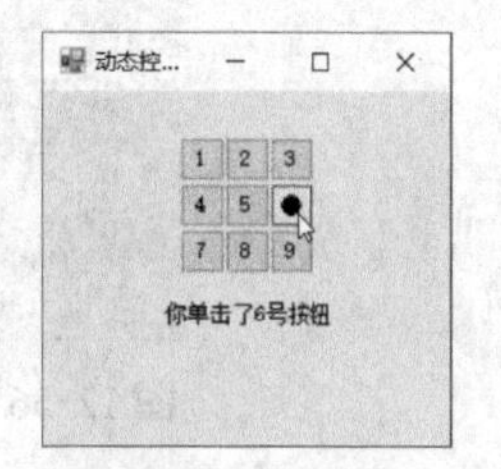

图 12-50　运行效果

12.5　习题

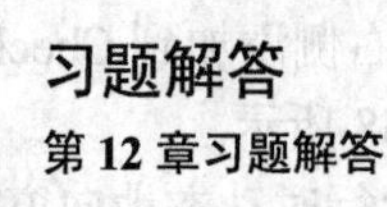

1. 设计一个简单的计算器，实现两个浮点数的加减乘除，如图 12-51 所示。

2. 设计一个添加和显示颜色的窗体，如图 12-52 所示，在文本框中输入颜色，单击“添加 新颜色”按钮，将输入的颜色名称添加到组合框中，如果没有输入，弹出消息提示框。单击“显示所有颜色”按钮，将组合框中的所有颜色显示在一个标签中。

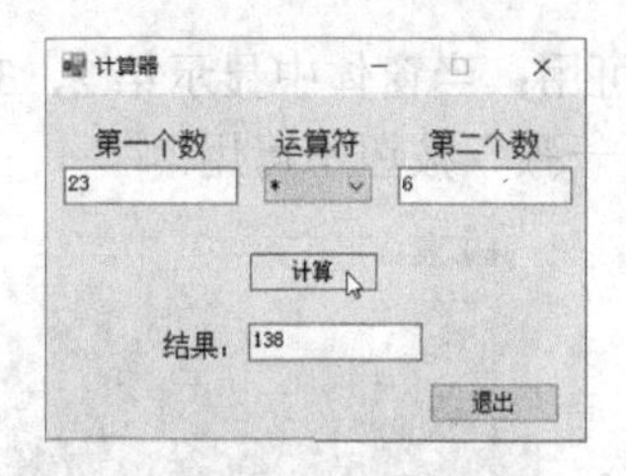

图 12-51　习题 1

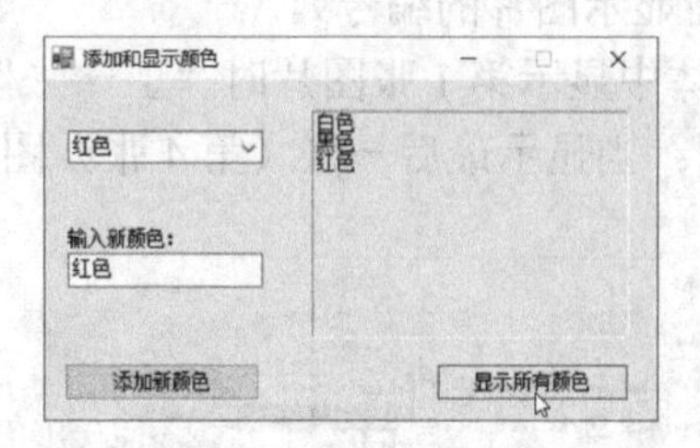

图 12-52　习题 2

3. 用 Label、TextBox、Button 设计一个月份变化的窗体，单击“<”按钮或“>”按钮时，使文本框中显示的月份数减 1 或加 1，如图 12-53 所示。

4. 用 Label、Combobox 设计一个日期变化的窗体，“日期”组合框中的日期随“月份”组合框中选择的月份而改变，如图 12-54 所示。

5. 用 Label、TextBox、Combobox、Button 设计一个登记窗体，如图 12-55 所示，在“出生年”组合框中选年，在“住址”中选择省份，单击“确定”按钮，在信息框中显示选定的内容。

图 12-53　习题 3

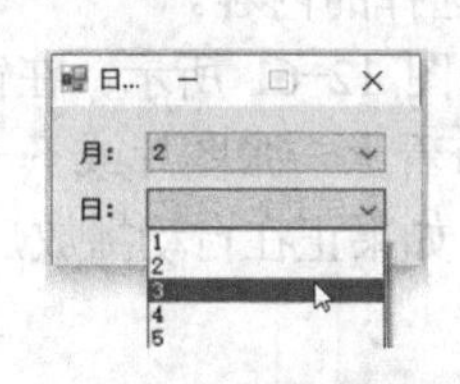

图 12-54　习题 4

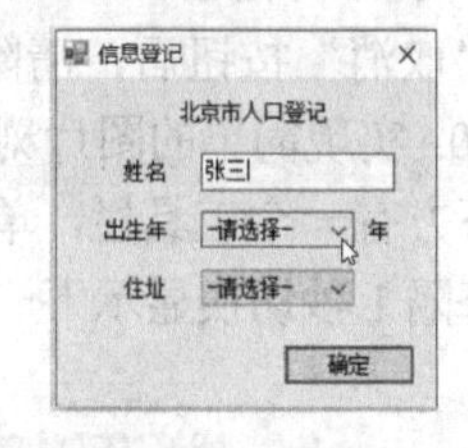

图 12-55　习题 5

6. 设计一个 Windows 应用程序，程序启动后显示如图 12-56 所示的界面。如图 12-57 所示，用户可通过选择单选按钮或复选框来改变字体或文字效果。具体要求如下。

1）为 4 个单选按钮创建共享的 Click 事件处理程序，并通过 sender 对象判断用户具体单击了哪个单选按钮，从而确定文本框中的文字字体。

2）单击“默认”单选按钮时，字体及效果都恢复到初始状态。

3）为 3 个复选框创建共享的 CheckedChanged 事件处理程序，使得无论用户改变了哪个复选框的选择状态，程序都能正确地进行处理。

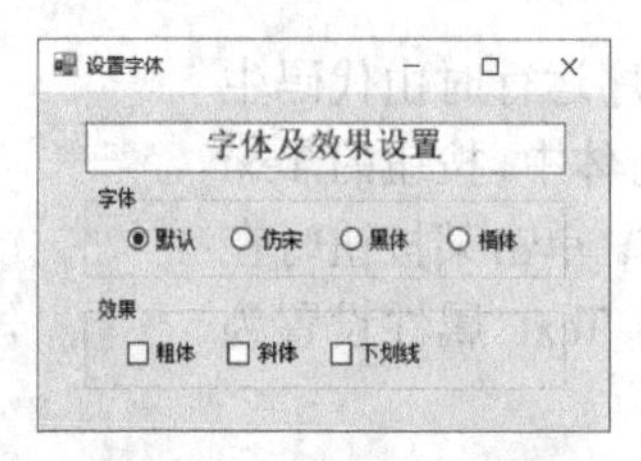

图 12-56　程序启动时的界面

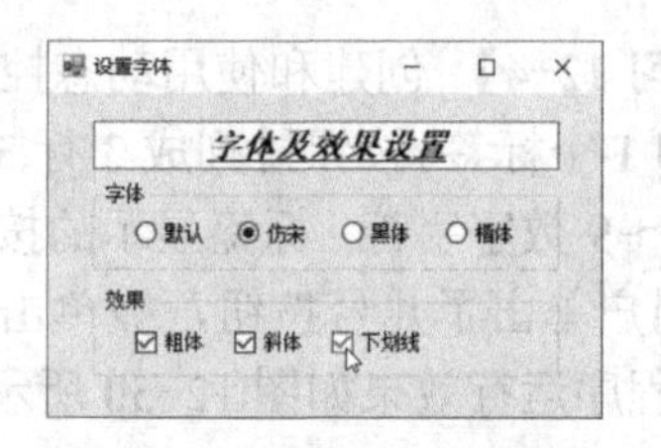

图 12-57　设置字体就效果

7. 使用 CheckedBox 和 CheckedListBox 控件实现如图 12-58 所示的功能，在左侧单击勾选 CheckedBox 复选框，则勾选的复选框项就会添加到右侧的 CheckedLIstBox 中，并且项目按多列显示。单击右侧添加到 CheckedLIstBox 中的项目前的复选项，该项目将显示在下方的文本框中，如图 12-58 所示。

8. 程序运行时动态地向窗体中添加 1 个图片框控件（Picture）控件和 2 个按钮（Button）控件，组成如图 12-59 所示的简单的图片浏览器。具体要求如下。

1）控件添加后自动在图片框中显示第 1 张图片，在窗体的标题栏中显示“这是第 x 张图片”（x 为当前显示图片的编号）。

2）当窗体中显示第 1 张图片时“上一张”按钮不可用；当窗体中显示第 2、3 张图片时两个按钮均可用；当显示最后一张（第 4 张）图片时“下一张”按钮不可用。

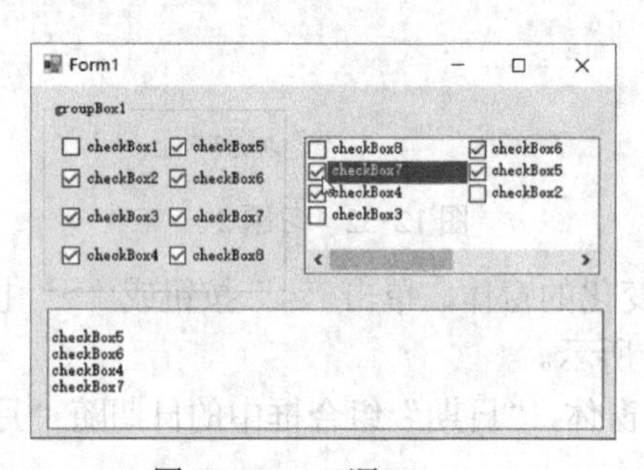

图 12-58　习题 7

图 12-59　习题 8-简单图片浏览器

9. 设置如图所示的个人信息窗体，如图 12-60 所示。其中，“出生日期”采用 DateTimePicker 控件，月收入采用 ComboBox 控件。单击“确定”按钮后，在信息框中显示输入或选择的内容，单击“取消”按钮后，清除输入或选择的内容。

10. 实现简单的图片浏览器，如图 12-61 所示。在窗体中间显示一组图片，每次显示一张。图片下方有一个工具栏，单击按钮查看上一张图片或下一张图片，也可以单击自动播放按钮，使图片每隔 1 秒切换显示下一张图片。如果正在自动播放，再次单击自动播放按钮停止自动播放。

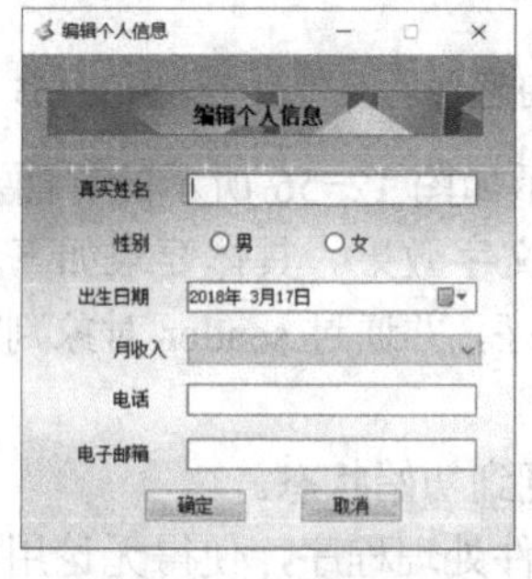

图 12-60　习题 9

图 12-61　习题 10

11. 设计一个窗体，模拟交通灯的显示，如图 12-62 所示。在窗体中使用 3 个标签分别代表红灯、黄灯、绿灯，使用 Timer 控件进行控制，红灯亮 10 秒后绿灯变亮，绿灯亮 10 秒后黄灯变亮，黄灯亮 2 秒后红灯变亮。

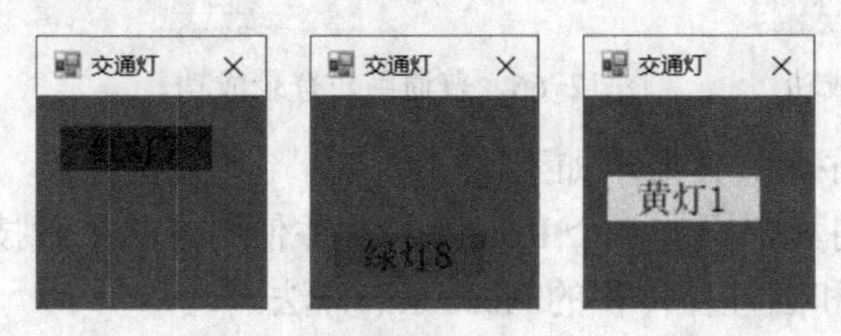

图 12-62　习题 11

12. 设计一个窗体，模拟电梯运行的选择面板，假设电梯在 1～21 层运行，开始时在 1 层。选择其中的任意一层，单击“><”按钮，电梯开始运行，在窗体顶部显示当前的楼层，电梯到达目的层后，弹出消息框，提示到达了目的地。只要求完成一个目的地的选择，效果如图 12-63 所示。

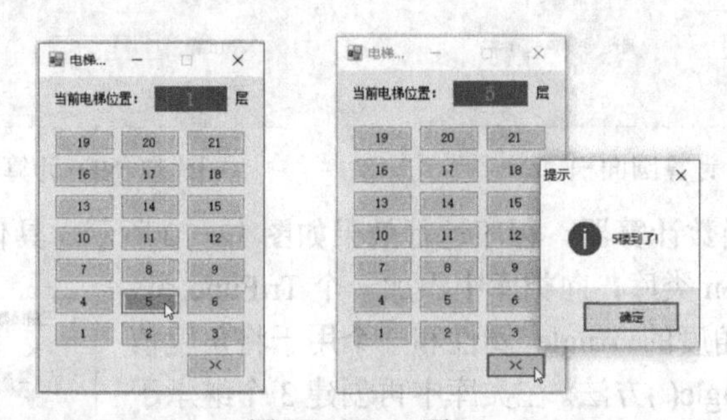

图 12-63　习题 12

13. 设计窗体程序，分别根据工号或索引查找员工，如图 12-64 所示。

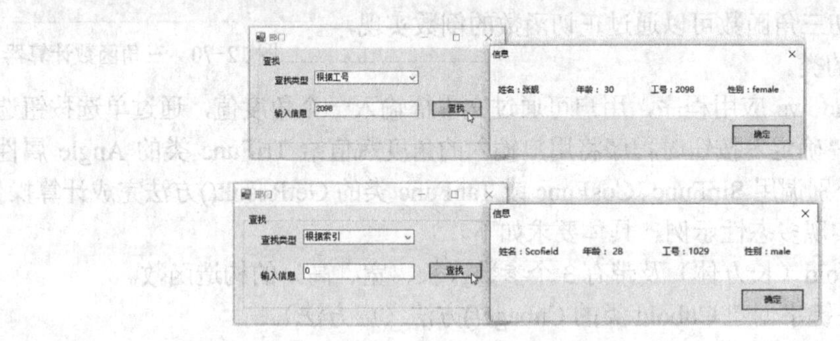

图 12-64　习题 13

14. 设计窗体程序，具体要求如下。

1）设系统仅支持两个用户。用户名：zhangsan，密码：123456，级别：管理员；用户名：lisi，密码：654321，级别：普通用户。

2）创建一个 Users 类，要求该类拥有 Name（姓名）和 Pwd（密码）两个属性和一个用于检查用户名和密码是否匹配的 IsPass()方法，该方法返回一个 int 类型值（0 表示管理员，1 表示普通用户，-1 表示未通过检查）。

3）设计一个使用 Users 类的应用程序，用户在输入了用户名、密码后单击“登录”按钮，能显示如图 12-65～图 12-67 所示的检查结果。

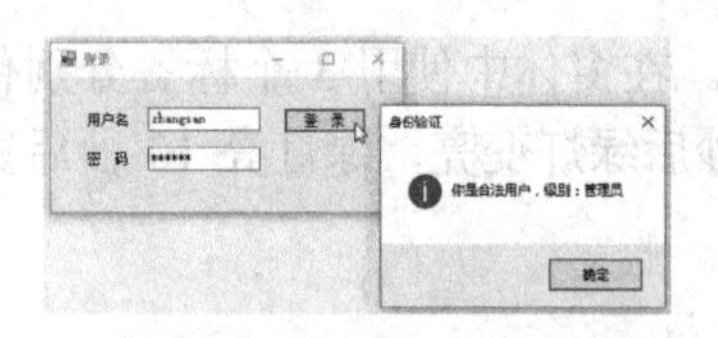

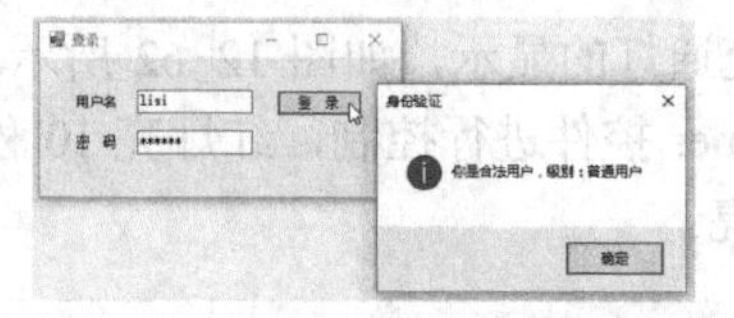

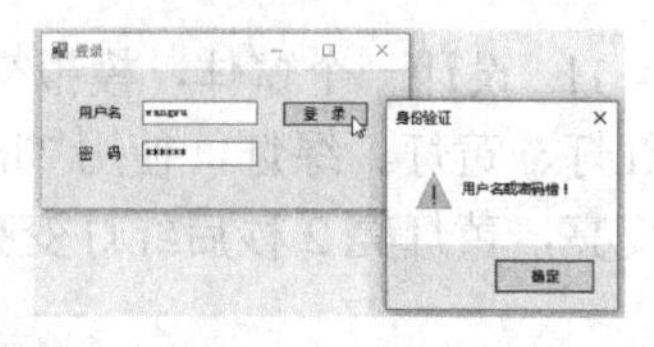

图 12-65　管理员登录成功　　图 12-66　普通用户登录成功　　图 12-67　登录失败

15. 设计窗体应用程序。具体要求如下。

1）创建一个类库，向其中添加一个 Round 类，并使用方法重载技术创建 Round 类的 3 个分别用于计算周长、面积和圆柱体体积的 Account()方法。

2）利用 Round 类设计一个能根据用户输入数据实现圆周长、圆面积、圆柱形体积计算的 Windows 窗体应用程序。要求当用户选择计算周长或面积时，用于输入圆柱体高的文本框不可用，且所有计算结果保留 2 位小数点。程序运行结果如图 12-68 和图 12-69 所示。

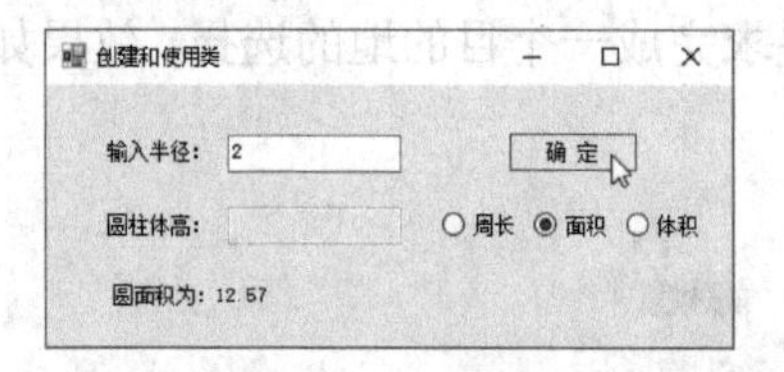

图 12-68　计算圆面积

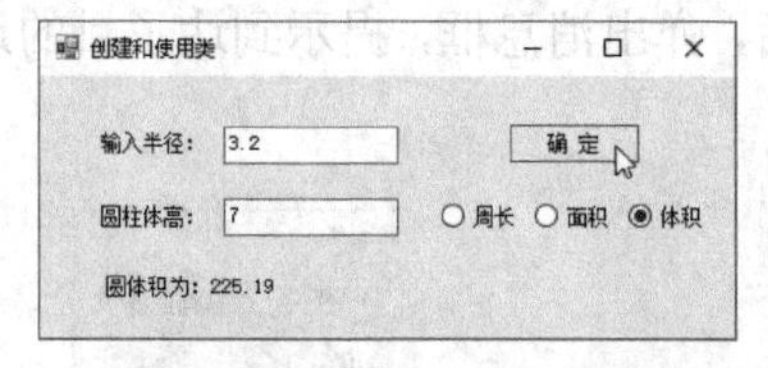

图 12-69　计算圆柱体体积

16. 设计一个三角函数计算器，程序运行效果如图 12-70 所示。具体要求如下。

1）创建一个 Function 类库，向类库中添加一个 TriFunc 类，该类具有一个用于表示角度的 Angle 属性和一个用于将角度值转换成弧度值的 TransAngle( )方法。在类库中再创建 3 个继承于 TriFunc 类的 SinFunc（正弦）、CosFunc（余弦）和 TanFunc（正切）类，这 3 个类各拥有一个用于计算对应三角函数值的 GetResult( )方法。余切三角函数可以通过正切函数的倒数实现，故无需为其创建专用的类。

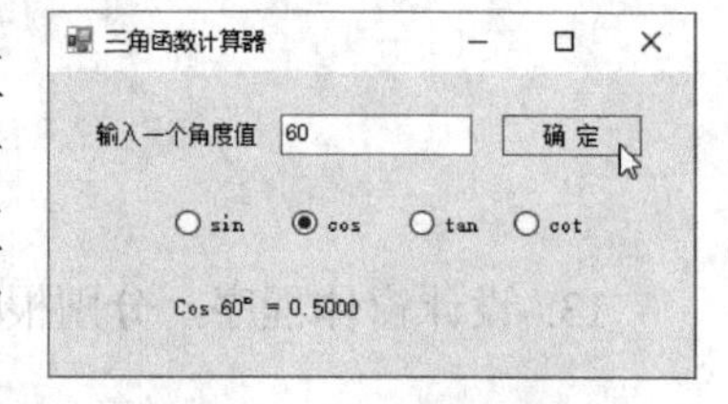

图 12-70　三角函数计算器

2）创建一个 Windows 应用程序，用户可通过文本框输入一个角度值，通过单选按钮选择三角函数类型。单击“确定”按钮时程序将用户输入的角度赋值给 TriFunc 类的 Angle 属性，并能根据用户选择，分别调用 SinFunc、CosFunc 或 TanFunc 类的 GetResult()方法完成计算操作。

17. 通过虚方法实现多态性示例，具体要求如下。

1）创建基类 Cuboid（长方体）及带有 3 个参数（长、宽、高）的构造函数。

2）使用 virtual 关键字创建 Cuboid 类的 Cubage()方法（虚方法）。

3）创建 Cuboid 类的派生类 Cube（正方体），并使用 override 关键字创建与 Cuboid 类中同名的 Cubage()方法实现多态。

18. 设计一个能根据用户选择实现两个操作数的四则运算应用程序，具体要求如下。

1）创建一个 Windows 应用程序项目，向项目中添加一个名为 MyClassLib 的类库，在解决方案资源管理器中更改类库文件名称为 Arithmetic.cs。

2）在类文件中声明一个名为 Arithmetic（四则运算）的类，该类具有 OperandA（操作数 A）和 OperandB（操作数 B）两个 string 类型的静态属性和一个用于将数字字符串转换成 double 类型数据的 ToDouble()方法。

3）声明 4 个继承于 Arithmetic 类的派生类 NumAdd（加）、NumSub（减）、NumMulit（乘）、NumDivi（除）。这些类能从其基类中继承 OperandA 和 OperandB 属性及 ToDouble()方法。分别

为 4 个派生类声明一个名为 GetResult()的方法，用于实现加、减、乘、除 4 种运算方式。

4）设计一个 Windows 应用程序，程序运行后显示如图 12-71 所示的界面。用户在文本框中输入了操作数 A 和操作数 B，并通过单选按钮选择了计算方式（加、减、乘、除）后，单击“确定”按钮能在标签控件中显示相应的计算结果。程序功能要求通过为静态属性赋值、创建 4 个派生类对象、根据用户选择调用 GetResult()方法来实现。

5）查看本实训项目的类关系图，注意理解基类、派生类、基类的方法和派生类方法之间的关系。

19. 通过结构数组设计一个学生成绩查询程序。程序启动后显示如图 12-72 所示的界面，用户在组合框中选择了某学生的姓名后，右侧文本框中显示出该学生所在班级、各科成绩、照片和总分，如图 12-73 所示。

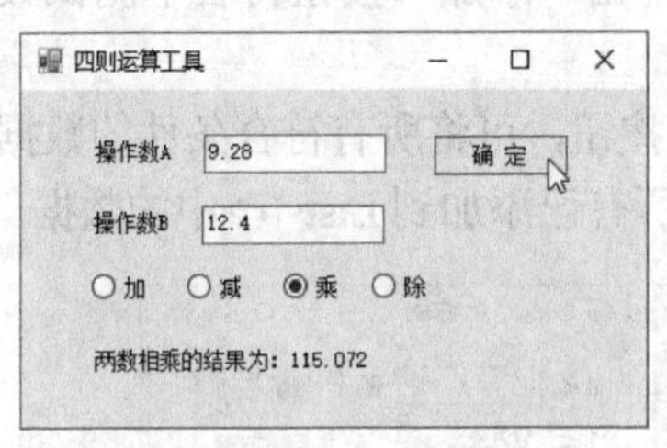

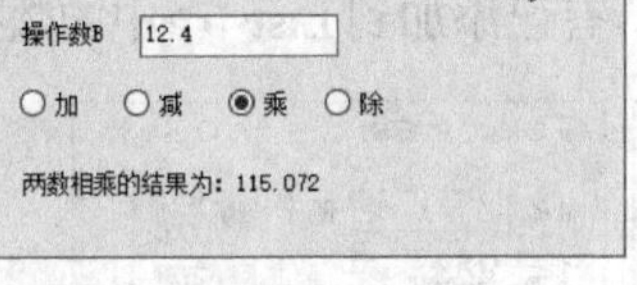

图 12-71　程序运行结果

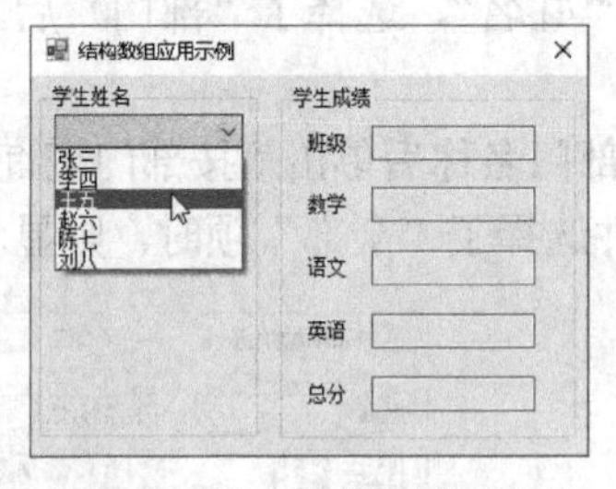

图 12-72　程序初始界面

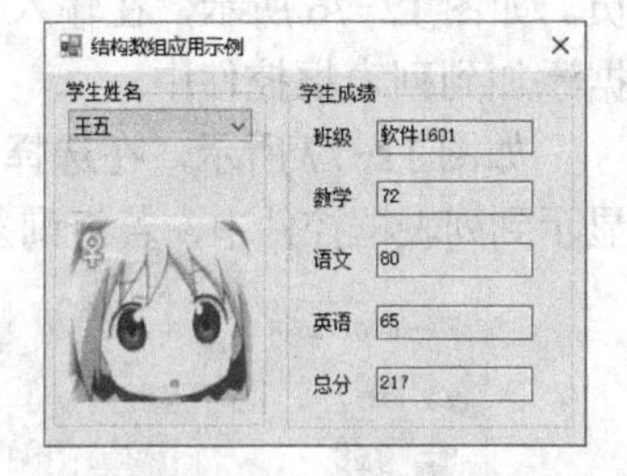

图 12-73　显示查询结果

具体要求如下。

1）声明一个包含姓名、班级、数学、语文、英语 5 个字段成员的结构 Student。结构中除了 5 个字段成员外还包含一个返回值为 int 类型的、用于计算总分的 GetTotal()方法。

2）声明一个包含 6 个元素的结构数组 stu[6]。

3）为结构数组 stu[]的各个元素赋值（在实际应用中数据应用从数据库中读取）。

4）创建一个用于在表格中显示查询结果的无返回值方法 ShowData()，该方法从调用语句接收一个用于表示记录位置的数组索引号参数，并根据索引将指定学生的信息显示到相应的文本框和图片框中。

5）使窗体没有最大化和最小化按钮，且 5 个文本框仅用于显示查询结果，不允许用户修改其中的数据。

20. 使用 HashTable 实现简易电话本的维护和查询。具体要求如下。

1）电话本包含用户姓名和电话号码两个字段，用户记录通过 HashTable 对象保存。

2）创建一个 User 类，包含的类成员见表 12-24。在各按钮的单击事件中通过调用相应的方法实现程序功能（增、删、改、查）。

表 12-24　User 类成员及说明

类　型	成　员	说　明
属性	UserName	保存用户姓名，对应 HashTable 的键
	UserTel	保存用户电话号码，对应 HashTable 的值
方法	CheckUser	返回一个 bool 值表示指定的用户姓名（键）是否已存在，若已存在返回 True
	UserAdd	无返回值，用于向 HashTable 中添加一个元素
	UserDel	无返回值，用于删除 HashTable 中指定元素
	UserEdit	无返回值，用于修改 HashTable 中指定元素（采用先删除，后添加的方式）
	UserQuery	返回一个 string 类型值，用于根据用户姓名返回对应电话号码或查询出错信息

程序运行结果（添加和修改记录部分）如图 12-74 和图 12-75 所示。

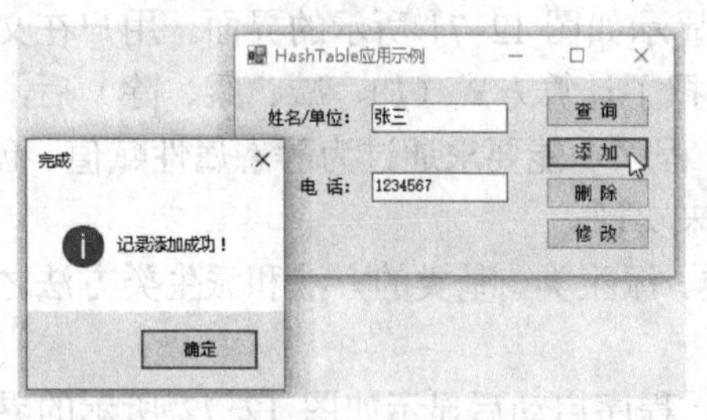

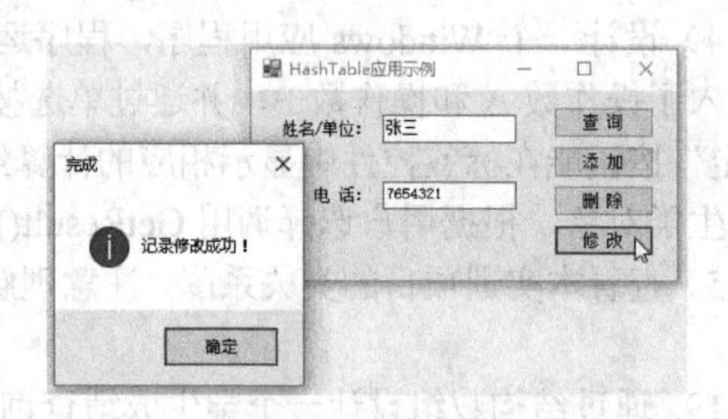

图 12-74　添加记录　　　　图 12-75　修改记录

21. 使用泛型集合 List<T>的 FindAll()方法，从泛型集合中筛选出隶属于某部门的所有人员。如图 12-76 所示，在输入了“姓名”，选择了“部门”后，单击“添加”按钮将若干测试数据添加到列表框控件中。

如图 12-77 所示，在选择了部门名称后单击“按部门查询”按钮，可将所有符合条件的数据显示到列表框控件中，若查询条件选择了“全部”项时，则显示所有已添加到 List<T>中的数据。

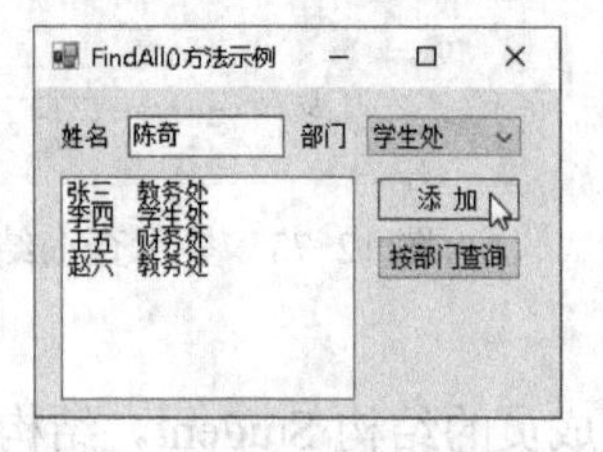

图 12-76　添加测试数据

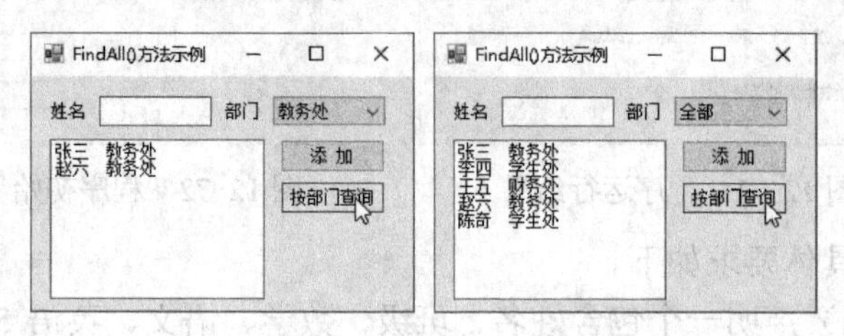

图 12-77　按部门查询数据

第13章 文件操作

文件是存储在存储介质上的一组数据，每一个文件都用文件名作为标识，操作系统通过文件名对文件管理。很多程序需要读、写文件操作，本章介绍通过编程来操作文件。

教学课件

第13章课件资源

授课视频

13.1 授课视频

13.1 文件概述

计算机文件（或称文件、档案）是存储在某种长期储存设备上的一段数据流。所谓“长期储存设备”一般指磁盘、光盘、U盘、存储卡等。其特点是所存信息可以长期、多次使用，不会因为断电而消失。

1. 文件的概念

文件是操作系统中管理数据的基本存储单位，所以计算机中的许多数据（例如，文档、照片、音乐、电影、应用程序等），以文件的形式保存在存储介质上。一个文件有唯一的文件名，操作系统通过文件名对文件进行管理。为了便于管理文件，文件又被保存在文件夹中。每个文件都有文件名、文件所在路径、创建时间及访问仅限等属性。

文件由应用程序创建和读取，例如Word应用程序创建和读取doc文件，所以计算机文件有多种类型。

文件（File）和流（Stream）是既有区别又有联系的两个概念。流是字节序列的抽象概念，例如文件、输入/输出设备、内部进程通信管道等。流提供一种向后备存储器写入字节和从后备存储器读取字节的方式。除了和磁盘文件直接相关的文件流以外，流还有多种类型。

2. System.IO命名空间

在System.IO命名空间中提供了多种类，主要包含基于文件和基于内存的输入输出相关的基类，System.IO定义了一系列类、接口、枚举和委托，用于进行文件和数据流的读写操作。要使用这些类，需要在程序的开头包含语句：using System.IO;。

3. 文件操作概述

（1）驱动器

在Windows操作系统中，存储介质统称为驱动器，硬盘由于可以划分为多个区域，每一个区域称为一个驱动器。.NET Framework提供DriveInfo类和DriveType枚举型，以方便在程序中直接使用驱动器。

（2）目录

为了方便检索文件，需要在驱动器中先创建目录，然后把文件保存到这个目录中。在Windows操作系统中，目录又称文件夹。每个驱动器都有一个根目录，使用“\”表示，如“C:\”表示C驱动器的根目录。创建在根目录中的目录称为一级子目录。在一级子目录中创建的目录称为二级子目录，依此类推。文件系统的目录结构是一种树形结构。

.NET Framework提供了Directory类和DirectoryInfo类，以方便在程序中直接操作目录。

（3）文件

.NET Framework提供了File类和FileInfo类，以方便在程序中直接操作文件。File和FileInfo

类位于 System.IO 命名空间，都可以用来实现创建、复制、移动、打开文件等操作。

（4）路径

每个驱动器包含一个或多个目录，而每个目录又可以包含一个或多个子目录，目录的结构为树形结构。一个文件只能保存在树形结构的某个特定的目录中，文件所在位置为路径。要检索文件时，必须首先确定文件的路径。路径由驱动器盘符、目录名、文件名、文件扩展名和分隔符组成，有两种表示方法：一种是从驱动器的根目录位置开始书写，如 C:\Windows\System32\notepad.exe，这种路径称为绝对路径；另一种是从当前目录位置开始书写，如 System32\notepad.exe（假设当前目录为 C:\Windows），这种路径称为相对路径。

在 C#中，使用文件和目录路径时要十分谨慎。C#将反斜杠“\”字符视作转义符，因此当路径表示为字符串时，要使用两个反斜杠表示，例如：

```
"C:\\Windows\\System32\\notepad.exe"
```

另外，C#允许在字符串前添加“@”标志，以提示编译器不要把“\”字符视作转义符，而视作普通字符，例如：

```
@"C:\Windows\System32\notepad.exe"
```

.NET Framework 提供了 Path 类，以在程序中管理文件和目录路径，Path 类位于 System.IO 命名空间，是一个静态类，可以用来操作路径的每一个字段，如驱动器盘符、目录名、文件名、文件扩展名和分隔符等。

13.2 文件操作类

System.IO 命名空间中提供的常用文件操作类有 Directory、Path、File、StreamReader、StreamWriter、BinaryReader、BinaryWriter 等，通过这些类可以实现创建、删除和操作目录及文件、对目录和文件进行监视、从流中读写数据或字符、随机访问文件、使用多种枚举常量设置文件和目录的操作等。

13.2.1 Directory 类

为了便于管理文件，一般不会将文件直接放在磁盘根目录，而是创建具有层次关系的文件夹或者目录。对于文件夹的常用操作主要包括新建、复制、移动和删除等。Directory 为静态类，包含一组用来创建、移动、删除和枚举所有文件夹/子文件夹的成员。Directory 类没有提供属性成员，常用的方法见表 13-1。

表 13-1 Directory 类的常用方法

方法	说明
CreateDirectory(path)	在指定路径中创建所有目录和子目录，除非它们已经存在。path 为 string 型参数，指定文件夹路径，而不是文件路径
Delete(path)	从指定路径删除空文件夹
Delete(path, Boolean)	删除指定的文件夹，并删除该文件夹中的所有子文件夹和文件。若要删除 path 中的文件夹、子文件夹和文件，则为 True；否则为 False
Exists(path)	确定给定路径是否引用磁盘上的现有文件夹
GetDirectories(path)	返回指定文件夹中的子文件夹的名称（包括其路径），返回一个表示当前文件夹中所有子文件夹的名称数组 string[]
GetFiles(path)	返回指定文件夹中文件的名称（包括其路径），返回指定文件夹中文件的名称数组 string[]
Move(sourcePath, destinationPath)	将一个文件夹及其内容移动到一个新的路径，源路径与目标路径必须具有相同的根。移动操作在卷之间无效
GetLogicalDrives()	返回逻辑驱动器列表。该方法无参数。返回值是一个逻辑驱动器名称数组 string[]

Directory 类是文件夹（目录）操作类，是静态类，它的方法都是静态方法，可以直接使用类名来调用其静态成员。

【例 13-1】 列举出磁盘上的所有驱动器。

Directory 类在 System.IO 命名空间下，要先导入该命名空间 using System.IO;

通过类名 Directory 调用它的静态成员 Directory.GetLogicalDrives()，该方法返回值是一个 string 数组，然后遍历数组来输出所有的驱动器。代码如下。

```
static void Main(string[] args)
{   //调用 Directory.GetLogicalDrives()方法
    string[] dirves = Directory.GetLogicalDrives();
    foreach(string item in dirves) //遍历数组，输出所有驱动器
    {
        Console.WriteLine("驱动器：{0}", item);
    }
}
```

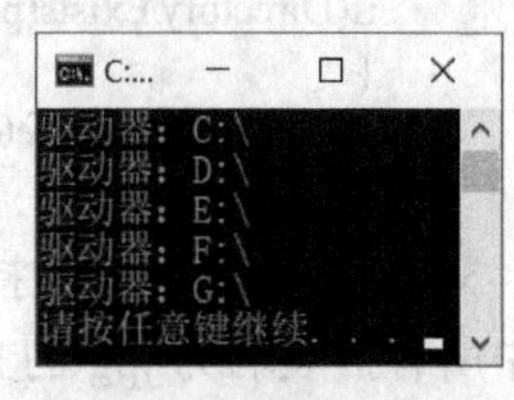

图 13-1　列出驱动器

按〈Ctrl+F4〉键执行程序，运行结果如图 13-1 所示。

【例 13-2】 判断指定的文件夹是否存在。假设在 C:盘中有一个 MyDownloads 文件夹，判断它是否存在。首先要导入该命名空间 using System.IO;

1）判断文件夹是否存在使用 Directory 类的 Exists()方法，参数是文件夹的路径。在写路径时要使用双斜杠“\\”（"C:\\MyDownloads"）或者在路径前加上“@”符号（@"C:\MyDownloads"）。代码如下。

```
if (Directory.Exists("C:\\Program Files"))   //注意路径的写法
{
    Console.WriteLine(@"C:\Program Files 文件夹存在！");
}
else
{
    Console.WriteLine("C:\\Program Files 文件夹不存在！");
}
```

2）Directory 类的 Exists()方法判断某一个文件夹是否存在，怎么判断某一个文件夹下所有的子文件夹呢？假设要获取 C:盘中所有的子文件夹，这时可以使用 Directory 类的 GetDirectories(string)方法，GetDirectories(string)方法的值是一个 string 类型的数组。然后循环输出这些文件夹，如图 13-2 所示，代码如下。

```
Console.WriteLine("输出 C:盘中所有文件夹：");
string path = "C:\\";
string[] files = Directory.GetDirectories(path);
foreach (string item in files)
{
    Console.WriteLine(item);
}
```

图 13-2　C:盘中所有文件夹

3）使用 GetFiles(string)方法获取文件，参数是一个路径，GetFiles(string)方法返回 string 类型的数组，列出的文件包括系统文件、隐藏文件等。下面代码得到 C:盘下的所有文件。

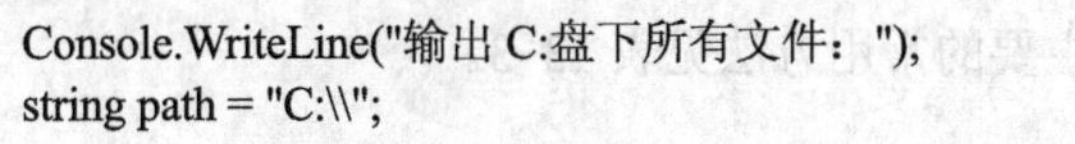

```
Console.WriteLine("输出 C:盘下所有文件：");
string path = "C:\\";
```

```
string[] files = Directory.GetFiles(path); //获取目录下的文件列表

foreach (string item in files) //通过循环输出文件名
{
    Console.WriteLine(item);
}
```

4）删除指定的文件夹。删除文件夹有两个重载。第一个 Delete 方法删除指定的空文件夹，第二个方法删除指定的文件夹并删除该文件夹中的任何子文件夹。

```
string path = @"c:\aa";
if(Directory.Exists(path))
{
    Directory.Delete(path, true);//删除该文件夹中的所有子文件夹和文件
}
```

5）GetFiles()方法支持在参数中使用文件名通配符。例如，下列代码用于删除 C:\abc 文件夹中所有扩展名为 jpg 的文件。

```
foreach (string filename in Directory.GetFiles(@"c:\abc", "*.jpg"))
{
    File.Delete(filename);
}
```

对文件及文件夹的操作，要考虑两点：一是文件或文件夹的存在性判断，这是对文件操作经常用到的功能；二是异常处理，因为文件在外部设备上经常会发生一些无法预料的问题，所以异常处理非常重要。

【例 13-3】 文件的移动。

```
string pathDir = "C:\\test";//要移动的文件夹，源文件夹
try
{
    if (Directory.Exists(pathDir))
    {
        Directory.Move(pathDir, "c:\\test1");//文件夹的移动
    }
    else
    {   //目标文件夹不能是已存在的文件夹
        Console.WriteLine("指定的文件夹不存在!");
    }
}
catch (IOException e)
{
    throw e;
}
catch (Exception ex)
{
    throw ex;
}
```

13.2.2 DirectoryInfo 类

DirectoryInfo 类的功能与 Directory 类相似，对目录进行各种操作，不同之处是需要实例化后使用。其主要属性成员见表 13-2，其主要的常用方法见表 13-3。

表 13-2　DirectoryInfo 类的常用属性

属　性	说　明
Name	获取此 DirectoryInfo 实例的名称
Parent	获取指定路径的父文件夹
Root	获取路径的根部分
CreationTime	获取或设置当前文件夹的创建时间
Exists	获取指示文件夹是否存在的值
FullName	获取文件夹的完整路径

表 13-3　DirectoryInfo 类的常用方法

方　法	说　明
Create()	创建文件夹。该方法无参数
Delete()	如果此 DirectoryInfo 为空则将其删除
Delete(bool)	删除 DirectoryInfo 的此实例，指定是否删除子文件夹和文件
GetFiles()	返回当前文件夹中的文件列表，返回值为 FileInfo 数组
GetDirectories()	返回当前文件夹的子文件夹，返回值为 DirectoryInfo 数组
CreateSubdirectory(path)	在指定路径上创建一个或多个子文件夹，指定路径可以是相对于 DirectoryInfo 类的此实例的路径
MoveTo(destDirName)	将 DirectroyInfo 实例及其内容移动到新路径

使用 DirectoryInfo 创建对象的格式如下。

```
new DirectoryInfo(string  文件夹路径);
```

如果使用一个不存在的文件夹，则抛出 System.IO.DirectoryNotFoundException 异常。

【例 13-4】 DirectoryInfo 类的常用方法和属性示例。

导入该命名空间 using System.IO;

1）创建文件夹，显示一些文件夹信息。代码如下。

```
DirectoryInfo dir = new DirectoryInfo("C:\\test1");
dir.Create();//创建文件夹
//显示文件夹的一些基本信息
Console.WriteLine("test1 文件夹的父文件夹：{0}", dir.Parent.FullName);
Console.WriteLine("test1 文件夹的全路径：{0}", dir.FullName);
Console.WriteLine("test1 文件夹的名称：{0}", dir.Name);
Console.WriteLine("test1  文件夹的创建时间：{0}", 
dir.CreationTime.ToString("yyyy-mm-dd"));
Console.Read();
```

程序运行结果如图 13-3 所示。

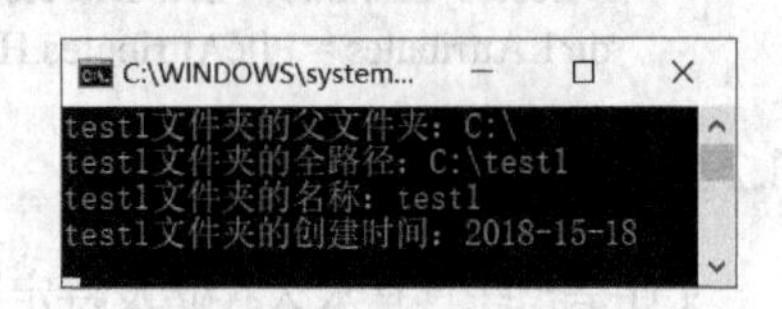

图13-3　创建文件夹

2）显示文件夹下的所有文件夹名称和创建时间。假如这个文件夹就是 C:盘，要找到 C:盘下所有的子文件夹，并且得到它们的一些信息。调用该对象的 GetDirectories()方法获取子文件夹，它的返回值是 DirectoryInfo 类的数组，使用数组来接收。遍历它的子文件夹。

```
string path = "C:\\";//指定文件夹
DirectoryInfo dir = new DirectoryInfo(path);    //创建它的对象
DirectoryInfo[] dirs = dir.GetDirectories();    //获取子文件夹
foreach (DirectoryInfo item in dirs)            //遍历这个数组
{
    Console.Write("文件夹名称：{0}", item.Name);
    Console.WriteLine("\t\t 创建时间：{0}", item.CreationTime.ToString());
}
```

程序运行结果如图 13-4 所示。

3）每个文件夹有自己的属性，属性使用 FileAttributes，是一个枚举类型，提供文件和目录的属性。FileAttributes 有许多值，其中 Hidden 表示文件是隐藏的，System 表示文件为系统文件，ReadOnly 表示文件为只读，Directory 表示文件为一个目录，Archive 表示文件的存档状态。

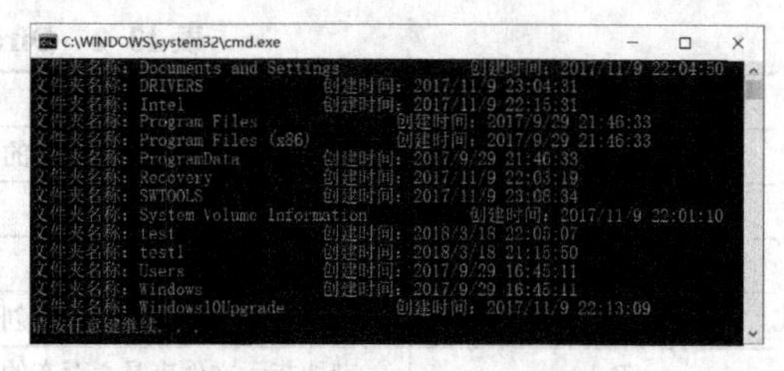

图 13-4 显示所有文件夹

当文件夹是系统文件夹或隐藏文件夹时，不显示系统文件夹和隐藏文件夹。代码如下。

```
string path = "C:\\";//该文件夹是 C:盘，要找到 C:盘下所有的子文件夹，得到它们的一些信息
DirectoryInfo dir = new DirectoryInfo(path);//创建它的对象
//调用该对象的 GetDirectories()方法获取子文件夹
DirectoryInfo[] dirs = dir.GetDirectories();//它的返回值是 DirectoryInfo 类的数组，使用数组来接收
FileAttributes fa;
foreach (DirectoryInfo item in dirs) //遍历这个数组
{    //在循环中判断文件夹的属性，通过 Attributes 属性来获取当前文件夹的属性
     fa = item.Attributes & FileAttributes.Hidden;//通过和 FileAttributes.Hidden 相与操作所得的值
     if (fa = = FileAttributes.Hidden) //相与的结果值是一个 FileAttributes.Hidden，则是一个隐藏目录
     {
          continue;
     }
     fa = item.Attributes & FileAttributes.System; //如果是一个系统文件夹，也要进行与操作
     if (fa = = FileAttributes.System)
     {
          continue;
     }
     Console.Write("目录名称：{0}", item.Name);
     Console.WriteLine("\t\t 创建时间：{0}", item.CreationTime.ToString());
}
Console.Read();
```

运行程序，隐藏和系统文件夹已经不再显示。

4）通过 C#程序将一个文件夹设置为隐藏。代码如下。

```
DirectoryInfo dir1 = new DirectoryInfo("C:\\test");
dir1.Attributes = FileAttributes.Hidden;
```

13.2.3 File 类

文件是一些具有永久存储及特定顺序的字节组成的一个有序的、具有名称的集合，是存储数据的重要单元。File 类提供用于创建、复制、删除、移动和打开单一文件的静态方法，并协助创建 FileStream 对象。File 类为静态类，它只含有静态成员，在使用时不需要创建该类的对象，而是直接使用类名.方法()的方式调用。File 类没有提供属性成员，常用的方法见表 13-4。

表 13-4 File 类常用方法

方 法	说 明
Create(path)	在指定路径中创建或覆盖文件。如果该文件已经存在，会覆盖已有文件
Exists(path)	用于检查指定文件是否存在，该方法返回一个布尔值。path 为字符串
Copy(sourceFilePath, destinationFilePath)	将指定路径的源文件中的内容复制到目录文件夹中，如果目标文件不存在，则在指定路径中新建一个文件
Move(sourceFileName, destinationFileName)	将指定文件移动到一个新的路径，要指定新文件名的选项。如果在目标文件夹中已经存在该文件，则无法移动
Delete(path)	删除指定的文件。如果指定的文件不存在，则不引发异常

【例 13-5】 使用 File 类在 C:盘根文件夹下创建文件 myfile1.txt。

1）导入命名空间using System.IO;。

2）首先使用 File 类创建一个文件，使用 File.Create()方法创建文件，会覆盖已有文件，所以在使用本方法创建文件前要先进行文件存在检查，如果存在则提示用户。

```
string path = "c:\\myfile1.txt";//要创建的文件
if (File.Exists(path))
{
    Console.WriteLine("文件已存在，是否覆盖？Y/N");
    if (Console.ReadLine() = = "Y")
    {
        File.Create(path);
    }
}
else
{
    File.Create(path);
}
```

按〈F5〉键或单击“启动调试”按钮 ▶，执行该程序。

3）移动文件，调用静态方法 File.Move()。文件移动后，源文件不存在。如果目标文件存在，则不能移动。例如，下面代码：

```
File.Move("D:\\test.txt", "D:\\test1.txt");/
File.Move("C:\\2.txt", "C:\\1\\3.txt");//将 C:\2.txt 移动到 C:\1\3.txt
```

4）使用复制方法 File.Copy()复制文件，Copy 后源文件还存在。例如，下面代码：

```
File.Copy("D:\\test1.txt", "D:\\test2.txt");
```

5）下列代码首先判断 C:\3.txt 是否存在，若存在则删除该文件，否则显示出错提示信息。

```
if (File.Exists("C:\\3.txt"))
{
    File.Delete("C:\\3.txt");
}
else
{
    Console.WriteLine("文件不存在!");
}
```

13.2.4 FileInfo 类

FileInfo 类能获得硬盘上现有文件的详细信息（创建时间、大小、文件特性等），并帮助用户创建、复制、移动和删除文件。FileInfo 类提供用于创建、复制、删除、移动和打开文件的属性和实例方法，FileInfo 类的常用属性见表 13-5，常用方法见表 13-6。

表 13-5 FileInfo 类的常用属性

属　性	说　明
Exists	用于检查指定文件是否存在，返回一个布尔值
Extension	获取表示文件扩展名部分的字符串
Name	获取文件名
FullName	获取文件夹和文件的完整名称
Length	获取当前文件的大小

表 13-6　FileInfo 类的常用方法

方　法	说　明
CopyTo(string)	将现有文件复制到新文件，不允许覆盖现有文件
CopyTo(String, Boolean)	将现有文件复制到新文件，可以设置是否允许覆盖现有文件
Delete()	永久删除文件。该方法无参数
MoveTo(string)	将指定文件移到新位置，strintg 是新文件名

File 类与 FileInfo 类相比，在使用上，FileInfo 类需要实例化。在性能上，系统在使用 File 类时，总是要进行安全性检查；FileInfo 类只检查一次，所以，FileInfo 类的性能高一些。

【例 13-6】 列出 C:\Pictures 文件夹下的所有 JPG 文件，包括其子文件夹中的 JPG 文件。

文件夹下既有文件又有子文件夹，子文件夹下还有文件和子文件夹。用户可以编写一个查找 JPG 文件的方法 GetJPG()，方法参数为 DirectoryInfo 类型，把指定的文件夹传递给方法。

GetJPG()方法包含两个部分，第一部分是遍历子文件列表用来查找 JPG 文件。使用 FileInfo 的实例得到该指定文件夹下的所有文件的信息的数组 FileInfo[] files = dir.GetFiles(),然后遍历这个数组，也就是扫描文件夹下的所有文件。如果扩展名是 JPG 或 jpg，则找到了 JPG 文件。

第二部分是遍历子文件夹列表，对子文件夹进行递归操作去获取 JPG 文件。如果在这个文件夹下除了有文件，还有子文件夹，首先要使用 dir.GetDirectories()方法获得这些子文件夹。然后遍历子文件夹，在遍历的过程中调用 GetJPG()方法本身，即对这个子文件夹进行递归操作。当所有的子文件夹都搜索完毕，所有 JPG 文件都搜索完毕，递归就结束了。程序如下。

例题源代码

例 13-6 源代码

```
class Program
{
    static void Main(string[] args)
    {
        string filePath = "C:\\Pictures";
        DirectoryInfo dir = new DirectoryInfo(filePath);
        if (dir.Exists)
        {   //如果目录存在
            GetJPG(dir);//调用 GetJPG()
        }
    }
    public static void GetJPG(DirectoryInfo dir)    //GetJPG 静态方法，参数为 DirectoryInfo 类型
    {
        FileInfo[] files = dir.GetFiles();//递归 DirectoryInfo dir,可以获得 FileInfo 数组
        foreach (FileInfo item in files)
        {   //遍历这个数组
            if (item.Extension = = ".JPG" || item.Extension = = ".jpg")
            {   //如果扩展名是 JPG 或 jpg，则找到 JPG 文件
                Console.WriteLine(item.Name);//显示找到的 JPG 文件名
            }
        }
        DirectoryInfo[] dirs = dir.GetDirectories();//首先获得子文件夹
        foreach (DirectoryInfo d in dirs)
        {   //遍历子文件夹
            GetJPG(d);//调用 GetJPG()方法自己
        }
    }
}
```

【课堂练习 13-1】 检索文件。1）检索指定文件夹的大小。2）分类列出文件夹中文件的类型、数量、大小。

课堂练习解答

课堂练习 13-1 解答

提示：

① 使用递归算法检索指定的文件夹。

② 定义一个成员变量 HashTable，键为文件的扩展名，值为文件的数量。

13.2.5 DriveInfo 类

文件必须保存在物理的存储介质中，例如，硬盘、光盘、U 盘等。通常将这些存储介质称之为驱动器，C#语言提供的 DriveInfo 实现了对驱动器相关信息的访问。

1. 常用属性

DriveInfo 类提供了用于获取计算机磁盘相关信息的属性，这些属性都是只读型，见表 13-7。

表 13-7 DriveInfo 类常用属性

属　性	说　明
AvailableFreeSpace	指示驱动器上的可用空闲空间量
DriveFormat	获取文件系统的名称，例如 NTFS 或 FAT32
DriveType	获取驱动器类型
IsReady	获取一个指示驱动器是否已准备好的值
Name	获取驱动器的名称
RootDirectory	获取驱动器的根目录
TotalFreeSpace	获取驱动器上的可用空闲空间总量
TotalSize	获取驱动器上存储空间的总大小
VolumeLabel	获取或设置驱动器的卷标

2. 常用方法

DriveInfo 类的方法比较少，常用的方法为 GetDrives 静态方法。GetDrives 静态方法用于检索计算机上的所有逻辑驱动器的驱动器名称，没有参数，返回值类型为 DriveInfo 数组。

例如，希望获取第一个磁盘分区的卷标可使用如下所示的语句。

```
DriveInfo[] dri = DriveInfo.GetDrives();  //声明 DriveInfo 类型的数组对象 dri
label1.Text = dri[1].VolumeLabel;          //显示第一个磁盘分区的卷标
```

13.3 数据流

流（Stream）是字节序列的抽象概念。例如文件、输入/输出设备、内部进程通信管道或者 TCP/IP 套接字等。一般来说，流要比文件的范围更广泛一些，按照流储存的位置可以分为打开并读写磁盘文件的文件流（FileStream）、表示网络中数据传输的网络流（NetworkStream）、内存中数据交换时创建的内存流（MemoryStream）等。

13.3.1 流的操作

流与文件不同，文件是一些具有永久存储及特定顺序的字节组成的一个有序的、具有名称的集合。对于文件，一般都有相应的目录路径、磁盘存储、文件和目录名等；而流提供从存储设备写入字节和读取字节的方法，存储设备可以是磁盘、网络、内存和磁带等。

1. 流的操作

流的操作一般涉及以下 3 种基本方法。

- 读取流：读取是从流到数据结构（如字节数组）的数据传输。
- 写入流：写入是从数据结构到流的数据传输。
- 查找流：查找是对流内的当前位置进行查询和修改。

其中查找功能取决于流的存储区类型。例如，网络流没有当前位置的统一概念，因此一般不支持查找。

2．流的分类

在.NET Framework 中，流由抽象基类 Stream 来表示，该类不能实例化，但可以被继承。由 Stream 类派生出的常用类包括二进制读取流 BinaryReader、二进制写入流 BinaryWriter、文本文件读取流 StreamReader、文本文件写入流 StreamWriter、缓冲流 BufferedStream、文件流 FileStream、内存流 MemoryStream 和网络流 NetworkStream。

流的类型尽管很多，但在处理文件的输入/输出（I/O）操作时，最重要的类型为文件流 FileStream，这也是本章要介绍的重点内容。

13.3.2 文件流（FileStream 类）

流是数据操作工具。FileStream 类提供基于文件流的操作，用来创建一个文件流，并可以打开和关闭指定的文件。FileStream 继承于抽象类 Stream.。文件流可以分只读流、只写流和读写流。读写操作可以指定为同步或异步操作。FileStream 对输入输出进行缓冲，从而提高性能。该类比较原始，只能读取或写入 1 字节或者字节数组。

1．FileStream 类的常用属性

FileStream 类的常用属性及说明，见表 13-8。

表 13-8 FileStream 类的常用属性

属　性	说　明
CanRead	获取一个值，该值指示当前流是否支持读取
CanSeek	获取一个值，该值指示当前流是否支持查找
CanTimeout	获取一个值，该值确定当前流是否可以超时
CanWrite	获取一个值，该值指示当前流是否支持写入
IsAsync	获取一个值，该值指示 FileStream 是异步还是同步打开的
Length	获取用字节表示的流长度
Name	获取传递给构造函数的 FileStream 的名称
Position	获取或设置此流的当前位置
ReadTimeout	获取或设置一个值（以毫秒为单位），该值确定流在超时前尝试读取多长时间
WriteTimeout	获取或设置一个值（以毫秒为单位），该值确定流在超时前尝试写入多长时间

2．FileStream 类的常用方法

FileStream 类的常用方法及说明，见表 13-9。

表 13-9 FileStream 类的常用方法

方　法	说　明
BeginRead	开始异步读
BeginWrite	开始异步写
Close	关闭当前流并释放与之关联的所有资源（如套接字和文件句柄）
EndRead	等待挂起的异步读取完成
EndWrite	结束异步写入，在 I/O 操作完成之前一直阻止
Lock	允许读取访问的同时防止其他进程更改FileStream

（续）

方　法	说　明
Read	从流中读取字节块并将该数据写入给定缓冲区中
ReadByte	从文件中读取一个字节，并将读取位置提升一个字节
Seek	将该流的当前位置设置为给定值
SetLength	将该流的长度设置为给定值
Unlock	允许其他进程访问以前锁定的某个文件的全部或部分
Write	使用从缓冲区读取的数据将字节块写入该流
WriteByte	将 1 字节写入文件流的当前位置

3．创建 FileStream 类对象

FileStream 类提供实例化对象的构造函数非常多，下面介绍 3 种常用的实例化对象方法。

（1）使用指定文件路径和文件打开方式实例化对象

通过指定文件路径和打开方法实例化 FileStream 类对象的语法格式如下。

```
FileStream 对象名 = new FileStream(string path,FileMode mode);
```

其中，各参数说明如下。

path：当前 FileStream 对象将封装的文件的相对路径或绝对路径。

mode：确定如何打开或创建文件，FileMode 枚举类型的取值及说明，见表 13-10。

表 13-10　FileMode 枚举类型值及说明

枚举类型值	说　明
CreateNew	指定操作系统应创建新文件
Create	指定操作系统应创建新文件。如果文件已存在，它将被覆盖
Open	指定操作系统应打开现有文件。打开文件的能力取决于 FileAccess 所指定的值
OpenOrCreate	指定操作系统应打开文件（如果文件存在）；否则，应创建新文件
Truncate	指定操作系统应打开现有文件。文件一旦打开，就将被截断为 0 字节大小
Append	打开现有文件并查找到文件尾，或创建新文件。FileMode.Append 只能同 FileAccess.Write 一起使用

例如，下列代码实例化一个 FileStream 类对象 fs，实例化时对文件名、打开方式给出了明确的说明。

```
FileStream fs = new FileStream("C:\\test3.txt", FileMode.Append);
```

（2）使用指定文件路径、打开方式和访问方式实例化对象

通过指定文件路径、打开方法和访问方式实例化 FileStream 类对象，其语法格式如下。

```
FileStream 对象名 = new FileStream(string path,FileMode mode,FileAccess access);
```

其中，各参数说明如下。

path：当前 FileStream 对象将封装的文件的相对路径或绝对路径。

mode：确定如何打开或创建文件。

access：FileAccess 枚举类型参数用于确定 FileStream 对象访问文件的方式，FileAccess 枚举类型取值及说明见表 13-11。

表 13-11　FileAccess 枚举类型值及说明

枚举类型值	说　明
Read	对文件的读访问。可从文件中读取数据。同 Write 组合即构成读写访问权
Write	对文件的写访问。可将数据写入文件。同 Read 组合即构成读/写访问权
ReadWrite	对文件的读访问和写访问。可从文件读取数据和将数据写入文件

（3）使用指定文件路径、打开方法、访问方式和文件共享方式实例化对象

通过指定文件路径、文件打开方法、访问文件的方式和文件共享方式实例化 FileStream 类对象，其语法格式如下。

```
FileStream 对象名 = new FileStream(string path,FileMode mode,FileAccess access,FileShare share);
```

其中，各参数说明如下。

path：当前 FileStream 对象将封装的文件的相对路径或绝对路径。

mode：FileMode 常数，确定如何打开或创建文件。

access：确定 FileStream 对象访问文件的方式。

share：FileShare 枚举类型参数，用于确定文件如何由进程共享，FileShare 枚举类型取值及说明，见表 13-12。

表 13-12　FileShare 枚举类型值及说明

枚举类型值	说　明
None	谢绝共享当前文件。文件关闭前，打开该文件的任何请求都将失败
Read	允许随后打开文件读取。如果未指定此标志，则文件关闭前，任何打开该文件以进行读取的请求都将失败。但是，即使指定了此标志，仍可能需要附加权限才能够访问该文件
Write	允许随后打开文件写入。如果未指定此标志，则文件关闭前，任何打开该文件以进行写入的请求都将失败。但是，即使指定了此标志，仍可能需要附加权限才能够访问该文件
ReadWrite	允许对打开的文件读取或写入。如果未指定此标志，则文件关闭前，任何打开该文件以进行读取或写入的请求都将失败。但是，即使指定了此标志，仍可能需要附加权限才能够访问该文件
Delete	允许随后删除文件

例如，下列代码实例化一个 FileStream 类对象 fs，实例化时对文件名、打开方式、访问方式及是否共享都给出了明确的说明。

```
FileStream fs;
fs = new FileStream("Test.cs", FileMode.OpenOrCreate,FileAccess.ReadWrite, FileShare.None);
```

4. FileStream 的主要成员

（1）Read 方法

读取 Read 方法的语法格式如下。

```
int Read(byte[] array, int offset, int count)
```

array：字节数组，接收流中的数据。

offset：array 中的字节偏移量，从此处开始读取。

cound：读取的字节数。

例如，下面代码：

```
byte bArray = new byts[1024];
int readCount = fs.Read(bArray, 0, 1024); //fs 为 FileStream 对象
```

Read 方法的注意事项：在 Read 方法中，向 array 中填充的字节长度必须小于或等于 array 的长度。例如，下面代码：

```
byte bArray = new byte[1000];
int readCount = fs.Read(bArray, 0, 1024);//出错
```

字节数组可以转换为字符串。例如，下面代码：

```
UTF8Encoding encode = new UTF8Encoding();
string retv = encode.GetString(bArray);
```

（2）Write 方法

写文件 Write 方法的语法格式如下。

```
public void Write(byte[]array, int offset, int count)
```

array：要写入到流中的数据。

offset：从 0 开始的字节偏移量。

count：要写入的最大字节数。

例如，下面代码：

```
byte[] bArray = new UTF8Encoding().GetBytes(strToSave);
fs.Write(bArray, 0, bArray.Length);
```

例如，下面代码出错：

```
byte[] bArray = new UTF8Encoding().GetBytes(strToSave);
fs.Write(bArray, 10, bArray.Length);//错误
```

【课堂练习 13-2】 用 FileStream 类设计一个可以读、写文本的记事本。

课堂练习解答

课堂练习 13-2 解答

13.3.3 文本文件的读写操作

文本文件是一种典型的顺序文件，它是指以 ASCII 码方式（也称文本方式）存储的文件，其文件的逻辑结构又属于流式文件。文本文件中除了存储文件有效字符信息（包括能用 ASCII 码字符表示的回车、换行等信息）外，不能存储其他任何信息。在 C#语言中，文本文件的读取与写入主要通过 StreamReader 类和 SteamWriter 类实现。

1. SteamWriter 类

SteamWriter 类（称为写入器）是专门用来处理文本文件的类，可以方便地向文本文件中写入字符串。SteamWriter 类简化了 FileStream 的用法，用于将数据写入文件流。

（1）创建 StramWriter 类对象

创建 SteamWriter 类对象的常用构造函数同 StreamReader 类非常相似，这里只介绍用文件名和指定编码方式创建实例，它区别于 StreamReader 类，格式如下。

```
StreamWriter sw = new StreamWriter(string path, bool append,Encoding encoding);
```

如果希望使用文件名和编码参数来创建 SteamWriter 类对象，必须使用上述格式。其中，append 参数确定是否将数据追加到文件。如果该文件存在，并且 append 为 False，则该文件被覆盖。如果该文件存在，并且 append 为 True，则数据被追加到该文件中。否则，将创建新文件。

例如，使用流初始化 StreamWriter，并指定编码。代码如下。

```
StreamWriter fs = new StreamWriter(path);
StreamWriter sw = new StreamWriter(fs, Encoding.Default);
```

（2）SteamWriter 类的常用方法

SteamWriter 类常用方法及说明，见表 13-13。

表 13-13 SteamWriter 类常用方法

方　法	说　明
Close()	关闭 SteamWriter 对象和基础流
Write()	向相关联的流中写入字符
WriteLine()	向相关联的流中写入字符，后跟换行符

流的关闭顺序一般与创建顺序相反。例如，下面代码：

```
FileStream fs = new FileStream(fileName, FileMode.OpenOrCreate);
StreamWriter sw = new StreamWriter(fs);
sw.WriteLine(strToSave);
sw.Close();
fs.Close();
return true;
```

例如，将 RichTextBox 控件中显示的文本，保存在“C:\out.txt”文件中，代码如下。

```
StreamWriter sw = new StreamWriter(@"C:\out.txt", true, Encoding.Default);
try
{
    sw.WriteLine(RichTextShow.Text);
}
finally
{
    sw.Close();
}
```

【课堂练习 13-3】 用 StreamWriter 实现记事本。

课堂练习解答

课堂练习 13-3 解答

2. StreamReader 类

StreamReader 类（称为读取器）是专门用来处理文本文件的读取类，用于读取流中的数据。它可以方便地以一种特定的编码从字节流中读取字符。

（1）创建 StreamReader 类对象

通常情况下创建 StreamReader 类对象可以使用以下 3 种方式。

方法一：用指定的流初始化 StreamReader 类的新实例。

```
StreamReader sr = new StreamReader(Stream stream);
```

方法二：用指定的文件名初始化 StreamReader 类的新实例。

```
StreamReader sr = new StreamReader(string path);
```

其中，path 为包含路径的完整文件名。

方法三：用指定的流或文件名，并指定字符编码初始化 StreamReader 类的新实例。

使用流和字符编码：

```
StreamReader sr = new StreamReader(Stream stream, Encoding encoding);
```

使用文件名和字符编码：

```
StreamReader sr = new StreamReader(string path, Encoding encoding);
```

其中，Encoding 为字符编码的枚举类型。

（2）StreamReader 类的常用属性和方法

StreamReader 类最常用的属性是 EndOfStream 属性，该属性表示是否已读取到了文件的结尾（True 表示已达到结尾）。StreamReader 类较为常用的方法，见表 13-14。

表 13-14　StreamReader 类常用方法

方　法	说　明
Close()	关闭 StreamReader 对象和基础流，并释放与读取器关联的所有系统资源
Read()	读取输入流中的下一个或下一组字符
ReadBlock()	从当前流中读取最大 count 的字符并从 index 开始将该数据写入缓冲区
ReadLine()	从当前流中读取一行字符并将数据作为字符串返回
ReadToEnd()	从流的当前位置到末尾读取流

例如，下列代码以默认的编码方式读取“c:\aa.txt”的全部内容，并将其显示到 RichTextBox 控件中。

```
StreamReader sr = new StreamReader(@"c:\aa.txt",Encoding.Default);
try
{
    RichTextShow.Text = sr.ReadToEnd();
}
finally
{
    sr.Close();
}
```

注意：在进行文件的读写操作后一定要注意调用 Close()方法关闭文件，以释放占用的系统资源。为了避免由于程序出错引发异常而使 Close()方法无法调用，最好将其放置在 finally 语句块中。

【例 13-7】 新建一个 Windows 应用程序项目，使用 Windows 自带的“记事本”程序按如图 13-5 所示的格式创建一个名为 Items.txt 的文本文件，并将其复制到项目文件夹下 bin\Debug 中。如图 13-6 所示，程序启动后能读取 Items.txt 中各项并填充到组合框中。如图 13-7 所示，用户在文本框中输入新选项文本后，单击“添加”按钮能将新选项同时追加到 Items.txt 文件和组合框中。

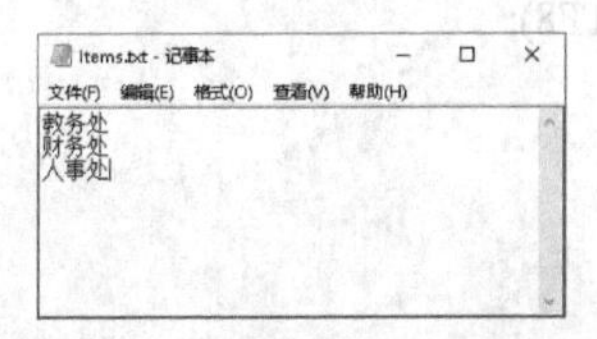

图 13-5　文本文件中预设的选项

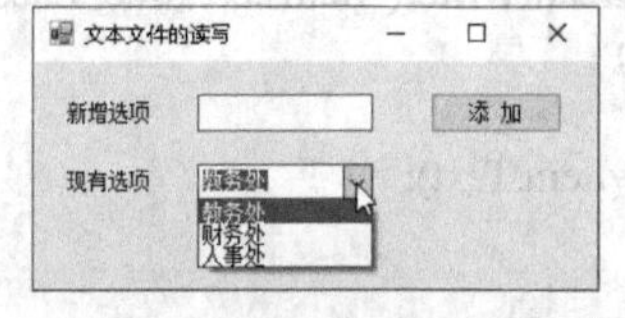

图 13-6　将选项添加到组合框

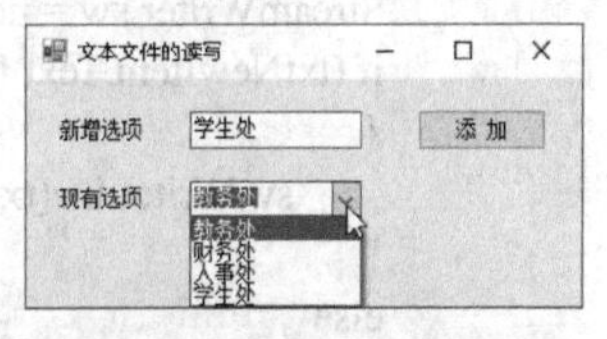

图 13-7　添加新选项

1）设计程序界面。新建一个 Windows 窗体应用程序项目，向窗体中添加 2 个标签控件 label1、label2，添加 1 个组合框控件 comboBox1，1 个文本框控件 textBox1 和 1 个按钮控件 button1。

2）设置对象属性。设置 2 个标签控件 label1、label2 的 Text 属性分别为“新增选项”和“现有选项”；设置组合框控件 comboBox1 的 Name 属性为 cboItems；设置文本框控件 textBox1 的 Name 属性为 txtItem；设置按钮控件 button1 的 Name 属性为 btnAdd，Text 属性为“添加”。适当调整各控件的大小及位置。

3）编写程序代码。由于需要使用 StreamReader 和 StreamWriter 类，需要添加对 System.IO 命名空间的引用：

```
using System.IO;
```

在窗体类框架（class Form1）中创建用于填充组合框选项的 FillItems()方法：

```
void FillItems()
{
    cboItems.Items.Clear();//清除现有选项
    StreamReader sr = new StreamReader("Items.txt", Encoding.Default);
    try
    {
        while (!sr.EndOfStream)    //EndOfStream 属性用于判断是否已到达文件尾
        {
            string item = sr.ReadLine();
            if ( item != "")
```

```
                    {
                        cboItems.Items.Add(item);
                    }
                }
            }
            finally
            {
                sr.Close();
            }
            //将第一个选项的文本显示到组合框中
            cboItems.Text = cboItems.Items[0].ToString();
        }
```

窗体装入时执行的事件处理程序代码如下。

```
        private void Form1_Load(object sender, EventArgs e)
        {
            this.Text = "文本文件的读写";
            FillItems();//调用 FillItems()方法填充组合框
        }
```

"添加"按钮被单击时执行的事件处理程序代码如下。

```
        private void btnAdd_Click(object sender, EventArgs e)
        {
            StreamWriter sw = new StreamWriter("Items.txt",true, Encoding.UTF8);
            if (txtNewItem.Text != "")
            {
                sw.WriteLine(txtNewItem.Text);
            }
            else
            {
                MessageBox.Show("不能添加空选项！","操作失败",
                                MessageBoxButtons.OK,MessageBoxIcon.Warning);
                return; //不再执行后续代码
            }
            sw.Close();
            FillItems();
            MessageBox.Show("选项添加成功！","操作完成",
                            MessageBoxButtons.OK,MessageBoxIcon.Information);
        }
```

【课堂练习 13-4】 某软件公司统计程序员在程序中写注释的习惯。读取程序的源代码，如果注释的行数占总代码行数 10%以上，则程序才算是合格程序。程序功能：检查程序代码，如果注释的行数占总代码行数 10%以上，则程序才算是合格程序。每行的注释以"//@Note"开始。

13.4 习题

习题解答

第 13 章习题解答

一、选择题

1．（双选题）要获取 C：盘下"myDirectory"目录的全路径，下列代码正确的是（　　）。

A．DirectoryInfo dirs = new DirectoryInfo(@"c:\mydirectory");
Console.WriteLine(dirs.FullName);

B．DirectoryInfo dirs = new DirectoryInfo(@"c:\mydirectory");

Console.WriteLine(dirs.Name);

C．Console.WriteLine(Directory.GetDirectoryRoot(@"c:\myDirectory"));

D．Console.WriteLine(Directory.GetDirectoryRoot(@"c:\myDirectory")+"\\myDirectory");

2.（单选题）关于目录和文件，下面说法正确的是（　　）。

A．DirectoryInfo 类和 Directory 类都直接继承自 System.Object 类

B．DirectoryInfo 类的 GetFiles()方法，返回 File 类的对象数组

C．使用 File 类的 Copy()方法将现有文件移动到新的位置

D．DirectoryInfo 类和 FileInfo 类都必须实例化后使用

3.（单选题）关于 Directory 类和 DirectoryInfo 类的用法，下列说法正确的是（　　）。

A. Directory 类的方法都是静态方法，可以直接调用，因此效率一定比调用 DirectoryInfo 类的实例方法高

B．Directory 类的 GetFiles()方法返回的是指定目录下的 FileInfo 对象数组

C．DirectoryInfo 类的 GetFiles()方法返回的是指定目录下的 FileInfo 对象数组

D．DirectoryInfo 类和 Directory 类都可以用 Exist()方法检验指定目录是否存在

4.（单选题）关于 FileStream 的说法正确的是（　　）。

A．FileMode 枚举中的 OpenOrCreate 表示，先创建一个文件，然后打开这个文件

B．FileStream 类的 Read 方法，返回一个字符串

C．FileStream 类的 Read(byte[] arr, int offset, int count)，其中 offset 表示从类的某个位置开始读取

D．FileStream 类的 Write(byte[] array, int offset, int count)，其中 count 表示要写入当前流的最大字节数

5.（单选题）在以下 C#代码的下画线处填入（　　），该 C#语句表示打开一个文件，如果该文件不存在，则发生异常。

```
FileStream fs = new FileStream("D:\\myfile.txt", ____________);
```

A．FileMode.Create　　　　　　B．FileMode.Open

C．FileMode.Close　　　　　　D．FileMode.CreateNew

6.（单选题）在 C#语言开发的过程中，假设 myStreamReader 是 StreamReader 的实例，如果想将文件当前位置一直到结尾的内容读取出来，需要使用的方法是（　　）。

A．myStreamReader.ReadLine()　　　　B．myStreamReader.ReadToEnd()

C．myStreamReader.ReadBlock()　　　　D．myStreamReader.Read()

7.（单选题）在 C#中，如果对文件进行相关操作，需要添加下面（　　）命名空间。

A．System.Resources　　　　B．System.Collections.Generic

C．System.Text　　　　　　D．System.IO

8.（单选题）在 C#中，如果要实现在“C:\\”下创建“myfoder”的文件夹，下面代码正确的是（　　）。

A．Directory.CreateDirectory("C:\\ myfoder ");

B．DirectoryInfo.CreateDirectory("C:\\ myfoder ");

C．File.CreateDirectory("C:\\ myfoder ");

D．以上都不正确

9.（双选题）在 C#中，检查“C:\\”下是否存在“myfoder”文件夹，下面代码正确的是（　　）。

A．Directory.Exists("C:\\myfoder")

B．DirectoryInfo dir = new DirectoryInfo("C:\\myfoder");
if (dir.Exists){ }

C．DirectoryInfo.Exists("C:\\ myfoder")

D．Directory dir = new Directory ("C:\\ myfoder");
if (dir.Exists){ }

10．（双选题）在 C#中，在“C:\\”下创建新的文件“test.txt”，为了防止新创建的文件意外替换已经存在的文件，下面（　　）方式是可以的。

A．
```
FileStream fs = new FileStream("c:\\test.txt", FileMode.CreateNew);
fs.Close();
```

B．
```
FileStream fs = new FileStream("c:\\test.txt", FileMode.Create);
fs.Close();
```

C．
```
if (File.Exists("c:\\test.txt"))
{
    FileStream fs = new FileStream("c:\\test.txt", FileMode.Create);
    fs.Close();
}
```

D．
```
if (FileInfo.Exists("c:\\test.txt"))
{
    FileStream fs = new FileStream("c:\\test.txt", FileMode.Create);
    fs.Close();
}
```

11．（双选题）假如某个文本文件使用的是 ASCII 编码格式，现在使用 StreamReader 的对象去读取这个文件，myfs 是一个创建好的 FileStream 对象，则创建 StreamReader 对象的代码正确的是（　　）。

A．StreamReader mySr = new StreamReader(myfs, Encoding.GeEncoding("ASCII"))

B．StreamReader mySr = new StreamReader(myfs, Encoding.ASCII)

C．StreamReader mySr = new StreamReader(myfs, Encoding.GeEncoding("GB2312"))

D．StreamReader mySr = new StreamReader(myfs, Encoding.UTF8)

二、编程题

实现一个迷你日记管理器，能够新建日记、读取以前的日记。日记格式为文本格式。

提示：使用 StreamReader 读取文本格式的文件，使用 StreamWriter 写入新的日记。

第 14 章　委托和事件

委托是安全封装方法的类型，是特殊的类，它定义了方法的类型，使得可以将方法当作另一个方法的参数来进行传递。委托最基本的功能就是用于事件处理。事件是对象发送的消息，用于通知系统某种操作的发生。通俗地讲，事件就是程序中产生了一个需要处理的信号。

教学课件

第 14 章课件资源

授课视频

14.1　授课视频

14.1　委托

委托的意思是把事情托付给别人或其他的机构办理。例如，你现在正在写一个 Windows 窗体应用程序，其中需要编写部分多线程、图形绘制的程序，但是你不熟悉，于是你委托两位同事来帮助你完成这部分的编程工作，这就是委托，把你不能做的事情交给其他人去做。怎么知道是哪位同事做了哪个事情呢？这就需要定义委托，来描述一个特征。

在 C#中，委托（Delegate）是一种把方法（也称函数）当作参数在另一个方法中传递和调用。或者说，如果一个方法的其中一个参数是另一个方法，这个参数类型就应该是委托类型。很多情况下，某个方法需要动态地去调用某一类方法，这时候就需要在参数列表放一个委托当作方法的占位符。

委托实际上也是一个类，只不过它的对象不是一个普通的变量，而是一个方法。这是因为当 C#编译器处理委托类型时，会自动产生一个派生自 System.MulticastDelegate 的密封类，这个类与它的基类 System.Delegate 一起为委托提供必要的基础设施。

前面介绍过接口，接口就是定义一套标准，然后由实现类来具体实现其中的方法，所以说接口是一组类的抽象。同样道理，可以将委托理解为方法的抽象，也就是说委托定义了一个方法的模板，至于这个方法的具体的内容，则需要由方法自己去实现。委托是一种引用类型，在处理的时候要当作类来看待而不是方法，即委托就是对方法或者方法列表的引用。

从数据结构来讲，委托与类一样是一种用户自定义类型。委托是方法的抽象，它存储的是一系列具有相同签名和返回类型的方法的地址。调用委托的时候，委托包含的所有方法将被执行。

接口最大的好处就是可以实现多态，委托最大的好处是实现方法的多态。若程序中需要调用某个方法时，可以不直接调用方法，而是去调用相关联的委托。

委托的主要用途有回调和事件处理。回调是指将一个方法的返回值传递给另一个方法。本章主要介绍委托在事件处理中的应用。

14.1.1　委托的定义

用 delegate 声明一个委托类型，它必须与想要传递的方法具有相同的参数和返回值类型。定义委托的语法格式如下。

访问修饰符 delegate 返回类型 委托类型名(形参列表);

例如，下列代码声明一个名为 Calculate 的委托，该委托从调用语句接收两个整型形参，返回一个整型数据。

```
delegate int Calculate(int x , int y );
```

例如，下面代码声明的委托可被用于引用任何一个带有一个单一的 string 参数的方法，并返回一个 int 类型数据。

```
public delegate int MyDelegate (string s);
```

可以看出，委托除了没有给出实现方法的具体代码外，声明委托和声明方法的语法格式是相同的。因此，声明委托的语句以分号结尾。可选的形参列表用于指定委托的参数，而返回类型则指定委托的返回类型。

注意： 定义一个委托相当于定义一个新类，所有可以定义类的地方都可以定义委托。

需要说明的是，并非所有的方法都可以封装在委托中，只有当下面两个条件都成立时，方法才能被封装在委托类型中。

1）方法和委托具有相同的参数数目，并且类型相同，顺序相同，参数修饰符也相同。

2）方法和委托的返回值类型相同。

另外，如果参数的类型不确定，可以定义泛型的委托。

14.1.2　委托的实例化和调用

使用委托与使用一个普通的引用数据类型一样，首先需要使用 new 关键字创建一个委托实例对象，然后把委托指向要引用的方法，最后就可以在程序中像调用方法一样应用委托对象调用它指向的方法了。

1. 委托的实例化

声明委托后，需要对其进行实例化才能被调用，实例化委托意味着使其指向（或引用）某个方法。声明委托类型后，委托对象使用 new 关键字调用该委托的构造函数来创建，构造函数中的参数只写方法名。委托一旦被实例化，它将始终引用同一目标对象和方法。使用 new 关键字实例化委托的语法格式如下。

```
委托类型名 实例化名 = new 委托类型名(方法名);
```

例如，已有与上述定义的 Calculate 委托相匹配的方法 Add()，实例化委托的代码如下。

```
Calculate cal = new Calculate(Add); //创建 Calculate 类型的委托变量 cal，并用 Add()方法实例化委托
```

2. 在应用程序中调用委托

声明和执行一个自定义委托，可以通过如下步骤完成。

1）声明一个委托类型，它必须与想要传递的方法具有相同的参数和返回值类型。

2）提供要处理的方法，它必须与声明委托具有相同的参数和返回值类型。

3）实例化委托，创建委托对象，并且将想要传递的方法作为参数传递给委托对象。把委托看作是类的话，其参数是要处理的方法，这里的方法不用加括号，实例化的过程就是装载方法的过程，就好像需要参数的构造函数一样。

4）调用委托对象，就像调用被封装的方法，调用时的参数也就传给了被封装的方法。

需要注意的是，所声明的委托无论是参数个数、参数类型、返回值类型，都要与所要封装的方法保持一致。当调用委托实例对象时，所传入的参数也要保持一致，否则会出现错误。

C#为调用委托提供了专门的语法，调用委托与调用方法十分相似。唯一的区别在于不是调用委托的实现，而是调用与委托相关联的方法的实现代码。

【**例 14-1**】 下面代码是完成一次应用委托的示例。

```
//第 1 步：使用 delegate 关键字声明委托
public delegate int CalcSumDelegate(int a, int b);
public class Calculate
{
    //第 2 步：声明一个方法与委托类型对应
    public static int CalcSum(int a, int b) //静态的处理方法
    {
        return a + b;
    }
}
class Program
{
    static void Main(string[] args)
    {
        //第 3 步：实例化这个委托，并引用方法
        CalcSumDelegate del = new CalcSumDelegate(Calculate.CalcSum);
        //第 4 步：调用委托
        int sum = del(2, 3);
        Console.WriteLine(sum.ToString()); //显示：5
    }
}
```

例题视频

例 14-1 视频

【例 14-2】 新建一个 Windows 窗体应用程序，添加一个标签控件，在窗体类中声明 Calculate 委托及与之关联的 Add()方法，将 Add()方法封装在委托内。在窗体的装入事件中调用委托，并向委托传递两个整型参数，最后将调用结果显示到标签中，代码编写如下。

在窗体类（class Form1）框架中输入如下代码。

```
delegate int Calculate(int x, int y);//定义 Calculate 委托
public int Add(int x, int y) //声明将要与 Calculate 委托关联的方法
{
    return x + y;
}
```

窗体装入时执行的事件处理代码如下。

```
private void Form1_Load(object sender, EventArgs e)
{
    Calculate cal = new Calculate(Add); //实例化委托，并关联 Add()方法
    int Result = cal(20, 30); //调用委托方法
    label1.Text = "运算结果为：" + Result.ToString(); //在标签中显示“运算结果为：50”
}
```

通过上面的例子可以看出，委托是一种引用方法的类型，一旦给委托分配（关联）了某个方法，则委托将具有与该方法完全相同的功能，委托的使用可以像其他任何方法一样，也具有参数和返回值。

【课堂练习 14-1】 编写实现两个字符串连接的委托。

【课堂练习 14-2】 编写一个委托，该委托可用于引用带有一个整型参数的方法，并返回一个整型值。

课堂练习解答

课堂练习 14-2 解答

14.1.3 将多个方法关联到委托

上面的例子中在实例化委托时将其关联到了一个方法，在实际应用中可能需要将一个委托同时绑定到多个方法，此时可使用“+=”运算符来实现。例如：

```
Calculate cal =new Calculate(Add);//实例化委托并关联第一个方法 Add()
cal += Sub; //添加一个关联的方法 Sub()
cal(30, 40); //执行时首先调用 Add()方法，再调用 Sub()方法
```

如果委托已关联了多个方法，则可使用“-=”运算符移除多个方法中的某一个。例如：

```
Calculate cal =new Calculate(Add);//实例化委托并关联第一个方法 Add()
cal += Sub;
cal -= Add; //移除一个关联的方法 Add()
cal(30, 40); //执行时只调用 Sub()方法，不再执行 Add()方法
```

【例 14-3】 使用委托关联多个方法，使得当用户输入一个角度值时能同时返回该角度的 sin、cos 和 tan 函数值。程序运行结果如图 14-1 所示。程序设计步骤如下。

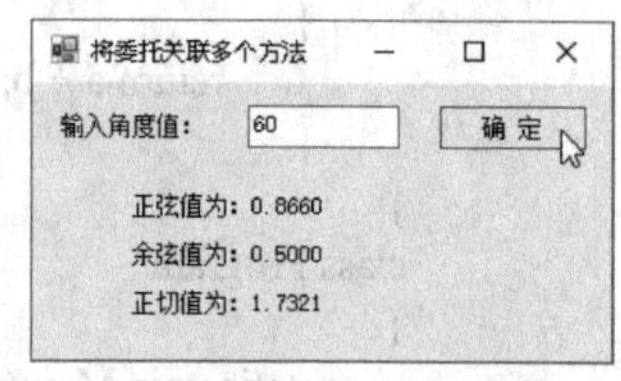

图 14-1　程序运行结果

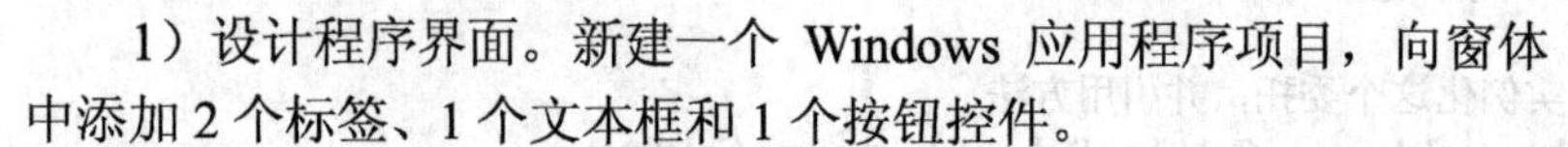

1）设计程序界面。新建一个 Windows 应用程序项目，向窗体中添加 2 个标签、1 个文本框和 1 个按钮控件。

设置文本框的 Name 属性为 txtAngle；设置按钮的 Text 属性为“确定”，Name 属性为 btnOK；设置用于显示计算结果的标签 Name 属性为 lblResult；适当调整各控件的大小及位置。

2）声明委托及相关方法。在窗体 Form1 类代码框架中编写如下代码，声明无返回值的委托 TriFunc，声明用于转换角度值为弧度值的 TransAngle()（转换角度）方法，声明用于计算正弦、余弦和正切值的 SinFunc()、CosFunc()和 TanFunc()三个方法。

例题视频
例 14-3 视频

例题源代码
例 14-3 源代码

```
delegate void TriFunc(double Angle);//定义委托 TriFunc
public double TransAngle(double a)   //定义将角度转换为弧度值的 TransAngle 方法
{
    a = a * Math.PI / 180;
    return a;
}
public void SinFunc(double ang)   //定义计算正弦值的方法
{
    ang = TransAngle(ang); //调用 TransAngle()方法将用户输入的角度值转换为弧度值
    lblResult.Text = "正弦值为：" + Math.Sin(ang).ToString("f4") + "\n\n";
}
public void CosFunc(double ang)   //定义计算余弦值的方法
{
    ang = TransAngle(ang);
    lblResult.Text = lblResult.Text + "余弦值为：" + Math.Cos(ang).ToString("f4") + "\n\n";
}
public void TanFunc(double ang)   //定义计算正切值的方法
{
    ang = TransAngle(ang);
    lblResult.Text = lblResult.Text + "正切值为：" + Math.Tan(ang).ToString("f4");
}
```

3）编写各控件的事件处理程序代码。

窗体装入时执行的事件处理代码如下。

```
private void Form1_Load(object sender, EventArgs e)
{
    lblResult.Text = "";
    this.Text = "将委托关联多个方法";
}
```

“确定”按钮被单击时执行的事件处理代码如下。

```
private void btnOK_Click(object sender, EventArgs e)
{
    if (txtAngle.Text = = "")
    {
        lblResult.Text = "请输入角度值！";
        return;
    }
    TriFunc tri = new TriFunc(SinFunc);//实例化委托并将其关联到 SinFunc()方法
    tri += CosFunc; //向委托对象添加与 CosFunc()方法的关联
    tri += TanFunc; //向委托对象添加与 TanFunc()方法的关联
    //语句执行时将依次调用 SinFunc()、CosFunc()和 TanFunc()三个方法
    tri(double.Parse(txtAngle.Text.Trim()));
}
```

授课视频

14.2 授课视频

14.2 事件

在某件事情发生时，一个对象可以通过事件通知另一个对象。比如，前台设计人员完成了前台界面，他通知你，可以把前台界面和你开发的程序整合了，这就是一个事件。由此可以看出事件是在一个时间节点去触发另外一件事情，而另外一件事情怎么去做，它不会关心。就事件来说，关键点就是什么时候，让谁去做。

事件（Event）基本上说是一个用户操作，如按键、单击、鼠标移动等，或者是一些出现，如系统生成的通知等。应用程序需要在事件发生时响应事件，例如，中断。事件用于进程间通信。

在可视化的 Windows 应用程序中，“事件”是指能被程序感知到的用户或系统发起的操作。如用户单击了鼠标、输入了文字、选择了选项；系统将窗体装入内存并初始化等。Visual Studio 中包含了大量已定义的隶属于各种控件的事件，如 Click()、Load()、TextChange()等。在代码窗口中设计人员可以编写响应事件的代码段来实现程序的具体功能，这就是可视化程序设计方法的“事件驱动”机制。当然，除了系统预定义的各种事件外，还可以通过委托创建具有特定功能的自定义事件以满足程序设计的需要。

14.2.1 关于事件的几个概念

为了使读者能更清晰地理解事件的概念，本节首先介绍几个与事件相关的概念。

1. 发布者

事件是对象发送的消息，用来通知某种状况的发生。状况可能是由用户交互（如，鼠标单击、输入文本等）引起的，也可能是由某些其他的程序逻辑触发（系统触发）的。C#中允许一个对象将发生的事件通知给其他对象，并将这个对象称为“发布者”。

2. 订阅者

由“发布者”发出的消息并不能对所有对象都起作用，它只对那些事先约定了的对象起到作用，也就是说只有事先已有约定的对象才能收到发布者发出的消息。通常将这些能收到事件消息的对象称为“订阅者”。

需要注意的是，一个事件可以有一个或多个订阅者，并且事件的发布者同样也可以是该事件的订阅者。

3. 事件处理程序

顾名思义，事件处理程序就是开发人员编写的一段用于实现某功能的代码，这些代码以“方

法”的形式出现。与普通程序代码不同的是，事件处理程序中的代码只有在指定事件被触发时才被调用。事件的这种功能需要通过委托来实现，事件从本质上说就是一种特殊的委托。

关于“发布者”“订阅者”和“事件处理程序”之间的关系，可以通过下面的例子来说明。

设A是某部门的主管，B、C、D是部门的员工。A要求B负责处理自己和客户之间的联系，这实际上是A将联系客户这项工作委托给了B。

当A要求B完成一项具体的联系工作时就触发了一个“事件”，A自然是事件的“发布者”，B是事件的“订阅者”。B收到消息后通过发邮件、发信函等方式完成了联系任务，这里发邮件、发信函等操作就是“事件处理程序”（也称为“事件处理方法”）要实现的功能。

部门中C和D由于没有订阅者的身份，故A下达的与某客户联系的消息与之无关。当然，A也可以要求B、C、D共同负责自己与客户的联系工作，这样B、C、D就都是事件的订阅者，也就出现了一个发布者对应多个订阅者的情况。

14.2.2 定义和使用事件

在.NET Framework类库中，事件是基于EventHandler委托和EventArgs基类的，在C#中需要使用event关键字声明事件。

1. 定义事件

在C#中定义一个事件通常需要以下两个步骤。

1）首先，需要定义一个委托。

2）需要使用event关键字用上述委托来声明这个事件。

定义事件的语法格式如下。

```
访问修饰符 event 委托名 事件名;
```

其中，“委托名”为已声明的委托。

例如，下列代码声明了一个名为“MyEvent”的事件。

```
public event MyDele MyEvent; //MyDele 为已声明的委托
```

2. 订阅事件

订阅事件只是添加一个委托，事件触发时该委托将调用与之关联的方法。订阅事件的操作符为“+=”和“-=”，分别用于将事件处理程序添加到所涉及的事件或从该事件中移除事件处理程序。

订阅事件的语法格式如下。

```
事件名 += new 委托名(方法名);
```

取消订阅的语法格式如下。

```
事件名 -= new 委托名(方法名);
```

其中，方法名实际上就是事件处理的程序名。

例如：

```
MyEvent += new MyDele(MyMethod); //订阅事件
```

或

```
MyEvent -= new MyDele(MyMethod); //取消订阅
```

3. 事件的触发

要通知订阅某个事件的所有对象（即订阅者），需要触发事件。触发事件与调用方法的代码格式相似。下面代码说明了如何实现事件的定义、订阅与触发。

新建一个 Windows 应用程序项目，向项目添加一个类文件 EventClass.cs。

EventClass 类文件代码如下。

```
class EventClass
{
    public delegate void Del(); //声明一个委托 Del
    public event Del Click; //声明一个事件 Click
    public void OnClick()   //创建一个触发事件的方法 OnClick()
    {
        if (Click != null)
        {
            Click();
        }
    }
}
```

切换到 Form1.cs 的代码窗口，在 Form1 类框架中编写 Click()事件的处理程序 ClickMethod()和窗体装入时执行的事件处理程序代码。

Click()事件处理程序的代码如下。

```
public void ClickMethod()   //和事件相关联的方法（事件处理程序）
{
    label1.Text = "这是事件处理程序的返回值！";
}
```

窗体的装入时执行的事件处理代码如下。

```
private void Form1_Load(object sender, EventArgs e)
{
    EventClass EC = new EventClass();
    EC.Click += new EventClass.Del(ClickMethod); //给对象订阅事件
    EC.OnClick(); //触发事件，使其执行事件处理程序
}
```

说明：阅读上述代码时应注意以下几个层次。

1）程序首先声明了该事件的委托类型：public delegate void Del()。

2）声明事件本身：public event Del Click。

3）调用事件：调用事件时通常先检查是否为空，然后再调用事件。

4）使用“+=”运算符将该委托写到事件可能连接到的其他任何委托上：EC.Click += new EventClass.Del(EC.ClickMethod)。

【例 14-4】 通过委托、事件、事件处理程序设计一个温度控制器。要求程序运行时在标签中显示递增的温度值，当温度达到 10 ℃时触发降温事件（TempAlarm），将当前温度降低 3 ℃后继续增温，周而复始达到控温的效果。温度递增可通过定时器控件模拟实现，程序运行结果如图 14-2 所示。程序设计步骤如下。

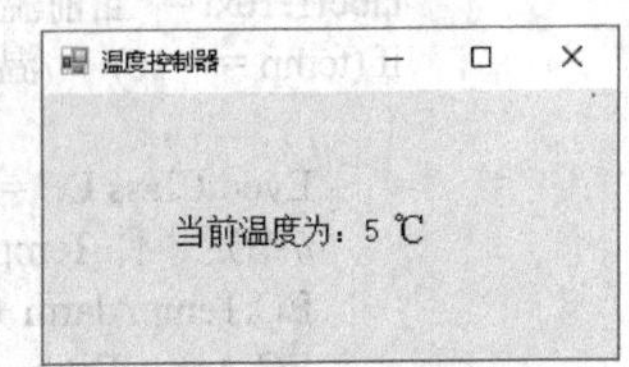

图 14-2 程序运行结果

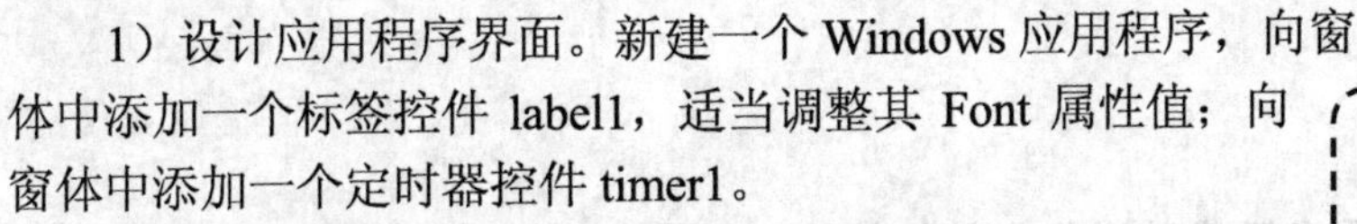

1）设计应用程序界面。新建一个 Windows 应用程序，向窗体中添加一个标签控件 label1，适当调整其 Font 属性值；向窗体中添加一个定时器控件 timer1。

2）创建委托、声明事件、编写事件触发程序。向 Windows 应用程序项目中添加一个名为 EventClass.cs 的类文件，并编写如下的代码。

例题视频

例 14-4 视频

```
class EventClass
{
    public delegate void TempAlarmDelegate(); //声明委托 TempAlarmDelegate
    //通过 TempAlarmDelegate 委托声明事件 TempAlarm
    public event TempAlarmDelegate TempAlarm;
    public void ActiveEvent()   //触发 TempAlarm 事件的方法
    {
        if (TempAlarm != null)
        {
            TempAlarm(); //触发事件
        }
    }
}
```

例题源代码

例 14-4 源代码

3）创建事件处理程序、编写各控件事件处理代码。打开 Form1.cs 文件，在 Form1 类框架内编写事件处理程序和各控件事件处理代码如下。

声明窗体级变量：

```
int temp = 0; //声明用于保存当前温度的变量，并赋以初始值
```

窗体装入时执行的事件处理程序代码如下。

```
private void Form1_Load(object sender, EventArgs e)
{
    this.Text = "温度控制器";
    label1.Text = "当前温度为：" + temp + " ℃";
    timer1.Interval = 1000; //设置定时器触发周期为 1 秒钟
    timer1.Enabled = true; //激活定时器，开始计时
}
```

编写 TempAlarm()事件处理程序代码如下。

```
public void TempLower()   //TempAlarm()事件的事件处理程序
{
    temp = temp - 3; //使当前温度值降低 3℃
}
```

定时器控件触发时执行的事件处理代码如下。

```
private void timer1_Tick(object sender, EventArgs e)
{
    temp = temp + 1; //将温度升高 1℃
    label1.Text = "当前温度为：" + temp + " ℃"; //显示当前温度
    if (temp = = 10)   //温度达到 10℃时
    {
        EventClass EC = new EventClass();
        //指定事件 TempAlarm 的事件处理程序 TempLower
        EC.TempAlarm += new EventClass.TempAlarmDelegate(TempLower);
        EC.ActiveEvent(); //满足条件时调用事件触发方法使事件触发
    }
}
```

14.2.3 事件的参数

在事件处理程序中可以使用参数来传递与事件相关的一些信息，如，触发事件的对象、与事件相关的数据等。触发事件的对象通常用 object 类型的参数表示，与事件相关的数据通常用 System.EventArgs 类型变量的不同属性表示。

例如，下列代码就声明了一个继承于EventArgs类的Args派生类，该类带有Name和Number两个属性。

```
public class Args : EventArgs
{
    //声明字段变量
    private string _name;
    private int _num;
    public string Name   //商品名称属性
    {
        set { _name = value; }
        get { return _name; }
    }
    public int Number   //商品数量属性
    {
        set { _num = value; }
        get { return _num; }
    }
}
```

下列语句声明了一个名为 GoodsDelegate（商品），带有两个参数的委托：

```
public delegate void GoodsDelegate(object sender, Args arg);
```

下列语句声明了一个 PriceChanged（价格变化）事件，这样在事件触发时就可以通过 Args 类型的参数 arg 在事件处理程序中得到与事件相关的商品名称（arg.Name）和数量（arg.Number）。

```
public event GoodsDelegate PriceChanged;
```

【例 14-5】 设计一个 Windows 应用程序，程序启动后显示如图 14-3 所示的界面，单击"开始"按钮后屏幕上显示如图 14-4 所示的信息，表示通过多少次循环才使随机数 7 第 8 次出现。

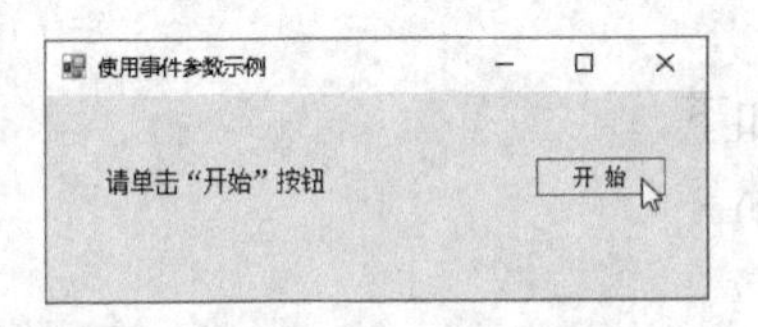

图 14-3　程序启动时的界面

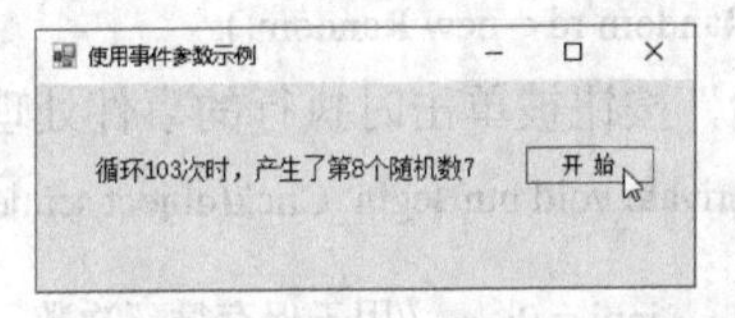

图 14-4　事件处理程序执行结果

（1）程序设计要求

1）声明一个名为 IsEndDelegate 的委托，该委托带有一个 EventArgs 类型的参数。

2)声明一个与 IsEndDelegate 委托关联的，名为 IsEnd 的事件及事件触发方法 ActiveEvent()，该方法带有一个 EventArgs 类型的参数 arg。

3）单击"开始"按钮时通过循环产生一组 1～9 的随机整数。如果随机数 7 出现了 8 次，则触发 IsEnd 事件并将全部循环次数作为参数传递给事件处理程序 ShowMsg()。

（2）程序设计步骤

1）设计程序界面。新建一个 Windows 应用程序项目，向窗体中添加一个标签控件 Label1 和一个按钮控件 Button1。适当调整各控件的大小及位置。

2）设置对象属性。设置标签控件 Label1 的 Text 属性为"请单击"开始"按钮"，Name 属性为 lblInfo；设置按钮控件 Button1 的 Name 属性为 btnBegin，Text 属性为"开始"。

3）编写程序代码。在窗体类框架（class Form1）中声明继承于 EventArgs 类的 Args 派生类：

```
public class Args : EventArgs    //声明事件参数类
{
    private int _num;
    public int Number    //循环次数属性
    {
        set { _num = value; }
        get { return _num; }
    }
}
public delegate void IsEndDelegate(Args arg); //声明委托
IsEndDelegate
public event IsEndDelegate IsEnd; //定义 IsEnd 事件
protected void ActiveEvent(Args arg)   //声明触发事件的方法 ActiveEvent()
{
    //如果事件已经注册，则通过委托调用方法的方式通知事件订阅者
    if (IsEnd != null)
    {
        IsEnd(arg);
    }
}
public void ShowMsg(Args arg)   //IsEnd 事件的事件处理程序
{
    LabelInfo.Text = "循环  " + arg.Number.ToString() + "  次时，产生了第 8 个随机数 7";
}
```

窗体装入时执行的事件处理程序代码如下。

```
private void Form1_Load(object sender, EventArgs e)
{
    this.Text = "使用事件参数示例";
}
//声明随机数对象
Random rd = new Random();
```

“开始”按钮被单击时执行的事件处理程序代码如下。

```
private void btnBegin_Click(object sender, EventArgs e)
{
    int i = 0;    //用于保存循环次数
    int j = 0;    //用于保存出现随机数 7 的次数
    while(true)  //建立一个死循环，只能通过 break 语句退出循环
    {
        i = i + 1;
        if(rd.Next(1, 10) = = 7)
        {
            j = j + 1;
            if (j = = 8)   //如果第 8 次出现随机数 7，触发 IsEnd 事件
            {
                Args arg = new Args();
                arg.Number = i;
                IsEnd += new IsEndDelegate(ShowMsg); //订阅事件并指定事件处理程序
                ActiveEvent(arg);     //触发 IsEnd 事件
                break;          //跳出循环
            }
        }
    }
}
```

例题视频

例 14-5 视频

例题源代码

例 14-5 源代码

14.2.4 了解控件的预定义事件

Visual Studio 中为多数控件都预定义了很多事件，如按钮被单击（button1_Click）、文本框中的文字被改变（textbox1_Changed）等。开发人员创建这些事件时往往仅需要双击控件即可由系统自动完成相关代码的生成，并将代码写入以 Designer.cs 为扩展名的文件中。

例如，已为窗体上按钮控件 button1 添加了 Click 事件，在解决方案资源管理器中打开扩展名为 Designer.cs 的文件，单击其中“Windows 窗体设计器生成的代码”一行左侧的“+”将其展开，能看到在关于 button1 控件的定义中有如下一行代码：

```
this.button1.Click += new System.EventHandler(this.button1_Click);
```

不难看出代码中 Click 为事件名称，EventHandler 为委托名称，this.button1_Click 为事件处理程序。右击代码中的 EventHandler 委托，在弹出的快捷菜单中执行“转到定义”命令，会看到该委托的定义代码如下。

```
public delegate void EventHandler(object sender, EventArgs e);
```

可以看到 EventHandler 是一个没有返回值，但有两个参数的委托。object 类型参数 sender 表示了触发事件的对象，如果是 button1 被单击触发了 Click 事件，那么 sender 就是 button1。EventArgs 类型参数 e 用于传递事件的细节和数据。

除此之外，在 Form1 类中可以看到由系统自动创建的事件处理程序框架代码如下。

```
private void button1_Click(object sender, EventArgs e)
{
    //事件处理程序的代码;
}
```

综上所述，无论是自定义事件还是预定义事件都必须由定义委托、定义事件和事件处理程序三大部分组成，理解了三者之间的关系及相关概念就能对事件有更好的理解。

习题解答

第 14 章习题解答

14.3 习题

1. 定义两个双精度数的委托，实现加、减、乘、除的运算。

2. 使用接口、子接口、子类设计一个员工津贴计算程序。程序启动后显示如图 14-5 所示的界面，在“教师”选项卡中填写“姓名”，选择“性别”和“职称”后单击“确定”按钮，在窗体下方将显示包括津贴值在内的相关信息。单击“工人”选项卡，显示如图 14-6 所示的界面。在填写“姓名”、选择“性别”、填写“工龄”后单击“确定”按钮，在窗体下方将显示包括津贴值在内的相关信息。

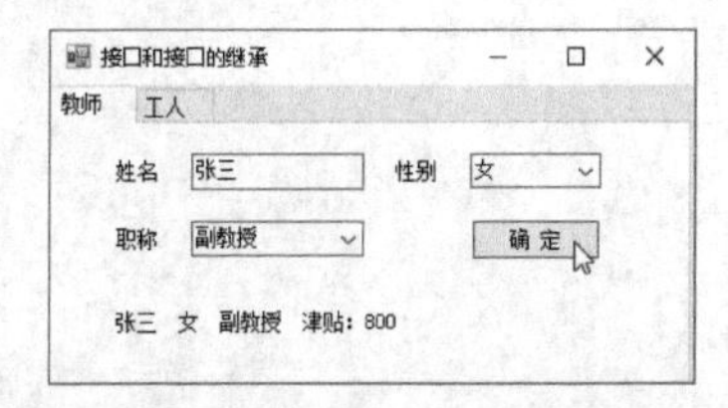

图 14-5 根据职称计算教师津贴

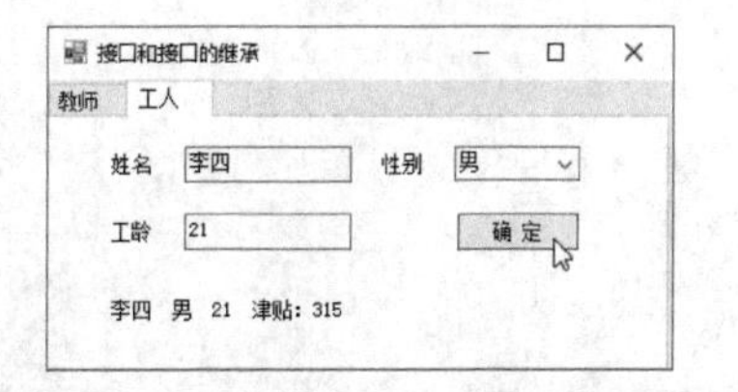

图 14-6 根据工龄计算工人津贴

具体要求如下。

1）声明一个名为 IEmployee 的接口，该接口包含 Name（姓名）、Sex（性别）两个属性和一个计算员工津贴值的方法 SubSidy()。

2）声明两个继承于 IEmployee 接口的子接口 ITeacher 和 IWorker。在 ITeacher 中新增一个用于表示教师职称的 Post 属性，在 IWorker 中新增一个用于表示工龄的 WorkingYear 属性。在这两个子接口中分别重写继承于 IEmployee 接口的 SubSidy()方法。

3）声明两个分别继承于 ITeacher 和 IWorker 接口的类 Teacher、Worker，在类中分别实现 IEmployee、ITeacher、IWorker 中定义的属性和方法。

教师津贴按职称计算：教授 1200，副教授 800，讲师 500，助教 300。

工人津贴按工龄计算：津贴 = 工龄 * 15

4）在 Worker 类中要求创建一个用于检查用户输入的工龄值是否合法的 CheckNum()方法。若输入值不能转换为 int 类型，方法返回 False，否则返回 True。

5）在 Worker 类中声明一个委托 IsFalseDelegate，通过该委托声明一个 IsFalse 事件及其事件触发方法 ActiveEvent()，使得用户输入的工龄值大于 50 时触发 IsFalse 事件，并调用 BackError()事件处理程序，弹出如图 14-7 所示的信息框提醒用户输入可能有错。

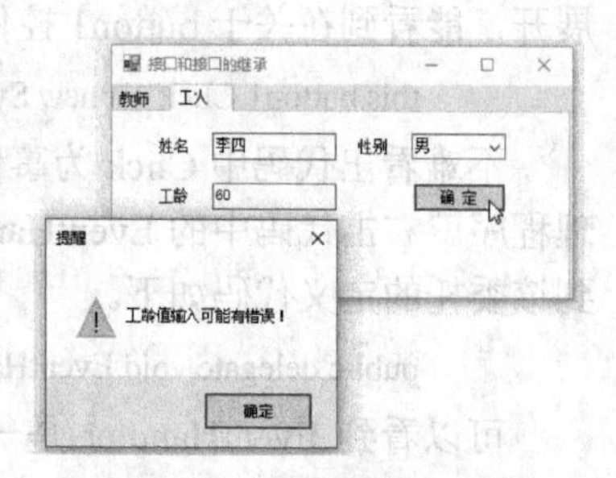

图 14-7 触发 IsFalse 事件

第 15 章　多线程编程

多线程是一种使计算机并行工作的方式，使用多线程技术可以实现同时执行多项数据处理和加工任务。以多线程方式运行的应用程序将需要完成的任务分成几个并行的子任务，各子任务相对独立地并发执行，从而提高了应用程序的性能和效率，也尽可能地将计算机硬件的性能发挥到最高。

教学课件
第 15 章课件资源

授课视频
15.1　授课视频

15.1　进程和线程的概念

一个进程就是一个正在执行的应用程序，而线程则是进程执行过程中产生的更小的分支。每个线程都是进程内部一个单一的执行流。本章主要介绍使用 C#语言实现多线程的编程技术。

15.1.1　进程

应用程序是为完成某种特定任务，用某种计算机程序设计语言编写的一组指令的集合，是一段静态的代码。而进程通常被定义为一个正在运行的程序的实例，是系统进行统一调度和资源分配的一个独立单元。进程使用系统中的运行资源，而程序不能请求系统资源，不能被系统调度，也不能作为独立运行的单元。因此，它不占用系统的运行资源。进程主要由内核对象和地址空间两部分组成。

1. 内核对象

内核对象（Kernel Object）是操作系统用来管理进程的对象，是操作系统的一种资源，系统对象一旦产生，任何应用程序都可以开启并使用该对象，系统给予内核对象一个计数值（Usage Count）作为管理之用。

2. 地址空间

地址空间（Address Space）包含所有可执行模块或 DLL 模块的代码和数据。此外它还包含了动态内存分配的空间，如线程和堆栈的分配空间。

进程可分为系统进程（如，系统程序、服务进程等）和用户进程。简单地说，凡是用于完成操作系统的各种功能的进程都是系统进程，它们就是处于运行状态的操作系统本身。而用户进程就是由用户启动的进程。进程和程序的主要不同是，程序是静止的，而进程是动态的。

15.1.2　线程

线程与进程相似，是一段完成某特定功能的代码，是程序中的一个执行流。线程也主要由以下两部分组成，操作系统和堆栈。

1）操作系统用来管理线程的内核对象。该对象也是系统用来存放线程统计信息的地方。

2）堆栈用于维护线程在执行代码时需要的所有函数的参数和局部变量。

线程总是在某个进程环境中创建，而且它的整个生命周期都是在该进程中生存的。这就意味着线程是在它的进程地址空间中执行的，并且在地址的进程空间中对数据进行各种操作。

典型的 Windows 应用程序具有两种不同类型的线程：用户界面线程（User Interface Thread）

和工作线程（Work Thread）。用户界面线程与一个或多个窗口相关联。这些线程拥有自己的消息循环以及能对用户的输入做出输出响应。工作线程用于后台处理没有相关联的窗口，通常也没有消息循环。一个应用程序通常会包含多个用户界面线程和多个工作线程。工作线程较为简单，它会去后台完成一些数据处理工作。用户可以把一些不需要用户处理的事件交给工作线程完成，任其自生自灭。这种线程对处理后台计算、后台打印等十分有用。

15.1.3 线程和进程的比较

一个进程就是执行中的一个程序。每一个进程都有自己独立的一块内存空间和一组系统资源。在进程概念中，每个进程的内部数据和状态都是完全独立的。"多进程"是指在操作系统中能同时运行多个任务程序。

线程是比进程更小的执行单位。一个进程在其执行过程中，可以产生多个线程。每个线程是进程内部一个单一的执行流。"多线程"则是指在单个应用程序中可以同时运行多个不同的执行单位，执行不同的任务。多线程意味着一个程序的多行语句看上去像在同一时间内同时运行。例如，在执行较大的数据处理任务时，为例改善用户感受，通常会显示一个表示任务完成情况的进度条控件。这时应用程序就同时维护着"处理数据"和"显示进度"两个不同的进程，这也是多线程编程的一个典型应用。

概括地说，进程和线程的主要不同有以下几个方面。

1）进程的特点是允许计算机同时运行两个或更多的程序。

2）在基于线程的多任务处理环境中，线程是最小的处理单位。

3）多个进程的内部数据和状态都是完全独立的，而多线程共享一块内存空间和一组系统资源，有可能相互影响。

4）线程本身的数据通常只有寄存器数据，以及一个程序执行时使用的堆栈，所以线程的切换要比进程的切换容易一些。

本章主要讨论在使用 C#语言编写的 Windows 窗体应用程序中，如何使用多线程技术同时完成多个子任务。

15.1.4 单线程与多线程程序

单线程处理是指一个进程中只能有一个线程，其他线程必须等待当前线程执行结束后才能执行。例如，DOS 操作系统就是一个典型的单任务处理，同一时刻只能进行一项操作。其缺点在于系统完成一个很小的任务都必须占用很长的时间。这就好比在一间只有一名出纳员的银行办理业务，只安排一个出纳对银行来说会比较省钱，当顾客流量较低时，这名出纳员足以应付。但如果遇到顾客多时，等待办理业务的队伍就越排越长，造成拥堵。这时所发生的正是操作系统中常见的"瓶颈"现象：大量的数据和过于狭窄的信息通道。而最好的解决方案就是安排更多的出纳员，也就是"多线程"策略。

多线程处理是指将一个进程分为几部分，由多个线程同时独立完成，从而最大限度地利用CPU 和用户的时间，提高系统的效率。例如，在执行复制大文件操作时，系统一方面在进行磁盘的读写操作，同时还会显示一个不断变化的进度条，这两个动作是在不同线程中完成的，但给用户的感受就像两个动作是同时进行的。

对比单线程，多线程的优点是执行速度快，同时降低了系统负荷；但其缺点也不容忽略，使用多线程的应用程序一般比较复杂，有时甚至会使应用程序的运行速度变得缓慢，因为开发人员必须提供线程的同步，以保证线程不会并发地请求相同的资源，导致竞争情况的发生。所以要合理地使用多线程处理技术。

15.2 线程的基本操作

C#中对线程进行操作时，主要用到了 Thread 类，该类位于 System.Threading 命名空间下，使用线程时必须首先使用 using 命令引用该命名空间。线程的基本操作主要包括线程的创建、启动、暂停、休眠和挂起等操作。

15.2.1 Thread 类的属性和方法

Thread 线程类主要用于创建并控制线程、设置线程优先级并获取其状态。该类以对象的方式封装了特定应用程序域中给定的程序执行路径，Thread 类中提供了许多关于多线程操作的方法，通过调用这些方法可以降低编写多线程程序代码的复杂度。

1. Thread 类的常用属性

Thread 类的常用属性及说明，见表 15-1。

表 15-1 Thread 类的常用属性及说明

属　性	说　明
CurrentThread	获取当前正在运行的线程。该属性为静态属性
IsAlive	当前线程的执行状态。如果此线程已启动并且尚未正常终止或中断，则为 True；否则为 False
IsBackground	获取或设置一个值，该值指示某个线程是否为后台线程
IsThreadPoolThread	获取一个值，该值指示线程是否属于托管线程池
ManagedThreadId	获取当前托管线程的唯一标识符
Name	获取或设置线程的名称
Priority	获取或设置一个值，该值指示线程的调度优先级
ThreadState	获取一个值，该值包含当前线程的状态

2. Thread 类的常用方法

Thread 类的常用方法及说明，见表 15-2。

表 15-2 Thread 类的常用方法及说明

方　法	说　明
Abort()	调用此方法通常会终止线程
Join()	阻塞调用线程，直到某个线程终止时为止
Sleep()	将当前线程阻塞指定的毫秒数（暂停若干毫秒），该方法为静态方法
Start()	启动线程，使其开始按计划执行
Interrupt()	中断处于 WaitSleepJoin 线程状态的线程

15.2.2 创建线程

实例化一个线程对象，常用的方法是将该线程执行的委托方法作为 Thread 构造函数。委托方法的创建通过 ThreadStart 委托对象创建，其语法格式如下。

```
Thread 线程名称 = new Thread(new ThreadStart(方法名));
```

其中，ThreadStart 委托指定的方法名必须是一个没有参数且没有返回值的 void 方法。例如，创建线程 mythread1 和 mythread2，两个线程执行的方法分别是 ShowMsg1()和 ShowMsg2()。

创建时需要在窗体类内声明线程对象和方法，在窗体的 Load 事件中实例化该线程，代码如下。

在窗体类中声明线程对象和对应的方法如下。

```
Thread mythread1;      //声明线程 1
Thread mythread2;      //声明线程 2
void ShowMsg1()        //该方法将被封装成 ThreadStart 委托对象，不能有返回值和参数
{
    MessageBox.Show("这是第 1 个线程！");
}
void ShowMsg2()        //该方法将被封装成 ThreadStart 委托对象，不能有返回值和参数
{
    MessageBox.Show("这是第 2 个线程！");
}
```

窗体的 Load 事件代码如下。

```
private void Form1_Load(object sender, EventArgs e)
{
    mythread1 = new Thread(new ThreadStart(ShowMsg1));
    mythread2 = new Thread(new ThreadStart(ShowMsg2));
}
```

注意：上述代码只是创建了线程对象，并未启动线程。

15.2.3 线程的控制

创建一个线程之后，它会经历一个生命周期，即从创建、暂停、恢复等，直到结束的过程。

1．线程的启动

使用 ThreadStart 委托创建线程之后，必须使用 Start()方法启动线程才能开始工作，其格式如下。

```
线程对象名.Start();
```

2. 线程的暂停

（1）使用 Sleep()方法暂停线程

采用 Thread 类创建并启动线程后，可使用 Sleep()静态方法让线程暂时休眠一段时间（时间的长短由 Sleep()方法的参数指定，单位为毫秒 ms），并将其时间片段的剩余部分提供给其他线程使用。需要注意的是，一个线程不能对另一个线程调用 Sleep()方法。

Sleep()方法的语法格式如下。

```
Thread.Sleep(暂停时间);
```

例如，下列代码使线程暂停 1 秒钟。

```
Thread.Sleep(1000);
```

线程进入休眠后，其状态值（ThreadState属性值）为 WaitSleepJion。当暂停时间到时，线程会被自动唤醒，继续执行任务。如果希望强行将暂停的线程唤醒，可调用 Thread 类的 Interrupt()方法。

（2）使用 Join()方法暂停线程

Join()方法与 Sleep()方法主要有以下一些区别。

使用 Join()方法的线程会中止其他正在运行的线程，即运行的线程进入 WaitSleepJion 状态，直到 Join()方法的线程执行完毕，等待状态的线程才会恢复到 Running 状态。

Join()方法有以下 3 种重载形式。

```
线程对象名.Join();
线程对象名.Join(等待线程终止的毫秒数);
```

线程对象名.Join(TimeSpan 类型时间);

需要注意的是，使用 Join()方法暂停线程时，要确保线程是可以中止的。如果线程不能被中止，则调用方会产生无限期阻塞。

3．线程的中断

如果要使处于休眠状的线程被强行唤醒，可以使用 Interrupt()方法。它会中断处于休眠的线程，将其放回调度队列中。Interrupt()方法的一般格式如下。

线程对象名.Interrupt()

调用 Interrupt 时，如果一个线程处于 WaitSleepJoin 状态，则将导致在目标线程中引发 ThreadInterruptedException。如果该线程未处于 WaitSleepJoin 状态，则直到该线程进入该状态时才会引发异常。如果该线程始终不阻塞，则它会顺利完成而不被中断。为确保程序的正常运行，可使用异常处理语句。

4．线程的终止

由于某种原因要永久地终止一个线程，可以调用 Abort 方法。当调用 Abort 方法终止线程时，该线程将从任何状态中唤醒，在调用此方法的线程上引发 ThreadAbortException，以开始终止此线程的过程。一般表示形式如下。

线程对象名.Abort()

线程终止后，无法通过再次调用 Start()方法启动该线程。如果尝试重新启动该线程，就会引发 ThreadStateException 异常，退出应用程序。

C#中的 Timer 定时器控件采用的就是线程，如果在窗体中添加多个定时器，就相当于增加了多个线程。Interval 属性设置定时器的间隔时间，即线程暂停；启动定时器的 Start()方法，相当于 Thread 类线程的启动；停止定时器的 Stop()方法，相当于 Thread 类线程的终止。

5．线程的优先级

正常情况下，按照程序的执行顺序，先启动的线程先执行。但是某些情况下，希望个别线程优先执行，可以通过设置线程的优先级完成。

每个线程都有一个分配的优先级。在运行库内创建的线程最初被分配 Normal 优先级，而在运行库外创建的线程在进入运行库时将保留其先前的优先级。用户可以通过访问线程的 Priority 属性来获取和设置其优先级。线程的 Priority 属性为 ThreadPriority 枚举类型，取值及说明见表 15-3。

表 15-3　ThreadPriority 枚举的取值及说明

成　员	说　明
AboveNormal	安排在优先级为 Highest（最高）的线程之后，以及优先级为 Normal（普通）的线程之前
BelowNormal	安排在优先级为 Normal（普通）的线程之后，以及优先级为 Lowest（最低）的线程之前
Highest	安排在任何其他优先级的线程之前
Lowest	安排在任何其他优先级的线程之后
Normal	安排在优先级为 AboveNormal 的线程之后，以及在优先级为 BelowNormal 的线程之前。默认情况下，线程的优先级为 Normal（普通）

例如，下列代码将 mythread1 线程的优先级设置为最高。

```
mythread1.Priority = ThreadPriority.Highest;
```

程序执行时会根据线程的优先级调度线程的执行。需要注意的是，用于确定线程执行顺序的调度算法随操作系统的不同而不同。操作系统也可以在用户界面的焦点在前台和后台之间移动时动态地调整线程的优先级。一个线程的优先级不影响该线程的状态，但线程的状态在操作系统可以调度它之前必须为 Running。

访问 Windows 窗体控件本质上不是线程安全的。如果有两个或多个线程操作某一控件的状态，则可能会迫使该控件进入一种不一致的状态，还可能出现其他与线程相关的问题（如争用、锁死等）。所以确保以线程安全方式访问控件是程序员要关心的一个重要问题。

在以非线程安全方式访问控件时，.NET Framework 能检测到这个问题。在调试器中运行应用程序时，如果创建某控件的线程之外的其他线程试图调用该控件，则调试器会引发 InvalidOperationException（无效操作）异常。

在代码中可以通过将被操作控件的 CheckForIllegalCrossThreadCalls 属性值设置为 False 来禁用该异常。一般情况下，如果希望使用线程来操纵某窗体控件时禁用该异常是必需的。

【例 15-1】 多线程编程示例。设计一个 Windows 窗体应用程序，程序启动后显示如图 15-1 所示的界面。界面由两个分别代表子任务进度和总进度的进度条组成，当模拟的 10 个子任务均结束后，总进度完成，弹出如图 15-2 所示的信息框显示程序结束。

（1）设计方法分析

1）首先在项目中引用 System.Threading 命名空间。

例题视频

例 15-1 视频

2）在窗体类中声明 2 个线程对象 mythread1 和 mythread2，并创建它们执行的方法 GetProgress1()和 GetProgress2()。

3）线程执行的方法分别实现对进度条 1（子任务）和进度条 2（总进度）的操作，以 Step 属性区分它们的进度，如果进度条 2 的 Value 值没有到达最大值 100，那么进度条 1 完成后再重新开始；如果进度条 2 完成，则使用 Abort 方法终止两个线程。

4）在窗体的加载事件中实例化线程并启动，将 CheckForIllegalCrossThreadCalls 属性设置为 False，以禁用非安全线程异常。

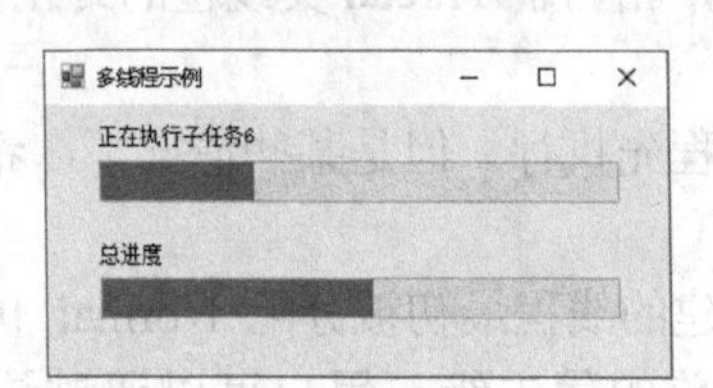

图 15-1　执行子任务和总进度

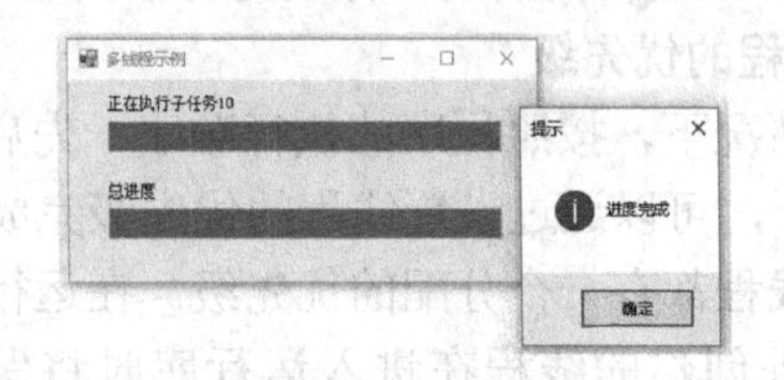

图 15-2　总进度完成

（2）设计程序界面和控件初始属性

新建一个 Windows 窗体应用程序项目，向默认窗体中添加 2 个标签控件 label1、label2 和 2 个进度条控件 progressBar1、progressBar2。适当调整各控件的大小和位置。

设置 2 个标签控件的 Name 属性分别为 lblSub 和 lblTotal；设置 progressBar1 和 progressBar2 的 Step 属性（步长值）分别为 10 和 1。

（3）编写程序代码

在窗体类（class Form1）中声明线程及执行的方法。

```
Thread mythread1;       //声明子任务线程
Thread mythread2;       //声明总进度线程
//子任务线程执行的方法，该方法实现进度条 1 的加载，及进度条 2 完成时终止子任务线程
void GetProgress1()
{
    int i = 1;
    while (progressBar1.Value < 100)
    {
```

例题源代码

例 15-1 源代码

```
                progressBar1.PerformStep();
                if (progressBar2.Value >= 100)
                {
                    if (mythread1.IsAlive)
                    {
                        mythread1.Abort();            //终止子任务线程
                    }
                }
                else
                {
                    if (progressBar1.Value >= 100)
                    {
                        //进度条 1 归零进入下一轮进度加载，模拟依次执行若干任务
                        progressBar1.Value = 0;
                        i = i + 1;
                        lblSub.Text = "正在执行子任务" + i.ToString();
                    }
                }
                Thread.Sleep(50);            //子任务线程暂停 50 毫秒
            }
        //总进度线程执行的方法，该方法实现进度条 2 的加载，及进度条 2 完成时终止总进度线程
        void GetProgress2()
        {
            while (progressBar2.Value < 100)
            {
                progressBar2.PerformStep();
                if (progressBar2.Value >= 100)            //判断进度条 2 是否已完成
                {
                MessageBox.Show("进度完成", "提示", MessageBoxButtons.OK,
                                                    MessageBoxIcon.Information);
                    if (mythread2.IsAlive)
                    {
                        mythread2.Abort();            //终止总进度线程
                    }
                }
                Thread.Sleep(50);                    //线程暂停 50 毫秒
            }
        }
```

窗体装入时执行的事件处理程序代码如下。

```
        private void Form1_Load(object sender, EventArgs e)
        {
            this.Text = "多线程示例";
            CheckForIllegalCrossThreadCalls = false;        //禁用不安全线程的检测
            mythread1 = new Thread(new ThreadStart(GetProgress1));
            mythread2 = new Thread(new ThreadStart(GetProgress2));
            lblSub.Text = "正在执行子任务 1";
            lblTotal.Text = "总进度";
            mythread1.Start();        //启动线程
            mythread2.Start();
        }
```

15.3 多线程同步

授课视频
15.3 授课视频

在多线程编程中，当多个线程共享数据和资源时，由于根据中央线程调度机制，线程将在没有警告的情况下中断和继续，因此多线程处理存在资源共享和同步的问题。

15.3.1 多线程同步概述

在包含多个线程的应用程序中，线程间有时会存在一些共享的存储空间，当两个以上线程同时访问同一共享资源时，必然会出现冲突。如线程 A 可能尝试从一个文件中读取数据，而线程 B 则尝试在同一个文件中修改数据。在这种情况下，数据可能变得不一致。针对这种问题，通常需要让一个线程彻底完成其任务后，再运行下一个线程。或者要求线程 A 对共享资源访问完全结束后，再让线程 B 访问该资源。总之，必须保证一个共享资源一次只能被一个线程使用。实现此目的的过程称为“线程同步”。

.NET Framework 提供了 3 种方法来完成对共享资源诸如全局变量域、特定的代码段、静态的或实例化的方法和域进行同步访问。

1）代码域同步：使用 Monitor 类可以同步静态或实例化的方法的全部代码或者部分代码段，但不支持静态域的同步。在实例化的方法中，this 指针用于同步；而在静态的方法中，类用于同步。lock 关键字提供了与 Monitoy.Enter 和 Monitoy.Exit 同样的功能。

2）手工同步：使用不同的同步类（诸如 WaitHandle、Mutex、ReaderWriterLock、ManualResetEvent、AutoResetEvent、和 Interlocked 等）创建自己的同步机制。这种同步方式要求用户手动地为不同的域和方法同步，这种同步方式也可以用于进程间的同步和对共享资源的等待而造成的死锁解除。

3）上下文同步：使用 SynchronizationAttribute 为 ContextBoundObject 对象创建简单的、自动的同步。这种同步方式仅用于实例化的方法和域的同步。所有在同一个上下文域的对象共享同一个锁。

C#提供了多种实现线程同步的方法。本节主要介绍 lock（加锁）、Monitor（监视器）和 Mutex（互斥体）。

15.3.2 lock（加锁）

实现多线程同步的最直接的办法就是“加锁”。这就像服装店的试衣间一样，当一个顾客占用了试衣间后会将门锁上，其他顾客只能等他出来后才能使用该试衣间。lock 语句就可以实现这样的功能。它可以把一段代码定义为“互斥段”，在某一时刻只允许一个线程进入执行，而其他线程必须等待这个线程的结束。其基本语法格式如下。

```
lock (expression) statement_block;
```

其中，expression 表示要加锁的对象，它必须是引用类型。一般情况下，若要保护一个类的实例成员，可以使用 this 关键字。若要保护一个静态成员，或者要保护的内容位于一个静态方法中，可以使用类名，其语法格式如下。

```
lock(typeof(类名)){ }
```

格式中的 statement_block 表示共享资源，在某一时刻内只能被一个线程执行。

通常，最好避免锁定 public 类型或锁定不受应用程序控制的对象实例。例如，如果该实例可以被公开访问，则 lock(this)可能会出现问题，因为不受控制的代码也可能会锁定该对象，这可能会导致锁死，即两个或更多个线程等待释放同一对象。出于同样的原因，锁定 public 数据类型（相比于对象）也可能导致问题。锁定字符串尤其危险，因为字符串被公共语言运行库（CLR）"暂留"。这意味着整个程序中任何给定字符串都只有一个实例，也就是这同一个对象表示了所有运行的应用程序域的所有线程中的该文本。因此，只要在应用程序进程中的任何位置处具有相同内容的字符串上放置了锁，就将锁定应用程序中该字符串的所有实例。因此，最好锁定不会被暂留的私有的或受保护的成员。某些类提供专门用于锁定的成员，例如，Array 类型和其他一些集合类型都提供了 SyncRoot。

15.3.3 Monitor（监视器）

Monitor 的功能与 lock 十分相似，但它比 lock 更加灵活、更加强大。Monitor 相当于试衣间的管理人员，它拥有试衣间的钥匙，而线程好比是要使用试衣间的顾客，在进入试衣间前，必须从管理人员手中拿到钥匙，试衣完毕后必须将钥匙还给管理人员，再轮转到等待使用试衣间的下一位顾客。在这个过程中顾客会出现 3 种不同的状态，分别对应线程的状态。

1）已获得钥匙的顾客对应正在使用共享资源的线程。

2）准备获取钥匙的顾客对应位于就绪队列中的线程。

3）排队等待的顾客对应位于等待队列中的线程。

Monitor 类封装了像试衣间管理人员那样监视共享资源的功能。由于 Monitor 类是一个静态类，所以不能使用它创建类的对象，它的所有方法都是静态的。Monitor 类通过使用 Enter()方法向单个线程授予锁定对象的"钥匙"来阻止其他线程对资源的访问，该"钥匙"提供限制访问代码块（通常称为"临界区"，由 Monitor 类的 Enter()方法标记临界区的开头，Exit()方法标记临界区的结尾）的功能。当一个线程拥有对象的"钥匙"时，其他线程都不可能再获得该"钥匙"。

Monitor 类的常用方法见表 15-4。

表 15-4 Monitor 类的常用方法

方法	说明
Enter()	在指定对象上获取排他锁
TryEnter()	试图获取指定对象的排他锁
Exit()	释放指定对象上的排他锁
Wait()	释放对象上的锁并阻塞当前线程，直到它重新获取该锁
Pulse()	通知等待队列中的线程锁定对象状态的更改
PulseAll()	通知所有的等待线程对象状态的更改

例如，线程 A 获得了一个对象锁，这个对象锁是可以释放的（调用 Monitor.Exit()方法或 Monitor.Wait()方法）。当这个对象锁被释放后，Monitor.Pulse 方法和 Monitor.PulseAll 方法会通知就绪队列的下一个线程开始执行。此时，所有就绪队列中的线程将都有机会获取排他锁。

线程 A 释放了锁而线程 B 获得了锁，同时调用 Monitor.Wait()的线程 A 进入等待队列。当从当前锁定对象的线程（线程 B）受到了 Pulse()或 PulseAll()，等待队列的线程就进入就绪队列。线程 A 重新得到对象锁时，Monitor.Wait()才返回。如果拥有锁的线程（线程 B）不调用 Pulse()或 PulseAll()，方法可能被不确定的锁锁定。对每一个同步的对象，需要有当前拥有锁的线程的指针，就绪队列和等待队列（包含需要被通知锁定对象的状态变化的线程）的指针。

当两个线程同时调用 Monitor.Enter()时，无论这两个线程调用 Monitor.Enter()是多么地接近，实际上肯定有一个在前，一个在后。因此，永远只会有一个获得对象锁。既然 Monitor.Enter()是原始操作，那么 CPU 是不可能偏好一个线程而不喜欢另外一个线程的。为了获取更好的性能，应该延迟后一个线程的获取锁调用和立即释放前一个线程的对象锁。对于 private 和 internal 的对象，加锁是可行的，但是对于 external 对象有可能导致锁死，因为不相关的代码可能因为不同的目的而对同一个对象加锁。

如果要对一段代码加锁，最好的是在 try 语句里面加入设置锁的语句，而将 Monitor.Exit() 放在 finally 语句里面。对于整个代码段的加锁，可以使用 MethodImplAttribute 类（在 System.Runtime.CompilerServices 命名空间中）在其构造器中设置同步值。这是一种可以替代的方法，当加锁的方法返回时，锁也就被释放了。如果需要很快释放锁，可以使用 Monitor 类和 C#中 lock 关键字代替上述的方法。

15.3.4 Mutex（互斥体）

Mutex 类是通过只向一个线程授予独占访问权的方式实现共享资源管理的。如果一个线程获取了互斥体，则其他希望获取该互斥体的线程将被挂起，直到第一个线程释放该互斥体。Mutex 就代表了互斥体，该类继承于 WaitHandle 类，它代表了所有同步对象。Mutex 类通过 WaitOne()方法来请求互斥体的所有权，通过 ReleaseMutex()方法释放互斥体的所有权。

一个线程可以多次调用 Wait()方法来请求同一个 Mutex，但是在释放 Mutex 的时候必须调用同样次数的 Mutex.ReleaseMutex()。如果没有线程占有 Mutex，那么 Mutex 的状态就变为 Signaled，否则为 nosignaled。一旦 Mutex 的状态变为 Signaled，等待队列的下一个线程将会得到 Mutex。Mutex 类对应于 Win32 的 CreateMutex，创建 Mutex 对象的方法非常简单，常用的有下面几种方法。

1）创建一个 Mutex 对象，并且命名为 MyMutex，代码如下。

```
gM1=new Mutex(true,"MyMutex");
```

2）创建一个未命名的 Mutex 对象，代码如下。

```
gM2=new Mutex(true);
```

一个线程可以通过调用 WaitHandle.WaitOne() 方法、WaitHandle.WaitAny() 方法或 WaitHandle.WaitAll()方法得到 Mutex 的拥有权。如果 Mutex 不属于任何线程，则上述调用将使得线程拥有 Mutex，WaitOne()会立即返回。如果有其他的线程拥有 Mutex，WaitOne()将陷入无限期的等待直到获取 Mutex。用户可以在 WaitOne()方法中指定参数（等待的时间）以避免无限期的等待。一旦 Mutex 被创建，就可以通过 GetHandle()方法获得 Mutex 的句柄传递给 WaitHandle.WaitAny()或 WaitHandle.WaitAll()方法使用。

15.4 使用 backgroundWorker 组件

backgroundWorker 是.NET Framework 中用来执行多线程任务的组件，它允许开发人员在一个单独的线程上执行一些操作。例如，在执行一些非常耗时的操作时（如，从 Excel 工作簿向数据库中导入上千条记录时）可能会导致用户界面（UI）处于“假死”状态。通常在执行类似操作时，程序会显示一个进度条表明当前任务执行的进度，以改善用户体验。使用 backgroundWorker 组件就可以方便地解决这一问题。

15.4.1 backgroundWorker 组件的常用属性、事件和方法

backgroundWorker 组件是.NET Framework 2.0 以上版本中包含的一个新组件，通常用来处理应用程序中的多线程问题。组件的常用属性及说明见表 15-5。

表 15-5 backgroundWorker 组件的常用属性

属 性	说 明
CancellationPending	指示应用程序是否已请求取消后台操作。只读属性，默认为 False，当执行了 CancelAsync()方法后，值为 True
WorkerSupportsCancellation	指示是否支持异步取消。要执行 CancelAsync()方法，需要先设置该属性为 True
WorkerReportsProgress	指示是否能报告进度。要执行 ReportProgress()方法，需要先设置该属性为 True

backgroundWorker 组件的常用方法见表 15-6。

表 15-6 backgroundWorker 组件的常用方法

方 法	说 明
RunWorkerAsync()	开始执行后台操作。该方法被调用后将引发 DoWork 事件
CancelAsync()	请求取消挂起的后台操作。需要注意的是，该方法只是将 CancellationPending 属性设置为 True，并不会终止后台操作。在后台操作中要检查 CancellationPending 属性值，来决定是否要继续执行耗时的后台操作
ReportProgress()	引发 ProgressChanged 事件

backgroundWorker 组件的常用事件见表 15-7。

表 15-7 backgroundWorker 组件的常用事件

事 件	说 明
DoWork	调用 RunWorkerAsync()方法时发生
RunWorkerCompleted	后台操作已完成、被取消或引发异常时发生
ProgressChanged	调用 ReportProgress()方法时发生

15.4.2 使用 backgroundWorker 组件时应注意的问题

使用 backgroundWorker 组件时应注意以下几点。

1）在 DoWork 事件处理程序中不操作任何用户界面对象，而应该通过 ProgressChanged 和 RunWorkerCompleted 事件与用户界面进行通信。

2）如果想在 DoWork 事件处理程序中和用户界面的控件通信，可在用 ReportProgress 方法。ReportProgress(int percentProgress, object userState)，可以传递一个对象。ProgressChanged 事件可以从参数 ProgressChangedEventArgs 类的 UserState 属性得到这个信息对象。

3）简单的程序用 backgroundWorker 组件要比 Thread 方便，Thread 中和用户界面上的控件通信比较麻烦，需要用委托来调用控件的 Invoke()或 BeginInvoke()方法，不如使用 backgroundWorker 组件方便。

【例 15-2】 使用 backgroundWorker 组件实现多线程示例。设计一个 Windows 窗体应用程序，程序启动后显示如图 15-3 所示的界面。单击“开始”按钮后，后台操作（产生一个连续的整数）启动，同时进度条显示当前操作执行的进度值（当前产生的整数值）。如图 15-4 所示，若执行过程中用户单击了“取消”按钮，则中断后台操作并弹出提示信息框。本例中应用程序需要同时维护后台操作和显示进度条两个线程。

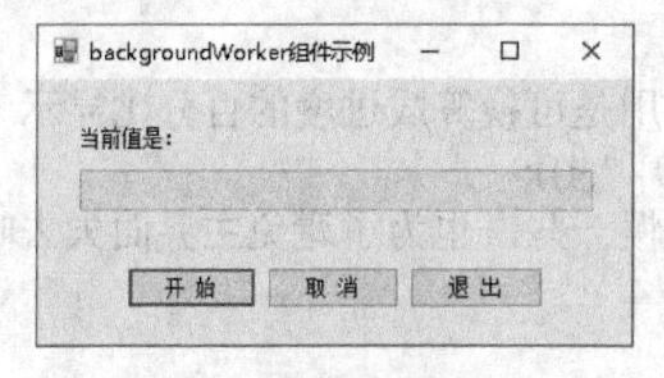

图15-3 启动时的界面

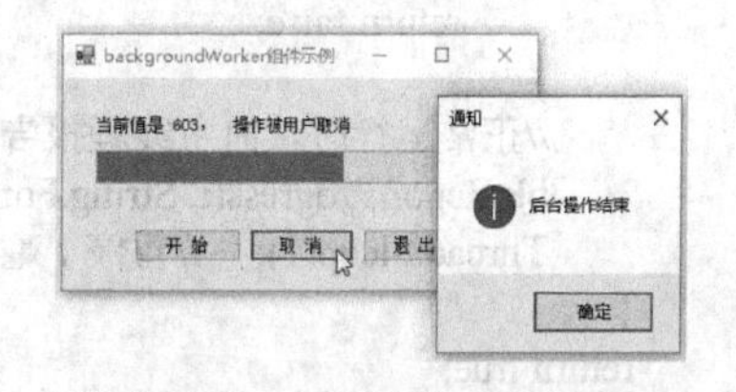

图15-4 用户中断后台操作

1）设计程序界面。新建一个 Windows 窗体应用程序，向窗体中添加 1 个标签控件 label1、1 个进度条控件 progressBar1、3 个按钮控件 button1～button3 和 1 个后台工作器控件 backgroundWorker1（该控件在程序运行时不显示，故添加后出现在窗体设计器的最下方）。适当调整各控件的大小和位置。

2）设置控件属性。设置 label1 的 Name 属性为 lblMsg；设置 progressBar1 控件的 Maximum 属性为 1000；设置 3 个按钮控件的 Name 属性分别为 btnStart、btnCancel 和 btnQuit，Text 属性分别为“开始”“取消”和“退出”。设置 backgroundWorker1 的 WorkerSupportsCancellation 属性和 WorkerReportsProgress 属性为 True，使后台操作支持取消并能向主线程报告进度。

3）编写程序代码。

backgroundWorker 控件的 DoWork 事件处理程序代码如下。

```
private void backgroundWorker1_DoWork(object sender, DoWorkEventArgs e)
{
    work(backgroundWorker1);
}
```

backgroundWorker 控件的 ProgrssChanged 事件处理程序代码如下。

```
private void backgroundWorker1_ProgressChanged(object sender, ProgressChangedEventArgs e)
{
    progressBar1.Value = e.ProgressPercentage;
    lblMsg.Text = e.UserState.ToString();
    lblMsg.Update();
}
```

例题源代码

例 15-2 源代码

backgroundWorker 控件的 RunWorkerCompleted 事件处理程序代码如下。

```
private void backgroundWorker1_RunWorkerCompleted(object sender,
                                        RunWorkerCompletedEventArgs e)
{
    //后台操作完成后（无论是正常结束还是用户取消）弹出信息框
    MessageBox.Show("后台操作结束", "通知",
                        MessageBoxButtons.OK,MessageBoxIcon.Information);
}
```

用于模拟后台数据处理的 work()方法代码如下。

```
private bool work(BackgroundWorker bk)        //在实际应用中后台操作的代码要放在这里
{
    int tatle = progressBar1.Maximum;         //使循环次数与进度条的最大值相等
    for (int i = 1; i <= tatle; i++)
    {
        if (bk.CancellationPending)     //若监听到用户要求，则取消后台操作
        {
            //向主线程报告当前进度，并显示取消信息
            bk.ReportProgress(i, String.Format("当前值是 {0}，    操作被用户取消", i));
            return false;
        }
        //正常运行时，向主线程报告当前进度。实际应用是可换算成进度的百分比显示
        bk.ReportProgress(i, String.Format("当前值是：{0} ", i));
        Thread.Sleep(1);    //暂停 1 毫秒，使进度条推进慢一些，也为了避免主界面失去响应
    }
    return true;
}
```

窗体装入时执行的事件处理程序代码如下。

```
private void Form1_Load(object sender, EventArgs e)
{
    this.Text = "backgroundWorker 组件示例";
    lblMsg.Text = "当前值是：";
}
```

“开始”按钮被单击时执行的事件处理程序代码如下。

```
private void btnStart_Click(object sender, EventArgs e)
{
    backgroundWorker1.RunWorkerAsync();          //后台工作开始
}
```

“取消”按钮被单击时执行的事件处理程序代码如下。

```
private void btnCancel_Click(object sender, EventArgs e)
{
    backgroundWorker1.CancelAsync();
}
```

“退出”按钮被单击时执行的事件处理程序代码如下。

```
private void btnQuit_Click(object sender, EventArgs e)
{
    this.Close();
}
```

15.5 习题

习题解答
第 15 章习题解答

使用 Thread 类实现多线程。设计一个 Windows 窗体应用程序，程序启动后显示如图 15-5 所示的界面，单击“开始”按钮，弹出如图 15-6 所示的子窗口，其中显示有表示当前后台操作进度的进度条和后台数据处理（向文本框中添加连续的数字）的情况。后台操作完成后子窗口自动关闭，并弹出提示信息框。

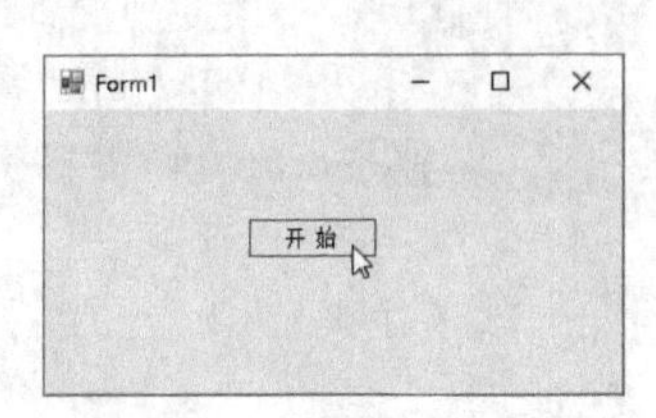

图 15-5 程序主界面

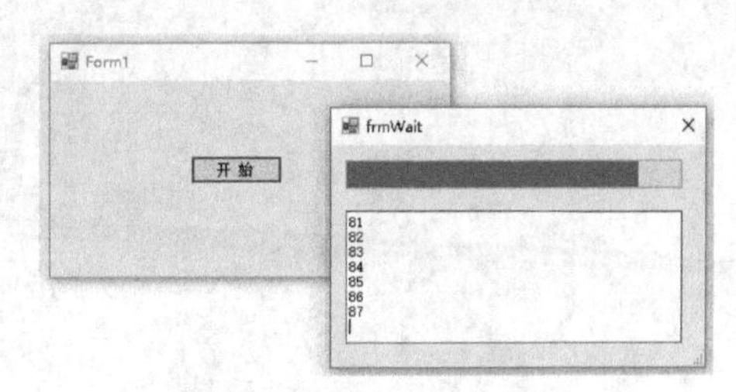

图 15-6 弹出子窗口

参考文献

[1] 李春葆，曾平，喻丹丹. C#程序设计教程[M] .3 版. 北京：清华大学出版社，2010.

[2] 崔淼，贾红军. C#程序设计教程[M] .2 版. 北京：机械工业出版社，2018.

[3] 刘瑞新. ASP.NET 数据库网站设计教程（C#版）[M]. 北京：电子工业出版社，2015.

[4] Nagel#C. C#高级编程[M] .9 版. 李铭，译. 北京：清华大学出版社，2014.

[5] 刘军，刘瑞新. C#程序设计教程. [M] . 北京：机械工业出版社，2012.

[6] 崔淼，徐鹏. ASP.NET 程序设计教程（C#版）[M] .3 版. 北京：机械工业出版社，2018.